小故事 大历史

一本书读完

生物进化的历史

崔佳◎编著

中华工商联合出版社

图书在版编目(CIP)数据

一本书读完生物进化的历史 / 崔佳编著. — 北京 :
中华工商联合出版社, 2014.3
(小故事,大历史)
ISBN 978 - 7 - 80249 - 932 - 4

Ⅰ. ①一… Ⅱ. ①崔… Ⅲ. ①生物 - 进化 - 普及读物
Ⅳ. ①Q11 - 49

中国版本图书馆 CIP 数据核字(2014)第 010249 号

一本书读完生物进化的历史

作　　者: 崔　佳
责任编辑: 效慧辉
封面设计: 映象视觉
责任印制: 陈德松
出版发行: 中华工商联合出版社有限责任公司
印　　刷: 天津市天玺印务有限公司
版　　次: 2014 年 5 月第 1 版
印　　次: 2024 年 2 月第 2 次印刷
开　　本: 710mm × 1000mm　1/16
字　　数: 500 千字
印　　张: 24
书　　号: ISBN 978 - 7 - 80249 - 932 - 4
定　　价: 98.00 元

服务热线: 010—58301130
销售热线: 010—58302813
地址邮编: 北京市西城区西环广场 A 座
19—20 层,100044
http://www.chgslcbs.cn
E - mail: cicapl202@sina.com(营销中心)
E - mail: gslzbs@sina.com(总编室)

序　言

我们人类从哪里来？地球上的生物从哪里来？我们的地球从哪里来？我们的宇宙从哪里来……要回答这些问题，我们必须了解生物进化的历史。

翻开这本《一本书读完生物进化的历史》，让我们回到几十亿年前，全方位地了解地球上所有生物的诞生与进化的历史，包括我们人类是怎样来到这个世界的。

生物进化这个概念，要追溯到43亿年前地球产生的时候。最原始的生命形态诞生于原始的海洋中。在大约38亿年前，地球的陆地上还是一片荒芜，原始海洋中就已经开始孕育生命了。最初的生命形态是原始的细胞，大约经过了1亿年的进化，原始细胞逐渐演变成原始的单细胞藻类低等植物。

藻类植物没有真正的根、茎、叶，依靠光能生存。经过漫长的进化发展，高等植物开始形成，包括蕨类植物、裸子植物和被子植物。植物们也逐渐完成了从水中到陆地的转移。它们成功登陆后，这个地球终于开始变得五颜六色了。

在植物进化的同时，动物界的进化也在有条不紊地进行中。原始海洋中的原生生物是动物诞生的源头，经历了多细胞动物和高等多细胞动物的进化。后来这些动物因地球环境的剧变，而开始进行着各种各样的蓬勃进化：蠕虫动物进化到软体动物，软体动物进化到节肢动物，节肢动物进化到棘皮动物和原索动物。又经过漫长的时间，动物进化终于进入了脊椎动物阶段。

鱼类是最古老的脊椎动物，随着初级脊椎动物的不断进化与发展，逐步演化出一类能适应水陆之间的环境与气候而生存的动物，就是两栖动物。两栖动物是从水中到陆地繁衍生息的过渡性脊椎动物。一些进化彻底的两栖动物，成功地适应了陆地生活，从而得以生存下来，逐渐进化成爬行动物。

从此爬行动物也开始了对地球的统治。恐龙的诞生将爬行动物推向了一个顶峰，它们开创了一个空前的时代，恐龙不仅是陆地上的绝对统治者，还统治着海洋和天空。地球上没有任何一类其他生物有过如此辉煌的历史。

在6500万年前，统治地球一亿五千万年的恐龙突然灭绝了，至今人类对恐龙灭绝的原因仍然没有定论。地球上的生物又经过漫长的进化，哺乳动物开始接管地球。

哺乳动物中的一支灵长类开始出现在进化的舞台上，在漫长的进化过程中，这些早期的灵长类动物逐渐发展出了灵长目的猿类——他们就是人类的祖先。古猿又经过漫长的发展进化，经历了直立人、能人、智人阶段，终于发展到了现代人的阶段。

现在我们就一起进入生物进化的科学大课堂中，开始一段发现之旅，领略地球上生物的成长故事。

目　录

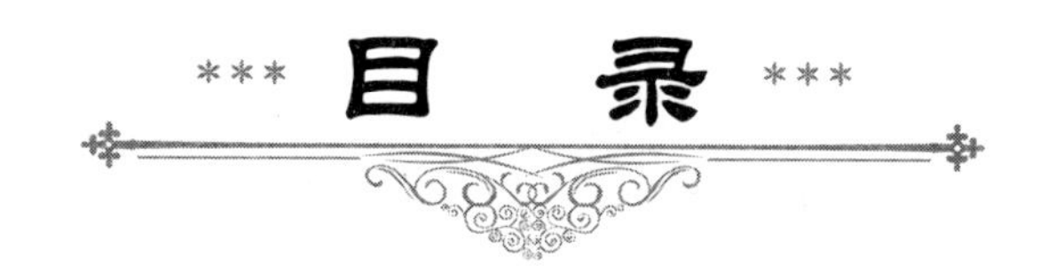

原始地球与生物进化

生命从细胞开始

微生物王国

最早的植物——藻类

原始高等植物——苔藓

蕨类时代

棘皮动物和原索动物

最古老的脊椎动物——鱼类

两栖动物

征服陆地的爬行动物

地球霸王——恐龙

鸟类的出现

哺乳动物登上历史舞台

伟大的转变：从猿到人

原始地球与生物进化

生命的起源是地球早期进化的结果，生命的诞生、演化离不开地球环境，地球环境是生命的生存之地、生存之本。火山喷发、大气圈的产生、地壳冷却以及海水的形成等都为地球生命的发生、发展创造了必要的条件。在这些必要条件齐备的情况下，原始生命才最终诞生，开始了漫长的进化过程。

原始地壳与生命孕育

原始地壳是地球上生命得以孕育成功的必要条件之一，没有地壳的形成，生命孕育就无从谈起。原始地壳的出现，标志着地球由天文行星时代进入地质发展时代，具有原始细胞结构的生命逐渐形成。

原始地壳初形成

生命的起源应当追溯到与生命有关的元素及化学分子的起源。因而，生命的起源过程应当从宇宙形成之初、通过所谓的“大爆炸”产生了碳、氢、氧、氮、磷、硫等构成生命的主要元素谈起。

▲宇宙大爆炸模拟图

大约在66亿年前，银河系内发生过一次大爆炸，其碎片和散漫物质经过长时间的凝集，大约在46亿年前形成了太阳系。作为太阳系一员的地球也在46亿年前形成了。接着，冰冷的星云物质释放出大量的引力势能，再转化为动能、热能，致使温度升高，加上地球内部元素的放射性热能也发生增温作用，故初期的地球呈熔融状态。

在旋转过程中高温的地球中的物质发生分异，重的元素下沉到中心凝聚为地核，较轻的物质构成地幔和地壳，逐渐出现了圈层结构。这个过程经过了漫长的时间，大约在38亿年前出现原始地壳。

原始地壳的出现，标志着地球由天文行星时代进入地质发展时代，具有原始细胞结构的生命也有可能逐渐形成。

孕育生命的条件形成

刚刚诞生的地球十分寒冷、荒凉，没有结构复杂的物质，也没有任何生命。生命是随着原始大气的诞生开始孕育的。

在早期太阳系里，一些处于原始状态的天体频繁地和幼小的地球相撞，这一方面增大了地球体积，另一方面运动的能量转化为热能贮存在了地球内部。撞击不断地发生，地球内部蓄积了大量热能。地球的平均温度高达摄氏几千度，内部的金属和矿物变成了炽热岩浆。岩浆在地球内部剧烈运动着，不时冲出地球表面形成火山爆发。在原始地球上，火山爆发十分频繁。随着火山爆发，地球内部一些气体被源源不断地释放出来，形成了原始大气。不过，这时的地球上仍然没有生物分子。

生命的诞生与原始大气十分有缘。据推测，原始大气的主要成分是一氧化碳、二氧化碳、甲烷、水蒸气、氨气。这些简单的气体分子要想成为生物分子，就必须变得足够复杂。

合成复杂物质需要消耗能量。值得庆幸的是，在原始地球上有各种形式的能量可供利用。首先，原始大气没有臭氧层，阳光中的紫外线可以毫无顾忌地进入大气，这为地球带来了能量。其次，原始大气中会出现闪电，闪电是一种能量释放现象。再次，原始地球上火山活动频繁，火山喷发可以释放大量热量。

简单的气体分子在吸收了能量之后，变得异常地活跃，进而产生化学反应，形成复杂的生命物质。

在以后的岁月里，由于日积月累，原始大气中的水蒸气越来越多，地球表面温度开始降低。当降低到水的沸点以下时，水蒸气就化作倾盆大雨降落到了地面上。倾盆大雨不分昼夜地下着，约在40亿年前，形成了最初的海洋，这为生命的诞生准备了摇篮。

宇宙大爆炸学说

宇宙大爆炸是根据天文观测研究后得到的一种设想。大约在150亿年前，宇宙所有的物质都高度密集在一点，有着极高的温度，因而发生了巨大的爆炸。大爆炸以后，物质开始向外大膨胀，就形成了今天我们看到的宇宙。大爆炸的整个过程是复杂的，现在只能从理论研究的基础上，描绘过去远古的宇宙发展史。在这150亿年中先后诞生了星系团、星系、我们的银河系、恒星、太阳系、行星、卫星等。现在我们看见的和看不见的一切天体和宇宙物质，形成了当今的宇宙形态，人类就是在这一宇宙演变中诞生的。

“原生体”的出现

据科学家分析，生物体都是由碳、氢、氮、氧等元素组成的物质构成的，而这些元素在非生物环境里都能找到。也就是说，组成生物体物质的元素，没有一种是生物体本身独有的。这说明了组成生物和非生物物质的元素都是共通的。

▲地球表面炽热的岩浆

生命的起源是一个长期的演化过程，这个过程是在原始地球条件下开始进行的。原始大气成分中由碳、氢、氮、氧等元素组成的甲烷、氨和水汽等物质，在大自然各种射线和闪电等因素的作用下，形成了许多与生命有关的较为简单的有机物，并通过雨水作用，经湖泊、河流最后汇集到原始海洋中。

原始海水开始几乎完全是淡水，后来逐渐溶入了大量的有机质，如氨基酸、核苷酸等。一些有机质形成了蛋白质。在随后的几亿年中，这些蛋白质越来越复杂，终于在34或33亿年前原始生命开始出现了。

生命的产生过程可以概括为四个阶段：

第一阶段，有机小分子的形成。原始海洋中的氮、氢、氧、一氧化碳、二氧化碳、硫化氢、氯化氢、甲烷和水等无机物，在紫外线、电离辐射、高温、高压等一定条件的影响和作用下，形成了氨基酸、核苷酸及单糖等有机化合物。

美国的一位年轻学者米勒用自己设计的实验装置证明，在原始地球条件下有可能形成有机化合物。米勒的报告引发世界许多科学实验室重复和发展类似的实验，总的目标是模拟原始大气、海洋、江水和雷电。在水溶液中——相当于原始海洋的海水中——先后找到了20种氨基酸，各种单糖、脂酸、脂类分子，甚至是核苷酸分子。

第二阶段，生物大分子的形成。氨基酸、核苷酸等有机物可能因吸附作用，在原始海洋岸边的岩石或黏土表面浓集，受到热的催化，进而合成为生物大分子。

美国科学家福克斯做过这样的实验：把氨基酸混合物倒在160℃～200℃的热沙土或黏土上，随着水分蒸发，氨基酸浓缩并化合，经0.5～3.0小时，生成类似蛋白质的大分子。

第三阶段，多分子体系形成。许多生物大分子聚集、浓缩形成以蛋白质和核酸为基础的多分子体系，它既能从周围环境中吸取营养，又能将废物排出体系之外，这就构成了原始的物质交换活动。

苏联学者奥巴林做了一系列实验，证明如何由生物大分子形成团聚体小滴。他把蛋白质（白明胶）溶液和多糖（阿拉伯胶）溶液混合，产生出团聚体小滴。

第四阶段，“原生体”的形成。在多分子体系的界膜内，蛋白质与核酸的长期作用，终于将物质交换活动演变成新陈代谢作用并能够进行自身繁殖，这是生命起源中最复杂的最有决定意义的阶段。技术改造构成的生命体，被称为“原生体”。

这种“原生体”的出现使地球上产生了生命，把地球的历史从化学进化阶段推向了生物进化阶段，对于生物界来说更是开天辟地的第一件大事，没有这个变化过程，就不可能有生物界。

原核单细胞的出现

有生命的“原生体”是一种非细胞的生命物质，有些类似于现代的病毒，它出现以后，随着地球的发展而逐步复杂化和完善化，演变成为具有较完备的生命特征的细胞，到此时才产生了原核单细胞生物。最早的原核单细胞细菌化石发现于距今33亿年前的地层中，那就是说非细胞生命物质出现的时间，还要远远地早于33亿年以前。

地球上最初出现的生命是一些生活在海洋中的原核单细胞生物。它们结构简单，没有细胞核，与今天的蓝菌（也称蓝藻）和细菌在形态上很相似，在生物学上统称为原核细胞生物。它们还没有真正分化出细胞核和细胞器，只能进行无性繁殖，因此它们的遗传变异和进化过程十分缓慢。

开始的原核细胞生物是以环境中的有机物质为食，属于异养生物。由于地球早期有机物质来源极为有限，因此会对生物进化产生选择性压力，使部分生物在进化中演化出了利用周围环境中丰富的无机物合成自己所需食物的能力。这种能自己制造食物的生物称为自养生物。根据获取营养方式的不同，生物的自养又可分为化学自养和光合自养，代表了生物早期演化的分异。

光合自养生物是通过光合作用分解二氧化碳获得能量。由于光合作用生物的出现和发展，大量的自由氧释放到环境中，使地球早期的环境和大气性质开始发生变化，从无氧环境向有氧环境转变，为生物进化的下一个重要阶段创造了环境条件。

生命起源的假说

水是一切生命的源泉，现在已经知道，最初的生命诞生于原始海洋中，没有原始海洋也就没有生命。目前关于地球最初生命起源主要有以下四种假说，即陆地起源说、空中起源说、深海烟囱起源说、宇宙起源说。这四种假说各有各的一套理论，并各圆其说。客观地说，这四种假说都有其自身的一定道理，但也都有各自解释不清的生物学现象，因此，时至今日，这四种假说也还只是假说。

原始海洋形成

在地球刚刚形成地表时，地表是没有水的，因为当时地壳的温度还很高。在距今40亿年到38亿年时，地表气温仍在100摄氏度以上。尽管火山喷发时产生了大量的水蒸气，而水蒸气在高空冷却后变成雨，雨降落到地表时，由于地表温度高，它又变为水汽而进入大气层。同时水汽蒸发时也带走地表的大量热量，使地表不断变冷。当地表温度低于100摄氏度时，降落到地表的雨水就会停留下来而形成地表水。随着火山喷发出大量水汽，这些水汽在高空冷却后变成雨水不断加入地表水，使地表水越聚越多。大约在距今40亿年时，地球上形成了原始的海洋。

▲原始海洋形成想象图

有了海洋才会出现生命，而早期生命对水的积累也起到了重要的作用，尤其是最低等的菌藻类。藻类的光合作用会释放出大量氧气，它与甲烷、氨气等结合会形成一部分雨水而落到地球表面。除此之外，彗星路过地球时，也会给地球带来一些水。彗星主要是由大量间杂着冰粒的冷气和宇宙尘所组成，是太阳系中最大的天体。有的彗星比太阳还大，而太阳的体积相当于130万个地球，所以彗星的一些冰粒落到地球上，其数量是很可观的。

海水最初是淡味的。由于海水蒸发而变成雨水落到陆地，这些雨水最后又流回大海，在流回大海的过程中，它会把陆地上的矿物质带至海里，长年累月，致使海里的矿物质越来越多。此外，海底的火山喷发也会给海水增添一些矿物质，使海水渐渐变得又咸（因含氯化钠）又苦（因含氯化镁）。海水占到地球水总量的97%，其余3%

是陆地的冰川、湖泊、江河及地下所拥有的淡水。

陆地起源说

陆地形成的氨基酸经脱水结合而成高聚合物，被流水带入海洋后，在海里进一步聚合成蛋白质和核酸等，之后产生了生命。

空中起源说

空气中的水、甲烷、氨气等形成了合成物，在阳光作用下形成复杂的氨基酸和蛋白质。当它落入海里后，海洋中有机物可能在它周围形成一层薄膜，并与它原来的薄膜共同构成了双分子膜。这类似生物细胞膜，进而形成了细胞。

深海烟囱起源说

在太平洋和大西洋等深海的大洋中脊，由于地底下的岩浆不断在此溢出，促使洋壳不断地向两侧移动。其间形成了一些地壳裂隙，海水可从裂隙渗入到炙热的地壳深处，然后变热的海水与地内喷出的硫化氢（H_2S）及各种金属元素，如铁、铜、锰、金等结合形成含硫化物的热泉。

由于周边海水很冷，喷出的热泉会迅速降温，使热泉中的黑色硫化物在热泉旁沉淀下来。随着沉淀物围绕喷泉周围不断增高，它们成了一个个黑色“烟囱”。尽管这里海水温度很高，没有任何阳光，硫化物又是有毒物质，却成了喜硫细菌的天堂，大量细菌在这里繁衍。更奇特的是，一些贝壳类和虾类竟靠吃细菌得以存在，还有一些管形的软体虫也大量繁衍，靠吃细菌和虾类而生。这些管形软体虫成群地盘绕在一起，有的竟长达2米。

此外，还有些鱼类等，它们共同构成了一个极为奇特的海底生物世界。显然，黑色烟囱喷出的甲烷（CH_4）、氨（NH_3）等在高温和硫化物催化剂的作用下，也可形成嘌呤、核苷酸等有机物，进而形成有生命的团聚物，最后成为原核细胞的细菌。

当这些细菌因某种原因进入浅海时，由于环境的极大变化，促使细菌变化并能生活于浅海里，甚至发生变异而含有叶绿素，最终成为能吸收阳光、二氧化碳并制造有机物的蓝菌（也称蓝藻），从而完成了最初生命的创造过程。

深海热液生物群落的发现极大地震惊了生物界。这表明地球上存在着另一类生命系统，它们无需光合作用，无需以植物作为食物链的基础，在这里地热能代替了太阳能，在黑暗、酷热的环境下靠完全不同的化学合成有机质的方式来维持生命活动，这就是黑暗世界的食物链系统。

在大陆坡、深海区分布着天然气水合物，即可燃冰。一旦海底升温或减压，就会释放出大量的甲烷，在海水中形成甲烷柱，被科学家称为“冷泉”。在冷泉附近可以形成特殊的生物群落。

近年来，在最古老的太古代的绿岩带里发现了类似现代海洋中脊的深海烟囱，更证明了这一假说。

宇宙起源说

科学家发现彗星陨石中含有构成生物体所需要的有机物，如氨基酸等。银河系星云中也发现了大量的有机分子。火星比地球小，离太阳较远，故地壳冷却较早，原始生命的形成可能比地球更早。

构成生命物质的主体

碳（C）、氢（H）、氮（N）、氧（O）、磷（P）、硫（S），这6种元素组成的不计其数的分子构成了生命物质的主体，它们也是生命化学起源中的主角。可这些元素是以怎样的姿态从远古的环境中走进生命的呢？

碳、氢、氮、氧元素的存在

40亿年前地球大气层中没有氧气存在。游离氧是生命的产物。这是科学上不争的事实。原始大气的组成依然是一个争论的问题。长期以来有一种观点，由于著名的尤里——米勒实验而盛行起来，即大气中包含氢气（H_2）、甲烷（CH_4）、氨（NH_3）和水蒸气（H_2O），因而富含氢。这种观点已受到严重怀疑。实际上，米勒实验最主要的贡献是为原始环境中由无机分子合成有机物的可能性提供了一种证据，而不是去证明原始大气中存在哪些物质。

很多专家认为，碳可能不是以和氢化合的形式（甲烷）而是以和氧化合的形式存在（主要是二氧化碳CO_2）。氮很可能是以分子氮（N_2）或者是一种或几种与氧化合的形式存在，而不是以氨存在。氢气最多也只有极少量。

磷、硫元素的存在

那么磷呢？这种元素作为生物体中很多重要分子的组成成分，尤其是磷酸的组成成分，在太古时候是怎么存在的？令人奇怪的是在现今物质世界，至少在自然溶液中很难发现磷酸盐的存在。地球上有丰富的磷，但却被固锁在不溶于水的磷酸钙中，构成磷灰石矿。在海水和淡水中磷酸盐的含量也极低。稀有的磷酸盐分子如何起到生物学中心的作用？这是一个有趣的问题。其中一个可能回答是酸性，当磷灰石暴露在哪怕是很弱的酸性介质中时也能轻易地释放出磷酸。或许太古时代的水环境就具有这样的酸性。

另外，从现存火山口附近的气体分析来看，拥有特殊的臭鸡蛋气味的硫化氢气体让人印象深刻。既然太古时期的地球上火山林立，因此没有什么理由排除这样一种可能性，那就是当时的大气中含有硫化氢。

地质时代与生物进化

地史学家根据古生物的演化和地壳的运动，将地球的历史分为五大时代，即太古代、元古代、古生代、中生代和新生代。这就是地质时代。在每一个地质时代，生物的面貌都有着与这个地质时代紧密关联的特点。一定程度上说，生物面貌决定于所处的地质时代。

地质时代的单位为：宙、代、纪、世、期、时。整个地壳历史划分为隐生宙和显生宙两大阶段。宙之下分代，隐生宙分为太古代、元古代，显生宙又划分为古生代、中生代、新生代。代之下又可划分若干纪，如寒武纪、侏罗纪、第四纪。每个纪又分为二个或三个世，世下分若干期，世以上的划分与名称是国际性的，是世界统一的，世以下的划分与名称是按各地区实际情况来决定的。

地史学家根据古生物的演化和地壳的运动，将地球的历史分为五大阶段，也就是五个代，即太古代、元古代、古生代、中生代和新生代。

太古代属于隐生宙，地球上的生命还处在孕育阶段。在距今35亿年前的地层里已经有细胞群体，在距今32亿年的地层里已经有细菌，不过可靠的化石记录不多。一般认为，晚期有细菌和低等蓝藻存在。

化石研究表明，元古代时，蓝藻和细菌已经开始繁盛，并且出现了原生动物。到末期，一些低等动物开始出现，如海绵（属海绵动物门）、水母和水螅（后两种属腔肠动物门）等。

古生代分为若干个纪：

（1）寒武纪：这个时期地壳相对平静，浅海面积大。以藻类和水生无脊椎动物三叶虫（属节肢动物门）为主，此纪又称为“藻类时代”或“三叶虫时代”。

（2）奥陶纪：这个时期地壳仍然平静，浅海面积大。植物仍然以藻类为主。某些水生无脊椎动物非常繁盛，如三叶虫、腕足类（属拟软体动物门）、头足类（属软体动物门）和笔石（属口索动物亚门）以及某些珊瑚（属腔肠动物门）。此外，这一时期出现了原始脊椎动物——甲胄鱼类。

（3）志留纪：这个时期初期地壳平静，后期发生强烈的造山运动，就是由水平方向的压力把地层褶皱成山并且造成断裂的运动。植物界出现了原始陆生植物裸蕨。动物界无脊椎动物如三叶虫、腕足类、笔石、珊瑚等仍然繁盛。此纪末期原始鱼类开始繁盛。

（4）泥盆纪：这个时期，地壳表面出现了高山和陆地，气候变得干燥炎热。植物、动物开始向陆地发展，出现了大森林，原始的陆生动物两栖类和昆虫（是节肢动物门的一个重要的纲）开始欣欣向荣。同时海里的鱼类大发展，因此，此纪又被称为“鱼类时代”。

（5）石炭纪：这个时期，气候湿热，蕨类有了极大的发展，陆地上出现大片造煤森林。两栖类动物和昆虫十分繁盛，所以有“两栖动物时代”的称呼。这个纪末期出现了原始爬行类动物。

（6）二叠纪：这个时期，地壳运动剧烈，气候干热。植物界裸子植物开始发展。动物界仍以两栖类动物为主，爬行类动物开始征服陆地。

中生代时期，地壳开始稳定，气候温暖湿润。裸子植物和爬行类动物恐龙等十分繁盛，有“恐龙时代”之称。中生代也分若干个纪：

（1）三叠纪：这个时期裸子植物大发展，爬行类动物恐龙逐渐兴盛，并且出现了最原始的哺乳类动物。

（2）侏罗纪：这个时期，裸子植物继续发展，恐龙在动物界占统治地位。末期出现了鸟类。

（3）白垩纪：此时，被子植物出现，动物界爬行类动物恐龙衰落灭绝，哺乳类开始兴起。

新生代时，地壳又趋向不稳定，海陆重新分布，气候变冷。植物界被子植物迅速发展，动物界鸟类和哺乳类大发展，所以这个时期，又被称为“被子植物时代”或“哺乳动物时代”。

生命进化规律

地球上的生命，从最原始的无细胞结构生物进化为有细胞结构的原核生物，从原核生物进化为真核单细胞生物，然后按照不同方向发展，出现了真菌界、植物界和动物界。植物界从藻类到裸蕨植物再到蕨类、裸子植物，最后出现了被子植物。

动物界从原始鞭毛虫到多细胞动物，从原始多细胞动物到出现脊索动物，进而演化出高等脊索动物——脊椎动物。脊椎动物中的鱼类又演化到两栖类再到爬行类，从中分化出哺乳类和鸟类，哺乳类中的一支进一步发展为高等智慧生物人。这就是生命进化的主线。

进化的进步性

生物界的历史发展表明，生物进化是从水生到陆生、从简单到复杂、从低等到高等的过程，从中呈现出一种进步性发展的趋势。一般说来，进化过程的进步具有如下特征：

（1）在生物界的前进运动中，可以看到不同层次的形态结构的逐步复杂化和完善化；与此相应，生理功能也日益专门化，效能亦逐步增高。

（2）从总体上看，遗传信息量随着生物的进化而逐步增加。

（3）内环境调控的不断完善及对环境分析能力和反应方式的发展，加强了机体对外界环境的自主性，扩大了活动范围。

生物进化的道路是曲折的，表现出种种特殊的复杂情况。除进步性发展外，生物界中还存在特化和退化现象。特化不同于全面的生物学的完善化，它是生物对某种环境条件的特异适应。这种进化方向有利于一个方面的发展却减少了其他方面的适应性，当环境条件变化时，高度特化的生物类型往往由于不能适应而灭绝。对寄生或固着生活方式的适应，也可使机体某些器官和生理功能趋向退化。

进化的方式

生物界各个物种和类群的进化，是通过不同方式进行的。物种形成（小进化）主要有两种方式：一种是渐进式形成，即由一个种逐渐演变为另一个或多个新种；另一种是爆发式形成，即多倍化种形成，这种方式在有性生殖的动物中很少发生，但在植物的进化中却相当普遍，世界上约有一半左右的植物种是通过染色体数目的突然改变而产生的多倍体。物类形成（大进化）常常表现为爆发式的进化过程，从而使旧的类型和类群被迅速发展起来的新生的类型和类群所替代。

渐进化是达尔文进化论的一个基本概念。达尔文认为，在生存斗争中，由适应的变异逐渐积累就会发展为显著的变异而导致新种的形成。因为“自然选择只能通过累积轻微的、连续的、有益的变异而发生作用，所以不能产生巨大的或突然的变化，它只能通过短且慢的步骤发生作用”。

与达尔文的主张相反，有些早期遗传学家却认为，新种可由大的不连续变异即突变直接产生，并把这种方式看作是进化变化的主要源泉，认为自然选择对生物的进化不起积极作用。现代进化论坚持达尔文的渐变论思想和自然选择的创造性作用，强调进化是群体在长时期的遗传上的变化，认为通过突变（基因突变和染色体畸变）或遗传重组、选择、漂变、迁移和隔离等因素的作用，整个群体的基因组成就会发生变化，造成生殖隔离，演变为不同物种。

20 世纪 70 年代以来，一些古生物学者根据化石记录中显示出的进化间隙，提出间断平衡学说，代替传统的渐进观点。他们认为物种长期处于变化很小的静态平衡状态，由于某种原因，这种平衡会突然被打断，在较短时间内迅速成为新种。

总体上说，生物的进化既包含有缓慢的渐进，也包含有急剧的跃进；既是连续的，又是间断的。整个进化过程表现为渐进与跃进、连续与间断的辩证统一。

进化的证据

构成地球表层的成层岩石，叫作地层。一般情况下，先沉积的地层在下面，后沉积的地层在上面，所以，下面的地层的年代比上面的古老。人们在挖掘地层时，常常发现一些古代生物的遗体和遗迹。这些生物的遗体和遗迹，经过若干万年矿物质的填充和交换作用，已形成了生物化石。这样，生物化石就成了证明生物进化的可靠证据。

从不同地层出土的古代生物化石显示：结构越简单的生物化石，出现在越古老的地层里；相反，结构越复杂的生物化石，出现在越新近的地层里，这充分说明，生物是由结构简单逐渐向结构复杂进化的。现在地球上多姿多彩的生物，不是从地球一开始就这样的，而是自从地球上出现了最原始的生命体以后，经过几十亿年的漫长时间逐步发展进化而来的。

进化的原因

我们已经知道了现代的生物是由古代的生物经过长期进化而来的。那么，生物进化的原因是什么？生物进化的过程又是怎样的？

英国博物学家达尔文经过多年考察和研究，认为自然界中物种多样性是自然选择的结果。达尔文认为，动植物都具有很强的繁殖能力，但是实际上每种生物的后代，能够发育长大而生存下来的个体却很少，为什么会有这样的现象？达尔文认为，这是由于过度繁殖而导致个体间生存斗争的结果。

地球上生物赖以生存的生活条件（食物、空间和水体等）是有一定限度的，过度繁殖的大量生物个体要生存下去，就得进行生存斗争。生物的生存斗争，除了个体（同种生物或不同种生物）之间在争夺有限的生活条件而进行殊死斗争以外，还有生物与自然条件（干旱、寒冷等）之间的斗争。在生存斗争过程中，那些具有有利于生存的变异个体，就容易生存下来并且繁殖后代；那些具有不利于生存的变异的个体，则容易被淘汰。地球上的各种生物通过激烈的生存斗争，适应者生存下来，不适应者则被淘汰。达尔文把在生存斗争中适者生存，不适者被淘汰的过程，叫作自然选择。

自然选择的结果

长颈鹿的祖先，有的颈和前肢长些，有的颈和前肢短些，而颈和前肢长短的性状是可以遗传的。后来，它们生活的地区气候变得干旱了，地上的青草减少了，这时，颈和前肢长的由于能够吃到树上高处的树叶而容易生存下来，并且繁殖后代；而那些颈和前肢短的由于吃不到足够的食物而容易被淘汰。这就是自然选择的结果。

达尔文的自然选择学说，正确地解释了生物界的多样性和适应性，这对于人们正确认识生物界具有重要的意义。

生命从细胞开始

地球上除病毒之外所有的生命都来自于细胞，换一句话说，除病毒之外所有的生命体都是细胞生物。而细胞生物都起源于单细胞，无论是植物还是动物，都是由单细胞不断进化而来的。简而言之，生命从细胞开始。

地球上的一切细胞生物进化的基本过程是：由单细胞进化而成为原生物，原生物先后演化出初级植物和初级动物。初级植物为初级动物提供天然食物的同时，也为自身的进化创造了自然条件，反过来也为初级动物的进化创造了自然条件，从而它们之间互为因果、相互循环利用并一代传一代地由低级生物形态逐渐向高级生物形态层级进化。

原始细胞的演化

原始细胞是生命的最初级阶段，发育还极不完善，只有核酸和蛋白质以及简单的酶系，还没有细胞核。随着能量的不断增加，原始细胞的演化进一步走向高级阶段，细胞的物质和结构进一步完善，渐渐发展成为原核细胞和真核细胞。

最原始的生命

大约在38亿年前，当地球的陆地上还是一片荒芜时，在咆哮的海洋中就开始孕育了生命，也就是最原始的细胞，其结构和现代细菌很相似。大约经过了1亿年的进化，海洋中原始细胞逐渐演变成为原始的单细胞藻类，这大概是最原始的生命。

科学家为了验证生物的起源，在1861年，俄国化学家布特列洛夫把一个碳氢化合物（甲醛）溶解在石灰水里，在温暖的地方停放了一段时间之后：这些东西变甜了。也就是说，甲醛在石灰水中竟变成了糖。这个现象令人想到原始海洋里的条件。

一个惊人的实验在1952年成功了。美国科学家米勒用甲烷、氨、氢和水蒸气混合成一种与原始地球大气基本相似的气体，他把这气体放在抽成真空的玻璃仪器中，通过连续进行火花放电，来模仿原始地球大气层的闪电。一星期之后，在这种混合体中得到了5种构成蛋白质的重要氨基酸，这些都是活体组织中的主要组成部分。

米勒的实验室震动了科学界。因为，在自然界中，由甲烷、氨、氢和水蒸气变成氨基酸该经过几百万年。米勒让人们在他的实验室中观测到在自然界因变化速度太慢而无法看到的物质变化现象。原始地球上的物质变化在他的实验室里得到了再现。

原始细胞的构造

通常情况下，一个完整的植物细胞主要有下列结构：

（1）细胞壁。位于细胞的最外层，是一层透明的薄壁。主要由纤维素和果胶组成，孔隙较大，物质分子可以自由透过。细胞壁对细胞起着支持和保护的作用。

（2）细胞膜。细胞壁的内侧紧贴着一层极薄的膜，这层膜就是细胞膜。细胞膜由蛋白质分子和磷脂双分子层组成，水和氧气等小分子物质能够自由通过，而某些离子和大分子物质则不能自由通过。因此，它除了起着保护细胞内部的作用以外，还具有控制物质进出细胞的作用：既不让有用物质任意地渗出细胞，也不让有害物质轻易地进入细胞。

（3）细胞质。细胞质为细胞膜包着的黏稠透明的物质。在细胞质中，有一个或几个液泡，其中充满着液体，叫作细胞液。在成熟的植物细胞中，液泡合并为一个中央大液泡，其体积占去整个细胞的大半。细胞质被挤压为一层。

（4）细胞核。细胞核为细胞质里的一个近似球形的核体，是由更加黏稠的物质构成的。细胞核通常位于细胞的中央，成熟的植物细胞的细胞核，往往被中央液泡推挤到细胞的边缘。多数细胞只有一个细胞核，有些细胞含有两个或多个细胞核。

原始细胞是最初级阶段，发育还不完善，只有核酸和蛋白质以及简单的酶系，还没有细胞核。随着获得的能量的不断增加，细胞的演化进一步走向高级阶段，细胞的物质和结构进一步完善。再经过漫长的年代，渐渐发展成为原核细胞和真核细胞。

原始细胞的演化之路

原核细胞是一类比较原始的细胞。但是，原核细胞也不可能以非细胞的生命形式一下子产生。有没有比典型的原核细胞更原始、更简单的细胞或生物结构呢?

病毒无疑是一类更简单的生物结构，它们主要由核酸包以蛋白质外壳而构成，过去一度认为病毒是从非生物到生物的过渡形式，生物大分子首先形成了病毒的结构后，再由此产生原始细胞的结构。但随着对病毒研究的深入，发现这种观点是错误的。病毒是不可能在细胞之前起源的。

还有一类称为支原体的微生物，它们可以说是现代最小最简单的细胞。支原体能独立生存，除了可以在细胞中寄生繁殖，还可以在无细胞的培养基中生长繁殖。它们多为球形，比细菌小得多，直径只有 0.1～0.3um，从体积上来说是一般细菌的 1/1000，只相当于一些病毒的大小。支原体能引起多种人和其他动物的疾病，在植物中也发现有寄生的支原体存在。

支原体细胞的结构极为简单，只具有作为细胞所必需的结构。支原体的外围是细胞膜，其内细胞质中只有核糖体这种细胞器官，数目有上千个之多。至于支原体的基因组，则为双链 DNA，散布于整个细胞内，没有形成核区或类核。在这种细胞内，含有 DNA、RNA 和多种蛋白质，包括上百种酶。可见尽管支原体很小，但在结构和机能上是可以与其他较为复杂的原核细胞比较的。所以，它们是一类完整的生物。

那么，最原始的细胞是什么样的？下面是一些合理的推测。

地球无机物质主要由二氧化碳、水和氮等化学物质组成。在地球自然形成的具备生命出现的天然条件下，由于有天然的南北两极和地球的自转和公转的特征，使地球表面出现了温差而产生风和引力。在风和引力的作用下，会引发液态水翻起波浪和进行水流运动。波浪和水流不停地冲击地球物质——尘粒，并在太阳能量的作用下，使尘粒物质（二氧化碳、氮）和液态水出现物理化学反应，并在一定时间的化合作用下，使无机的尘粒物质发生变化，并由无机物质向有机物质转变，从而形成一个有感觉的微小生命体。这种在地球上出现的生命体，统称它为单细胞。

单细胞形成之初是非常微小的，人类眼睛是无法能看见的。由此可见，单细胞形成的物质本质，是二氧化碳、氮和液态水通过物理化学反应所形成的。单细胞除天生有感觉外，还天然具有染色体和线粒体这些化学物质，为今后逐步进化形成各类型细胞生物物种打下天生遗传、复制和记忆的物质基础。

同时，它还具有自养和异养两种不同特征的天然属性。自地球形成上述的自然条件之后，单细胞就能持续诞生，正因为单细胞具有天然的自养和异养属性，它们的诞生就有二氧化碳、液态水和氮物质为其提供天然的生存要素。由此可以得出一条定律：自然界只要有稳定的液态水形成，就会有生命的持续诞生。科学家从湖泊、海洋中提取液态水样本时发现有数之不尽的单细胞和初级的多细胞生命存在。

综上所述，单细胞是由二氧化碳、氮和液态水三者化学反应所形成的有机化合物。在形成单细胞的过程中，水化和氧化起到重要的作用。因而，这种物质永远离不开液态水和适中氧气作为其今后繁衍的支撑要素。单细胞也称为有机分子，它天然具有感觉、遗传、自养和异养四重属性。

最原始的细胞的进化首先是其内的“基因组”向复杂化和多功能化的发展，所以导致蛋白质生物合成的出现，进一步通过自组建立起比较完善的膜系统和合成蛋白质的“机器”——核糖体，这样就形成了现代细胞系统的雏形。这种细胞可能类似现代的支原体。再发展下去，通过建立比较完善的能量代谢系统，而且基因组相对集中，形成类核，就进化为原始的细菌类；如果还建立光合作用系统，就进化为原始的光合细菌，成为现代蓝藻的祖先。

真核细胞的演化

真核细胞是含有真核（被核膜包围的核）的细胞。由真核细胞构成的生物为真核生物。

真核细胞能进行有丝分裂。除细菌和蓝藻植物的细胞以外，所有的动物细胞以及植物细胞都属于真核细胞。真核细胞的形成是生物进化的一件大事，它标志着一个伟大时代即将到来。

细胞核的起源

早在35亿年前，当细菌成功地形成菌落，开始踏上征服整个地球的旅程时，一个模糊的分支开始向着一个奇怪方向进化。这个分支对于细菌大家族来说，简直就是个“旁门左道”。可是20亿年之后，这个旁门左道就演化成各种庞大的类群，包括原生生物、植物、真菌和动物，还有人类。它们极大地不同于前面我们提到的任何细菌，因为它们拥有真正的细胞核，核物质位于细胞核内，有核膜包被，因此称为“真核细胞”。而细菌这样的原核细胞虽然也拥有核物质，但它们只是裸露地存在于细胞内的特定位置，称“类核”或“拟核”。

从原始的原核细胞进化为真核细胞，最关键的一步就是细胞核的形成。细胞核主要由核膜、染色质、核仁和核质等组成。

核膜是双层膜，分为外膜和内膜。外膜的某些区域常常和内质网直接相连，而且外膜的外表面常有大量核糖体附着，就像内质网一样。核膜上有很多小孔，称“核孔”，它们是细胞核与细胞质之间的物质通道。

染色质是细胞核内由DNA和蛋白质所组成的复合结构。核仁则是细胞核中转录RNA和装配核糖体的部位。

那么细胞核究竟是怎么产生的呢？回答这个问题的关键就是弄清核膜的起源，因为核膜是原始的原核细胞所没有的，而染色质和核仁等完全可以由原核细胞的DNA加上某些蛋白质演变而来。

关于核膜的起源，有这样几种具有代表性的观点：

第一种观点认为核膜是由细胞膜内褶把原始的类核包围起来而形成的，内外两层核膜都是起源于原始原核细胞的细胞膜。

这种观点的依据是现代的原核细胞中，可以观察到很多细胞膜内褶并形成一些特殊结构的现象，而且类核也常常直接或间接地附着在细胞膜上。这样，由细胞膜把类核包围起来形成细胞核就成为了可能。

这种观点能够解释为什么核膜是双层膜，但是它无法解释核孔的形成以及核膜的内外膜在形态结构和化学组成上的差异。如果核膜在形成的时候没有核孔，那么它又如何保证原始细胞核与细胞质之间频繁的物质交换呢？尤其是那些大分子的物质交换。

第二种观点认为核膜的内外两层膜有着不同的起源。内膜源于细胞膜，而外膜则源于内质网膜。原始原核细胞的类核被内褶的细胞膜逐渐包围，继而外膜被单层的内质网膜所取代。

这种观点有不少证据的支持。例如，核膜的外膜在结构和组成上确实与内质网膜相似，而且外膜常和内质网相连，并附有核糖体。有证据表明，原始的内质网本身也可能起源于细胞膜。

这种观点很容易解释核膜的内外膜之间的差异，但它也同样难以说明核孔的形成，以及内质网膜如何取代刚形成的双层核膜的外膜。

核　孔

核膜上有许多小孔，称为核孔。它是细胞核内外进行物质交流的通道，核孔的直径为 80 纳米—120 纳米。一个典型的哺乳动物的核膜上有 3000—4000 个核孔，合成功能越旺盛的细胞，核孔的数量就越多。核孔是由一组蛋白质颗粒以特定的方式排布形成的复杂结构。

第三种观点认为核膜不是直接起源于细胞膜，而是起源于由细胞膜形成的原始内质网。它把原始细胞的类核包围起来就形成了细胞核。

我们知道，核膜会在细胞的有丝分裂过程中消失。分裂结束后，参与核膜重建的除了原来的核膜碎片外，还有内质网的碎片。所以核膜和内质网实际上是同一类膜系统，甚至可以认为核膜是内质网的一个特殊组成部分。

这种观点能较好地说明核孔的形成，因为原始内质网的片段在包围类核时，可能不完全地连接，从而留下一些细小的孔道，这些孔道以后就有可能发展成现在我们所知道的核孔。

目前已经发现，在一些非常低等的单细胞真核生物中（如双滴虫类——已知最古老的真核生物），核膜上存在许多大小不一的缺口，而它们还没有发展成复杂的核孔结构。这些生物的核膜很可能就是原始核膜的遗迹。

这样看来，第三种观点或许是细胞核起源最有可能的方式。

真核细胞的出现

真核细胞的起源，是由于某种原核生物在某种古核生物细胞内形成了内共生关系的结果。由于迄今所知最古老的真核生物化石已有近 21 亿年的历史，许多科学家推测，最早的真核生物可能早在 30 亿年前就出现了。真核细胞的直接祖先很可能是一种巨大的具有吞噬能力的古核生物，它们靠吞噬糖类并将其分解来获得其生命活动所需的能量。当时的生态系统中存在着另一种需氧的真细菌，它们能够更好地利用糖类，将其分解得更加彻底以产生更多的能量。

在生命演化过程中，这种古核生物将这种原核生物作为食物吞噬进体内，但是却没有将其消化分解掉，而是与之建立起了一种互惠的共生关系：古核细胞为细胞内的真细菌提供保护和较好的生存环境，并供给真细菌未完全分解的糖类，而真细菌由于可以轻易地得到这些营养物质，从而产生更多的能量，并可以供给宿主利用，因此，这种细胞内共生关系对双方都有益处，因此双方在进化中就建立起了一种逐步固定的关系。

在古核细胞内，共生的真细菌由于所处的环境与其独立生存时不同，因此很多原来的结构和功能变得不再必要而逐渐退化消失殆尽。结果，细胞内共生的真细菌越来越特化，最终演化为古核细胞内专门进行能量代谢的细胞器官——线粒体。

同时，一方面原来的古核细胞的能量代谢越来越依赖于内共生的真细菌的存在，另一方面为了避免自身的一些细胞内结构，尤其是遗传物质被侵入的真细菌“吃掉”，它们也产生了一系列应激性的变化。

首先是细胞膜大量内陷形成了原始的内质网膜系统，限制了线粒体前身真细菌的活动。而后，原始的内质网膜系统中的一部分进一步转化，将细胞的遗传物质包在一起形成了细胞核，这一部分内质网就转化成了核膜。从此，一种更加进步的生命形式诞生了，这就是真核细胞，也就是最初的真核原生生物。

真核细胞出现的巨大意义

真核细胞的形态结构比较复杂，它的遗传物质除了 DNA 外，还有 RNA 和蛋白质，形成了结构复杂的染色体，并集中在由核膜包裹着的细胞核中。这类细胞较多，由真核细胞组成的生物称为真核生物。

真核细胞的出现，是生物进化史上的一个重大事件，具有十分深远的意义。因为真核细胞的起源为有性生殖的形成奠定了基础，真核细胞能进行有丝分裂，有了有丝分裂，才有有性生殖过程中的减数分裂——有丝分裂的特殊形式。

在生命进化中出现了减数分裂之后，有性过程迅速地发展了。通过有性繁殖既可以把不同的遗传物质综合在一起，丰富了遗传内容，又可以通过基因的分离、互换和配子的随机结合。提高物种的变异性，大大提高了进化的速度。

另外，真核细胞的出现使藻类的光合作用效率大大提高，加速了自由氧在海洋和大气中的积累，使太阳紫外线辐射强度大大减弱，扩大和改善了生物的生存环境。真核细胞的出现还促进了三级生态系统的形成，从以异养的细菌和自养的蓝藻组成的一个二级生态系统，分化发展出由动物、植物和菌类所组成的三级生态系统。

内共生学说

内共生学说是一种关于真核细胞起源的假说。由美国生物学家马古利斯于 1970 年出版的《真核细胞的起源》一书中正式提出。她认为，某种细菌被变形为虫状的原核生物吞噬后、经过长期共生能成为线粒体，蓝藻被吞噬后经过共生能变成叶绿体，螺旋体被吞噬后经过共生能变成原始鞭毛。这一假说由于证据充分，已被越来越多的人所接受。

动植物开始分化

动物和植物的差别很大，植物是固定生长，而动物是可四处活动的；植物可利用阳光进行光合作用，制造养料，而动物不能制造养料，只能耗费养料；两者从细胞上分，植物细胞有细胞壁，动物细胞没有细胞壁；动物出现要比植物晚，因为动物是吃植物的，同时它呼出二氧化碳，吸入氧气，而没有植物，地球上就没有氧气，没有食物，动物也就不会出现。但是动植物是从何时开始分化的呢？答案是：从真核细胞生物出现，动植物开始了分化。

两极生态体系形成

单细胞细菌是地球上最早出现的原核生物。单细胞的细菌以周围环境的有机质为养料，属于异养生物。但原始海洋中由化学反应产生的有机质有限，当消费与生产达到平衡时，异养生物缺乏养料，就很难发展下去。于是由于高度的变异潜能，原核生物演化出具有叶绿素的蓝藻。

蓝藻能够进行光合作用，把无机物合成有机的养料，生物学把它称为自养生物。自养的蓝藻所合成的有机质，除供本身营养外，还能供应异养细菌。

异养细菌除了从蓝藻中取得食物供应外，还把有机质分解为无机物，为蓝藻提供原料。因此在生态学中称蓝藻为合成者，细菌为分解者。自养蓝藻的出现使早期生物界具备了自养和异养、合成和分解两个环节，形成了个菌藻生态体系，也叫两极生态体系，解决了营养问题，突破环境限制，在原始海洋中获得了更广泛的发展。

动植物的分化

两极生态体系形成之后，经过了很长一段时间，在17亿年前，随着真核细胞生物的出现，生物界开始了动物、植物的分化。动物的出现形成了一个三极生态体系，所谓“三极”指的是：

绿色植物——进行光合作用制造养料，自养并供给其他生物，成为自然界的生产者。

细菌和真菌——以绿色植物合成的有机质为养料，同时通过其生活活动分解出大量二氧化碳及氮、硫、磷等元素，为绿色植物生产养料提供原料，成为自然界的分解者。

动物——以植物和其他动物为食，是自然界的消耗者。

由此可见，真核细胞生物的出现，是动物、植物分化的开始。在这个时期，动物、植物门类中所产生的都是一些最低等、最原始的生物，它们之间尽管大体能区分开，但彼此多少都有一些对方的特征。

强甲藻虽已有细胞壁（这是植物的特征），但却仍有自主的运动器官——两根鞭毛，一条纵鞭毛、一条横鞭毛，可任意选择运动方向，被称为运动性的单细胞植物。眼虫虽无细胞壁，能够自由活动，是一种单细胞的原生动物，可它的细胞质内却含有叶绿素，在阳光下和植物一样可进行光合作用，自己制造食物。它们都不太符合动物、植物的定义。其实，定义是根据大部分动物、植物的特征制定出的，生物等级越高，其特征越明显；而低等原始生物，本身就结构简单、功能不全，为了生存，其方式自然是五花八门的，不可能在定义中把所有的动物、植物特征全部罗列出来。任何定义都是对某一范畴中的事物的高度概括，极少数范畴中的事物违反了定义规定也并不奇怪，只要它总体上符合定义就行了。

微生物王国

地球上的生命的主体既不是人类，也不是动物界和植物界，而是微生物界。无论是物种的数量，生存年代的久远，还是在地球生态系统中的地位，微生物都当之无愧地占据着主体的地位。

迄今已知的微生物大部分为原核生物，原核生物包括细菌、放线菌、蓝藻和原绿藻四大类。原核生物加上病毒和菌物（属于真核生物），就构成了我们所称的微生物。狭义的微生物包括病毒、细菌和真菌三大类，而广义的微生物概念则还包括微型藻类和部分原生动物等。其中，细菌可以说是具有完整细胞的最小微生物。

最早的地球“居民”

在生物进化史上，微生物是最先出现的，不过目前存在的微生物大部分不是原初的种类，而是几十亿年进化的产物。这些最早的地球“居民”种类繁多，形态和结构多样，本领千差万别。别看它们属于微小型，但它们却是一切生物的祖先。

列文虎克的发现

在大自然中，生活着一大类人肉眼看不见的微小生命。无论是繁华的现代城市、富饶的广阔田野，还是人迹罕见的高山之巅、辽阔的海洋深处，到处都有它们的踪迹。这一大类微小的“居民”称为微生物，它们和动物、植物共同组成生物大军，使大自然显得生机勃勃。

微生物王国是一个真正的“小人国”，这里的“臣民”分属于细菌、放线菌、真菌、病毒、类病毒、立克次氏体、衣原体、支原体等几个代表性家族。这些家族的成员，一个个小得惊人。就以细菌家族中大个体杆菌来说，让3000个杆菌头尾相接“躺”成一列，也只有一粒米那么大；让70个杆菌“肩并肩”排成一行，刚抵得上一根头发丝那么宽。

微生物界中的“巨人”

微生物中也有看得见的。比如食用的蘑菇，药用的灵芝、马勃等都是微生物。生物学家曾在原捷克斯洛伐克发现一种巨蕈，属于真菌族微生物范畴。它直径4米多，重达100多千克。它不仅是微生物大家族中的“巨人”，在整个生物世界里也不算小了。

微生物如此之小，人们只能用“微米”甚至更小的单位“埃”来衡量它。1微米等于1‰毫米。细菌的大小，一般只有几个微米，有的只有0.1微米，而人的眼睛大约只能分辨0.06毫米的东西，所以用肉眼没法看见微生物。微生物是怎样被人们发现的呢？

列文虎克是荷兰人，1632年出生在一个贫穷的家庭。他非常热爱大自然，也非常爱动脑筋。16岁的那一年，列文虎克离开了家乡，来到了荷兰的首都阿姆斯特丹，在一家杂货铺里当学徒。白天，他忙着干活，一到晚上，店铺关门后，他就借着灯光读着自己喜欢的书。他从书中知道了天空、宇宙，也从书中认识了许多动物、植物和小昆虫。这段时间，列文虎克从书本上学到了许多东西。杂货铺的隔壁是一家眼镜店，他有空就向师傅们学习磨眼镜片的技术。他还从一些手艺人那里学会了做金银饰品的手艺。在六年的学徒生活中，他学会许多在学校无法学到的知识。

他知道磨制的玻璃片可以将小的东西放大后，在脑海里产生了一个新奇的想法：如果能制造一种特殊的镜片可以把看到的东西放大许多，用它来观察一切微小的事物该有多好！

列文虎克的学徒期满了，他不得不为谋生而四处奔波，一直没有机会实现自己的理想。几十年过去了，最后他回到了自己的故乡，做了一个看门人。看门这种清闲的工作为他实现理想提供了充裕的时间。他开始了艰苦的磨制显微镜镜片的工作。经过许多天的辛劳，他终于做成了可以放大近200倍的世界上第一台显微镜。

▲列文虎克

列文虎克做好显微镜后，到处收集微小的东西放到显微镜下观察。有一次，他牙缝里取下牙垢，然后放在显微镜下观察。他惊呆了：牙垢里竟然有许许多多小生物，它们像鱼儿一样来回游动。他仔细地把看到的东西画在本子上，并详细记录了观察的结果。

此后，列文虎克每天不停地观察着、记录着。他的标本越来越多，他把这些观察结果寄到英国皇家学会并引起了轰动，全世界的人们都在议论着这个微小的尚不被人所知的世界。人们从世界各地来到荷兰列文虎克的家乡，要求看一看这些居然连肉眼也看不到的微小生物。

列文虎克用自己亲手制作的显微镜，第一个观察到了细菌。但是由于当时科学不发达，就连列文虎克自己也不知道发现这些细菌有什么用处，他只是把它们叫作可爱的“小动物”。

这以后，列文虎克继续观察了各种容器里的积水以及河水、井水、污水等，都发现有这样一个芸芸众生的“小动物”世界。列文虎克第一个通过显微镜看到了细菌，为人类敲开了认识微生物的大门。从此，人们借助显微镜揭开了微生物的奥秘。

生命三域学说

人类在发现和研究微生物之前，把一切生物分成截然不同的两大界——动物界和植物界。随着人们对微生物认识的逐步深化，从两界系统开始发展为三界系统、四界系统、五界系统甚至六界系统，直到20世纪70年代后期，有学者发现了地球上的第三种生命形式——古菌，才导致了生命三域学说的诞生。该学说认为生命是由古菌域、细菌域和真核生物域所构成。

古菌域包括嗜泉古菌界、广域古菌界和初生古菌界；细菌域包括细菌、放线菌、蓝细菌和各种除古菌以外的其他原核生物；真核生物域包括真菌、原生生物、动物和植物。除动物和植物以外，其他绝大多数生物都属微生物范畴。由此可见，微生物在生物界级分类中占有特殊且重要的地位。

原核生物是由原核细胞构成的生物，细胞中无膜包围的核和其他细胞器，染色体分散在细胞质中，不具有完全的细胞器官，并主要通过二分分裂繁殖，细菌、蓝藻、支原体和衣原体都属于原核生物。原核生物与古核生物、真核生物并列构成现今生物三大进化谱系。

真核生物是由真核细胞构成的生物。真核细胞是含有真核（被核膜包围的核）的细胞。其染色体数在一个以上，能进行有丝分裂，还能进行原生质流动和变形运动。

最简单的真核生物在进化过程中产生两个分支，一个是原核生物（细菌和古菌），一个是原真核生物，在之后的进化过程中细菌和古菌首先向不同的方向进化。原真核生物经吞食一个古菌，并由古菌的DNA取代寄主的RNA基因组而产生真核生物。

从原核细胞到真核细胞是生物演化从简单到复杂的转折点，原核细胞没有核膜，没有细胞器，结构简单。真核细胞具有核膜，整个细胞分化为细胞核和细胞质两部分，细胞核内具有染色体，成为遗传中心，细胞质内进行蛋白质合成，成为代谢中心。由于细胞结构的复杂化，增强了变异性，使得真核生物能够向高级体制发展。

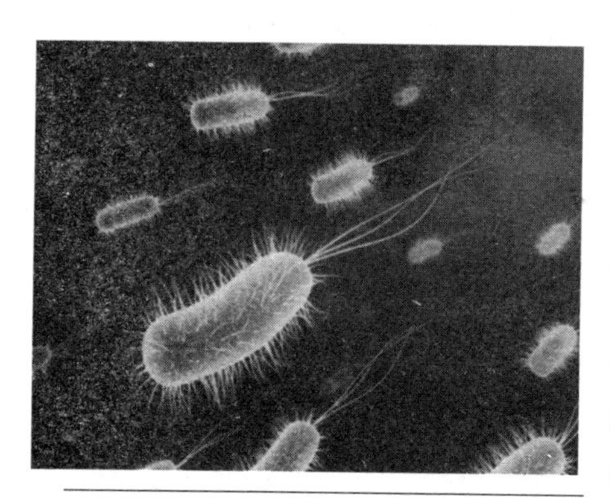

▲单细胞微生物

本领强大的微生物

微生物能在地球上最早出现，又延续至今，与它们特有的食量大、食谱广、繁殖快和抗性高等有关。微生物的结构非常简单，一个细胞或是分化成简单的一群细胞，或是一个能够独立生活的生物体，承担了生命活动的全部功能。它们个体虽小，但整个体表都具有吸收营养物质的机能，这就使它们的“胃口”变得分外庞大。如果将一个细菌在一小时内消耗的糖分换算成一个人要吃的粮食，那么，这个人得吃500年。微生物不仅食量大，而且无所不“吃”。地球上已有的有机物和无机物，它们都来者不拒，都会成为它们的食物来源。

微生物不分雌雄，它们的繁殖方式也与众不同。以细菌家族的成员来说，它们是靠自身分裂来繁衍后代的，只要条件适宜，通常20分钟就能分裂一次，一分为二，二变为四，四分成八……就这样成倍成倍地分裂下去。虽然这种呈几何级数的繁衍，常常受环境、食物等条件的限制，实际上不可能实现，即使这样，它们也足以使动植物望尘莫及了。

微生物具有极强的抗热、抗寒、抗盐、抗干燥、抗酸、抗碱、抗缺氧、抗压、抗辐射及抗毒物等能力。因而，从1万米深、水压高达1140个大气压的太平洋底到8.5万米高的大气层；从炎热的赤道海域到寒冷的南极冰川；从高盐度的死海到强酸和强碱性环境，都可以找到微生物的踪迹。

由于微生物只怕明火，所以地球上除活火山口以外，都是它们的领地。微生物当然也要呼吸，它们有的喜欢吸氧气，是好氧性的；有的则讨厌氧气，属于厌氧性的；还有的在有氧和无氧环境下都能生存，叫兼性微生物。微生物不仅“能吃”，而且还“贪睡”。据报道，在埃及金字塔中三四千年前的木乃伊上仍有活细菌。微生物的休眠本领真是令人惊叹不已。

微生物的演化

微生物经历了一个从无到有，从简单到复杂，从低级到高级的演化过程。微生物种类不同，演化的途径、历程也迥异。同时，不同的演化历程也必然造就不同的生命体，庞大、多样、繁茂的生物界就在这种不同中形成了。

细菌的演化

太阳在燃烧中会自然产生对细胞生物生长有妨碍的化学物质，我们将之统称为有毒物质。这些有毒的物质会随着尘粒转移到太空中去。在尘粒中就带有毒性的化学物质元素不断发展壮大，当尘粒积聚到一定的质量，并在相互引力的作用下，使它们结合积聚时会产生冲击和碰撞的现象。当出现了火花时，也会产生有毒物质元素，这些有毒化学物质元素与尘粒紧密相依，相互依存。

在行星体不断发展壮大的过程中，尘粒天然地存在着对生命体有害的毒性元素。然而，地球上的尘粒在天然条件下，在水流和波浪的冲击下会使尘粒产生化合作用，在尘粒物质发生质的变化的同时，有毒元素也随着尘粒的变化而变化。当尘粒转变成为微小的有感觉的碳水化合物生命个体，即有机分子时，有毒物质元素同时也形成更为微小的化合物个体而存在于这个有感觉的个体之中，即存在于单细胞之中。

它是作为一种比单细胞还要微小的单个孢子状生命形态而独立地依附在细胞之中而生存的，它不是由单细胞结构所组成的生命形态，这种能在细胞中而独立生存的孢子状微小生命体，是一种原核生物，统称它为细菌。

细菌可以说是最小的具有完整细胞的微生物了。细菌的起源，根据目前已找到的化石来推断，可追溯至35 亿年前，然而有关细菌的研究，则是显微镜发明改良后，才蓬勃发展的。

在显微镜下，我们看到的细菌，大致有 3 种形状：个儿又胖又圆的，叫球菌；身体瘦瘦长长的，是杆菌；体形弯弯扭扭的，称螺旋菌。不论哪种形状，它们都只是单细胞，内部结构和一个普通的植物细胞相似。细菌的外面有个坚韧而有弹性的外壳，称为细胞壁，细菌就靠细胞壁来保护自己的身体。紧贴细胞壁内部有一层柔韧的薄膜，叫细胞膜，它是食物和废物进出细胞的“门户”。

细胞膜里面充满着黏稠的胶体溶液，这是细胞质，其中含有各种颗粒和贮藏物质。有的细菌有细胞核，但比大生物的细胞核简单得多，因此人们叫它原核细胞。

多数细菌是不会运动的，只是由于它们体微身轻，所以能借助风力、水流或粘附在空气中的尘埃和飞禽走兽身上，云游四方，浪迹天涯。也有一些细菌身上长有鞭毛，好像鱼的尾巴，能在水中扭来摆去，游动起来速度挺快。霍乱弧菌凭借鞭毛的摆动，1小时内能移动18厘米，这段距离相当于它身长的9万倍！

细菌中，有的“赤身裸体”，一丝不挂；有的却穿着一身特别的“衣服”，这就是包围在细胞壁外面的一层松散的黏液性物质，称为荚膜。它既是细菌的养料贮存库，又可作为“盔甲”，起着保护层的作用。

细菌家族的成员，如果固定在一个地方生长繁殖，就形成了用肉眼能看见的小群体，叫菌落。细菌可以以无性或者遗传重组两种方式繁殖，最主要的方式是二分裂法这种无性繁殖的方式：一个细菌细胞细胞壁横向分裂，形成两个子代细胞。

生物进化到今天，已不可能找到所有性状都停留在原始状态的现存生物。细菌的情况也是这样。科学家在一类能用二氧化碳和氢气产生甲烷的厌氧细菌中，发现了一个既不同于一般的细菌，又不同于真核生物的类群。于是，就把这一特殊的生物类群称为原细菌，而为了与之区别，一般的细菌就称为真细菌。

最初的原细菌只有产甲烷细菌类为代表，后来越来越多的种类被鉴别出来了，包括生长在极浓的盐水中的盐细菌、可以在自燃的煤堆中生长的嗜热细菌、在硫磺温泉中或海底火山区生长的嗜硫细菌等。这些原细菌都是在比较极端的环境和条件下生存的，真细菌以及真核生物在这样的条件下早已不复存在了。

原细菌的发现使得可以把现代巨细胞的生命形式分成3个门类，即原细菌、真细菌和真核生物。由于现代的原细菌的生活环境相对来说比较接近原始地球的环境，因此，可以认为它们是原始生物的比较直接的后代，它们所拥有的原始性状会比较多。

真核生物由于有不少与原细菌相似的分子生物学性状，因此，它们某些方面也是相当原始的，虽然在具有细胞核和细胞器这一点上无疑是进化的。至于真细菌，虽然在没有细胞核这一点上是原始的，但它们在很多其他的分子生物学和细胞生物学性状上与原细菌相差甚远，所以，真细菌其实是拥有不少进化或特化的性状的。通过这些分析，可以说，一般的细菌并不原始。

细菌的质粒

作为原核生物，细菌没有细胞核，整个基因组DNA呈环状，位于细胞内的特定区域。细菌也没有线粒体，负责蛋白质合成的核糖体则分布在细胞质内。在细胞质内，除了基因组DNA外，很多细菌还有质粒（一种小的环状DNA分子），能在细胞内独立复制扩增，并随着寄主细胞的分裂而被遗传到子代细胞。质粒的天然构型看起来就像麻花一样呈超螺旋状。质粒本身带有许多基因，这些基因的表达产物可以赋予细菌很多新的特性。

病毒的演化

对于病毒的起源曾有过种种推测：①病毒可能类似于最原始的生命；②病毒可能是从细菌退化而来，由于寄生性的高度发展而逐步丧失了独立生活的能力，例如腐生菌—寄生菌—细胞内寄生菌—支原体—立克次氏体—衣原体—大病毒—小病毒；③病毒可能是宿主细胞的产物。这些推测各有一定的依据，目前尚无定论。因此，病毒在生物进化中的地位是未定的。但是，不论其原始起源如何，病毒一旦产生以后，同其他生物一样，能通过变异和自然选择而演化。

在病毒大家庭中，有一种病毒有着特殊的地位，这就是烟草花叶病毒。无论是病毒的发现，还是后来对病毒的深入研究，烟草花叶病毒都是病毒学工作者的主要研究对象，起着与众不同的作用。

1886 年，在荷兰工作的德国人麦尔把患有花叶病的烟草植株的叶片加水研碎，取其汁液注射到健康烟草的叶脉中，发现这种汁液能引起花叶病，证明这种病是可以传染的。通过对叶子和土壤的分析，麦尔指出烟草花叶病是由细菌引起的。

1892 年，俄国科学家伊万诺夫斯基重复了麦尔的试验，证实了麦尔所看到的现象，而且进一步发现，患病烟草植株的叶片汁液，通过细菌过滤器后，还能引发健康的烟草植株发生花叶病。这种现象起码可以说明，致病的病原体不是细菌，但伊万诺夫斯基将其解释为是由于细菌产生的毒素而引起。伊万诺夫斯基未能做进一步的思考，从而错失了一次获得重大发现的机会。

1898 年，荷兰细菌学家贝杰林克同样证实了麦尔的观察结果，并同伊万诺夫斯基一样，发现烟草花叶病病原能够通过细菌过滤器。但贝杰林克想得更深入。他把烟草花叶病株的汁液置于琼脂凝胶块的表面，发现感染烟草花叶病的物质在凝胶中以适度的速度扩散，而细菌仍滞留于琼脂的表面。

从这些实验结果，贝杰林克指出，引起烟草花叶病的致病因子有三个特点：①能通过细菌过滤器；②仅能在感染的细胞内繁殖；③在体外非生命物质中不能生长。根据这几个特点他提出这种致病因子不是细菌，而是一种新的物质，称为“有感染性的活的流质”，或者“滤过性病毒”，简称为“病毒”，拉丁名叫“Virus”。

几乎是同时，德国细菌学家勒夫勒和费罗施发现引起牛口蹄疫的病原也可以通过细菌过滤器，从而再次证明伊万诺夫斯基和贝杰林克的重大发现。

病毒能增殖、遗传和演化，因而具有生命最基本的特征。从本质上看病毒的特征是：

（1）含有单一种核酸（DNA 或 RNA）的基因组和蛋白质外壳，没有细胞结构；

（2）在感染细胞的同时或稍后释放其核酸，然后以核酸复制的方式增殖，而不是以二分裂方式增殖；

（3）严格的细胞内寄生性。病毒缺乏独立的代谢能力，只能在活的宿主细胞中，利用细胞的生物合成机器来复制其核酸并合成由其核酸所编码的蛋白，最后装配成完整的、有感染性的病毒单位，即病毒粒。病毒粒是病毒从细胞到细胞或从宿主到宿主传播的主要形式。

病毒可以导致疾病，关于病毒所导致的疾病，早在公元前 2 ~ 3 世纪的印度和中国就有了关于天花的记录。但直到 19 世纪末，病毒才开始逐渐得以发现和鉴定。在 19 世纪末，病毒的特性被认为是感染性、可滤过性和需要活的宿主，也就意味着病毒只能在动物或植物体内生长。1913 年，科学家在豚鼠角膜组织中成功培养了牛痘苗病毒，突破了病毒需要体内生长的限制。1928 年，有了更进一步的突破，科学家们成功利用切碎的母鸡肾脏的悬液对牛痘苗病毒进行了培养。

20 世纪早期，英国细菌学家弗雷德里克·托沃特发现了可以感染细菌的病毒，并称之为噬菌体。随后一位法裔加拿大微生物学家描述了噬菌体的特性：将其加入长满细菌的琼脂固体培养基上，一段时间后会出现由于细菌死亡而留下的空斑。高浓度的病毒悬液会使培养基上的细菌全部死亡，但通过精确的稀释，可以产生可辨认的空斑。通过计算空斑的数量，再乘以稀释倍数就可以得出溶液中病毒的个数。他们的工作揭开了现代病毒学研究的序幕。

1931 年，德国工程师恩斯特·鲁斯卡和马克斯·克诺尔发明了电子显微镜，利用电子显微镜使得研究者首次得到了病毒形态的照片。1935 年，美国生物化学家和病毒学家温德尔·梅雷迪思·斯坦利发现烟草花叶病毒大部分是由蛋白质所组成的，并得到病毒晶体。随后，他将病毒成功地分离为蛋白质部分和 RNA 部分。温德尔·斯坦利也因为他的这些发现而获得了 1946 年的诺贝尔化学奖。

烟草花叶病毒是第一个被结晶的病毒。1955 年，通过分析病毒的衍射照片，科学家揭示了病毒的整体结构。同年，科学家发现将分离纯化的烟草花叶病毒 RNA 和衣壳蛋白混合在一起后，可以重新组装成具有感染性的病毒，这说明这一简单的机制很可能就是病毒在它们的宿主细胞内的组装过程。

现在已经证明，病毒没有细胞结构，仅由核酸和包裹着核酸的蛋白质外壳组成，和其他微生物类群相比，病毒的结构显然简单多了。可以说病毒是一类个体极其微小的特殊的生命体，准确地说，是一类传染性颗粒，所以一般来说，科学家不说某个病毒是“死”还是“活”，而是说这个病毒有或者没有“活性”。在电子显微镜下，可以清楚地观察到病毒的真面目。

病毒的蛋白质外壳称为衣壳，衣壳由许多亚单位即衣壳体构成，病毒之所以有各种各样的形状，就是因为衣壳体排列不同。有些动物病毒在衣壳之外还有一层囊膜。囊膜来自宿主的细胞膜或核膜，病毒入侵人体后，就可借由囊膜上的特定糖蛋白识别宿主细胞，然后通过囊膜和细胞膜融合，将病毒颗粒送入细胞。

衣壳包裹着病毒的遗传物质核酸。有些病毒的核酸是核糖核酸（RNA），有些是脱氧核糖核酸（DNA），每一种病毒都只能有一种核酸。根据病毒核酸的组成，可以将病毒分为 DNA 病毒和 RNA 病毒。病毒的核酸只有一条，可以是双链，也可以是单链。整个基因组大约编码几个到几百个基因，这些基因大多和病毒的入侵和基因组的复制相关。和高等生物基因组动辄成千上万个基因相比，病毒的基因组算是很简单的了。

古菌的演化

古菌又称古细菌、太古菌或太古生物，是原核生物中的一大类，也是最古老的生命体。古菌有着独特的生命形式，它们既与细菌有很多相似之处，同时又有一些特征类似于真核生物。

单个古菌细胞直径在0.1到15微米之间，有一些种类形成细胞团簇或者纤维，长度可达200微米。它们有各种形状，如球形、杆形、螺旋形、叶状或方形。它们具有多种代谢类型。

古菌和真核生物的关系很复杂。一些人认为真核生物起源于一个古菌和细菌的融合，二者分别成为细胞核和细胞质。这解释了很多基因上的相似性，但在解释细胞结构上又存在解释不清的问题。

很多古菌是生存在极端环境中的。一些生存在极高的温度（经常在100度以上）下，比如间歇泉或者海底黑烟囱中。还有的生存在很冷的环境或者高盐、强酸、强碱性的水中。然而也有些古菌是嗜中性的，能够在沼泽、废水和土壤中被发现。很多产甲烷的古菌生存在动物的消化道中，如反刍动物、白蚁或者人类。

在细胞结构和代谢上，古菌在很多方面接近其他原核生物。然而在基因转录和翻译这样的分子生物学的中心过程上，它们并不明显表现出细菌的特征，反而非常接近真核生物。

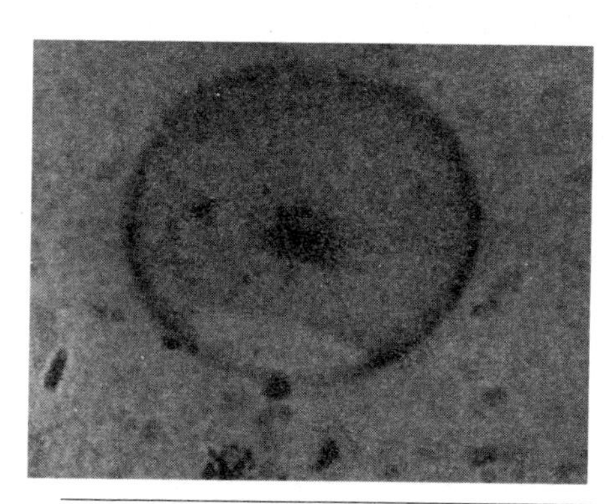

▲古细菌化石

古菌还具有一些其他特征。与大多数细菌不同，它们只有一层细胞膜而缺少肽聚糖细胞壁。而且，绝大多数细菌和真核生物的细胞膜中的脂类主要由甘油酯组成，而古菌的膜脂由甘油醚构成。这些区别也许是对超高温环境的适应。古菌鞭毛的成分和形成过程也与细菌不同。

古菌的繁殖方式为二分裂、芽殖。其繁殖速度较慢，进化速度也比细菌慢。

真菌的演化

真菌是微生物王国中最大的家族，它的成员有25万多种。味道鲜美的蘑菇，营养丰富的银耳、木耳，利水消肿、健脾安神的茯苓，保肺益肾、止血化痰的冬虫夏草，这些都是真菌大家族的成员。酿酒、发面、制酱油，都离不开酵母菌或霉菌的帮助，而酵母和霉菌也是真菌大家族的成员。

从生物进化的过程来看，真菌的诞生要比细菌晚10亿年左右，所以它是微生物王国中最年轻的家族。它们和细菌、放线菌最根本的区别是真菌已经有了真正的细胞核，因此人们把真菌的细胞叫作真核细胞。从原核细胞发展到真核细胞，是生物进化史上的一件大事。真菌具有多细胞结构，能产生孢子进行有性和无性繁殖。

虽然蘑菇、猴头这一类真菌长得又高又大，样子很像植物，但它们的细胞壁里还没有纤维素和叶绿体，不能像植物那样产生叶绿素，这是真菌与植物的重要区别。

关于真菌的起源众说纷纭，但直到现在还没有一个能被真菌学家们普遍接受的学说。一般关于真菌的起源有两种结论。一种是起源多元论，认为真菌来自藻类，如壶菌目源自原藻，水霉目源自无隔藻等。这种结论的依据是真菌性器官的形态及交配方式与藻类相似。另一种是鞭毛生物起源论，认为绝大多数真菌生物起源于一种原始的水生生物——鞭毛生物。这类生物属于单细胞生物，身上有鞭毛，体内含有叶绿素或其他色素，有的不含色素。经过演化，含有色素的鞭毛生物成为藻类，而无色素的则成为菌类。这种结论把真菌和藻类的起源都归到了鞭毛生物。

从生活习性上看，水生真菌是原始型，演化的过程是由水生到陆生，在演化过程中还可能由陆生返回水生。在这个基础上可以说具有鞭毛的游动孢子较原始，而不游动的静止孢子是相对进化的。

从营养方式上看，腐生方式是原始的生活类型，寄生生活方式比腐生生活方式高级。专性寄生生活方式比兼性寄生生活方式高级，最高级的生活方式是特异性的专性寄生方式。从生物形态上看，应该是由简单到复杂，再由复杂退化和失去特殊的结构，使结构简单化。最终确定真菌的演化主轴路线是从鞭毛生物到壶菌，壶菌到接合菌，结合菌到子囊菌，子囊菌到担子菌。

子囊菌纲为真菌中最多的一纲，现已知的种类约有 42000 种，都是陆生。最重要的特征在有性过程中形成子囊，产生子囊孢子。子囊菌除酵母菌是单细胞外，都有发达的菌丝体，菌丝分枝，有横隔壁，夹生在子囊之间，分化为不产生孢子的隔丝，隔丝与子囊排列一层，叫子实层。

子囊菌的无性繁殖，是在分生孢子梗顶端产生分生孢子传播菌体。分生孢子在一个生长季节里往往可以发生若干代。日常见到的子囊菌有青霉，它生长在腐烂的水果、蔬菜、肉类上，呈蓝绿色，这就是分生孢子的颜色。青霉能分泌一种抗生素，叫青霉素，在医疗上使用很广。

担子菌纲为真菌中最高等的种类，约有 25000 种，分布很广。常腐生于朽木、败叶、垃圾上面，也有串生于动植物及人体中的。它的菌丝体为分枝的多细胞，子实体显著，具有特殊的形状，如伞状（蘑菇）、片状（木耳）、球状（马勃）等。担子菌最重要的特征，是在子实体中产生一种棒状的菌丝叫担子，担子上生长 4 个孢子，叫担孢子。

地　衣

地衣为植物界中一类特殊的植物，全世界约有 15000 种。地衣的叶状体，由藻类和真菌共生组成。组成地衣的真菌多为子囊菌，少数为担子菌；组成地衣的藻类，则为单细胞的绿藻和蓝藻。菌类吸收水分和无机盐类供藻类使用，藻类制造的有机物为菌类所需，彼此互利。

最早的植物——藻类

植物界的产生是一个漫长的发生、发展和演化的历史过程。当今地球上生长着约40多万种植物。它们不仅在形态结构上不同，而且在营养方式、生殖方式和生活环境上也各不一样。现代科学和化石研究表明，现存的这些植物并不是现在才产生的，更不是由“上帝”创造出来的，它们大约经历了30多亿年的漫长历程逐渐发生、发展和进化而来的。

藻类是地球上出现最早的植物，经过漫长的演化，直到6亿年前的寒武纪（属古生代），藻类仍是地球上唯一的绿色植物。从现代藻类的形态、构造、生理等方面，也反映出藻类是一群最原始的植物。

藻类家族的进化

藻类是一个繁荣的大家庭，从最初、最简单的蓝藻到裸藻，裸藻又分化为两支，一支演化为甲藻，另一支演化为绿藻。甲藻经隐身藻演化为黄藻，进而进化到金藻、硅藻和褐藻等，组成了绚丽多彩的藻类世界。尤为重要的是，由于原始藻类的繁殖，并进行光合作用，产生了氧气和二氧化碳，为生命的进化准备了条件。还有，这种原始的单细胞藻类又经历亿万年的进化，产生了原始水母、海绵、鹦鹉螺、蛤类、珊瑚等。

最早出现的植物——蓝藻

蓝藻是地球上最早出现的植物。20 世纪 60 年代，美国科学家爱尔索·巴格霍恩在南非特兰斯尔的无花果树群浅燧石岩中，发现了类似细菌和蓝藻的微生物化石。据测定，这些蓝藻化石距已经有 34 亿年之久。这是蓝藻成为植物祖先的最可靠证据。前寒武纪是蓝藻的疯狂发展时期，因此有的学者将这个时期称为“蓝藻时代”。

蓝藻有极强的适应性，分布很广。在淡水和海水中，潮湿和干旱的土壤或岩石上、树干和树叶上，温泉中、冰雪上，甚至在盐卤池、岩石缝中都有它们的踪迹，有些还可穿入钙质岩石、介壳或土壤深层中。已知的蓝藻大约 2000 种，我国有记录的大约 900 多种。

蓝藻属于藻类生物，又叫蓝绿藻，因其细胞壁外面有一层黏滑的胶质衣，因此又叫黏藻。在所有植物中，蓝藻是最简单、最原始的一种。它是一种单细胞生物，没有细胞核，但是在细胞的中央却有一种核物质的东西，一般呈颗粒状或者网状，染色体和色素均匀地分布在细胞质中。该核物质没有核膜和核仁，但却具有核的功能，因此被称为“原核”，属于原核生物。

在蓝藻中，凡含叶绿素 A 和藻蓝素量较大的，细胞大多呈蓝绿色。也有少数种类含有较多的藻红素，藻体多呈红色，如生于红海中的一种蓝藻，名叫红海束毛藻，由于它含的藻红素量多，藻体呈红色，而且繁殖得也快，故使海水也呈红色，红海便由此而得名。

由于蓝藻的不断发展，形成了后来巨大的藻类家族。有人认为：开始由最原始的蓝藻发展为裸藻，接着裸藻向两个方向发展，一支演化为甲藻，另一支演化为绿藻。甲藻则经隐身

强势的蓝藻

蓝藻生命力旺盛，经过了几十亿年的发展进化，直到今天势头仍然不减，在给人类带来好处的同时，有的时候也给人类带来灾难，它泛滥成灾，侵占抢夺地盘，人们对这种最原始的植物心情矛盾。

藻演化为黄藻。

还有人认为，蓝藻经由三个途径向真核生物进化：一个是从原核的蓝藻进化到真核的红藻；第二个是先由蓝藻进化到比较原始的甲藻和隐身藻，进而发展到较高级的黄藻、金藻、硅藻和褐藻等；第三个是由蓝藻发展为原绿藻、白裸藻、轮藻等藻类。

现在藻类根据不同形态特征和生活方式，分成 7 大门。除蓝藻外，还有绿藻门、裸藻门（也叫眼虫藻门）、甲藻门、金藻门、褐藻门、红藻门。绿藻门又分绿藻和轮藻两个纲，金藻门又分黄藻、金藻、硅藻 3 个纲。

到距今 18 亿 ~13 亿年前这一段时间里，出现了有细胞核的真核生物——绿藻等。以后接着又有了红藻、裸藻、甲藻、金藻、褐藻……

绿藻

绿藻是藻类中最庞大的一门，它既有原始的种类，又有高等的种类。所以一般认为它可以作为真核藻类向上进化的主干。

最原始的绿藻可以衣藻作为代表。衣藻是卵形的单细胞体。细胞壁含有纤维素。细胞中央有一个核。被一个碗形的叶绿体包着。细胞的一端有两根鞭毛，是运动的器官。这一端的旁边有红色的眼点，是一个感光的器官。眼点和鞭毛相配合，使衣藻趋向有光的方向运动。

▲绿藻

比衣藻稍复杂的是盘藻、实球藻、空球藻和团藻，它们都是由类似衣藻的细胞组成的群体。盘藻由 4 或 16 个细胞组成，细胞排列在一个平面上，有鞭毛的一端都朝外，外面有一层膜质包着。细胞之间有细微的原生质连络丝相连，有组织地聚集成为一个群体。

实球藻是 1 个由 4 个、8 个、16 个、32 个细胞组成的球形群体，外面有一层胶质包着。空球藻也是一个球形群体，由 16 个、32 个、64 个细胞组成，但是细胞散布在球体四周，排列成一个疏松层，球形中央充满着液体。

在一些绿色的水体中，常常可以看到一种球形体，在水中滚来滚去，它由多个细胞聚成一团，外面包着一层透明的膜。其中的每个细胞都与单细胞藻类非常相似，并且每个细胞都单独生活，互不依靠，只是在行动上一致。它就是实球藻。这种植物很像是由单细胞藻类经过细胞分裂以后，那些相同细胞聚集在一起而形成的一个整体。

有时候，这种水体里还可以看见一种比实球藻更大的圆球体，它是由更多的像单细胞藻类一样的细胞集合而成，这就是团藻。组成团藻的所有细胞都分布在球体的表面，外面有共同的膜包围，所以团藻的结构看上去是空的。

与实球藻不同的是，组成团藻的细胞之间存在物质交流，而且在繁殖后代时，有一部分细胞进行分裂，产生新的群体，或者形成卵和精子，而其他不育的细胞就供应养料给这些生殖细胞。所以，团藻这种群体已经不再是多个细胞的简单堆积，而是在细胞之间形成了某种联系和初步的分工，但是，团藻在形态上还没有上下前后之分，而且在营养生长的阶段，各个细胞在形态和功能上没有分别，因此，它还只是一种低等的多细胞植物。

裸藻

裸藻也叫眼虫藻，生活在淡水中，池塘、水沟和流速缓慢的溪水里，都有它们的踪迹。在温暖季节，它们常常会大量繁殖，使水呈现出一片绿色。

眼虫藻属于眼虫藻门眼虫藻科。眼虫藻身体微小，体长仅有约 60 微米，人们必须凭借显微镜才能看到它的真面目。眼虫藻的身体由 1 个细胞组成，形状像个织布的梭子。它的体表没有细胞壁，由细胞的质膜直接与外界接触。

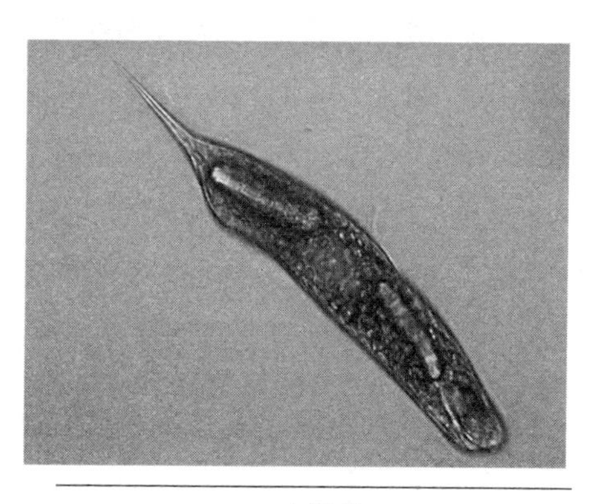

▲裸藻

眼虫藻身体前端有一个胞口，从胞口中伸出一条鞭毛，鞭毛是一种运动胞器，眼虫藻主要依靠鞭毛的摆动在水中自由运动。胞口下方连接胞咽，胞咽末端膨大成储蓄胞，储蓄胞周围有伸缩泡，储蓄胞和伸缩泡能收集和排出细胞中多余水分和代谢废物。

在细胞质中分散着大量卵圆形的叶绿体——叶绿体是眼虫藻进行光合作用、制造有机养料的场所。在靠近胞咽处还生有一个红色眼点，眼点是一种感觉胞器，眼虫藻用它感受光线的刺激，趋向适宜的光线，以利于光合作用的进行。

眼虫藻既有动物特征，又有植物特征。我们知道，动植物细胞在结构方面，主要区别有三点：植物细胞有细胞壁、液泡和质体（质体包含叶绿体、白色体和有色体），而动物细胞则没有这三种结构。

眼虫藻的细胞中有质体，但没有细胞壁和液泡。在身体的其他结构方面，眼虫藻有储蓄胞和伸缩泡，而这两种结构只在原生动物细胞中存在，植物细胞中从没发现过。不仅眼虫藻的身体结构具有两重性，它的营养方式也同样具有动植物两方面的特征。

一方面，它依靠自己体内的叶绿体，进行光合作用，制造有机养料；另一方面，它又依靠自己身体的渗透作用，直接从水中吸收现成的有机物质，而且它还用胞口和胞咽，吞吃周围环境中的颗粒状有机物。不言而喻，前一种营养方式是植物的营养方式，而后一种则属于动物的营养方式。

眼虫藻的这些两重性的特点，在历史上曾引起了植物学家和动物学家的争论，植物学家根据眼虫藻具有叶绿体，并能进行光合作用而坚持认为它是植物，并根据它没有细胞壁，原生质裸露的特点，将它命名为“裸藻”；动物学家则根据其无细胞壁和液泡，具有胞口、胞咽、储蓄胞、伸缩泡等结构，具有动物性营养方式而认定它是动物，并根据其具有眼点的特点，将之命名为“眼虫”。双方各持己见，使眼虫藻成了“脚踩两只船”的生物，出现了动物学和植物学都有关于它的专门论述的奇特现象。

根据达尔文的进化论解释，现今地球上 200 万种动、植物，都是由一种或几种原始生物经过长期演化逐渐形成的，在动、植物当中，有相当多的种类在形态和结构上存在着“狮身人面”现象，也就是说身兼两种生物的特性。因此，在植物界和动物界之间，一定存在着既像植物又像动物的一类生物。眼虫藻的存在，正是证明了植物同动物之间那维系了亿万年的联系。

甲藻和金藻比较接近，它们都比裸藻进步，但是比之其他门，相对来说要简单得多。它们很多具有鞭毛，能自由游动。在本门中的不同种类之间，也可以看出植物体结构从简单向复杂的方向发展，从自由游动向不游动的方向发展。在金藻门的黄藻纲和硅藻纲里，有性生殖是比较普遍的。但是它们没有像一般孢子植物那样的无性世代和有性世代相互交替的现象，也没有向茎叶方向分化的趋势。

裸藻、甲藻和金藻，人们认为它们都属于低等藻类，分化出来以后，发展比较缓慢。

褐藻和红藻，现代已经有发展到比较高等的种类，如褐藻中的海带，红藻中的紫菜，是常见的种类。褐藻中的马尾藻，红藻中的红叶藻，都有茎、叶的高度分化。

珊瑚藻

在 20 世纪 60 年代，我国科考工作者在珠穆朗玛峰地区进行实地考察。当他们进行发掘地层、研究地理情况的工作时，偶然发现了一种名叫小石孔藻的珊瑚藻化石。

奇怪的是，这种只能生长在热带或亚热带海域中的藻类生物，为什么会出现在珠穆朗玛峰上呢?

▲海带

难道说在数亿年前的热带或亚热带地区就已经存在了珊瑚藻？经过科学家们的研究论证认为：现在的珠穆朗玛峰地区曾经是一片汪洋，气候湿润，小鱼海里游，花草水边长，生机勃勃。然而后来印度洋板块向这里漂来，发生碰撞，就撞出了包括珠穆朗玛峰在内的喜马拉雅山脉，并且他们认为世界许多高大的山脉都是因为板块间的碰撞产生的。

珊瑚藻按照生物分类学的划分来讲是属于红藻中珊瑚藻科，大多生活在温暖的海洋中。藻体短小且丛生，底端一般都是固定在鹿角珊瑚礁上或浅海的岩穴内。它们的形状也同珊瑚虫相似，于是这些曾经被冷落在人类视野之外的生物也就摇身一变，被笼统地当作“珊瑚虫”对待。就连18世纪的生物分类学家林奈也信誓旦旦地说珊瑚完全是由动物形成的，依据是珊瑚藻的体内充满了钙质。

尽管钙化的植物很少见到，但区别动物和植物的分界线不全在钙质，而主要在于植物体内具有叶绿素，能够依靠光合作用生活，不像动物靠吞食别的生物为生。

珊瑚藻的分枝数次重复分叉，外形呈现为羽状；枝扁平，有明显的分节，同时因为体内含钙质较多，所以粗糙而坚硬。

珊瑚藻在我国青岛、舟山等地都有分布。值得注意的是当它们出现在高山、陆地时，则意味着它们已停止了生命，成了化石。同时会失去色彩，完全变成了一块石头。只有在海洋里，才会出现这样的奇迹：有些活着的“石头”能在海水里生长、繁殖、死亡，走完生命过程的每一环节。

▲红珊瑚藻

珊瑚藻除了具有进行光合作用的叶绿素外，还有红藻的藻红素，这样，它们就因为体内所含的色素不同，而呈现出绿、红、紫等美丽的颜色。因此，它们应该是属于低等植物的藻类。珊瑚藻是属于真红藻亚纲隐丝藻目中最丰富、种类最多的一个科，叫“珊瑚藻科”。

在热带、亚热带海域，珊瑚藻或同珊瑚虫协作，或者独立地建造起珊瑚礁。特别是皮壳状的珊瑚藻，它们从南沙群岛到西沙群岛，从马绍尔群岛到所罗门群岛，建造起了壮观的“海藻脊”。珊瑚藻喜欢在波涛汹涌的礁缘上生长，在海面时隐时现，不断繁殖，扩展自己的藻体。

绿藻、裸藻、金藻、褐藻等组成了绚丽多彩的藻类世界。真核生物的出现，预示着一个熙熙攘攘的生命大繁荣时期即将到来。

由于原始藻类的繁殖，并进行光合作用，产生了氧气和二氧化碳，为生命的进化准备了条件。这种原始的单细胞藻类又经历亿万年的进化，产生了原始水母、海绵、鹦鹉螺、蛤类、珊瑚等。

藻类的进化历程

藻类没有真正根、茎、叶的分化，靠光能自养生活，生殖器官由单细胞构成且无胚胎。由于藻类的光合作用，产生了氧气和二氧化碳，为生命的进化准备了条件。

根、茎、叶未进化完全

藻类一般没有真正根、茎、叶的分化。藻类的形态、构造很不一致，大小相差也很悬殊。例如小球藻，呈圆球形，是由单细胞构成的，直径仅数微米；生长在海洋里的巨藻，结构很复杂，体长可达200米以上。

尽管藻类个体的结构繁简不一，大小悬殊，但多无真正根、茎、叶的分化。有些大型藻类，如海产的海带、淡水的轮藻，在外形上，虽然也可以把它们分为根、茎和叶三部分，但它们体内并没有维管系统，所以都不是真正的根、茎、叶。因此，藻类的植物体多称为叶状体或原植体。

藻类能进行光能无机营养。一般藻类的细胞内除含有和绿色高等植物相同的光合色素外，有些类群还具有特殊的色素而且也多不呈绿色。藻类的营养方式也是多种多样的，例如有些低等的单细胞藻类，在一定的条件下也能进行有机光能营养、无机化能营养或有机化能营养。但从绝大多数的藻类来说，它们和高等植物一样，都能在光照条件下，利用二氧化碳和水合成有机物质，以进行无机光能营养。

藻类的繁殖进化

藻类可进行营养繁殖（透过细胞分裂或断裂）、无性繁殖（透过释放游动孢子或其他孢子）或有性繁殖。

有性繁殖又称种子繁殖法，是利用雌雄受粉相交而结成种子来繁殖后代的方法。它是由亲本产生的有性生殖细胞（配子），经过两性生殖细胞（例如精子和卵细胞）的结合成为受精卵，再由受精卵发育成为新的个体的生殖方式。藻类的有性繁殖通常发生于生活史中的艰难时期（如于生长季节结束时或处于不利的环境条件下）。

藻类的生殖器官多由单细胞构成。高等植物产生孢子的孢子囊或产生配子的精子器和藏卵器一般都是由多细胞构成的。例如苔藓和蕨类在产生卵细胞的颈卵器和产生精子的精子器的外面都有一层不育细胞构成的壁。但在藻类中，除极少数种类外，它们的生殖器官都是由单细胞构成的。

藻类的合子不在母体内发育成胚。高等植物的雌、雄配子融合后所形成的合子（受精卵），都在母体内发育成多细胞的胚以后，才脱离母体继续发育为新个体。但藻类的合子在母体内并不发育为胚，而是脱离母体后，才进行细胞分裂，并成长为新个体。简单来讲，高等植物是胎生，而藻类则是卵生。

总之，藻类是植物界中没有真正根、茎、叶分化，靠光能自养生活，生殖器官由单细胞构成且无胚胎的几种具代表性的藻类发育的一大类群。

由于原始藻类的繁殖，并进行光合作用，产生了氧气和二氧化碳，为生命的进化准备了条件。这种原始的单细胞藻类又经历亿万年的进化，产生了原始水母、海绵、鹦鹉螺、蛤类、珊瑚等。

最著名的食用藻类

最著名的食用藻类应数发菜。这种植物黑绿色，细长丝状，像一团乱糟糟的头发，因而得名。别看其貌不扬，它却是一种极名贵的菜肴，一般餐桌上是不能使它屈尊就座的，它只与海参、燕窝、猴头相伴为伍，出现在豪华的宴席中。此外，像海带、紫菜、石莼、裙带菜、鹿角菜、羊栖菜、石花菜等都是著名的食用藻类。

原始高等植物——苔藓

在植物界系统演化中，苔藓的植物体已有茎、叶的分化，生殖器官为多细胞结构，特别是颈卵器的出现，使卵和合子得到很好的保护，合子发育要经过多细胞胚的阶段，这些都是有别于藻类等低等植物的进化水平较高的特征，故在分类学上将其划入高等植物的范畴。但跟其他高等植物相比，苔藓还不具备真根，体内尚无维管组织分化，受精过程离不开水等，因此，苔藓仍属较原始的类型。

苔藓的起源

苔藓的生活史在高等植物中是很特殊的，它的配子体高度发达，支配着生活、营养和繁殖。而孢子体不发达，寄居在配子体上，居次要地位。从而对苔藓的来源问题，迄今尚未得出结论。根据现代植物学家的看法，主要有两种主张：一种是起源于绿藻，一种是起源于裸蕨类。

起源于绿藻的探索

主张起源于绿藻的人，认为苔藓的叶绿体和绿藻的载色体相似，具有相同的叶绿素和叶黄素。并在角苔中具有蛋白核，储藏物亦为淀粉。其代表植物体发育第一阶段的原丝体，也很像绿藻。在生殖时所产生的游动精子，具有两条等长的顶生鞭毛，也与绿藻的精子相似。其精卵结合后所产生的合子，在配子体内发育，这点在绿藻中的某些种类如鞘毛藻属，也具有相似的迹象。

▲轮藻

此外，绿藻中的轮藻，植物体甚为分化，其所产生的卵囊与精子囊，也可与苔藓的颈卵器与精子器相比拟。而且轮藻的合子萌发时，也先产生丝状的芽体。但轮藻不产生二倍体的营养体，没有孢子进行无性生殖，由轮藻演化而来，似乎可能性也不大。

另外在20世纪40年代到50年代末，先后在印度发现了佛氏藻，在日本及加拿大西部沿海地区，发现了藻苔两种植物。佛氏藻是绿藻门中胶毛藻科植物，这种植物主要生长在潮湿的土壤上，偶尔也生长在树木上，植物体由许多丝状藻丝构成，并交织在一起而呈垫状，其中有的丝状体伸入土壤中成为无色的假根细胞，有的丝状体向上，形成单列细胞构成的气生枝，此种结构与叶状的苔类相似。

藻苔是苔藓门中的苔类植物，植物体的结构也非常简单，它的配子体没有假根，只有合轴分枝的主茎，在主茎上有螺旋状着生的小叶，小叶深裂成2~4瓣，裂瓣成线形。有颈卵器，侧生或顶生在主茎上。精子器、精子、孢子体迄今尚未发现。它的形态及结构都很像藻类，故以前在没有发现其颈卵器时，一直认为它是一种藻类。由于以上两种植物的发现，为认为苔藓来源于绿藻类者，或多或少地提供了例证。

起源于裸蕨类的探索

主张起源于裸蕨类的人，见到裸蕨类中的角蕨属和鹿角蕨属没有真正的叶与根，只在横生的茎上生有假根，这与苔藓体有相似处。在角蕨属、孢囊蕨属的孢子囊内，有一个中轴构造，这一点和角苔属、泥炭藓属、黑藓属的孢子囊中的蒴轴很相似。

在苔藓中没有输导组织，只在角苔属的蒴轴内有类似输导组织的厚壁细胞。而在裸蕨类中，也可以看到输导组织消失的情况，如好尼蕨属的输导组织只在拟根茎中消失，而在孢囊蕨属中输导组织就不存在了。

发现藻苔

1957年，在一次山区植物采集的过程中，日本科学家服部新佐和井上浩偶然发现了一种植物，这种植物高约0.5—1厘米，主要特点为具有直立茎和匍匐茎，叶片深裂为2—4个指状裂片，裂片为多细胞组成的圆柱形；颈卵器裸露，单个或4—5个簇生于茎上部的叶腋。多见于1000—4000米左右的高山湿润林地。这是人类首次发现藻苔。

另外，植物体的进化，是由分枝的孢子囊逐渐演变为集中的孢子囊。在裸蕨中的孢囊蕨已具有单一的孢子囊，而在藓类中的真藓中，发现有畸形的分叉孢子囊。似乎也可以证明苔藓起源于裸蕨类。

由于以上原因，主张起源于裸蕨类的人，认为配子体占优势的苔藓，是由孢子体占优势的裸蕨植物演变而来，是由于孢子体的逐步退化，配子体进一步复杂化的结果。此外，根据地质年代的记载，裸蕨类出现于志留纪，而苔藓发现于泥盆纪中期，苔藓比裸蕨类晚出现数千万年，从年代上也可以说明其进化顺序。

在苔藓门中，苔类与藓类相比，何者进化，何者原始，不同学者的见解也不一致。如认为苔藓是由绿藻中的鞘毛藻演化而来，则首先出现的类型是有背腹面的叶状体，再由叶状体演变为直立的、辐射对称的类型，因而苔类发生在前，藓类在后。假若认为苔藓是由轮藻演化而来，则首先出现的为具有茎、叶的辐射类型，然后再演变为具背腹之分的叶状体类型，因而藓类发生在先，苔类在后。若承认苔藓来源于裸蕨类，则在苔藓中孢子体最发达，配子体最简单的角苔为原始类型，再由角苔演变为其他苔类与藓类。

苔藓的配子体虽然有茎、叶的分化，但茎、叶构造简单，喜欢阴湿，在有性生殖时，必须借助于水，这都表明它是由水生到陆生的过渡类型植物。由于苔藓的配子体占优势，孢子体依附在配子体上，而配子体的构造简单，没有真正的根和输导组织，因而在陆地上难以进一步适应发展，所以不能像其他孢子体发达的陆生高等植物，能良好地适应陆生生活。

苔藓的形态和繁殖

苔藓是构造最简单的高等植物，它们是刚脱离水生环境进入陆地生活的类型。其形态结构和繁殖表现出刚从水生环境进入陆地生活的特征。通过这些特征可以窥见水生和陆地生活的双重影子。

苔藓的形态结构

苔藓是一种小型的绿色植物，结构简单，仅包含茎和叶两部分，有时只有扁平的叶状体，没有真正的根和维管束，特称为叶状体或茎状体。苔藓喜欢阴暗潮湿的环境，一般生长在裸露的石壁上，或潮湿的森林和沼泽地。

▲寄生性苔藓

苔藓特别不耐干旱及干燥。另外，对温度也有一定的要求，不可低于22℃，最好保持在25℃以上，才会生长良好。

比较高级的种类中，植物体已有假根和类似茎、叶的分化。植物体的内部构造简单，假根是由单细胞或由1列细胞所组成，无中柱，只在较高级的种类中，有类似输导组织的细胞群。苔藓体的形态、构造虽然如此简单，但由于苔藓具有似茎、叶的分化，孢子散发在空中，对陆生生活仍然有重要的生物学意义。由于苔藓的有性繁殖器官是多细胞的，所以苔藓属于高等植物。

苔藓全世界约有23000种，我国约有2800种，药用的有21科，43种。根据其营养体的形态结构，通常分为两大类，即苔纲和藓纲。但也有人把苔藓分为苔纲、角苔纲和藓纲等三纲。

苔纲植物大多数呈叶片状，叫叶状体。叶状体只由1~2层细胞所构成，中肋一般不明显，匍匐生长，有背腹之分。本纲最常见的植物为地钱等。

地钱常生在阴湿的地方。叶状体深绿色，叉状分裂，雌雄异株，雌株上长雌托，雌托产生颈卵器；雄株上长雄托，雄托顶部陷生有多数精器。颈卵和精器都是生殖器官，可以进行有性生殖。

地钱雌雄配子体的上表面，有时出现杯状构造，叫作孢芽杯，杯内产生许多粒状的孢芽，孢芽落地萌发，也可生长为新的地钱。

美苔是苔纲中次于藻苔目的原始的一目，植物体肉质，多脆弱，淡绿或灰绿色，干燥时皱缩。主茎根茎状，多扭曲，无假根；枝茎直立，高1~3厘米。叶3列，背腹分化。叶细胞六角形，薄壁，单层，仅部分种类的叶基部具有多层细胞，内含小型纺锤状油体。雌雄异株。精子器丛集雄株顶端呈花苞状。雌株无苞叶，具有高筒状蒴帽。孢蒴呈椭圆形，棕黑色或褐色，成熟后一侧纵裂。蒴柄五色透明。孢子淡黄色。弹丝2列，螺纹加厚。仅1科1属——裸蒴苔科和裸蒴苔属。其中除1种见于欧洲外，其余6种均见于热带及亚热带南部阴湿溪沟中。我国有2种及1变种。

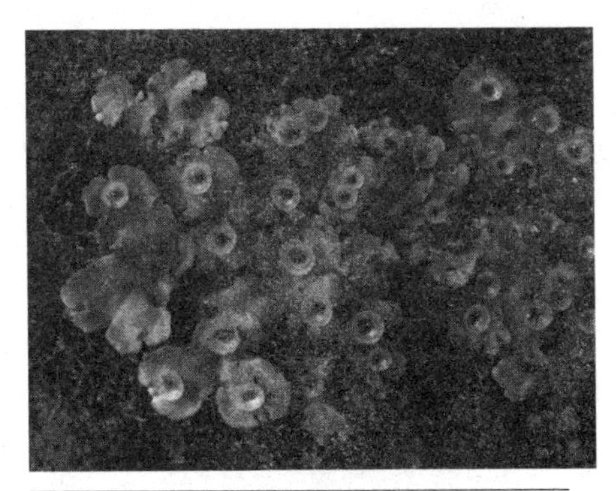
▲地钱

在系统上，美苔目被推测为由一类单一细胞，胞蒴壁多层和假根单一型的植物演化成的原始苔类系。而该目植物化学内含物中存在多种倍半萜烯类物质，并在少数种中发现芹菜配质的酰化产物葡糖和黄芹素一羟基芹菜配质等较进化的化学物质。因此，从植物形态学角度的推测和化学内含物的分析所得的结论，与美苔目现有的系统位置的意见不一。

藓纲的植物体通常直立，多有类似茎、叶的分化，叶状体内的中肋较明显。藓纲最常见的有葫芦藓。

葫芦藓分布很广，常见于潮湿而有机质丰富的土壤上，在农田、苗圃、阴湿的墙脚，森林采伐迹地和火烧迹地都能形成大片群落。其配子体绿色，有茎和叶的分化，茎的顶端有生长点，由此分生枝叶；叶有中肋，茎基有多数假根。假根仅有微小的吸水作用，主要是固着植物体。由于茎柔叶薄，没有输导组织，所以长不高，且需要阴湿的生活条件。

葫芦藓雌雄同株，但精子器和颈卵器分别长在不同的枝顶。产生精子器的枝顶，叶形较小，向外张开，形如一朵小花；精子器内产生带两根鞭毛的精子。产生颈卵器的枝顶，叶紧抱如芽，其中含有几个颈卵器。

▲葫芦藓

初春时节，精子借雨水流入颈卵器内，与卵细胞受精形成合子，合子经过细胞分裂，逐渐形成胚体，胚体又分化为孢蒴、蒴柄和基足三部分。孢蒴内产生孢子，成熟后孢子散出，萌发为多细胞的绿色丝状体——原丝体。原丝体经过发育，逐渐形成固定的生长点，而后发生新叶，形成新的植物体。

苔藓分布范围极广，可以生存在热带、温带和寒冷的地区（如南极洲和格陵兰岛）。成片的苔藓称为苔原，苔原主要分布在欧亚大陆北部和北美洲，局部出现在树木线以上的高山地区。

水生苔藓——青苔

民间有谚语说，“三月青苔露绿头，四月青苔绿满江。”不论哪种青苔，都是附生在水底的石块或岩石上，春暖时抽丝发苔，三月末、四月初长成又长又绿的青丝。此时，傣家人便腰系小筐到江河、池塘内采集青苔，烹饪保健菜肴。青苔长于清流之下，不受污染，富含绿色素、叶黄素、胡萝卜素和维生素，还含有人体所需的无机盐和微量元素，是天然绿色保健美食。

苔藓的繁殖

苔藓的主要部分是配子体，苔藓在有性生殖时，在配子体上产生多细胞构成的精子器和颈卵器。颈卵器的外形如瓶状，上部细狭称颈部，中间有1条沟称颈沟，下部膨大称腹部，腹部中间有1个大的细胞称卵细胞。精子器产生精子，精子有两条鞭毛借水游到颈卵器内，与卵结合，卵细胞受精后成为合子，合子在颈卵器内发育成胚，胚依靠配子体的营养发育成孢子体，孢子体不能独立生活，只能寄生在配子体上。

孢子体最主要部分是孢蒴，孢蒴内的孢原组织细胞经多次分裂再经减数分裂，形成孢子，孢子散出，在适宜的环境中萌发成新的配子体。

在苔藓的生活史中，从孢子萌发到形成配子体，配子体产生雌雄配子，这一阶段为有性世代，从受精卵发育成胚，由胚发育形成孢子体的阶段称为无性世代。有性世代和无性世代互相交替形成了世代交替。

苔藓的配子体世代，在生活史中占优势，且能独立生活，而孢子体不能独立生活，只能寄生在配子体上，这是苔藓与其他高等植物明显不同的特征之一。

蕨类时代

最早登陆地球的植物是绿藻，刚登陆时，它们既无根又无叶，仅是一个“茎状物”。后来在适应陆地生活的变异中，逐渐有根、茎、叶分化的趋势。地上部分向空中发展，进行光合作用；吸水用水的器官有了分工，促使体内维管束的发展。地下茎逐渐生出了细小叉状旁枝，称为“假根”。这就是裸蕨类。后来，大陆气候进一步干旱，裸蕨类衰亡了，其他机能结构更高等的蕨类兴起，取而代之，蕨类时代到来了。

从水生植物到陆生植物

地球上最早出现的植物是细菌和蓝藻等原核生物，时间在大约距今35亿～33亿年前。这些原核生物最初产生于海洋中，生长于海洋中，由于地质环境的变化，海洋中的水生植物不得不向陆地转移，这样，水生植物逐渐变成了陆生植物。

水生植物的最终选择

海洋是生命的摇篮，海洋中最早出现的植物是蓝藻，它们也是地球上最早的植物。它们在结构上比蛋白质团要完善得多，但是与现在最简单的生物相比却要简单得多，它们没有细胞的结构，连细胞核也没有，所以被称为原核植物。如今在古老的地层中还可以找到它们的残余化石。

大约距今5.2亿年前，水生植物用了约1亿年的时间完成了登陆。这是一种被称为似苔藓的两栖植物，科学家曾在岩石中发现了这种极微小植物的化石。通过化学提取，再借助电子显微镜观察，这种大小不到0.2毫米的植物的结构主要有两种类型：四分体和两分体。科学家认为这种植物在晚二陶纪时的分布应是十分广泛的，遍布于古地理环境中从赤道到寒冷地带的广大地区。

此外，鉴于这种植物跟如今人们几乎随时随地都能看到的苔藓具有很大的相似性，因此科学家断定它只能生存在一种潮湿的、离水体不能太远的陆地环境中，属于从水生植物到陆生植物的一种过渡类型。于是，这种含四分体和两分体结构的植物化石便成了早期陆生植物的一种指示性标识。

▲我国辽宁北票上园乡黄半吉沟藻类化石

在距今4.4亿年的时候，地球上出现了第一次大冰期，在当时的古南极形成了一个相当于我国华南地区面积的大冰盖。冰盖的形成，使海平面大幅下降了50～100米，这使得海洋生物随着生存空间的变小而选择新的环境，其发展的方向指向了面积逐步增大的陆地。由于冰期时期气候寒冷，不适于植物生长，因此这些有意向陆地发展的植物只能蓄势待发。

大约1千万年之后，冰期结束了，冰川开始消融，海平面又开始上升。虽然说生存空间扩大了，水生植物没有必要再急于拓展生存空间了，但是，这时地球又进入了地壳不断升降的活跃期，海平面升升降降，极不稳定。那些水陆相交地方的水生植物为了应对这种不断变化的环境，它们根据陆地面积不断扩大的趋势，最终选择了爬上陆地。

水生植物成功登陆

目前世界上已知最早的陆生植物化石是在我国贵州凤冈发现的，其生活的年代距今大约4.3亿年。它由不同的管状细胞组成，呈羽状排列，与藻类很像。科学家认为它是陆生植物的一个重要的理由是因为它有由管状细胞构成的维管组织，因此植物可以直立在陆地上生长。而在海洋中由于有水体的浮力，植物不需要这种结构。由于这种植物跟藻类十分相像，说明它是一种从藻类到陆生植物的过渡类型。

由于在时间稍后的地层中再没有发现与这种植物类似的化石，于是人们认定这类植物并没有延续下去，很快就消亡了。因此它并不能代表陆生植物的原始类型，只能说是水生植物尝试陆地生活的先驱。

最早陆生植物的化石记载可以追溯到4.75亿年前的隐孢子四分体及其孢子囊的化石，可能属于类似地钱（苔类植物）的矮小植物体。陆生植物在进化的早期就发生了分化，一部分适应于水分充足的潮湿环境，因而不需要输水结构的进一步特化，这些类群保持了靠近地面的矮小形体并最终演化出了今天的苔藓；而另一部分，为了适应陆地上广泛的干旱环境，进化出了发达的根、茎、叶系统，并通过特化的输导水分与养料的维管组织彼此相连。根系统的进化保证了水分的来源，而茎、叶系统的进化则使光合作用的面积大大扩展。

由于细胞壁中木质素成分的出现，使得植物体具有足够的强度向更广泛的空间伸展，维管组织的高效运输使水分与养料的供应都得到了充分的保障，这些特征使维管植物很快发展成为统治陆地的优势类群，在距今3.64亿年前的泥盆纪中维管植物即已相当繁盛。

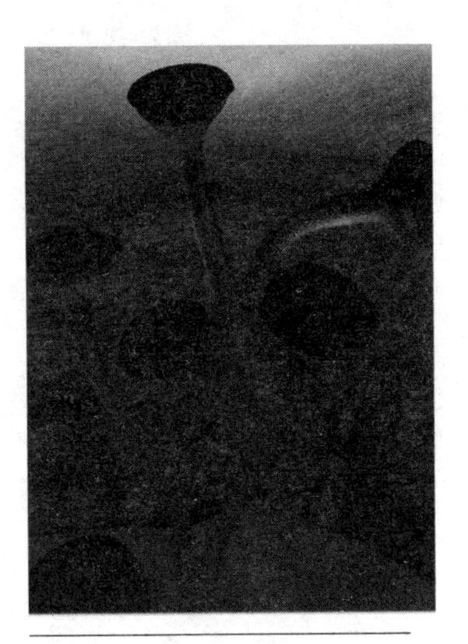

▲顶囊蕨

迄今发现的最早维管植物化石产生于4.25亿年前的志留纪。这是被称为顶囊蕨或光蕨的矮小而简单的原始蕨类，它们与莱尼蕨等原始裸蕨类共同代表了维管植物的早期类型。在志留纪晚期曾经非常繁盛，到泥盆纪中期灭绝。

顶囊蕨是一种结构比较简单的植物，枝条上简单地分几个杈，顶上的一个圆球是它的孢子囊，里面有三缝孢。这种植物很小，也没有叶子，但它已具备了维管组织、具备了长有气孔的角质层。

根据所发现化石的分布地点看，这种植物主要分布在当时的北半球。而在当时的南半球，最具代表性的是一种叫巴兰德木的植物。这种植物与顶囊蕨相比形态结构相对复杂，属于不同的类型。它与如今的蕨类松石十分相像，长有很多小“叶子”，呈螺旋状排列。

这种原始的陆地植物，经过几千万年的进步，到泥盆纪，进化仍不大。水生植物登陆的先锋是裸蕨，看看它们在泥盆纪留下的大量化石是十分有趣的。这一类植物很细弱，它们的植物体像藻类。据科学家推断，它们的祖先是绿藻。从藻类到裸蕨类的过程中，生命进行了巨大的飞跃，它们在形态上和结构上尽管简单矮小，但相比之下已经大大进步了。

到了距今两三亿年前的石炭纪、二叠纪，空气中氧的含量进一步增加，加上气候温暖潮湿，植物生长有了良好条件。那时植物种类和数目都迅速增加，个体生长又快又高大，茎粗达到几米，高几十米的参天大树比比皆是，显示出一派葱葱郁郁的景象。

最早的高等植物——裸蕨类

裸蕨植物因无叶而得此名。一般体型矮小，结构简单，高的不过2米，矮的仅几十厘米。植物体无真正的根、茎、叶的分化，是最早的高等植物。裸蕨虽然结构简单，但却比它们的祖先——藻类更能适应多变的陆生环境。更为重要的是为沿着这样的道路继续衍生出越来越高等的陆生植物奠定了初步的基础。

高等植物的特征

高等植物是由原始的低等植物经过长期演化而来的，是其长期对陆生生活适应的结果。因此，高等植物无论在体形结构上还是在生理特性上，都较低等植物复杂，一般都有根、茎、叶的分化，且有中柱。高等植物包括苔藓、蕨类、裸子植物和被子植物。

高等植物在发育周期中，有两个不同的世代：一个是无性世代，它的植物体称孢子体，孢子体能产生孢子进行无性繁殖。由孢子发育成的植物体，称配子体。配子体产生精子和卵细胞进行有性繁殖，精子和卵细胞结合成合子，合子再发育成为孢子体，这个过程称有性世代。这种无性世代以后是有性世代，有性世代以后是无性世代的相互交替的现象，叫作世代交替。

世代交替在高等植物中的表现各不相同。在苔藓中配子体占绝对优势，孢子体以寄生状态存在，依靠着配子体供给它所需的养料。在蕨类中孢子体状比较发达，配子体则退化为原叶体，但仍能独立生活。

裸子植物和被子植物的孢子体则更发达，而配子体则更加退化，寄附在孢子体上。这是由于长期陆生生活适应的结果，因此，孢子体趋向不断的发展，而配子体由于得不到水的条件就逐渐趋于退化，最后则寄生于孢子体上。越是高等的陆生植物，它的孢子体越发达，而配子体则越退化，这就是植物界由低级向高级发展的一个重要标志。

裸蕨植物的进化之道

距今4亿年前，陆地上出现了最早的高等植物——裸蕨类。

裸蕨植物因无叶而得此名。一般体型矮小，结构简单，高的不过2米，矮的仅几十厘米。植物体无真正的根、茎、叶的分化，仅有地上生的极其细弱的二叉分枝的茎轴和地下生的拟根茎。但是却出现了维管组织，在茎轴基部和拟根茎下面，又长出了假根。这不但有利于水分和养分的吸收及运输，而且加强了植物体的支持和固着能力。

与此同时，茎轴的表皮上产生了角质层和气孔，以调节水分的蒸腾；孢子囊长在枝轴顶端，并产生了具有孢粉质外壁的孢子，坚韧的外壁使其不易损伤和干瘪，有利于孢子的传播。

这些结构都是裸蕨比它们的祖先——藻类，更能适应多变的陆生环境的新组织器官。这些组织器官与现代的高等植物相比，确实是非常简单和原始的，但是，裸蕨植物正是依靠这些简单的组织和器官解决了它们在陆生环境中所面临的一些主要矛盾，并且为沿着这样的道路继续衍生越来越高等的陆生植物奠定了初步的基础。由此看出，裸蕨植物是由水生到陆生的桥梁植物，也是最原始的陆生维管植物。

裸蕨植物的进化情况

裸蕨植物并非一个自然分类单位，而是一个极其庞杂的大类群。通过化石资料分析，它们大致可分为三种类型，即瑞尼蕨型、工蕨型和裸蕨型。这三种类型的植物又都是来自最原始的裸蕨植物——顶囊蕨，由于顶囊蕨的孢子囊是光的，所以又叫光蕨。1937 年发现于英国、捷克斯洛伐克和美国，1966 年在我国云南也曾采到化石。顶囊蕨的茎轴不到 10 厘米高，非常纤细，二叉分枝，维管束也为二叉分枝，环纹管胞，孢囊顶生，孢子同型，肾形，是唯一的最古老的陆生维管植物。

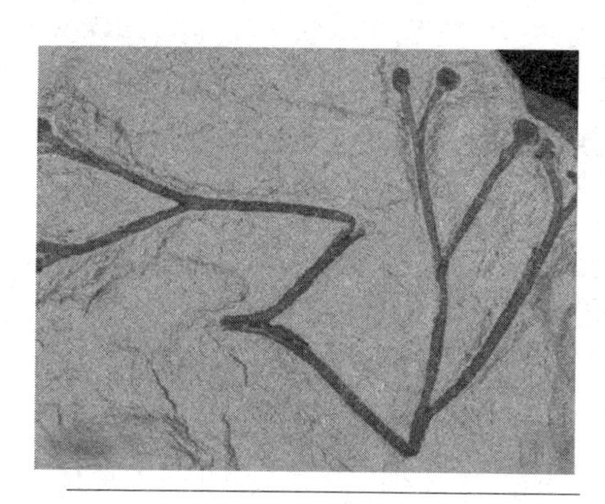

▲光蕨化石

瑞尼蕨型的典型代表植物是瑞尼蕨，1917 年发现于英国的苏格兰。它是一群构造简单的小型草本植物。它的一些特征和现代蕨类完全一致。从这样一个原始的瑞尼蕨类型，向着两个途径演化：一条途径是，瑞尼蕨顶枝简化，孢子囊聚合生长，并产生新的拟叶，由于枝的缩短，孢子囊由顶生变为侧生，也就是聚囊位于拟叶上方的短枝顶端，成为蕨类中的松叶蕨类；另一条途径是，瑞尼蕨产生近似轮生的叶子，孢子囊穗上的孢子囊倒生、悬垂于反卷的小枝顶端，成为歧叶和芦形木，由此进一步演化为具轮生分枝和孢子囊柄弯曲的木贼类。

工蕨型的代表植物是工蕨。工蕨不同于其他裸蕨植物的最大特点是：它在枝轴顶部组成穗状的侧生孢子囊，它们大都呈肾形，基部有短柄，并有沿着前缘切线开裂以扩散孢子的细胞加厚带。工蕨型植物出现得比瑞尼蕨型植物晚，它是从较早出现的瑞尼蕨型植物的原始类型衍生出来的。

后来发现的一种早泥盆纪植物肾囊蕨，其植物体二歧式分枝和孢子囊单个顶生和瑞尼蕨型植物中的顶囊蕨一致，而孢子囊呈肾形，并沿前缘切向开裂，却又非常近似工蕨型植物。这一中间类型植物的发现，进一步说明了工蕨型植物是由瑞尼蕨的原始类型通过肾囊蕨演化来的。后来工蕨型植物发生了一次多方向的演变，而发展成为原始的石松类植物。其中一部分就成了现代石松类的远祖。

裸蕨型植物的代表为裸蕨。它的主轴比较粗壮，外部形态比瑞尼蕨型复杂。裸蕨的维管束木质部和主轴的直径相比，已经粗大得多了。从木质部的结构多少可以说明它和瑞尼蕨型植物的某些渊源关系。这也就是说，裸蕨型植物发源于瑞尼蕨的原始类型。从裸蕨的形态结构和由几层厚壁细胞组成的外皮层，都说明足够支撑一个相当大的植物体了。裸蕨的孢子囊可纵向开裂以传播孢子，这是比较进步的。它是裸蕨型植物中最高级的类型。

裸蕨的生存之道

裸蕨登陆以后，首先要解决的问题就是如何吸收足够的水分，因为在陆地上就不能像在水中那样用全部的身体表面来吸收水分了。既然地表无水，那就得用根系从地下吸水。不过裸蕨还没来得及实现根、茎、叶的真正分化，只是形成了类似的结构，即假根。体内已经拥有的维管组织尽管还不发达，但已经能够实现水分和养料的运输功能了。

裸蕨作为陆生植物的始祖，的确是功不可没。经过 4 亿多年的演化，它们所发明的假根已经被今天的植物进行了出色地完善，很多植物为了寻找更多的水分，它们的根系已经发达得超乎我们的想象。一株 4 个月大的燕麦，所有根系的总长度可达 700 多千米；沙漠中矮小的灌木——骆驼刺，它的根系能深入地下 30 多米。

除了吸收水分和养料这个基本功能外，很多植物还发展出支持根、储藏根、寄生根、呼吸根等功能各异的“变态根”。所有这些根的祖先，都要追溯到几亿年前裸蕨登陆时所发明的原始假根。

植物到了陆地上，由于直接暴露在空气中，因此如何避免水分的过度蒸发也是一个重要的生存问题。尽管裸蕨作为登陆先锋的构造还非常简单，但保水措施已经相当高明。它的表皮细胞分泌出糖和脂类，这些物质在氧气中被硬化，形成可以防止水分散失的角质层。只有少数表皮细胞特化成气孔，作为水分蒸发的通道。

▲欧洲金毛裸蕨

裸蕨的这套保水机制依然在今天的植物中被广泛使用。生长在干旱地区的植物为了适应缺水环境，白天将气孔关闭以减少水分蒸腾，晚上才打开气孔进行气体交换。它们的储水能力相当惊人：北美洲沙漠中的仙人掌高达 15 ~ 20 米，储水量可达 2 吨；西非的猴面包树，已经发现的最粗的一棵就连 40 个人都合抱不过来，被称为“最胖的树”，其储水量可达 40 吨。

裸蕨登陆后的另一个问题是如何直立。毕竟脱离了水中浮力的依托之后，水生植物原来的身型实在是显得太柔弱了。如果裸蕨不能直立，那么细长的身体就很容易纠缠在一起，不利于光能的吸收。因此，裸蕨必须增强自身的支持力，它们在茎的中央形成了坚实的中柱。这种机械组织的出现，让陆生植物能将地上部分支撑起来。尽管和今天的植物相比，这些“登陆先锋”的身体要柔弱得多，但这毕竟是植物第一次在陆地上挺起了“腰杆”。也正是它们的这种创造，奠定了今天所有参天大树的基础。

▲耐旱植物骆驼刺

植物对阳光的向往常常可以诱发出巨大的生命力，森林中的参天大树就是在年复一年竞争阳光的过程中越长越高的。

植物除了尽可能地将身体往高处生长，并拓展横向面积之外，还发展出另一个巧妙的办法。仔细观察一下身边的植物，就会发现其中的玄妙。无论叶片的排列方式怎样，在同一株植物相邻的叶片之间，绝不会互相覆盖。这就是“叶镶嵌”现象，它能够保证叶片最大限度地接受光照。而且，植物在分枝的时候，新生的枝条总是伸向不同的方向，这也同样保证了植物能尽可能多地利用周围空间来享受阳光。

我们今天在众多植物身上看到的这些特点，都能在裸蕨那里找到原始的痕迹。可以说，现代植物都应该感谢裸蕨把它们“培养”成利用阳光的“高效专家”。

植物界系统演化中的主干

值得特别注意的是，在裸蕨型植物中，有一种叫三枝蕨的裸蕨型植物，它生存于早泥盆纪末，在它的主轴上长着螺旋状排列的侧枝，侧枝从主轴长出后，很快就发生一次相等的三叉式分枝，这种三叉式的每小枝向前长出不远，就又发生一次不等的三叉式分枝和两次二歧式分枝，然后在每个末级细枝顶端，生长成对的或三个彼此紧靠成束的孢子囊。三枝蕨的分枝形式和顶生成束的孢子囊以及所在的地质时代，无不说明它和其他裸蕨型植物具有密切的关系。但是植物体已很粗壮，加上枝轴形态结构的特别复杂，则为一般裸蕨型植物所不及，因而它很像是裸蕨植物与更高级的维管植物之间的过渡植物或中间类型。由此发展为真蕨类和前裸子植物，后者再进一步演化为各类裸子植物。

可以这样说，所有的陆生高等植物，除了苔藓以外，都是直接或间接起源于裸蕨植物，没有任何一种陆生维管植物能够绕过裸蕨植物而直接发源于水生藻类的。因此，裸蕨植物在植物界的系统发育中，上承生活在水中的藻类，下启陆生的蕨类和前裸子植物，是植物界系统演化中的主干。

陆地“居民”——蕨类

志留纪之后的泥盆纪，气候变得干燥，池沼干涸，裸蕨植物在泥盆纪末期已灭绝，代之而起的是由它们演化出来的各种蕨类；至二叠纪约1.6亿年的时间，它们成了当时陆生植被的主角。许多高大乔木状的蕨类很繁盛，如鳞木、芦木、封印木等。蕨类源于裸蕨植物，但已不裸，有了真正的根和叶。裸蕨和蕨类，经过“前赴后继”，终于成了陆地生活的真正“居民”。

从裸蕨植物到蕨类

在今天，除了干旱的大沙漠、严寒的南极洲以及个别的岛屿外，其他地方都可见到蕨类的身影。尤其在温暖、潮湿的环境中，叶色翠绿的各种蕨类十分茂盛。由于它们中的许多种类叶片细裂如羊齿，因此又被广泛地称为“羊齿植物”。

▲羊齿植物化石

蕨类来源于裸蕨植物，裸蕨植物远在晚志留纪或泥盆纪时已经登陆生活。这些植物为适应多变的生活环境，而不断地向前进化发展。

一般认为蕨类是由裸蕨植物分3条进化路线通过趋异演化的方式发展进化的。一支为石松类，一支为节蕨类（即木贼、楔叶类），另一支为真蕨类。它们在泥盆纪早、中期出现，在从泥盆纪晚期至石炭纪和二叠纪的1亿6000万年内，种类多、分布广、生长繁茂，成为当时地球植被的主角，这一时期被称为蕨类时代。但在二叠纪时因气候急剧变化，生长在湿润环境中的许多种类，不能抵抗二叠纪时出现的季节性干旱和大规模的地壳运动的变化而遭淘汰。后来在三叠纪和侏罗纪时又进化出一些新的种类，其中大多数种类进化发展到现在。

石松类植物的化石有早泥盆纪的刺石松和星木属，二者均为草本类。而泥盆纪至石炭纪时期也有高大乔木类的石松植物，如鳞木属和封印木属，且为孢子异型。现存的石松类仅为小型草本。木贼类（楔叶类）也在泥盆纪才出现，至石炭纪时木本和草本的种类都有，如著名的乔木类芦木属。到了二叠纪时乔木类则绝灭。后来仅剩下一些较小的草本类。高大的乔木类是该地层的主要成煤植物之一。

真蕨类最早出现于泥盆纪的早、中期，著名化石为小原始蕨属。泥盆纪至石炭纪时的真蕨多大型，为树蕨状。但在二叠纪逐渐消失，仅留下一些小型者延续下来。现代真蕨类中有些种类是在三叠纪和侏罗纪产生的。

原始蕨是裸蕨植物向真蕨植物过渡的类型。此后，到泥盆纪的中晚期，还发展出枝木类、羽裂蕨类、依贝卡蕨类、十字蕨类、对叶蕨类等古老的真蕨。它们被认为是真蕨植物的第一代。但是到了石炭纪晚期，它们都消亡殆尽。取而代之的是在石炭纪兴起的多种多样的第二代真蕨，可是在二叠纪却发生了一次大灭绝事件，它们当中的绝大多数都没能摆脱厄运。

中生代时，第三代真蕨发展出更多的类型又卷土重来，并一直发展演化到现在。可惜的是，自从种子植物兴起之后，真蕨就无法再延续昔日的辉煌，现存的绝大多数种类基本上都是矮小的草本。那些高大的真蕨相继灭绝，尸体被埋入地下亿万年，形成了煤块。

蕨类已经真正有了根、茎、叶的分化，已具输导水分、无机盐和营养物质的维管系统，但其受精阶段仍离不开有水环境，仍以孢子繁殖后代，这都是蕨类原始性的反映，故在古生代末期的二叠纪时，由于地球上出现了明显的气候带，许多地区的气候变得不适于蕨类的生长，而使多数蕨类开始走向衰亡。

蕨 菜

蕨类中有许多可以食用的种类，最著名的是被誉为“山珍”的蕨菜。我国食用蕨菜的历史可以追溯到2000多年以前。据植物学家考证，由于蕨春天刚长出的嫩叶芽具有特殊的清香味，又生长在远离环境污染源的山林中，因此在蔬菜丰富的今天仍不失其魅力，甚至经常出现在高级饭店的餐桌上。蕨的地下根状茎也有较高的食用价值，含有大量淀粉，可加工成营养丰富的滋养食品、蕨粉。

曾经繁荣一时的蕨类世界

到了晚泥盆纪，石松、节蕨和真蕨类开始走向繁荣。这些进化了的蕨类已经有了根、茎、叶的分化：根可以使植物体得到稳定并深入到土壤下层以吸收更多的水分和矿物质；茎使植物体能够直立起来，更重要的是其内部维管束结构的形成为植物体产生了更为完善的输导系统以有利于营养物质的输送；叶则成为专门进行光合作用的器官，因其表面积的大大增加而使植物体能够更多地吸收日光中的能量。

现今生活在地球上的蕨类仍有1万余种，绝大多数都是草本植物。但是在古生代的石炭纪和二叠纪，蕨类当中属于石松类的鳞木和属于节蕨类的芦木却都是高大的乔木型木本植物。

鳞木可达三四十米高，树身直径可达2米。它们的树干与裸蕨一样两叉分枝；狭长的叶子可长达1米，叶子上有明显的中肋；叶子呈螺旋状排列在树干上，长在其基部的叶座上；叶座突出于树干表面，一般呈菱形，由于排列成螺旋状，当叶子脱落以后它们看起来很像鳞片状的印痕，鳞木即因此得名。

从已经发现的鳞木化石来看，它们最早出现于3.5亿年前的晚泥盆纪，在石炭纪中期发展到顶峰，而且种类繁多，是当时热带沼泽森林中最重要的代表类群。进入二叠纪后，这些巨大的蕨类迅速衰落，在2亿年前的二叠纪末，地球表面的气候趋于干旱，它们几乎全部灭绝。

令人称奇的是，鳞木的高大身型和巨大树冠，居然主要是靠坚固的厚“树皮”来支撑，而维管柱的发展却受到了限制。或许这也是导致鳞木类最终灭绝的原因之一。

芦木是繁荣于石炭纪的另一类古植物，它也是高达二三十米的大型乔木。与现代乔木不同的是，它有明显的节。各个分支从节上生出，狭长的叶也是轮生在节上，整个枝叶就像一把巨大的“扫帚”。芦木在地下还匍匐生长着巨大的根状茎，从根状茎的节上再生出根。

现代植物中的“木贼”，也有明显的节和根状茎，枝叶也是轮生于节上，很多特征都与芦木相似，被认为是芦木类植物残留下来的种类。不过现代木贼的体型远远小于古代的芦木，而且都是草本植物，两者不可同日而语。

▲高大的蕨类

可惜的是，这些比现代木贼大几十甚至几百倍的“巨人”，在二叠纪迅速地衰落。它们的身体深埋在地下变成煤炭，成为当时主要的造煤植物。

石炭纪的气候温暖潮湿，对植物的生长非常有利，而且很容易产生比较宽阔的叶子。因为在潮湿的环境中，哪怕是宽大的叶子，蒸腾作用也不会过于强烈而导致缺水。于是，真蕨植物在鳞木、芦木那样的高大“巨人”中间也繁盛起来。

真蕨植物是现存蕨类中最大的一个类群。真蕨植物的叶也是由枝条扁化合并而成的，这一点和楔叶植物相似而和石松植物不同。叶的形体很大，常是羽状复叶，这种叶子叫蕨型叶。把这一类型的蕨类叫作真蕨，就是因为它有典型的蕨型叶。叶分背腹面，有利于光合作用。叶面有薄的角质层，起保护作用。

真蕨的孢子囊生在叶背或边缘，能直接得到叶子的养料供应。这种载孢子囊的叶子叫作生殖叶或者能育叶，不载孢子囊的叶子叫作营养叶或者不育叶。两种叶有的同型，有的异型。

真蕨的生活史中，有两个独立生活的植物体，就是孢子体和配子体。

孢子体比配子体发达，具有维管组织产生大量的孢子，散到空气里，极适合于在陆地上大量繁殖孢子萌发成配子体。配子体一般是叶状体，个体极小，叫原叶体，生有假根，贴地生长，独立生活。配子体十分弱小，只能生活在潮湿的地方。

配子体成熟以后，发生精子器和颈卵器。精子器里产生多鞭毛的精子。精子靠水进行受精，它们在水里游泳以后，进入颈卵器。精子核进入卵里，形成合子，合子萌发成为孢子体。

晚石炭纪到二叠纪出现了许多高大的真蕨植物——树蕨，在潮湿热带地区形成热带雨林。它们有发达的不定根系，有许多蕨型羽状复叶，茎里有发达的输导组织和皮层，但是没有形成层，所以不能增粗。

在距今2亿多年前的早二叠纪晚期至晚二叠纪早期，云南及我国南方和西南的几个其他省份分布着一种叫作六角辉木的树蕨，有十几米高，树干直径超过20厘米，羽状复叶型的叶子很大，有两三米长。

六角辉木的茎有非常发达的输导组织和机械组织，其树干的横切面上可以看到外部的皮层和极为复杂的组成中柱（根和茎的中轴部分）的维管束。维管束的直径约为10厘米，由7个同心环组成，最里面的一个呈圆形，其余的呈条带状。因此，这样的树干横切面看起来就形成了五光十色的六角形，这就是“六角辉木”名称的由来。

蕨类的大发展，促成了地球历史上第一次原始森林的出现，使地球生态系统的整体面貌发生了巨大的变化。

> **蕨类“活化石”——桫椤**
>
> 桫椤是研究古生物和地球演变的“活化石”。桫椤生长在热带、亚热带森林中，高3~8米，最高可达20米左右，是世界上最高的蕨类。桫椤树干呈圆形，叶形如凤尾。桫椤不结果实和种子，是靠藏在叶片后面的孢子繁衍后代的。

蕨类的特征、分类和分布

蕨类是植物中主要的一类，是高等植物中比较低级的一门，是最原始的维管植物。大多为草本，少为木本。孢子体发达，有根、茎、叶之分，不具花，以孢子繁殖。世代交替明显，无性世代占优势。

当你走在野外，看到路边或林下有一株如拳头般卷曲的幼叶，或者不经意间发现一种草本植物的叶背有许多棕色虫卵状的结构（孢子囊群），或者仔细观察到某种草本植物的叶背（特别是叶柄基部）生有一些棕色披针形的毛状结构（鳞片），这些植物都是蕨类。可以说，识别蕨类的三把金钥匙是：拳卷幼叶、孢子囊群、鳞片。

▲高大的桫椤

蕨类的一生要经历两个世代，一个是体积较大、有双套染色体的孢子体世代，另一个是体积微小、只有单套染色体的配子体世代。蕨类的孢子体就是蕨类体，包括根、茎、叶、孢子囊群等结构，其孢子囊中的孢子母细胞经减数分裂即形成具有单套染色体的孢子，孢子成熟后，借风力或水力散布出去，遇到适宜的环境，即开始萌发生长，最后形成如小指甲大小的配子体，配子体上生有雄性生殖器官（精子器）和雌性生殖器官（颈卵器），精子器里的精子，借助水游入颈卵器与其中的卵细胞结合，形成具有双套染色体的受精卵，如此又进入孢子体世代，即受精卵发育成胚，由胚长成独立生活的孢子体。

蕨类共分五纲：裸蕨纲、石松纲、水韭纲、木贼纲和真蕨纲。

（1）石松纲。草本植物，有扁茎，其上生出直立的分枝。叶多呈鳞片状，密生在茎上，茎的顶端常生有由变态叶组成的孢子叶球，这种变态叶叫孢子叶，其上产生孢子囊，囊内产生孢子。常见的植物有卷柏和石松。

（2）水韭纲。水生或沼泽维管孢子植物。遍布温带地区，也产于热带、亚热带地区。根二叉分支，丛生。根状茎很短，肉质，球状，基部 2 或 3 裂。皮层外为表皮和叶基部组织。叶条形，尖头，基部为阔膜质鞘状，稠密螺旋丛生，具有条维管束，维管束周围有 4 条通气道，叶基部近轴面具一枚心形渐尖的叶舌。孢子囊包藏于孢子叶基部叶舌下的凹窝内。孢子异型。

新孢子叶成熟时，老孢子叶枯萎脱落。配子体雌雄异株，极退化，均为孢子内发育型，通常在春季开始发育。雄配子体由一个原叶体细胞、4 个不育精子器壁细胞和 4 个精原细胞组成。精子具多鞭毛。雌配子体上生有若干个颈卵器。代表植物为中华水韭。

（3）木贼纲。草本植物，有横行的地下茎和直立的地上茎。地上茎不分枝或轮状分枝，中空有节，表面有纵行沟纹，绿色，能进行光合作用。叶退化成鳞片状，细小，轮生在节上，基部连合成鞘。孢子叶球生长于茎的顶端。常见的有木贼、问荆、节节草。

（4）真蕨纲。蕨类中最大的一纲，种类很多，分布广泛。植物体有根、茎、叶的区别，但大多数为地下茎，输导组织比较发达。叶大，常为羽状分裂，幼叶顶端呈蜗牛状卷曲；孢子囊聚成孢子囊群，散生在叶的背面边缘上。常见的有铁芒箕、蜈蚣草等。

蕨类体内输导水分和养料的维管组织，远不及种子植物的维管组织发达，蕨类的有性生殖过程离不开水，也不具备种子植物那样极其丰富多样的传粉受精、用以繁殖后代的机制。因此，蕨类在生存竞争中，臣服于种子植物，通常生长在森林下层的阴暗而潮湿的环境里，少数耐旱的种类能生长于干旱荒坡、路旁及房前屋后。

▲木贼

其实，除了大海里、深水底层、寸草不生的沙漠和长期冰封的陆地外，蕨类几乎无处不在。从海滨到高山，从湿地、湖泊，到平原、山丘，到处都有蕨类的踪迹。它们有的在地表匍匐或直立生长，有的长在石头缝隙或石壁上，有的附生在树干上或缠绕攀附在树干上，也有少数种类生长在海边、池塘、水田或湿地草丛中。蕨类绝大多数是草本植物，极少数种类，比如桫椤，能长到几米至十几米高。

现在地球上生存的蕨类约有 12000 种，分布世界各地，但其中的绝大多数分布在热带、亚热带地区。我国约有 2600 种，多分布在西南地区和长江流域以南。我国西南地区是亚洲，也是世界蕨类的分布中心之一。云南的蕨类种类达到约 1400 种，是我国蕨类最丰富的省份。我国宝岛台湾，面积不大，但蕨类有 630 余种之多，台湾是我国蕨类最丰富的地区之一，也是世界蕨类物种密度最高的地区之一。

蕨类与人类有较密切的关系。其中有人们早已熟知的药用植物，如贯众、金毛狗脊、问荆、瓦韦、石韦、海金沙、槲蕨、荚果蕨、卷柏、凤尾草等，也有现代流行的观叶植物，如鸟巢蕨、铁线蕨、肾蕨、银粉背蕨等。此外，蕨类中还有可食用的山野菜、淀粉植物以及饲料、绿肥、油料、染料等经济植物。

蕨类的分化和完善

从裸蕨到蕨类的进化表现在形态结构和生理上的一系列变化，具体说就是植物体根、茎、叶的分化以及生殖器官的改进和完善。正是由于这些改进和完善，植物界才不断向前发展进化，由低级到高级。

没有根、叶的裸蕨植物

蕨类时代从距今4亿年前的泥盆纪开始，到大约距今2.2亿年前的晚二叠纪或早三叠纪，延续近2亿年。这一时期，正是植物一举从水登陆又逐步适应陆地生活并且得到大发展的时期。

裸蕨虽然已经具备了登陆条件，但是要在登陆以后继续站稳脚跟，进一步发展去占领陆地，还需要不断进化，要在陆地环境的自然选择中，通过遗传和变异，在形态结构和生理机能上发生一系列转变。这一转变的主要特征，就是植物体的根、茎、叶的分化和完善以及生殖器官的改进和发展。

蕨类时代正是植物的根、茎、叶从无到有，从简单到完善的一个时期，是植物的生殖方式从孢子发展到种子的前夕。所以，蕨类时代可以说是植物进化史中的一个转变时期。

裸蕨植物实际上还没有根，没有叶，只有一根细茎，但是已经有维管组织。茎可以进行光合作用。维管组织可以支持植物体并且输送水分养料。利用假根吸着土壤，可以吸收水分和养料。在没有根叶的裸蕨植物灭绝以后，具有根、茎、叶的石松植物和楔叶植物相继出现。

根、茎、叶和生殖器官的进化

植物的根由原始的茎的下端分化产生。石松植物先由茎变形成根托，在根托下着生不定根。以后发展成为主根和侧根，形成发达的根系。

植物的茎最初都是两歧分叉式的，以后分化成为主茎和许多侧枝。

主茎的结构，首先出现原生中柱，以后进化成管状中柱、网状中柱等。中柱主要由木质部和韧皮部组成，既有输导作用，又是支持植物体的骨架。中柱还包括中央的髓部和外围的中柱鞘。髓由薄壁组织构成，比较疏松。中柱鞘由一层或多层薄壁细胞构成。

早期的蕨类的茎没有形成层，以后产生形成层，开始具有次生组织，中柱有次生木质部，皮层有次生木栓层，向着多年生木本植物的方向发展。但是后期在环境不利的条件下，有些蕨类又回到草本，呈现草本植物的特征。

植物的叶有两个来源。石松植物的叶是由茎的表面细胞突出体外发展而成的，这样的叶被称为拟叶。通常的叶都是由枝条扁化而成的。但是不管是哪一种起源，它们都趋向扁平的方向发展，来增大光合作用的面积，以便吸收更多的太阳能，增强植物体的生长和繁殖的能力。

裸蕨的孢子囊是顶生的，以后趋向侧生，聚集成穗，这对保护孢子囊有利。孢子由同孢向异孢方向发展。在前裸子植物中就有大小孢子的分化，大型的孢子数目比较少，小型的孢子数目比较多。以后还是由大型孢子的孢子囊发展成为种子。

植物的根、茎、叶和生殖器官的这些进化，基本上在蕨类中完成了。蕨类时代的早、中、晚三个时期虽然各有不同的主要类群占优势，这些类群之间有的有前后相继的亲缘关系，有的属于同源异趋的平行关系，但是它们大多都是在泥盆纪就已经出现，经过石炭纪和二叠纪，在漫长的时期中，对整个植物界的进化都做出了或多或少的贡献。所以在石炭纪和二叠纪，蕨类大发展，形成了原始的沼泽森林和热带雨林。

只是到了晚二叠纪和早三叠纪，也就是古生代末期和中生代初期，在华力西运动的影响下，地球上气候转成干旱，蕨类才逐渐衰亡，而被更加进步、更加适合于陆地环境的裸子植物所代替。但是蕨类中的某些种类，特别是真蕨植物，虽然又变成草本植物，还一直繁衍到今天。

我国的早期维管植物

20世纪60~70年代，我国科研工作者在很多地区发现了大量早期陆生维管植物化石，经过悉心研究，我国科学家在早期陆生维管植物的研究方面取得了一系列可喜的成果。特别是新疆晚志留世普里道利晚期植物群、云南文山早泥盆世中期坡松冲植物群、云南曲靖地区早泥盆世晚期徐家冲植物群、云南中泥盆世晚期西冲植物群和长江中下游地区晚泥盆世晚期五通植物群的研究尤为突出。此外，在贵州凤冈兰多维列世特列奇期发现了迄今最早的大植物化石黔羽枝，在新疆准噶尔盆地西缘发现了大量精美的中泥盆世植物化石。

普里道利晚期植物群

普里道利晚期植物群以顶囊蕨为主，也出现了工蕨类和似三枝蕨类等其他类型。这些植物个体小，结构简单，是典型的早期陆生维管植物。从组合面貌看，似瑞尼蕨类、工蕨类和似三枝蕨类的存在，表明早期陆生维管植物的主要类型在晚志留世均已出现。从中可以看出陆生维管植物应该在此之前早已出现。

坡松冲植物群

坡松冲植物群以丰富的、形态明显分异的工蕨类为特征。与普里道利晚期植物群相比，它们更具多样性，植物体的复杂程度更高，与劳亚大陆同时期的化石材料相比较，它们具有更进化的器官和组织。例如，始叶蕨是坡松冲组中最具代表性的植物，具有最原始的大型叶，叶脉分叉，叶肉组织由纵向延伸的细胞组成，为大型叶起源于茎轴的分枝系统提供了直接证据。

此外，它还具有下垂叶性生殖结构；多囊蕨具有羽状分枝、纺锤形孢子囊生殖结构。不同古植物地理区的长期隔离和独特的环境可能是造成坡松冲植物群中众多地方性分子演化分异的重要原因。研究表明，华南地区可能是早期陆生维管植物演化分异的中心之一。

▲团叶鳞始蕨

徐家冲植物群

徐家冲植物群主要含有以中华伞房蕨、

纤细先骗蕨和楔形广南蕨、回弯徐氏蕨、澳大利亚工蕨、云南工蕨和曲靖镰蕨等为主的九种植物，属于早泥盆世的东北冈瓦纳古植物地理区。

该植物群在演化上继承了坡松冲植物群的特征，但同样具有独特的地方性特征。徐家冲植物群的组成相对简单，而坡松冲植物群具有丰富的、高度分异的地方性分子。这种差异可能是由植物群所处的环境不同造成的。

西冲植物群

西冲植物群主要产自云南曲靖和武定地区的西冲组中。以石松类为主，无论在属种还是在植物结构的多样性上均显示出了较高的水平。主要有前石松类、同孢草本原始石松类和异孢小型树状石松类（具有分叉孢子囊穗的植物）。

根据西冲植物群中植物体的大小和解剖特征，可以分辨出两个生态系统。

小型树状植物系统生活在该系统中的植物大约 1 米高，主要由石松类和“真蕨植物”组成，这些植物构成植物群的主体植物类型。

地面植物系统。生活在该系统中的植物是一些细小的植物，主要由细小石松类、三枝蕨类和一些分类位置不明的植物组成，这些植物控制了地面生态系统。

五通植物群

五通植物群中石松植物十分繁盛，出现了木本型、树状石松植物。有节类植物也是五通植物群中的主要植物类型之一。根据五通植物群的总体特征，可以分辨出三个生态系统。

树状森林植物系统。该系统中的植物高 2 米以上，在局部形成一定规模的森林，主要由石松类和少许裸子植物组成，构成了整个植物群的主体部分，控制着陆生生态系统的上层空间。

灌木植物系统。该系统的植物高在 1 米左右，形成了树状森林植物之下的灌木植物群，主要由石松类和有节类组成。

地面植物系统。该系统中的植物是一些细小的植物，主要由细小的石松类、有节类和“真蕨植物”组成，控制了生态系统的地面空间。

五通植物群与世界同期植物群相比既具有一定的相似性，又具有自己独有的特征。例如石松类十分发育，有节类繁盛，而前裸子植物稀少，同时出现了许多具有强烈地方色彩的植物。

以种子繁殖的植物——裸子植物

在距今约 2.8 亿年前后，亚洲、欧洲和北美洲部分地区先后开始出现酷热、干旱的气候环境。许多在石炭纪盛极一时的蕨类，如高大的石松类、木贼类和一些树蕨等植物不能适应自然环境的变化，趋于衰落，而一些以种子繁殖的高等植物——裸子植物，因适应新的环境却得到了发展，逐渐成为植物界的主角。此时地球上的植物界发展演化到了一个新阶段，即裸子植物时代。

最初的裸子植物

裸子植物是种子植物中较低级的一类，大多数具有颈卵器。颈卵器是苔藓类、蕨类、裸蕨植物特殊构造的雌性生殖器官。因此，裸子植物既属颈卵器植物，又是能产生种子的种子植物。裸子植物的繁殖开始摆脱了对水的依赖，大大增强了繁殖后代的能力和概率。

蕨类被淘汰出局

在二叠纪晚期之前，地球上气候温暖潮湿，蕨类主要依靠其孢子体产生大量孢子，飞散到各处，得到大量繁殖。在温暖潮湿的气候条件下，孢子很容易萌发成为配子体。配子体独立生活，在水的帮助下受精形成合子，合子萌发后形成新一代的孢子体。但到了二叠纪晚期，气候转凉而且变得干燥，在干燥的气候条件下，孢子很难萌发成配子体，即使有萌发出配子体的也不易存活，特别是，没有水不能受精，这就使蕨类的繁殖不能正常进行。

裸子植物的配子体并不脱离孢子体独立发育，而是受到母体保护；它的受精不需要用水作媒介，而是采用干受精的方式。受精卵在母体里发育成胚，形成种子，然后才脱离母体。如果此时遇到不利条件，种子还可以不马上萌发，但却继续保持着生命力，待到条件合适时，它们再萌发成为新的植物体。因此，裸子植物在保存和延续种族方面的能力就大大增强了。

代替蕨类的是种子植物。种子植物的低等阶段，种子外面没有包被，是裸露的，这就是裸子植物。

与孢子相比，种子在离开母体之后，可以长时间保持休眠状态，直到环境条件适宜的时候才萌发成新的植株。种子本身所含有的胚乳或子叶，能在种子萌发时给幼体提供营养物质，从而提高了幼体的生存能力。而且，种子植物在受精时，已经不像蕨类那样需要水的帮助，这在干燥的气候条件下，无疑成为种子植物的求生法宝。

与蕨类的孢子相比，种子具有更加顽强的生命力，某些特殊植物的种子甚至在地层中埋藏数千年仍然能够萌发，并发育成正常的植株。

20 世纪 50 年代初，在辽宁省的泥炭层中发现了一些古莲子。通过鉴定，这些古莲子的寿命已经有 1288 年，它们经过处理后仍能萌发并年年开花。日本也曾出土过 2000 年前的玉兰花种子，它们同样成功地发了芽。

目前所知道的寿命最长、仍能萌发并正常生长的种子，当数“羽扁豆”种子，有人发现它历经 1 万年的休眠，依然是生机勃勃。

在蕨类和裸子植物之间，还有一些过渡类型的植物。一类植物已经有裸子植物的某些特点，但是还不会产生种子。这类植物，可以叫前裸子植物。这些前裸子植物既有真蕨类的特征，又有裸子植物的特征，其中包括古羊齿类和戟枝蕨类。

生活在4亿多年前的晚泥盆世的古羊齿类植物主茎有1.6米粗、35米高。戟枝蕨类生活在中泥盆世到晚泥盆世，有主茎和枝系之分，可高达10多米。另一类植物已经能产生种子，但是还保留着蕨类的许多特点。这类植物就叫种子蕨。在蕨类时代，这两类植物也先后出现和繁荣。

种子蕨的叶和真蕨植物非常相似，但它们通过种子繁殖，而不是像蕨类那样形成孢子来产生后代。

种子蕨的历史大约可以追溯到泥盆纪晚期，虽然通过种子繁殖是更加先进的生存方式，但是在当时温暖潮湿的气候条件下还不能表现出太大的优势，因此在古生代晚期的石炭纪和二叠纪，它们还处于养精蓄锐的阶段。到了中生代的三叠纪和侏罗纪，由于气候干燥，种子蕨迅速崛起，填补了大型蕨类消失后留下的空缺。

不过种子蕨毕竟是原始的裸子植物，在与后来出现的更加先进的种子植物进行竞争的过程中，种子蕨没能逃过没落的命运，到白垩纪早期宣告灭绝。它们的消失比恐龙的灭亡还要早数千万年。

▲种子蕨化石

裸子植物是种子植物中较低级的一类，具有颈卵器，既属颈卵器植物，又是能产生种子的种子植物。

裸子植物的孢子体即植物体，极为发达，多为乔木，少数为灌木或藤木，如热带的买麻藤，通常常绿，叶针形、线形、鳞形，极少为扁平的阔叶，如竹柏。大多数次生木质部只有管胞，极少数具导管，如麻黄，韧皮部只有筛胞而无伴胞和筛管。大多数雌配子体有颈卵器，少数种类精子具鞭毛，如苏铁和银杏。

银杏是古老的较原始的裸子植物，是出现在早二叠纪，经三叠纪到侏罗纪成为地球上显赫一时的植物，进入新生代以后，数量锐减。银杏是高大落叶乔木，木质坚实致密。古代银杏有两大类；一类叶子没有柄，叶片细长；一类叶子有柄，叶片扇形或浅裂，现存的银杏是扇形叶类的一种。如今，野生的银杏树种已经很少见。

水杉早在1亿年前的白垩纪早期就出现了，广泛分布于北半球，但后来由于地壳运动的原因，北半球气候逐渐变冷，尤其是第四纪冰川的时候，北半球绝大多数地区的水杉再也耐不住严寒，它们的呼吸淹没在来势凶猛的冰川中，只有在我国中西部地区的少量木杉，由于地形地貌保护才躲过了这场劫难。

红豆杉比水杉更古老，可以追溯到2亿年前的三叠纪末至侏罗纪。

红豆杉拥有美丽的红色果实，但这种美丽的果实却与剧毒相伴。人若食用，腹中会难受至极。20世纪90年代之前，红豆杉与人类相安无事，但是自从紫杉醇被批准用于癌症治疗，红豆杉就开始了悲惨的命运。

▲红豆杉

铁树纲植物起源开始于古生代二叠纪，甚至可能起源于石炭纪，繁盛于中生代，是现代裸子植物最原始的类群。研究表明，铁树纲植物与种子蕨有着密切的关系。在形态上，茎干都不甚高大，少分枝或不分枝，茎干表面残留叶基，顶生一丛羽状复叶；内部构造上，都具有较大的髓心和厚的皮层，木材较疏松；生殖器官结构上，小孢子叶保存着羽状分裂的特征，大孢子叶的两侧着生数个种子，呈羽状排列；它们的种子结构也很接近。这些都说明铁树类植物是由种子蕨演化而来的。

在早期的分期里，裸子植物被认为是一个“自然”的群体。但是，一些化石的发现猜测被子植物可能演化自一裸子植物的祖先，这将使得裸子植物形成一个并系群，若将所有灭绝的物种都考虑进来的话。现代的亲缘分支分类法只接受单系群的分类，可追溯至一共同的祖先，且包含着此一共同祖先的所有后代。因此，虽然“裸子植物”一词依然广泛地被使用来指非被子植物的其他种子植物，但之前一度被视为裸子植物的植物物种一般都被分至四个类群中。

“万木之王”

松柏类是现代裸子植物中数目最多、分布最广、最为繁盛的类群。许多松柏类植物都可以长成高大乔木，其中著名的巨树——红杉和巨杉高达百米以上，直径达8～10米。目前世界公认的最大的巨杉是一株被尊称为“谢尔曼将军”的巨树，树龄3500多岁，树高83米，树围31米，大约需要20个人才可以合抱这株树。树干基部直径超过了11米，在高30米处树干直径仍有6米左右，甚至在高40米处生出的一个枝杈就粗2米，令世界上许多高三四十米的大树望尘莫及。

裸子植物的进化分支

现代生存的裸子植物有不少种类出现于第三纪，后又经过冰川时期而保留下来，并繁衍至今。据统计，目前全世界生存的裸子植物约有850种，隶属于79属和15科，其种数虽仅为被子植物种数的0.36%，但却分布于世界各地，特别是在北半球的寒温带和亚热带的中山至高山带常组成大面积的各类针叶林。

现代生存的裸子植物大约有700种，主要分四类：

一类叫苏铁类。这一类种数不多，包括苏铁。苏铁也叫铁树、凤尾松、凤尾蕉，是一种常绿乔木。

一类叫银杏类。这一类现存的只有银杏一种。银杏也叫公孙树、白果树，是一种落叶乔木。白果就是它的种子。

一类叫松柏类。这是在现代依然繁荣的一大类，是现存裸子植物中的主要类群。

一类叫买麻藤类。这一小组裸子植物包括麻黄、买麻藤和百岁兰。麻黄是一种药用小灌木。买麻藤是一种常绿木质藤本植物。百岁兰是一种寿命百年以上的多年生植物。

这些裸子植物，从进化系统看，主要有两支：

一支是由种子蕨发展而来的，这是苏铁植物。苏铁植物有两大组：一组就是苏铁类；一组叫本内苏铁类。本内苏铁类已经绝灭。现存的买麻藤类可能是从本内苏铁类起源的。一支是由前裸子植物发展而来的。早期是科达树类。科达树类已经绝灭。银杏类和松柏类是从科达树类起源的。

裸子植物时代从距今2.2亿年前的早三叠纪开始，到距今1亿年前的晚白垩纪为止，延续了大约1亿多年。

裸子植物时代的早期以苏铁和本内苏铁植物为主；晚期，在北半球以银杏和松柏植物为主，在南半球以松柏植物为主。

铁树开花

铁树，即苏铁，一种热带植物，喜欢温暖潮汐的气候，不耐寒冷。如果条件适合，可以每年都开花。如果把它移植到北方，由于气候低温干燥，其生长会非常缓慢，开花也就变得比较稀少了。相传铁树的生长发育需要生存的土壤中有铁成分供应，如果它成长情况不佳，在土壤中加入一些铁粉，就能使它恢复健康。

银杏和水杉

银杏是银杏植物门唯一的现生物种，也是现今地球上生存着的最古老树种。目前确切的银杏类植物化石出现于早二叠世的欧亚大陆，距今约2.7亿年。在二叠纪末的大灭绝中，银杏类几乎濒临灭绝，在早、中三叠世银杏类逐渐得到恢复。从晚三叠世开始，银杏类蓬勃发展，到了侏罗纪至早白垩世，银杏家族进入鼎盛时期。当时银杏的种类繁多，分布广泛，是森林植被的重要组成。

“活化石”——银杏

银杏为落叶乔木，4月开花，10月成熟，种子为橙黄色的核果状。和银杏同纲的所有其他植物皆已灭绝，唯有银杏存活了下来，号称“活化石”。

银杏类植物最早的代表是法国南部早二叠世奥通期的毛状叶。它保存了完整的营养叶和雌性繁殖器官。在晚二叠世，出现了叶片发生扁化的楔拜拉。

在三叠纪时期，银杏家族的著名代表是在乌克兰顿涅茨盆地晚三叠世地层中发现的托勒兹果属。自晚三叠世起，银杏家族进入了繁盛时期。在持续长达近1亿年的时间里，除了银杏科、银杏属之外，还生存着至少3~5个科，但后者都没有延续到今天。

银杏属植物的历史可以追溯到距今约1.8亿年前的早侏罗世，同时侏罗纪也是银杏家族发展和演化的最重要的时期之一。其中在我国河南义马煤矿发现的义马银杏，就是已知最古老和保存最完整的一种。同时科学家还在义马煤矿发现了代表着不同于银杏的一个独立的演化支系义马果。

▲银杏甬道

此外，还有在德国下侏罗统地层中发现的施迈斯内果属，在西伯利亚布列亚河流域上侏罗统地层中发现的乌马托鳞片属，在中亚侏罗系地层中发现的格雷纳果属，以及在阿根廷下白垩统地层中发现的卡肯果属。

这些发现丰富了现代人类对于早期银杏家族的认识，也见证了当时银杏家族的繁盛。值得一提的是，近年来在我国下白垩统地层中发现的无柄银杏为研究银杏属的演化提供了十分重要的证据。无柄银杏的发现，填补了侏罗纪义马银杏和现生银杏之间一段演化上的空白，并把它们联系起来。

早白垩世晚期，随着被子植物在世界范围内迅速崛起，银杏类开始衰落。在这以后的地层中，银杏类的化石明显减少，同时，银杏属的分布面积也逐渐缩小，并局限于亚热带和温带森林之内。

晚白垩世以后，除了个别记录以外，银杏家族几乎仅剩下了银杏科这一枝独苗。晚白垩世以后发现的化石银杏，都和现生的银杏非常接近。晚白垩世和新生代早期银杏属在欧亚大陆和北美高纬度地区呈环极分布。渐新世之后银杏已处于濒临绝灭的境地。到中新世末，银杏属已经完全从北美的森林中消失。而在欧洲，银杏属一直延续到上新世末，不过其分布范围日益缩小。

东亚是银杏类植物的最后栖息地。在日本，直到更新世早期的沉积中都还存在银杏的化石。到目前为止，我国尚未发现始新世以后的银杏大化石记录。原因有两个，其一是它们的分布面积小，其生存环境不利于形成化石；其二是银杏有可能在中国大陆早已灭绝，现生种是第四纪才从日本重新迁入的。

幸存的水杉

据古植物学家的研究，水杉是一种古老的植物。远在1亿多年前的中生代上白垩纪时期，水杉的祖先就已经诞生于北极圈附近了。当时地球上气候非常温暖，北极也不像现在那样全部覆盖着冰层。大约在新生代的中期，由于气候的、地质的变迁，水杉逐渐向南迁移，分布到了欧、亚、北美三洲。根据已发现的化石来看，几乎遍布整个北半球，可说是繁盛一时。

到了新生代的第四纪，地球进入了冰川时期，水杉抵抗不住冰川的袭击，从此绝灭无存，只剩下了化石上的遗迹。可是实际上它并不是真正的全军覆没。当世界各地的水杉被冰川消灭时，我国却有少数水杉躲过了这场浩劫。其原因是第四纪时，我国虽然也广泛分布着冰川，但中国的冰川不像欧美那样成为整块的巨冰，而是零星分散的“山地冰川”，这种“山地冰川”从高山奔流直下，盖住了附近一带，却留下了不少无冰之处，一部分植物就可以在这样的“避难所”中继续生存。我国有少数水杉，就是这样躲进了四川、湖北交界一带的山沟里，活了下来，成为旷世的奇珍。

▲水　杉

这些幸存的植物像隐士那样，在山沟里默默无闻地生活了几千万年，直到公元20世纪40年代才被人类发现。1943年，植物学家王战教授在四川万县磨刀溪路旁发现了三棵从未见到过的奇异树木，其中最大的一棵高达33米，胸围2米。当时谁也不认识它，甚至不知道它应该属于哪一属、哪一科。一直到1946年，由我国著名植物分类学家胡先骕和树木学家郑万钧共同研究，才证实它就是亿万年前在地球大陆生存过的水杉，从此，植物分类学中就单独添加了一个水杉属、水杉种。

水杉是一种落叶大乔木，其树干通直挺拔，枝子向侧面斜伸出去，全树犹如一座宝塔。它的枝叶扶疏，树形秀丽，既古朴典雅，又肃穆端庄，树皮呈赤褐色，叶子细长，很扁，向下垂着，入秋以后便脱落。水杉不仅是著名的观赏树木，同时也是荒山造林的良好树种，它的适应力很强，生长极为迅速，在幼龄阶段，每年可长高1米以上。

最早的沙漠植物——百岁兰

1860 年，奥地利植物学家费德里希·威尔维茨基在非洲的安哥拉南部纳米比沙漠中发现了百岁兰这种长相怪异且长命的奇异植物。百岁兰是裸子植物门百岁兰科的唯一种类，又称千岁叶、千岁兰，是远古时代遗留下来的一种植物“活化石”，分布于安哥拉及非洲热带东南部，生于气候炎热和极为干旱的多石沙漠、干涸的河床或沿海岸的沙漠上。

真正的一生不落叶

百岁兰一生只长两片叶，看上去就像由无数叶片堆出来的一座小山丘，其实，它们只是两片数十米长的叶盘绕堆积而成。百岁兰的叶片从基部生长，这两片从茎顶生出并左右分开的革质叶子，匍匐在地上。叶的基部硬而厚，并不断地生长，梢部软而薄，不断地损坏，叶肉腐烂后，只剩下木质纤维，盘卷弯曲。我们看到的上部深绿色部分是新叶，下部黄褐色的部分就是枯萎的部分。这对叶子通常在百年之内都不会凋谢，这也是这种植物名字的由来。

通常，植物都要落叶，即使是常绿植物也不例外，所谓的“松柏常青，永不凋落”，其实是一种误传，松和柏的树叶只是逐渐更替而已，一部分脱落，一部分在新生，所以人们看到它们总是四季常青。只有百岁兰才是真正意义上的一生不落叶，然而其叶落之日也就是它生命终结之时。至今发现最古老的一株百岁兰，竟达 2000 岁高龄。

百岁兰为何能够常年都不凋谢呢？这是因为百岁兰叶子的基部，也就是靠近百岁兰茎顶端的分叉处有一条生长带，位于那里的细胞有分生能力，不断产生新的叶片组织，使叶片不停地增长。叶子前端最老，它或因气候干燥而枯死，或因被风沙扑打而断裂，或因衰老而死去，但由于其基部的生长带没有被破坏，损失的部分很快会被新生部分替补，使人们误以为它的叶子既不会衰老，也不会被损伤。其实我们看到的叶片都是比较年轻的，老的早已消失了。真正不老的部位其实只是那一环具有分生能力的细胞，同时这些细胞也在不断地更新。

▲百岁兰

超强的抗旱能力

百岁兰具有极强的抗旱能力，一是由于它的根系极度发达，深度可达30米；二是因为百岁兰生长地通常有海雾出现。和其他大多数植物一样，百岁兰也可通过叶面上的气孔来吸收水分，当雾气出现时，叶面的气孔张开，吸收水分；雾气散去后，气孔随之关闭。虽然大部分凝结在叶面上的水会顺着叶面流入地下，但是植株可以通过气孔直接吸收到其中的一部分。

此外，百岁兰的奇特外形也很大限度地帮助植株本身保持了水分。百岁兰的叶形宽且平，平躺在地面上，层层堆积，这些叶片所覆盖下的土壤温度既低且能保持一定的湿度，这可以帮助植物在高达65摄氏度的地面温度下生存，并有效地防止了风对土壤的侵蚀。即使在强风之下，叶面仍能坚挺不动，防止了沙漠地区肆虐的风沙对植株的过分侵害。

百岁兰是雌雄异株植物，雌株有大的雌球果，雄株有雄花，每一雄花有6个雄蕊。花粉依靠风传播。一般的雌株可以结60~100个雌球果，种子可以达到10000粒。但是百岁兰的种子极易受到真菌侵染，只有不到万分之一的种子会发芽并且长大成株。这造成百岁兰的分布范围极其狭窄，只有在西南非洲的狭长近海沙漠才能找到。

种子的出现

孢子囊变成种子是蕨类变成裸子植物的关键所在，裸子植物的优越性就表现在这方面。由孢子囊变成种子第一步是从同孢变成异孢。先是孢子囊里只含有一种类型的孢子。后来孢子分化成大小两种类型，大型的孢子数目比较少。最后含有大型孢子的孢子囊就演变成种子。

孢子囊演变成种子

蕨类衰亡和裸子植物开始繁荣，标志着植物发展进入了第三阶段，即裸子植物时代。

裸子植物的某些原始类型，早在晚泥盆纪就已经出现了。但是比它早出现的蕨类，在当时地球上潮湿温暖的气候条件下发展比较顺利。裸子植物虽然有更进步的形态结构，但还不能获得优势。只是到了晚二叠纪，气候转凉而干燥，蕨类不能很好适应，逐渐退出了植物舞台的中心，裸子植物才能够发挥它的优越性，成为主要的植物类群。

裸子植物的优越性主要表现在用种子繁殖上。裸子植物不同于蕨类的特点之一在于它的配子体不脱离孢子体独立发育，而受到母体的保护；它的受精不需要水作为媒介，而是采用干受精方式。这就给它的世代繁殖创造了优良的条件。

种子是怎样演变过来的呢?

原来从孢子植物演变成为种子植物，第一步是从同孢变成异孢。先是孢子囊里只含有一种类型的孢子。后来孢子分化成大小两种类型，大型的孢子数目比较少。最后含有大型孢子的孢子囊就演变成种子。

大型孢子的孢子囊演变成种子的过程大概是这样的：

在植物的演化过程中，先是由大孢子萌发的配子体寄生在孢子体上。大孢子发育成熟产生卵细胞，形成雌配子体，在顶端产生颈卵器。雌配子体和大孢子囊等就组成胚珠。

胚珠的中央是珠心，它在形态上就相当于大孢子囊。珠心里面就是雌配子体。珠心的外面是珠被，珠被是原来母体的营养组织，对珠心起着保护的作用。珠被顶端开着孔，叫珠孔。

在植物的演化过程中，小孢子萌发的配子体也寄生在孢子体上，演变成为雄配子体，这就是花粉。花粉经风吹送到胚珠的珠孔上以后，花粉就萌发，生出花粉管，伸到珠心。花粉管和珠心接触，管里的游动精子就被输送到雌配子体里的卵细胞，使卵细胞发生干受精。卵受精以后，就发育成胚，形成种子。这时珠被发育成了种皮。胚还被胚乳包着，这种胚乳来自雌配子体，也就是原来的原叶体。胚乳既供给胚以养料，又保护着胚。所以这种胚在气候条件恶劣的情况下也不会受到不良影响。

裸子植物的胚珠是裸露的，胚乳在受精以前就已经形成。这是种子植物中比较低等的一个类群。

裸子植物的种子进化

裸子植物的孢子体发达，占绝对优势。多数种类为常绿乔木，有长枝和短枝之分；维管系统发达，网状中柱，无限外韧维管束，有形成层和次生结构。除买麻藤纲植物以外，木质部中只有管胞而无导管和纤维。韧皮部中有筛胞而无筛管和伴胞。叶针形、条形、披针形、鳞形，极少数呈带状；叶表面有较厚的角质层，气孔呈带状分布。配子体退化，寄生在孢子体上，不能独立生活。

成熟的雄配子体（花粉粒）具有 4 个细胞，包括 1 个生殖细胞、1 个管细胞和 2 个退化的原叶细胞。多数种类仍有颈卵器结构，但简化成含 1 个卵的 2 ~4 个细胞。

裸子植物的胚珠和种子裸露。裸子植物的雌、雄性生殖结构（大、小孢子叶）分别聚生成单性的大、小孢子叶球，同株或异株；大孢子叶平展，腹面着生裸露的倒生胚珠，形成裸露的种子。

种子的出现使胚受到保护以及保障供给胚发育和新的孢子体生长初期所需要的营养物质，可使植物度过不利环境和适应新的环境。小孢子叶背部丛生小孢子囊，孢子囊中的小孢子或花粉粒单沟型、有气囊，可发育成雄配子体，产生花粉管，将精子送到卵，摆脱了水对受精作用的限制，更适应陆地生活。少数种类如苏铁属和银杏，仍有多数鞭毛可游动。由此可以说明，裸子植物是一群介于蕨类与被子植物之间的维管植物。

种子中的大王

种子中的大王应属复椰子，这种形似椰子的种子比椰子大得多，中央有道沟，像是把两个椰子重合在一起，所以叫它为复椰子。1000 多年前，在印度洋的马尔代夫岛上，岛民们在沙滩上看见了这种大个“果子”。他们劈开它，吃果肉、喝汁液，发现和椰子差不多。人们 1000 年后才明白这是复椰子，是远涉重洋从塞舌尔海岛漂来的。复椰子重约 20 千克，里面的种子则有 15 千克之多。

花粉成熟后，借风力传播到胚珠的珠孔处，并萌发产生花粉管，花粉管中的生殖细胞分裂成 2 个精子，其中 1 个精子与成熟的卵受精，受精卵发育成具有胚芽、胚根、胚轴和子叶的胚。原雌配子体的一部分则发育成胚乳，单层珠被发育成种皮，形成成熟的种子。

裸子植物常具多胚现象，多胚现象的产生有两个途径：一是简单多胚现象，由一个雌配子体上的几个颈卵器同时受精，形成多胚；另一是裂生多胚现象，仅一个卵受精，但在发育过程中，原胚分裂成几个胚。

最先进的高等植物——被子植物

被子植物出现的时间大约为1000万年以前，它们是当时植物界最大的家族。它们发展迅猛，整个植物面貌与现代植物面貌已非常接近，甚至于有的物种与现代生活的植物难以区别。另外，被子植物的数量最多，全世界被子植物的种类要远远多于其他植物种类总和，这个植物世界是名副其实的被子植物时代。

被子植物的诞生

被子植物不是“突然”出现的，它的出现同样遵循进化论的物种是渐进进化规律的，虽然现在还不能确定被子植物具体是由哪种植物进化演化而来。但确凿无疑的是，被子植物一定是由比它原始的裸子植物或者蕨类演化而来。

被子植物的可能来源

在较古老的白垩纪沉积中，被子植物化石记录的数量与蕨类和裸子植物的化石相比还较少，直到距今8000～9000万年的白垩纪末期，被子植物才在地球上的大部分地区占了统治地位。

至于被子植物起源的地点，目前普遍认为被子植物的起源和早期的分化很可能在白垩纪的赤道带或靠近赤道带的某些地区。因此，一般认为，被子植物是在早白垩纪出现的，但是到现在为止，还没有找到白垩纪之前的被子植物化石。

现代植物学家在研究古植物时，不仅依靠植物茎叶等遗体的化石，而且研究植物的孢粉化石。一般的孢子和花粉都有不容易变质的孢粉质。沉积岩里经常保存着许多没有变质的孢子和花粉，在显微镜下观察这些孢子和花粉，可以根据它们的特点来判断属于哪一类植物。在中生界地层里，每克岩石常能找到十粒到几百万粒的孢子和花粉。

最古老的被子植物花粉是在早白垩纪地层里找到的。据研究，认为最原始的被子植物是具有两性花的属于双子叶植物的乔木。

以前，有人认为原始的被子植物具有单性花。从花的形态看，最原始的被子植物是木麻黄目。木麻黄和裸子植物中的麻黄外貌相似，所以认为木麻黄是从麻黄进化而来的。但是无论从茎的结构还是从花来看，木麻黄和麻黄有很大的差别。

木麻黄和荨麻、山毛榉、桦木、胡桃、杨梅等科植物都有小型的、结构简单的所谓单被花，过去认为这种单被花是原始的花。现在研究的结果认为，这种单被花并不是原始的花。它们起源于金缕梅目，金缕梅目是从昆栏树目演化来的，而昆栏树目又起源于木兰目。所以现在认为，原始的被子植物是木兰目。有人研究植物体里某些化学成分的结果，也支持这种观点。

那么木兰目是从哪种裸子植物演变而来的呢？一般认为，它不会起源于比较进步的裸子植物，因为比较进步的裸子植物已经特化，不可能有很大的发展前途。被子植物应该起源于特化比较差的原始裸子植物，从这种裸子植物演变来的原始被子植物才具有很大的可塑性和进化潜力，才能发展成为像今天这样繁荣的一大类群。

据科学家推测，原始被子植物可能起源于侏罗纪末期热带地区具有两性孢子叶穗的一种原始裸子植物，如本内苏铁等。持这种观点的生物学家认为本内苏铁的孢子叶球常两性，稀单性，和木兰、鹅掌楸的花相似；种子无胚乳，仅是两个肉质的子叶和次生木质部的构造亦相似等，从而提出被子植物起源于本内苏铁。

但是，另外有些生物学家认为，本内苏铁的孢子叶球和木兰的花的相似性是表面的，因为木兰类的雄蕊（小孢子叶）像其他原始被子植物的小孢子叶一样是分离、螺旋状排列的，而本内苏铁的小孢子叶为轮状排列，且在近基部合生，小孢子囊合生成聚合囊；其次，本内苏铁目的大孢子叶退化为一个小轴，顶生一个直生胚珠。因此要想象这种简化的大孢子叶转化为被子植物的心皮是很困难的。

另外，本内苏铁以珠孔管来接受小孢子，而被子植物通过柱头进行授粉，所有这些都表明被子植物起源于本内苏铁的可能性较小。很多生物学家认为被子植物和本内苏铁有一个共同的祖先，有可能从一群最原始的种子蕨起源。目前，大部分系统发育学家接受种子蕨作为被子植物的可能祖先，但是由于化石记录的不完全，这种假说的证实还有待更全面、更深入的研究。

植物界的主角

到白垩纪晚期，被子植物已占据了植物界的大部分。由于被子植物的种子藏在富含营养的果实中，有着生命发展的良好环境。受精作用由风当传媒，大部分则是由昆虫或其他动物传导，这使得显花植物能广为散布。

被子植物以其多种多样的体形和营养方式、通畅的输导系统、使子孙发达的双受精种子，以及对各种不利条件的适应本领等优点在植物界中压倒一切地昌盛起来。

被子植物是现代地球上最占优势的植物类群，共约413科，25万种以上。我国被子植物有250科，25000种以上，其中木本植物约占1/3，乔木约3000多种。在已经知道的植物中，被子植物占了大约30万种，约占一半。

“狼桃”西红柿

西红柿是一种被子植物，学名番茄，最初称为“狼桃”，原产于南美安第斯山区，尽管它的果实像红灯笼让人喜欢，但它的茎叶却散发一种异味，人们都怀疑它有毒，连碰都不敢。后来，一位秘鲁的姑娘得了贫血症，同时又加上失恋，她便想通过吃西红柿来自杀。结果发现西红柿十分好吃，令她更惊喜的是贫血症也因吃西红柿而治愈了。从此，秘鲁和墨西哥人开始种植西红柿了。

被子植物的形态与分布

被子植物是植物界中最高级，分布最广，形态变化最多和构造最复杂的一类种子植物。被子植物属种多、数量大，自新生代以来一直居于植物界的优势地位。它们广泛地分布于各个气候带，无论是炎热的热带，还是寒冷的寒带，抑或干旱的沙漠地区，都有它们茁壮生长的身影。

被子植物的形态与分类

被子植物的孢子体高度发达，有明显的根、茎、叶和花的分化，为乔木、灌木或一至多年生草本。绝大多数被子植物的木质部有导管，韧皮部有筛管和伴胞，但某些水生、寄生、腐生和肉质被子植物在进化过程中，导管消失了。少数原始的被子植物没有导管。叶为有叶隙的大型叶。花通常由花萼、花瓣、雄蕊和雌蕊组成。

由于被子植物的种子被包在密封的果实之中，因而名为被子植物。双受精作用使被子植物确保了第二代孢子体的营养，并获有双亲的遗传物质，从而提高了种子的变异性，使后代产生了更加复杂和完善的内部形态和器官，以至在长期的进化中获得了比裸子植物大得多的可塑性与适应性。所以只有出现了被子植物的大发展，才能把大地装扮得郁郁葱葱，才使得生物界发生巨大的变化。

花是被子植物的繁殖器官，其生物学功能是结合雄性精细胞与雌性卵细胞以产生种子。这一进程始于传粉，然后是受精，从而形成种子并加以传播。对于高等植物而言，种子便是其下一代，而且是各物种在自然分布的主要手段。同一植物上着生的花的组合称为花序。

▲被子植物的花

被子植物具异形孢子，亦即能产生两种生殖孢子。花粉（小孢子，雄性）和胚珠（大孢子，雌性）分别产生于不同器官，但典型的花则同时含有大小孢子，因为它两种器官兼有。

从本质上说，花的结构是由顶端分生组织的花芽和“体轴”分化形成的。花可以以多种方式着生于植物上。如果花没有任何枝干，而是单生于叶腋，即称为无柄花，而其他花上与茎连接并起支持作用的小枝则称为花柄。若花柄具分支且各分支均有花着生，则各分支称为小梗。

花柄的顶端膨大部分称为花托，花的各部分轮生于花托之上，四个主要部分从外到内依次是：花萼（位于最外层的一轮萼片，通常为绿色）、花冠（位于花萼的内轮，由花瓣组成，常有颜色以吸引昆虫帮助授粉）、雄蕊群（花内雄蕊的总称，花药着生于花丝顶部，是形成花粉的地方，花粉中含有雄配子）、雌蕊群（花内雌蕊的总称，可由一个或多个雌蕊组成）。组成雌蕊的繁殖器官称为心皮，包含有子房，而子房室内有胚珠（内含雌配子）。

花被是一朵花中的花萼与花冠的合称，位于雄蕊和雌蕊的外围。雌蕊由心皮所组成，包括子房、花柱和柱头 3 部分。胚珠包藏在子房内，得到子房的保护，避免了昆虫的咬噬和水分的丧失。

子房在受精后发育成为果实。果实具有不同的色、香、味，多种开裂方式；果皮上常具有各种钩、刺、翅、毛。果实的所有这些特点，对于保护种子成熟，帮助种子散布起着重要作用，它们的进化意义也是不言而喻的。

被子植物的孢子体，在形态、结构、生活型等方面，比其他各类植物更完善化、多样化，有世界上最高大的乔木，也有微细如沙粒的小草本；有自养的植物也有腐生、寄生的植物。在解剖构造上，被子植物的次生木质部有导管，韧皮部有伴胞，输导组织的完善使体内物质运输畅通，适应性得到加强。

被子植物根据胚的子叶数目分为两个纲：双子叶植物纲和单子叶植物纲。双子叶植物纲，木本、草本、藤本植物皆有，胚具两个子叶。主根发达，维管束有形成层，通常可进行次生增粗，并可形成年轮。

叶脉主要是网状脉。有单叶和复叶。花各部常为 5 或 4 的倍数。单子叶植物纲，大部为草本，胚常具一个子叶。须根发达。具散生封闭式维管束。茎不能进行次生增粗，不形成树皮。

关于单子叶植物与双子叶植物的关系，一般认为双子叶植物比单子叶植物更原始、更古老，并以此推论单子叶植物是从双子叶植物演变而来的。

双子叶植物

被子植物分为双子叶植物和单子叶植物。在自然界，可以根据叶片的脉序、根系的类型和花的形态特征来区别这两类植物。一般来说像苹果树、杨树、榆树、棉花、向日葵等双子叶植物，它们的叶片具有网状脉序；而小麦、水稻、竹子、鸢尾等单子叶植物的叶片为平行脉序或弧形脉序，这种特征用肉眼即可观察，若把叶片对着阳光来看，可以观察得更清楚。

被子植物与环境的抗争

被子植物从出现到现在，经历了漫长的时间。在这漫长的岁月中，被子植物的进化发展有一个由简单到复杂的过程。

最原始的被子植物出现在潮湿温暖的热带地区，大概具有顶生的大花，花是两性的，在细长的花轴上生有螺旋状排列的粗厚的花被，花被和雄蕊、雌蕊都还保留孢子叶或营养叶的形状和特征。原始的被子植物是木本的，因为早期的裸子植物中没有草本的类型。从化石记录看，早期的被子植物都是双子叶植物。原始的被子植物是常绿的，因为早期的裸子植物中很少有落叶的。在温暖潮湿的热带环境中不需要落叶。

被子植物在发展过程中，经过复杂的各个演化阶段，抵制不利于自身发展的各种因素，增加了抗旱、抗寒的能力，适应性越来越强，分化出越来越多的类型，向着干旱、寒冷和高山地区推进。

原始的被子植物是乔木。到晚白垩纪初期出现了灌木和草本类型。从乔木转变成灌木或草本，主要由于受到气温下降、气候干旱的影响。

由于受到这些不利气候条件的影响，被子植物的形成层活动力减低，次生木质部大量减少，薄壁组织相对增多。草本植物的茎只相当于木本植物生长一年的茎的结构。它们尽量减低建立营养器官的消耗，提前开花，缩短花期，把养料集中到种子里，使它们更富有生命潜力，能在不利条件下保存自己，一遇合适条件就很快发芽生长。在寒冷或高山地区，由于地上部分冬季不容易生活，就产生地下茎，贮藏食物，到第二年春季再从地下茎发芽生长，这就成为多年生草本植物。

“讨厌之谜”

19世纪的化石记录显示，被子植物各主要门类化石在距今约1.1亿年的白垩纪“突然”出现。但如果再往前追溯，却没有任何被子植物的化石记录。这样便找不到它们演化的证据，这完全违背了达尔文提出的物种是逐渐进化的观点。由此，达尔文在1879年将被子植物的起源称为“讨厌之谜”。

被子植物从最初出现到早白垩纪末期，只产生20多科。到了晚白垩纪初期，又产生了45科。被子植物到晚白垩纪开始发展。进入新生代以后，虽然地理气候条件严酷，但是被子植物通过本身的遗传和变异，去适应这些严酷的环境条件，反而发展得更快，分化出更多类型。现在的被子植物遍布世界各地，不仅占领了陆地，还侵入了水域，真是种类繁多，丰富多彩。我们常见的许多作物、花草、灌木、乔木，大部分都是被子植物。

▲胡杨树

除此之外，为了适应一些特殊的环境，它们还有一些独特的类型。比如，适应水域环境的被子植物，除了常见的莲、水浮莲、浮萍等草本植物外，还有一类常绿灌木或小乔木，叫作红树，能生长在海岸泥滩上，不怕潮水没顶，仍能生长成林。比如，适应干旱沙漠的被子植物仙人掌，一般高2~8米，茎是肉质的，可以在雨季大量贮藏水分。表皮角质化，叶子退化成棘刺，可以减少水分蒸腾，防止水分散失。

有一类吃虫的被子植物，如猪笼草、茅膏菜、毛毡苔、捕蝇草等，能分泌蜜汁、黏液或闭合刚毛，捕捉小虫，并且分泌消化液把小虫消化掉。还有一些寄生的被子植物，如桑寄生、槲寄生，是常绿乔木，寄生在桑、槲、榆、桦等树上。菟丝子，是寄生在豆类植物上面的缠绕草本。

胡杨是第三纪残余的古老树种，距今约有300～600万年的历史，是一种生长在极度干旱地区的树种，它的根系十分发达，具有极强的生命力，被誉为“生长千年不死，死后千年不倒，倒后千年不朽”的神奇树木。

被子植物的分布地区

被子植物是植物界进化最高级、种类最多、分布最广、适应性最强的类群。它们分布于各个气候带。由于气温高、雨水多的缘故，热带、亚热带最多。南美亚马孙河区有约4万种。温带地区因气温降低，雨量少了，种类渐减。北极地区则大大减少，许多地方几乎无被子植物，仅少数地方有少数种类顽强生存，如北极柳、北极罂粟，其分布纬度达80°以上。在南半球南极大陆的莫尔吉特湾詹尼岛附近，有石竹科植物厚叶柯罗石竹生存。

另外，从海拔高度看，地势越高，气温越低，植物种类组成也有变化；在珠穆朗玛峰地区，气候严寒，只有少数耐寒种类方可生存。

沙漠地区也有被子植物的身影。如我国新疆维吾尔自治区的沙漠地区，有胡杨和梭梭生存，能适应干旱气候。北非撒哈拉大沙漠中下雨极少，有的地方十几年无雨。有一种植物叫矮生齿子草，由于极端干旱形成只有几十天极短的生命周期，称为短命植物。它在稍有雨水时，能发芽生长到开花结实，完成一代任务。平时稍有湿润，花就张开，一旦干燥，花即闭合，十分灵敏。美洲墨西哥的沙漠地区，有一类特别适应干旱的植物就是多浆植物，著名的为仙人掌科。全身多刺，叶退化，茎含水多，可用以抗旱。其中有的种类形如巨人，如用刀砍开，可以直接喝到水。在盐碱地上，有抗盐性强的被子植物，以藜科最著名，如盐角草为一年生草本，肉质，叶极小，茎节状，可以进行光合作用。

▲北极柳

被子植物的进化

生物进化是生物体本身与环境抗争的结果，是对环境的适应性改变。这种改变包括形态结构、生殖系统等方面的改变。被子植物的进化也遵循这样的客观规律，这可以从它们的形态结构方面鲜明地体现出来。

与裸子植物相比，被子植物有很多进化优势明显的地方，比如具有真正的花，真正花的出现增强了传粉效率，有利于繁殖；还有，被子植物的配子体已经简化，颈卵器已经不再存在，这样的改变提高了生活机能，另外，被子植物有双受精现象，这使后代有更强的生命力。被子植物的这些特征使它具备了在生存竞争中优越于其他各类植物的内部条件，因此，才得以迅速地发展起来。

被子植物花的进化

被子植物与裸子植物的主要区别在于种子外面是不是有包被。而被子植物的明显特点在于有由花萼和花冠组成的有鲜艳颜色的花被。花实际上是一个生殖芽，起源于孢子叶穗。被子植物的典型的花由雌蕊、雄蕊、花冠、花萼组成。

雌蕊由一到几个心皮组成，心皮就是带有胚珠的大孢子叶。在裸子植物中，心皮是展开的，胚珠裸露在外，所以长成的种子也是裸露的。演变到后来心皮折合，边缘连接起来，这就形成了子房、花柱和柱头。胚珠被包在子房里，受到子房的保护，所以长成的种子是有包被的。

有些原始的雌蕊，像在木兰目的某些种类，大孢子叶的边缘还没有完全接合起来，花柱的一边还有一条直缝。由一个心皮构成的雌蕊叫单雌蕊，由两个或两个以上心皮构成的雌蕊叫复雌蕊或合心皮雌蕊。单雌蕊的子房里只有一室；复雌蕊的子房里有一室或多室，多室的室数和合生的心皮数相当。每室里有一个或多个胚珠。

裸子植物的胚珠只有一层珠被，被子植物的胚珠都有内外两层珠被。外珠被和内珠被一样，也是由营养器官演变来的。外珠被从形态上看和种子蕨的托斗相当。在胚珠幼年的时候，外珠被还是绿色的，可以证明它原来是营养器官。

雄蕊是由小孢子叶演变成的。原始的雄蕊，像在木兰目的某些种类，上面有 3 条掌状脉，常作匙形，表皮上还有气孔，说明它们是叶的变态；4 个线形小孢子囊平行成对地着生在小孢子叶前端。比较进步的雄蕊，小孢子叶已经变成细长的丝状，这就是花丝；3 条掌状脉中的两条侧脉已经退化，只留下中脉，成为花丝的维管束；分离的孢子囊已经连合成聚合囊，这就是花药。花粉就产生在花药里。

花冠由花瓣组成。花瓣是由雄蕊退化而来的，就是说也是起源小孢子叶。它原来也是离生的，螺旋状排列，后来进化到轮生。有的原始类型的被子植物花瓣上还带着花药的遗迹，并且可以看到气孔结构，这都可以说明它们的同一起源。

花萼是由营养叶演化来的。原始的花萼也是离生的，螺旋状排列，绿色，仍然保持着营养叶的本色和机能。后来进化，才连成了管状。

▲“辽宁古果”复原图

原始被子植物的花是大型的单花，后来变成小花，一簇花着生在共同的花轴上，形成了花序。花部原来是螺旋状排列的，后来变成半轮生、轮生。原始的花是两性花，后来变成单性花。单性花先是雌雄同株，后来出现雌雄异株。

单性花和雌雄异株，就要进行异花授粉而不是自花授粉，产生的种子可以接受双亲的遗传性，增强了后代的生活力。与此相适应，被子植物不像蕨类和裸子植物主要靠风传粉，而是发展到主要靠昆虫传粉。

为了适应昆虫传粉，被子植物的花里常生有蜜腺，分泌出香甜的蜜，并且花色变得鲜艳，发出芳香，来吸引各种昆虫。同时形成表面粗糙不平的柱头，有利于粘着花粉。花粉也经常分泌油和黏液，更容易粘着在昆虫身上。

配子体发育过程

从裸子植物到被子植物的演化过程中，配子体的发育过程简化了。

在裸子植物中，大孢子发育很慢，过程复杂。大孢子先在珠心（大胚子囊）里形成多核的雌配子体，顶端产生颈卵器。颈卵器可以有几个，每个颈卵器有一个卵细胞和几个其他细胞。几个卵都可以受精，但是种子成熟的时候，只有一个受精卵能发育成胚。

被子植物的大孢子却发育很快，过程也比较简单。它们的珠心不形成颈卵器，雌配子体形成胚囊，常由 8 个细胞组成。这 8 个细胞中，有 1 个是卵细胞，其余 7 个，2 个叫助细胞，3 个叫反足细胞，2 个是次生的胚囊核，叫极核。卵细胞以后受精发育成胚，其余 7 个是辅助胚成长的。

在裸子植物中，小孢子也要经过复杂的步骤，才产生雄配子。小孢子的细胞核先分裂成两个核；一个是第一营养核；另一个再分裂成两个，一个是第二营养核，一个是精子核。后来精子核进一步分成两个核：一个叫管核，起

辽宁古果

辽宁古果属于古果科，其生存年代为距今 1 亿 4500 万年的中生代，比以往发现的被子植物早 1500 万年，被国际古生物学界认为是迄今最早的被子植物。辽宁古果化石保存完好，形态特征清晰可见。1996 年被发现于我国辽宁北票市黄半吉沟村早白垩纪的火山沉积岩中。

控制花粉管活动的作用；一个叫生殖核。生殖核再一分为二：一个叫柄核，一个叫体核。

在出现花粉管的时候，体核进入花粉管，形成两个雄配子，其中一个和卵结合，另一个核就退化消失。在被子植物中，雄配子体的发育却简化成两步：小孢子细胞核先分裂成一个管核和一个生殖核。后来生殖核形成两个雄配子。在花粉管里管核消失；两个雄配子中有一个和胚囊里的卵细胞结合，发育成胚，另一个却和两个极核结合，发育成为胚乳。

被子植物的这种受精作用，一方面是卵受精形成受精卵，发育成胚；另一方面是极核也受精，发育成胚乳，所以叫双受精作用。

被子植物雌雄配子体的发育简化，是适应它们寄生在孢子体上的寄生生活的结果，但是不仅生殖机能没有丝毫减低，反而可以更加合理地分配养料。双受精作用使被子植物的胚和胚乳都承受两性的遗传性，也增强了后代的生活力，更能适应各种环境。这也是被子植物胜过裸子植物的优点之一。

茎构造的进化

从裸子植物到被子植物的演化过程中，茎的构造也有了很大的改进，输导系统更加完善了。

在裸子植物茎的木质部里，只有起输导作用的管胞。在被子植物茎的木质部里，已经有了导管和纤维。这两种细胞都是从管胞分化出来的。最原始的被子植物，如木兰目、昆栏树目，还没有导管。从导管演化发育过程看出，它是一连串管胞连接而成的复合体。导管细胞在成熟的时候横壁消失，顶壁有很大穿孔，四周纵壁也有很多小孔，水分上下左右可以通行无阻。纤维细胞的壁比较厚，机械支持作用比管胞强。

在被子植物的木质部里，还有木薄壁组织。木薄壁组织是贮藏营养物质的薄壁组织，也叫贮藏组织。这些细胞能有效地提供一个生长季度中木质部细胞的养料。裸子植物没有这种组织。原始的被子植物如木兰目等，只在生长季节开始的时候有这种组织。

在裸子植物茎的韧皮部里，只有筛胞。在被子植物茎的韧皮部里，已经有了筛管。原始的被子植物如昆栏树目，筛管细胞细而长，侧壁和顶壁界限不清楚，末端是倾斜的，还很像裸子植物的筛胞。在演化过程中，筛胞变宽变短，出现了有筛状穿孔的末端横壁，又上下相连变成了筛管。

被子植物的输导组织分化精细，使水分运输畅通，机械支持能力也加强，它的叶脉也趋于复杂，网状脉类型居多，能供应和支持面积大得多的叶子，增强光合作用的效能。

双子叶植物进化成单子叶植物

被子植物中的草本类型是比木本类型更进化、更加具有可塑性的植物。原始的被子植物是双子叶植物，到晚白垩纪初期，出现了单子叶植物泽泻目和百合目。单子叶植物是从双子叶植物演变来的，主要也是由于适应不利气候条件，产生了形态上的某种改变。

在单子叶植物的种子中，除一个子叶发育外，还可以看到另一个皱缩的子叶，由于受到抑制而退化。单子叶植物的茎的许多维管束散生在薄壁组织中，不产生形成层。有的单子叶植物的叶没有叶柄和叶片的分化，叶基几乎包住茎，维管束很多，叶脉作平行封闭式，这样可以增大光合作用的效率，加快输导作用的速度。主根不发育，有许多不定根。这些都有利于在一年中比较短的时期里很快生长发育。

单子叶植物中有些种类，如禾本科中的甘蔗、玉米，它们的光合作用效率比其他植物高。这类植物叫四碳植物。它们的光合作用机理和其他植物有所不同。它们吸收二氧化碳以后，先形成一种四碳糖，就是一个分子里含有 4 个碳原子的糖，而不是像其他植物那样先形成三碳糖。由此看来，四碳植物是比三碳植物更加进步的类型。

原始的被子植物是常绿的。到早白垩纪晚期，被子植物转向北温带发展，在接近热带的中纬度南部干凉地带，最先出现落叶类型。落叶是对于低温或干旱气候的一种适应。落叶可以减少水分蒸腾，用叶芽的形式贮存养料，可以避免低温冻害。

原始被子植物的叶子类型是大型的单叶，全缘。后来才出现裂片，又从单叶进化到复叶，增加光合作用的面积。原始的叶是互生的，以后发展到对生和轮生。叶脉最早是羽状的，以后进化到掌状或平行弧状，从开放式进化到封闭式，增进了水分和养料的运输。

不同于裸子植物的特点

被子植物有不同于裸子植物的许多特点，概括起来是：

（1）被子植物具有真正的花，就是具有由花萼和花冠组成的颜色鲜艳的花被。这种花被的出现增强了传粉效率，有利于繁殖。

（2）被子植物的胚珠是包藏在子房里的，在胚的发育过程中受到保护，所以长成的种子是有包被的。

（3）被子植物的配子体已经简化，颈卵器已经不再存在，提高了生活机能。

（4）被子植物有双受精现象，胚乳的来源和性质同裸子植物不同，能使后代有更强的生命力。

（5）被子植物的孢子体高度发达，组织分化精细，生理机能的效率高，如输导组织的木质部有导管和木薄壁组织等。

被子植物的这些特征使它具备了在生存竞争中优越于其他各类植物的内部条件。被子植物的产生，使地球上第一次出现了色彩鲜艳、种类繁多、花果丰茂的景象。随着被子植物花的形态的发展，果实和种子中高能量产物的贮存，使得直接或间接地依赖植物为生的动物界（尤其是昆虫、鸟类和哺乳类）获得了相应的发展，地球上的生命迅速地繁茂起来。

繁衍后代的器官——花

自诞生之日起，作为一个植物体新型器官、植物界的一个奇迹、植物进化的一个新高峰，花自然也有它本身的责任。花最大的一个责任就是负责植物的后代繁衍。

花的结构

花是被子植物繁衍后代的器官。关于花的诞生，植物学界比较一致的观点倾向于将花当作植物体上一个节间缩短的变态短枝，而现在看来，花的各部分从形态、结构来看，具有叶的一般性质。首先提出这一观点的是德国诗人、剧作家与博物学家歌德，他认为花是适合于繁殖作用的变态枝。这一观点得到了化石记录以及很多系统发育与个体发育证据的支持，并且能较好地解释多数被子植物花的结构，因而沿用至今。

一朵完整的花包括了六个基本部分，即花梗、花托、花萼、花冠、雄蕊群和雌蕊群。其中花梗与花托相当于枝的部分，其余四部分相当于枝上的变态叶，常合称为花部。花部中四部俱全的花称为完全花，缺少其中的任何一部分则称为不完全花。如南瓜花、黄瓜花，它们缺少雄蕊或雌蕊；桑树花、栗树花缺花瓣、雄蕊或雌蕊；杨树花、柳树花缺萼片、花瓣、雄蕊或雌蕊。

另外，在一朵花中，雄蕊和雌蕊同时存在的，叫作两性花，如桃、小麦的花；只有雄蕊或只有雌蕊的，叫作单性花，如南瓜、丝瓜的花；雌花和雄花生在同一植株上的，叫作雌雄同株，如玉米；雌花和雄花不生在同一植株上的，叫作雌雄异株，如桑。

花本身只是植物用来繁衍后代的器官，雄花负责传播花粉，雌花负责接收花粉，孕育后代。

根据进化的观点来看，早期的花其实是植物枝条的一个变态结构，花部部分应该同叶的结构非常相似，它的细胞中应该具有叶绿素，呈现绿色；花粉传播的方式也应该比较原始，是通过风力传播的，这相对于藻类和蕨类等低等植物来说，已经先进不少了。我们称这种利用风力作为传粉媒介的花为风媒花，如玉米和杨树的花。然而风媒的传粉方式却有它自身的缺点。

风媒花一般小而不鲜艳，花被常退化或不存在，也没有香味和蜜腺。它产生的花粉数量特别多，而且表面光滑，干燥而轻，便于被风吹到相当高和相当远的地方。

有些风媒花的柱头会分泌黏液，便于黏住飞来的花粉；稻、麦等花的柱头分叉，像两只羽毛，这样可以增加接受花粉的机会；有些花序细软下垂或花丝细长以及花药悬挂花外，随风摆动，这样就有利于花粉从花粉囊里散落出去；有些风媒花的花被退化，有利于传粉时减少阻碍；还有些落叶的木本植物，有先花后叶的特性，可使传粉时花粉不受叶片的阻碍。这些都是风媒花在长期的进化中发展起来的。依靠风力传粉的植物约占有花植物的五分之一，被子植物的杨柳科、禾本科等都是风媒植物。

风可以说是无处不在，而通过风力传播花粉的植物也就拥有了广大的生存空间。然而风本身并没有生命，它不可能与植物进行类似于“共生”这种生物体间才能进行的高级交流。也就是说，风媒传粉不是一个精密准确的过程，它只是随机地将雄花的花粉传播出去，而不能确保花粉能顺利到达雌花，大多数时候，这些花粉只能随风飘散而已，效率非常低，所以通常风媒植物在地球上覆盖面积可能很大，然而是点状分布的。

表面上看来，花完全没有必要将自己变得如此五彩斑斓，那么是什么原因让花打扮自己的呢？

由于风是自然界最多变的，想靠风精确地把花粉传给雌性花难度也就变得相当大了。于是被子植物们改造了自己的生殖器官，五颜六色、气味芬芳、内藏花蜜的各种花朵产生了。于是，昆虫们因为对颜色、花蜜特别喜爱便勤劳地在这些花上面飞来飞去采集蜜源，花粉也就更加精确地传播于雄蕊和雌蕊之间了。我们将这种靠昆虫传播花粉的植物称为“虫媒传粉植物”。

▲美丽的花

存在于我们周围的那些姹紫嫣红、形态各异的花大多属于虫媒传粉。一般虫媒花多具有美丽的花瓣、发达的蜜腺和较强的香味，花粉有黏液、黏丝、凸起等，这种结构很容易附着在昆虫身体上。

一般认为虫媒花是晚于风媒花出现的。由于昆虫是有生命的，所以它们有可能同花达成一种“共生”的默契，此后但凡有花的地方，也大都会有昆虫存在。这样，花儿们就不用为花粉无法传播而发愁，昆虫们也同样不用为自己的“口粮”而四处奔波了。也正由于此，昆虫们为了生计，会勤奋地在花朵间穿梭摄取蜜源，虫媒传粉的效率和精度也就被大大提高了。

然而，作为生命体，就有了体力的限制，昆虫并不可能跨海越洋地长途飞行，它们通常会在一个适合自己生长的地方集中生活，因此虫媒花的分布也通常较为集中，在地球上呈片状分布。

花之所以受到昆虫的关注，一是因为花色，二是花香，三是花蜜。花色是因为花被细胞的液泡中具有花青素。花的香气来自薄壁组织中的许多油细胞，油细胞能分泌出有香气的芳香油，芳香油很容易扩散到空气里，当这些芳香油在空气中扩散后，送到我们鼻子里，就会让我们领略到缕缕香气了。而花蜜则是由蜜腺分泌的。这三个特点很可能是原始的花随机进化而来，并非是有意而为。

但是由于这种进化结果受到了昆虫大军热烈的欢迎，而在昆虫大军摄取蜜源的同时，二者间还建立了紧密的合作关系。同时香味越浓、颜色越美的花瓣越受昆虫喜爱，传粉的效率也越高。所以也就有了“争奇斗艳”之说。可以说，花朵的美丽和芬芳完全是由于昆虫有目的地选择的结果。

花的真正责任只是用来生育后代，而它的鲜艳也不过是提高繁殖效率的工具而已。不过这个工具的使用的确很见成效。它将原本“粗放式”的风媒方式变成了现在“精细操作”的虫媒方式。可以说，花的产生使得植物体的生活方式更加“经济”和“高效”。

动物之源——原生生物

原生生物是原生动物亚界的物种统称。虽然构成一个亚界，但它们相互之间并不一定有亲缘关系。从生物学的观点来看，它们并非属于一个自然的类群，而只是将一大批生物体集合起来而已。

从结构上看，原生生物是最低等、最原始的无脊椎动物。由单细胞的原生动物进化到多细胞的腔肠动物；由二胚层的腔肠动物进化到三胚层的蠕虫动物；线形动物出现了肛门；环节动物出现了真正的体腔；节肢动物是真正适应了陆地生活的无脊椎动物。在这个过程中，动物的结构越来越复杂，逐渐出现了组织的分化，出现了器官和系统，生活环境逐渐从水中到陆地。可以说，原生生物是无脊椎动物的始，一切高等动物都是从原生生物起源进化而来的。

最原始的动物——单细胞动物

单细胞动物就是原生生物，是最原始、构造最为简单的生物。单细胞动物形体微小，最小的只有几微米，大的种类形体也就在10厘米左右。原生动物生活领域十分广阔，可生活于海水及淡水内，底栖或浮游，但也有不少生活在土壤中或寄生在其他动物体内。通过对这些原生生物的介绍，我们可以了解最初的生物形态。

原始生物化石

寒武纪的开始，标志着地球进入了生物大繁荣的新阶段。而在寒武纪之前，地球早已经形成了，只是在几十亿年的漫长过程中一片死寂，那时地球上还没有出现门类众多的生物。科学家们把寒武纪之前这一段漫长而缺少生命的时间称作前寒武纪。前寒武纪约占全部地史时间的六分之五，由于没有足够的生物依据，人类对地球的这段历史理解得很少。

20世纪后半期，科学家们陆续在南非和澳大利亚获得了重大收获，在变质程度不太剧烈的沉积岩层中发现了叠层石，这是微生物和藻类活动的产物。

此外，人们在这些古老的岩层中还分析出大量的有机化合物（如苯、烃基苯等）和环形化合物（如呋喃、甲醇、乙醛等）。在南非的一套古老沉积岩中，科学家们借助先进的精密观测仪器，发现了200多个与原核藻类非常相似的古细胞化石，这些微体化石一般为椭圆形，具有平滑的有机质膜，这是人们迄今为止发现的最古老、最原始的化石，也是在太古代地层中发现的最有说服力的生物证据。从生物界看，这是原始生命出现及生物演化的初级阶段，当时只有数量不多的原核生物，它们只留下了极少的化石记录。但它们昭示着动物的起源。

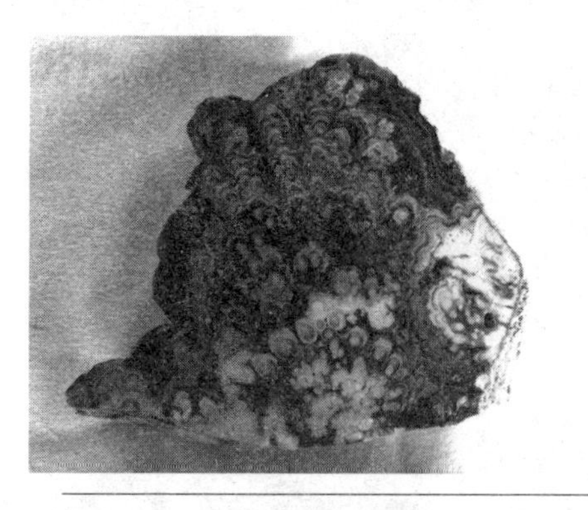
▲原始生物化石

原始生物的特征

原生动物是最简单的生物之一，是原生动物亚界的物种统称，包括一大群单细胞的真核（拥有明确的细胞核）生物。虽然构成一个亚界，但它们相互之间并不一定有亲缘关系，它们并非属于一个自然的类群，而只是将一大批生物体集合起来而已。

原始生物一开始兼有植物和动物的特征，在海洋有机物供应紧张的情况下，向两个方向进行分化：一个方向是加强光合作用的机能和器官，向完善的自养方式发展，特化成为植物的一支；另一个方向是加强运动机能和运动器官，向摄取现成的有机物的异养方式发展，特化成为动物的一支。

从分化的时间上来看，首先出现的是具有比较明确的植物特征的原核生物——蓝藻，而最原始的动物是在这以后才分化出来的。

原生动物无所不在，从南极到北极的大部分土壤和水生栖地中都可发现其踪迹。大部分肉眼看不到。许多种类与其他生物体共生，现存的原生动物中约1/3为寄生物。

原生动物有3万种左右，绝大多数由单细胞构成，少数种类是单细胞合成的群体。原生生物主要有以下特征：

（1）体形微小。原生动物的大小一般在几微米到几十微米之间。可是，也有少数原生动物比较大。如蓝喇叭虫和玉带虫，体长可达1～3厘米，还有一种货币虫，它的外壳直径为16厘米。

（2）一般由单细胞构成，有些种类是群体性的。单细胞的原生动物整个身体就是一个细胞，作为完整有机体，它们同多细胞动物一样，有各种生命功能，诸如应激性、运动、呼吸、摄食、消化、排泄以及生殖等。

单细胞的原生动物当然不可能有细胞间的分化，而是出现细胞内分化，由细胞质分化出各种细胞器来实现相应的生命功能。例如用来运动的有鞭毛、纤毛、伪足，摄食的有胞口、胞咽，防卫的有刺丝泡，调节体内渗透压的有伸缩泡等。

有些原生动物是群体性的，但一般组成群体的细胞之间并不分化，各个个体保持自己的独立性。

（3）原始性。一般讲原生动物是最低等、最原始的动物，指的是它们的形态结构和生理功能在现有各类动物中是最简单、最原始的。现在生存的各类原生动物，是经历了千百年进化而演变成的现代种。因此，不可把现在的原生动物看作是其他各类动物的原始祖先。

（4）具有三种营养方式。一是植物性营养，又称光合营养；二是动物性营养，又称吞噬营养；三是渗透性营养，又称腐生营养。

（5）当遇到不良条件时，它们形成包囊，把自己同不良的外界环境隔开，同时新陈代谢的水平降得很低，处于休眠状态。等到有合适的环境条件，又会长出相应的结构，恢复正常的生活。

另外，原生动物的适应性很强，它们能生存在各种自然条件下，如淡水、咸水、温泉、冰雪以至于植物的浆液，动物和人类的血液、淋巴液和体液等。

在原生动物门里，根据运动胞器、细胞核以及营养方式可以分成4个纲：

（1）鞭毛虫纲。运动胞器是一根或多根鞭毛，例如绿眼虫、衣滴虫。

（2）肉足虫纲。运动胞器是伪足，伪足兼有摄食功能，例如大变形虫。

（3）孢子虫纲。没有运动胞器，全部以寄生生活，例如间日疟原虫。

（4）纤毛虫纲。运动胞器是纤毛，有两种细胞核，即大核和小核，大核与营养有关，小核与生殖有关，例如尾草履虫。

原生动物是无性繁殖的，不需要交配或性细胞器官。对大多数自由生活的物种而言，无性繁殖通过二分裂过程实现，即每次繁殖都是由一个母细胞分裂为两个完全相同的子细胞。大多数自由生活的物种一般都在有利于无性繁殖的环境中生存。

有性繁殖通常只是它们在不利环境中的一种手段而已，如当水生介质的枯竭导致普通细胞无法生存的时候。在变形虫和鞭毛虫中，只有有限物种具有行有性繁殖的能力；有的物种在其进化史中可能从未行有性繁殖，而其他物种则可能已经丧失了交配能力。

有孔虫、放射虫

现在已经发现的最古老的原生动物化石有放射虫化石和有孔虫化石。放射虫化石在前寒武系地层开始出现，大多保存在海洋沉积层的硅质岩里。有孔虫化石出现在前寒武系、寒武系和以后的海洋沉积层里。

从现存的有孔虫和放射虫看，它们的身体主要就是一个细胞。有孔虫体外有钙质外壳，壳壁有无数小孔，细胞原生质会从孔里溢出，形成丝状物（由于外面仍包着细胞膜，所以不会流散），这叫伪足。伪足还能排出废物，使虫体移动。

有孔虫通常有两种生殖方式，在发育过程中交替进行，即世代交替。无性生殖是由成熟的裂殖体向外放出大量的配子母体。配子母体成熟后又大量放出带鞭毛能游动的配子，两个配子形成合子就是有性生殖，合子再发育长大成为新的裂殖体。

有孔虫在地史时期中出现过几次繁盛期，尤其在白垩纪时出现了特殊种类（如能游的有孔虫），成为地质学家们划分对比白垩纪海相地层的重要依据；白垩纪时有孔虫的数量是极大的，甚至在白垩纪形成的岩石中都占有很高的比率，专家们管这种有大量生物参与形成的岩石叫生物礁。

放射虫的身体呈球形，伸出许多条丝状的伪足，呈放射状；体内有膜质的中央囊，囊面穿有许多小孔，把身体分成内外两部分；囊外有胶状物质，囊里有细胞核；通常从身体中央射出硅质针状骨棘，也有的许多针状物集合成层，或者互相连接成笼状。正因为它们有钙质或者硅质的外壳或针棘，所以死后能成为化石保存下来。

但是从现存的原生动物看，有孔虫和放射虫能分泌钙质或者硅质的外壳或针棘，还算是比较进步的种类。现存的原生动物中还有比它们更简单的变形虫。变形虫的直径不到半毫米，它的细胞膜纤薄。

由于膜里原生质流动，使身体表面伸出没有固定形状的突起，这就是伪足。身体的轮廓随伪足的伸缩而变化，所以叫变形虫。由于伪足的伸缩，整个身体也可以慢慢移动位置。伪足还能包围食物，然后把食物消化掉，吸收进身体里去。

原生动物有孔虫和放射虫的化石虽然出现在寒武系和前寒武系地层里，但类似变形虫那样的原生动物要比它们更原始。只是因为这类原生动物的身体没有硬质部分，所以无法保存下化石。

纺锤虫

纺锤虫是一种已经绝灭的动物，曾经生活在大约100米深的热带或亚热带海底。它有钙质壳，壳体随着虫子的长大不断增多，并随着它的演化而不断增大，从发现的化石来看，最小的不足1毫米，而大者可达到20～30毫米。

▲纺锤虫

纺锤虫最早出现在早石炭世晚期，早二叠纪时极盛，不仅数量庞大且种类繁多，构造也变得复杂，但到了二叠纪末期就全部绝灭了。此类动物存在时间短，演化迅速，地理分布十分广泛，在二叠纪地层划分上更因其体形小而成为十分重要的化石门类。

草履虫

草履虫是一种身体很小、圆筒形的原生动物，它只有一个细胞构成，是单细胞动物，雌雄同体。最常见的是尾草履虫。体长只有80～300微米。因为它身体形状从平面角度看上去像一只倒放的草鞋底而叫作草履虫。

草履虫全身由一个细胞组成，体内有一对成型的细胞核，即营养核（大核）和生殖核（小核），进行有性生殖时，小核分裂成新的大核和小核，旧的大核退化消失，故称其为真核生物。其身体表面包着一层膜，膜上密密地长着许多纤毛，靠纤毛的划动在水中旋转运动。它身体的一侧有一条凹入的小沟，叫“口沟”，相当于草履虫的“嘴巴”。口沟内密长的纤毛摆动时，能把水里的细菌和有机碎屑作为食物摆进口沟，再进入草履虫体内，供其慢慢消化吸收。残渣由一个叫肛门点的小孔排出。草履虫靠身体的表膜吸收水里的氧气，排出二氧化碳。

草履虫像一个毫无目的的流浪汉，当它碰到障碍的时候，就简单地后退一下，然后又游向不同的方向。但是，当草履虫碰到细菌时，细菌就会被它那种细小的纤毛扫入口沟。口沟上的纤毛把细菌扫入胞口，由此进入动物体内。

很多的细菌进入细胞内，汇集成团，这一团细菌被一些液体所包围，于是形成了一个食物泡并脱离胞口，在细胞内部流动。

如果在草履虫生活的水中放入红色染料（洋红粉末），它们也会使这些染料进入它们的食物泡内，把食物泡染成红色。

草履虫摄入的细菌是靠贮藏在食物泡内的酶来消化的，当消化后的食物被草履虫吸收，食物泡也就消失了。如果食物泡内有任何不能消化的颗粒，该食物泡就会慢慢地移向肛门点，在那儿将残渣排出体外。

草履虫有两个核，一个大核和一个小核。当虫体分裂时，这两个核也分裂了，这两个新的草履虫也就各有一个大核、一个小核。这是无性繁殖的一种形式。经过若干次分裂繁殖后要进行接合生殖。这是有性生殖的一种形式。

接合生殖时，两个草履虫在它们口沟的地方融合，然后每个虫体的小核经有丝分裂成为二个，并彼此交换其中的一个小核。交换的一核与剩下的一核合而为一，再分为大小二核。最后两个虫体分离。

最原始的多细胞动物

在原始海洋这个得天独厚的环境，单细胞的原生动物经过群体阶段，发展为多细胞动物。原始多细胞动物中，海绵动物是最原始的类型。

从单细胞到多细胞

细胞以单细胞形式存在了30多亿年，细菌至今仍然如此，它们有时相互靠近形成菌落，但菌落并不是真正的多细胞生物。

真核细胞出现以后，也以单细胞形式存在了几亿年，在6~7亿年以前并没有多细胞生命的任何迹象。而在当今世界，单细胞原生生物依然比比皆是。

究竟是什么原因促使一些真核细胞聚集到了一起？有人提出了一种可能的原因，他们认为：细胞之间的相互聚集在最初的时候只不过是随机突变的结果。但是一旦细胞聚集在一起，由于群聚的方式比单细胞形式更容易繁殖成功，在很多时候也更容易抵御不良环境，于是它们继续保持群聚生活，并迅速产生和分化出植物界和动物界。

实际上，也正是因为很多细胞聚集在一起成为一体，才使原本相同的细胞之间有可能产生结构和功能相同上的分化，某些细胞才能行使并强化某种特定的功能。这样一来，它们才能够不断进化发展。

单细胞动物向多细胞动物转化

现存的原生动物门通常分做鞭毛虫、肉足虫、孢子虫和纤毛虫四个纲。变形虫、有孔虫、放射虫属于肉足虫纲，纤毛虫纲的草履虫是现代原生动物的典型。

草履虫形似草鞋底，明显地分为前后端；体壁上有无数纤毛，能在水里作协调运动。它已经有简单的嘴（口沟），有排出废物的肛门点。它能用接合方式生殖：两个个体暂时靠拢，交换一部分小核以后就离开，再各自进行分裂，形成四个小草履虫，这是一种极简单的有性生殖。

现存单细胞动物大约有3万种，它们当然都经过长期的演变，和祖先的原始类型已经有很大不同，但是仍然可以从它们身上大致看出最原始的动物起源和演变的过程。

原生动物是单细胞动物，这些细胞产生以后，经过了相当长一段时间的发展，逐渐形成了多细胞动物，其化石主要在距今9亿年以后，特别是距今7亿至5.7亿年之间出现，也就是元古代最晚期，这些低等多细胞动物即一般所称后生动物。后生动物是和单细胞原生动物相对应而命名的。

澳大利亚埃迪卡拉发现的后生动物群最为典型，在西南非的那玛、英国的查尔恩及其后在纽芬兰的康塞浦辛及苏联的文德等元古系地层中也都发现了距今6~7亿年之间的后生动物群分子。

埃迪卡拉后生动物群以痕迹化石和无骨骼化石的印痕为代表，又称为裸露动物群，已获数千件标本，包括大约30余个生物种，分属四个门，其中以腔肠动物为主，占67%。水母是埃迪卡拉后生动物群中的主要成员之一，研究发现埃迪卡拉后生动物群中的很多水母化石和现代海洋中的许多水母生物具有相似性，有明显的浮囊体及其下的营养体和生殖体。

在现存的某些动物以及高等多细胞动物胚胎发生的初期阶段中，可以见到有一种单细胞群体的结构。所以现在科学家们推论，从单细胞动物发展到多细胞动物，大概也经过一个群体的中间阶段。这种群体可能是由相同的单细胞聚合成的中空球体，可以随水漂浮，犹如植物中的团藻那样。

这种群体中也可能已经有运动细胞和生殖细胞的分化。然后，在群体里不同部分细胞之间，可能产生明显的分工，各个细胞机能开始趋向专职化，因而产生了萌芽状态的不同组织，再进一步发生了不同器官。这时候每个单细胞离开整体已经不能独立生活，就发展成为多细胞的个体。

黏菌——多细胞的雏形

我们今天能够对远古的多细胞生物进行窥探的机会，来自一种被称为黏菌的生物。它们既不是植物，也不是动物，而是10亿年前进化过程中的幸存者，实际上并没有大量存在过，然而它们确实传递给我们一些有意义的信息。可以认为它们是介于单细胞和多细胞之间的一类生物。黏菌由与变形虫相似的单细胞异氧原生生物组成。这些生物在生活条件良好的环境中像变形虫那样四处移动来搜寻食物。

海绵动物

在多细胞动物中，海绵动物是最原始的代表，它最早出现于前寒武纪，并一直延续至今。

海绵动物又叫多孔动物，它的体壁上有许许多多孔状的构造。它的种类很多，现在已知的有2400多个属，其中化石海绵有1000个属以上，这些古代的居民只有少数生存到今天。海绵动物是一种用柄或根附着于其他物体的底栖固着动物。有些类型附着于其他具有硬壳的生物体上，使它能够跟随其他动物游历他乡。绝大多数海绵动物生活在深200米以内的浅海区，还有部分能够迁居于黑暗无光的深海区里，只有极少数种类是淡水中的“居民”。

海绵动物大多有姣美的体态和绚丽的色彩而博得人们的赞赏。它们绝大多数像一串串葡萄或一丛美丽的树枝，有些把自己的身体打扮成花瓶状或筒状。它们的身体有的只有几毫米，大的可达2米以上。

海绵动物的性质与鞭毛虫类很相似，它的生殖细胞、造骨细胞和食泡组织又和原生动物相近，但又缺乏神经细胞和感觉细胞。所以，海绵动物表现出它的原始性——具有原生动物的群生性质。但在个体发育上，它又具有胞胚和原肠胚期。整个身体是由内、外两胚层细胞组成的。不过它没有形成能够专门活动的器官，从这些特点来看，它又比腔肠动物在进化上表现得低级一些。

既然海绵动物在一定意义上具有原生动物群体的性质，那么它和原生动物有什么关系呢？我们知道，原生动物是一种单细胞动物。根据生物演变是由低级向高级进化的原理，那么最低等的多细胞动物，从理论上看应该是由单细胞动物演变而成的。单细胞动物是怎样演变成多细胞动物的呢？

▲海绵动物

科学家研究发现，鞭毛虫类是既具有植物性又具有动物性的双重特性的动物。在鞭毛虫类中，有一种团藻，它是由数千个小鞭毛虫的单细胞体汇聚而成的群体，构成群体的小鞭毛虫数目总是 2 的倍数，所以小鞭毛虫的数目总是双数。团藻群体之外由一层富含水分的胶质层包围着。

每一个小鞭毛虫都能够独立生活，它们各有一个眼点、两根鞭毛，并具有叶绿素，由于这种情况，由这些小鞭毛虫汇聚而成的团藻就没有十分固定的形态。

在大多数情况下，团藻呈扁平或球状的群体。比较大的群体一般也只有 1 厘米左右。团藻群体中的各小鞭毛虫也没有功能上或组织上的分工。

另一方面，团藻又是一种能够自由活动的群体，由于团藻的眼点在对着光线的一面比较发达，这些眼点对光有一定的感光性，所以团藻中各小鞭毛虫前端的两根鞭毛能够集体摆动，带动整个团藻体朝向光线较强的方向游动。由于定向的朝光性，促使团藻中的小鞭毛虫的某些特性发生分化。朝光线的一面的小鞭毛虫体成为团藻群体中的舵手，掌管运动，但却使它们失去繁殖的能力，在背光线一面的小鞭毛虫体则逐渐分化成具有繁殖能力的个体。

形单影只的海绵动物

海绵动物总是形单影只地独处一隅，凡是海绵动物栖居的地方就很少有其他动物前去居住。科学家分析这种现象形成的原因首先是海绵动物对那些贪食的动物没有任何吸引力，它浑身的骨针和纤维使其他动物难以下咽，因此海绵动物的天敌不多。其次，海绵动物大多栖息在有海流流动的海底，而很多动物都难以在那样的环境中生活。因为在那里，它们的幼虫或被水流冲走，或被海绵动物滤食。此外，海绵动物身上通常都有一股难闻的恶臭，这也是可能是其他动物不愿与之为伍的原因之一。

团藻的繁殖方式很特殊，它可以进行无性生殖和有性生殖。在无性生殖过程中，是由小鞭毛虫经过多次分裂而形成群体，成熟之后就离开母群体而独立门户，自由营生。有性生殖是由背光面的小鞭毛虫来完成的，首先，它们失去鞭毛，转化成为大配子母细胞和小配子母细胞。大配子母细胞随后形成一大型的卵子，小配子母细胞又经过多次分裂而产生许多具备两根鞭毛的精子，精、卵结合形成合子。合子分泌出带有棘的外壳并沉落水底休眠，直到第二年才破壳而发育成新的团藻群体。

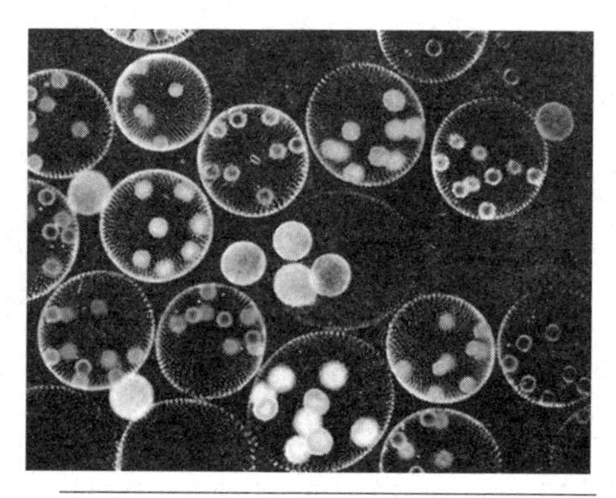
▲团藻

团藻不是原生动物，但团藻生活史中的那种分工协作的现象以及它的繁殖方式，使人想到，从单细胞动物向多细胞动物的进化，可能就是通过这种类似的过程，最后导致功能上和组织上具有严格分工的细胞而进化成功的。

在海绵动物体内，有一个空腔，它的内壁有一种襟细胞。这种襟细胞与襟鞭毛虫非常相似。在襟鞭毛虫的体前，有一层薄薄的原生质形成的领状襟，围着单根鞭毛的基部。原海绵是一种由许多襟鞭毛虫汇合而成的群体，它的外面是襟细胞，内部是变形细胞。因此，科学家认为，襟鞭毛虫可能是原生动物与海绵动物之间在进化过程中的桥梁。

人们还可以从多细胞动物的个体发育过程中发现，所有多细胞动物的胚胎在发育过程中都具有一个共同的特点。它们都是由一个单细胞的受精卵，经过多次分裂后才逐渐发育成多细胞动物的有机体的。

在海绵动物体中，有一套十分奇特的沟道系统。这种沟道系统有简单的，也有复杂的。简单的单沟型，流水可以一次通过体壁上的沟道直接流入中央腔；双沟型沟道系统比较复杂，水流经入水孔进入沟道之后，还必须经辐射管，然后通过出水孔才能进入中央腔；复沟型最复杂，流水必须经由入水孔、入水沟道、鞭毛室，流出沟道才能进入中央腔。海绵动物这种奇特的沟道系统以及围绕着单根鞭毛的领状襟构造，使它与比较进化的腔肠动物有明显的区别。

海绵动物都具有非凡的再生能力。它比抛肠后能长新肠的海参、断肢后会重新长出完整个体的海星等动物的再生能力更为高强。有些海绵动物被磨成粉后再经过筛选，成了很细的小颗粒，却仍然具有顽强的生命力，将它们抛进大海中以后，不但不会死去，相反每一小块都会渐渐长大，变成了一个个新的海绵动物。

有人还曾经把两种不同颜色的海绵动物放在一起，经挤压和细筛过滤，滤过的游离而分散的细胞，最初相互靠拢，过一段时间便分开，帮派分明地聚集、排列，在适宜的条件下，竟又不断生长成两个新个体。这个实验说明了海绵动物的细胞虽有所分化，但仍处于低级阶段。

海绵动物的摄食方式也十分奇特，是用一种滤食方式。单体海绵很像一个花瓶，瓶壁上的每一个小孔都是一张“嘴巴”。海绵动物通过不断振动体壁的鞭毛，使含有食饵的海水不断从这些小孔渗入瓶腔，进入体内。在“瓶”内壁有无数的领鞭毛细胞，由基部向顶端螺旋式地波动，从而产生同一方向的引力，起到类似抽水机的泵吸作用。

当海水从瓶壁渗入时，水中的营养物质，如动植物碎屑、藻类、细菌等，便被领鞭毛细胞捕捉后吞噬。经过消化吸收，那些不消化的东西随海水从出水口流出体外。如果把石墨粉或几滴墨水滴在饲养在水族箱中的活海绵动物的一侧，过不了多久瓶口（出水孔）处就会流出黑色的细流。随着源源不断的水流，细菌、硅藻、原生动物或有机碎屑也被携入体内为领细胞俘获供作营养。这种取食方式充分证明了它属于滤食的异养动物。

过去报道海绵动物最早的生存时代是寒武纪。近年来，世界一些地区在元古代发现一些古海绵化石，我国长江三峡地区的前寒武纪地层中最近也发现许多海绵骨针。这些发现，使海绵动物的家史向史前推进了大约1～1.8亿年。硅质海绵的时代分布从前寒武纪到现代，在地史中，最早出现钙质骨针海绵的是泥盆纪，但它们繁衍于三叠纪，晚白垩世后逐渐衰退。总之，从中生代之后海绵动物已日趋衰落。现代海洋中的海绵动物骨骼都已经十分微弱，人们认为，这可能是它们在漫长的地史过程中，在自然选择的条件下，朝着逐渐适应于较深海区生活而演变成功的。

层孔虫

层孔虫是海底生活的群体动物，也是最原始的多细胞动物。自寒武纪开始出现一直延续到白垩纪。它体中有钙质骨骼，群体的骨骼相连结成不规则的团块状、层状等。大的群体宽达2米、厚1米，小的直径不足1厘米。由于它有这样的不易分解和腐烂的硬骨骼，故被称为造礁动物。

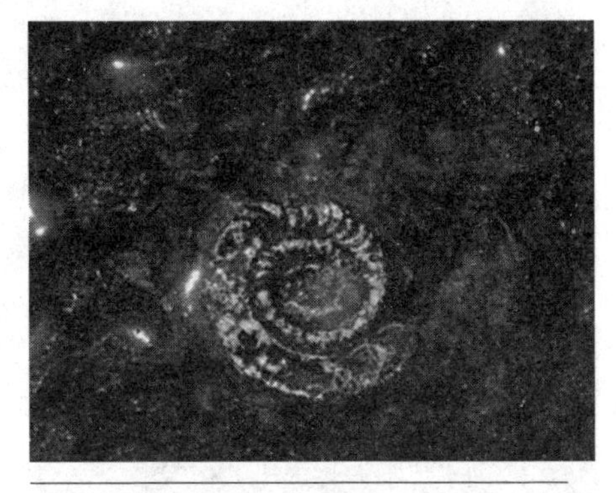

▲层孔虫化石

层孔虫礁石化石代表着一种繁荣的海底动物生长环境，其化石丰富的地区，常能发现可供开采的石油。在我国广西、湖南、贵州发现油田的过程中，层孔虫在与已知油区的地层对比中发挥了很大的作用。

像杯子的动物——古杯动物

古杯动物是一种海生多细胞动物，有单体、群体或礁体之分。古杯动物兼有海绵和腔肠类的一些特征，因此，过去常被称作古杯海绵。由于古杯动物出现早（寒武纪早期出现），到侏罗纪就已经绝灭了，现代生物中没有任何一种能够与其进行直接比较，再加上它们的骨骼形态繁多，因此，人类对它们了解甚少。

兼有海绵和腔肠动物的特征

史前5.7亿至5.4亿年间，在欧、亚、澳大利亚、非、北美、南美及南极洲等浩瀚无际的古海洋浅海区里，繁生着一种杯形的动物——古杯动物。这是一种最早的造礁动物，常常和古老的藻类共同筑成巨大的水下长城——生物礁体。它固着在海底营生。但是它的幼年时期却经历过一段自由的漂游生活，然后在清洁的浅海水域中定居下来。定居之后才开始发育成杯形的骨骼。

古杯类是一种已经灭绝了的海洋动物。由于它的个体骨骼外形好像一个古代人用的杯子而得名。它兼有海绵和腔肠类的一些特征，过去常被称作古杯海绵。

一个古杯动物的个体就叫作杯体，杯体多为杯状单体，少数为圆柱状复体。杯体由两层互不接触的倒圆锥形灰质骨骼套合而成。外面的壁叫外壁，里面的叫内壁，内外壁之间的空间叫壁间。壁间有放射状隔板。内外壁及隔板均穿有小孔，这是古杯动物的一个重要特点。

内壁包围的中心部分叫中央腔，古杯动物的软体组织充填于中央腔和壁间。杯体基部有一种带形管状物质叫固着根，起着将杯体固着于海底的作用。

古杯动物的骨骼多孔，而且内壁孔一般较外壁孔粗大，因此人们设想古杯动物以滤食为生，水流由中央腔通过内壁孔进入壁间，水流中所带的食物质点如孢子、单细胞藻类、细菌等微小生物，在壁间进行消化，然后通过外壁孔排出体外，细小的外壁孔起着过滤的作用，可以阻挡大量食物质点的逸出。

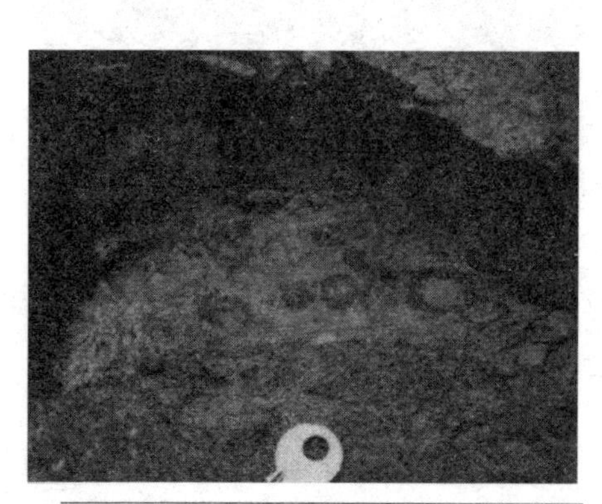

▲古杯动物化石

科学界关于古杯动物的争论

古杯动物在形态上和多孔动物——海绵或腔肠动物中珊瑚的形态十分相似，因而有时从外观上很不容易把它们区分开。

有些科学家认为古杯动物是原生动物的有孔虫类，有些科学家认为它是一种海绵，有些科学家还认为，古杯动物是腔肠动物的一个成员。更多的科学家认为古杯动物既不属于多孔动物也不同于珊瑚。它的自身存在着许多特殊的构造，说明它在动物分类学上是一个独立的门类。

▲古杯动物

古杯动物生存和繁衍在早寒武世，这已经是人们公认的事实了。因为这段时期中古杯动物的特征相当明显，地理分布也相当广泛，所以早寒武世古杯动物的遗骸已成为今天科学家对该时期地层的划分和对比中十分重要的生物依据。至于中寒武世开始是否存在古杯动物，还没有最终确定下来。

有些科学家研究认为，中寒武世仍然生存着古杯动物，但它的数量和早寒武世相比已大为逊色，其分布的范围也大大缩小了，晚寒武世一志留纪仅在欧洲、亚洲的个别地点发现过它的踪迹。不过，有些科学家认为，中寒武世开始之后所发现的标本与早寒武世的古杯动物差异相当大，是不是古杯动物还需进一步研究。

古杯动物自身的分类也没有取得统一意见，还没有一种比较易为大多数科学家所能接受的意见，古杯动物骨骼的演化趋势，同样也在探索之中。有的科学家研究认为，最早阶段的有骨骼古杯动物个体都比较小，后来逐渐增大，直到进化的后期才有直径达70厘米的类型。而且这一时期中个体形态的变化也比较大，有些是单体的，有些是群生的；双层墙的构造比较简单，同时没有无孔隔板的古杯类。

在之后的演化过程中，古杯动物的形态向多样化发展，还出现大量具有复杂双层墙的类型，地理分布也比前期扩展了，成为欧、亚、澳大利亚和北美等古海洋中十分重要的“居民”。第三阶段是古杯动物进一步繁衍的时期，几乎各种具有复杂内、外壁的古杯类全部出现无孔隔板或仅有很小穿孔隔板的类群相继出现并迅速繁荣，在地理上，它们征服了南极古海洋。最后，在早寒武世末期，古杯动物急剧地走向衰退以致最后灭绝的道路。

双胚层动物——肠腔动物

腔肠动物是两胚层动物，是真正的双胚层多细胞动物，在动物进化史上占有重要地位。所有高等的多细胞动物，都被认为是经过这种双胚层结构而进化发展生成的。腔肠动物早在前寒武纪就已经出现在地球上的海洋里了。澳大利亚前寒武纪埃迪卡拉动物群中发现的化石中76%都是腔肠动物，其中主要的都是原始的水母类。可见，前寒武纪的地球海洋真可谓是一个水母的世界。寒武纪以来，腔肠动物的其他各个门类相继兴起，直到今天它们仍然非常繁盛。

腔肠动物的起源

很多科学家认为原始的多细胞动物祖先在发展中分为两支，一支进化为没有严格组织分化和消化腔的海绵动物，另一支进化发展为两胚层动物的祖先，而最早的两胚层动物就是腔肠动物。但是也有一些科学家认为，腔肠动物和海绵动物来自于单细胞动物类群。

最早的双胚层多细胞动物

动物的个体发育最初由一个受精卵开始，经过多次分裂，形成由几十个到几百个细胞组成的胚胎，细胞还没有明显分化，整个胚胎形似桑葚，称之为桑葚胚。

桑葚胚进一步发育，成为囊状或囊泡状的囊胚或胚泡。组成囊壁的细胞有的大小比较一致，中央有空腔，叫作囊胚腔；有的细胞大小不一致，囊胚腔就偏到一方。囊胚进一步发育，一部分细胞经过复杂的移动，从表面进入内部，使单层的胚胎变成双层的胚胎，称之为原肠胚，意思是移入的内胚层细胞构成了原始的肠道。以后又在内外层之间形成了第三层细胞，成为三胚层的胚胎。

不要小看中胚层的产生，它在动物发展史上是一次巨大的飞跃。中胚层为动物机体各组织器官的形成、分化和完备，提供了必要的物质基础。来源于它的肌肉组织强化了运动的机能，使动物与环境的接触复杂化，由此促进了感觉器官、神经系统发育，提高了动物对刺激的反应和寻食的效率；高效率的觅食又使动物增加了营养，新陈代谢旺盛，排泄机能随之加强，这样“牵一发而动全身”，使动物形态结构产生了强烈分化；同时，中胚层不仅有再生的能力，而且能贮藏水分和营养物质，大大提高了动物对干旱和饥饿的适应力，为动物摆脱水中生活、进入陆地环境提供了必要的物质条件。

腔肠动物发展到双胚层就停止了，不再发育到三胚层，而比腔肠动物更高等的动物都继续发展成为三胚层胚胎。

根据生物发生律，可推知最早的腔肠动物，也就是最早的双胚层多细胞动物，它的起源可能和海绵动物来自不同的单细胞动物类群。先是多细胞球体的某些细胞从表面向里凹进，就像一个泄了气的橡皮球，形成了一个由双层细胞组成的碗状半球体。

由于细胞开始分化成胚层，体内就出现了组织器官的萌芽。内胚层的细胞是带鞭毛的，由于处在身体内侧，经常同吞进体内的食物打交道，就分化成为消化组织，具有消化腺的性质，能分泌酶来消化食物，成为消化腔。当然这种肠子的作用比高等动物差得多，有的食物在细胞外的腔肠里消化，有的仍然要由组成内胚层的细胞把食物摄入细胞里消化。

腔肠的前端吞进食物的小孔叫原口，其实这个原口同时也是肛门，吃的拉的都从这个口进出。外胚层细胞处在身体外面，直接面临外界环境的变化和各种敌害的威胁，需要及时作出反应来保护自己。这里的细胞就分化成为和运动、保护、感觉有关的组织和器官。例如有一部分分化成刺细胞构成了触手，还有一部分分化成皮肌细胞，一部分分化成神经细胞，也叫感觉细胞。当然这种分化都是极其原始的。

由于神经细胞星星点点分布全身，只要一处受到刺激，就会全身起收缩反应。再加上没有肌肉组织，行动起来还很不方便。所以一开始发展成为固着型的动物。

这种原始多细胞动物，和现代某些水螅和其他一些海生腔肠动物的幼体相类似。这种原始多细胞动物，在地球历史早期的某一个时代（前寒武纪）里，大概是海水里占优势的生物，它们依靠原生动物和单细胞植物生活和发展。

这种原始的“水螅”，一方面改进组织和器官，继续成为固着型的各种珊瑚，一方面发展运动器官，改变成为游泳型的各种水母，或者兼有固着和游泳两种性能，在不同的生活史阶段或不同的时代中轮流表现出来。

腔肠动物祖先之谜

腔肠动物的内外层之间也有一个中胶层，这一点和海绵动物相似，这是内外两细胞层的分泌物，中间也有从内外层里移来的细胞叫间叶细胞。但是腔肠动物的中胶层和间叶细胞都比海绵的分化程度高。

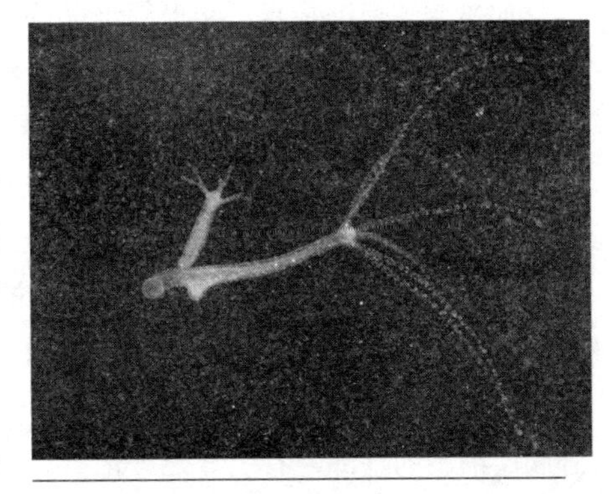

▲水螅

生物学家把腔肠动物叫真正的后生动物，那是因为它不但是二胚层的动物，而且已经产生神经细胞和原始的肌肉细胞。

腔肠动物和多孔动物都是双胚层的动物，两者生活的水域也相同，在生活习性上都具固着和游泳两种方式，而且身形都是辐射对称的，从这些特点来看，它们在一定形式上是相似的。但腔肠动物体壁上没有孔，尤其是组织的分化，神经细胞和肌肉细胞的产生，说明它的细胞已有明确的分工。

腔肠动物虽然有许多不同的类群，但却有一个共同的特点：它们的受精卵经过分裂而形成套胚之后，其一端的细胞渐渐陷入体内或者部分表面细胞向内迁移，形成两层细胞的原肠腔。原肠腔再发育成具有纤毛的浮浪幼虫，浮浪幼虫在水中经过一段时间的自由游泳生活之后，便定居下来形成水螅体。但有些水螅类的浮浪幼虫，发育成有口及触手的辐形幼虫之后，才固着发育成水螅体。

腔肠动物的软体有两种基本的固定形式：水螅型和水母型。水螅型的身体一般多呈树枝状，以固着为生，它的繁殖形式是无性生殖。水母型的身体像一把伞，能够自由游泳，它的繁殖方式是有性生殖。不过，不是所有的腔肠动物都两者兼备，有的只有水螅型，有些只有水母型。那么哪一种形式是腔肠动物祖先的原形呢？

多数科学家研究认为，从腔肠动物的个体发生来看，腔肠动物的祖先形态，应该是一种和浮浪幼虫相类似的某种古动物。因为浮浪幼虫的内胚层是由一部分细胞向内迁移进入体内而形成的：最初是一种无腔的实囊幼虫，此后才重新排列而形成原肠腔。由浮浪幼虫式的动物祖先固着而形成简单的水螅型个体，以后再以出芽的方式生长成群体，其中的某些个体，又进一步发展成水母型。根据这一理论，水螅纲中的螅形类，应该是最接近于腔肠动物祖先的一个分支。例如，现生于海洋浅海区的一种薮枝螅，就具有明显世代交替的现象。

另一些科学家不同意上面的意见。他们认为，腔肠动物起源于营自由生活的原始古动物，另外从生物的繁殖方式来看，一般固着的种类往往是雌雄同体的，水螅型却是雌雄异体。根据他们的推断，水螅纲中的硬水母类则应最接近于腔肠动物的祖先，因为它的一生生活史中没有水螅型的世代，是由浮浪幼虫直接变为辐形幼虫，最后形成水母型。

而水螅型可能是辐形幼虫经出芽的方式产生其他的虫而产生的。所以腔肠动物的祖先是一种原始的水母体，它是由浮浪幼虫式的祖先产生捕食器官之后，才开始营固着生活的。这种原始水母的祖先和硬水母的辐形幼虫特征很相似。原始水母可以直接进一步复杂化，形成水母型或水螅型的群体。水螅型群体可以以出芽的方式又产生水母型。

腔肠动物为什么被认为是一种原始的多细胞动物呢？原来它的水螅型的神经系统，是由分散在外胚层基部的神经细胞组成的，以神经突起的方式相互连接成分散状的神经网，而且专用于自卫、攻击用的刺细胞，大多集中在触手上，肌肉也仅仅存在于内、外胚层细胞的基部，有肌纤维分化。

常见的腔肠动物

腔肠动物早在前寒武纪就已经出现在地球上的海洋里了。澳大利亚前寒武纪埃迪卡拉动物群中发现的化石中76%都是腔肠动物，其中主要的都是原始的水母类。可见，前寒武纪的地球海洋是一个水母的世界。寒武纪以来，腔肠动物的其他各个门类相继兴起，直到今天它们仍然非常繁盛。腔肠动物大约有1万种，少数生活在淡水中，但多数生活在海水中。

轻盈飘逸的水母

在那蔚蓝色的海洋里，栖息着许多美丽透明的水母，它们一个个像降落伞似地漂浮在大海里，婀娜多姿的容貌使人赞叹不绝。天蓝色的帆水母背部竖着一个透明的“帆”，借着海风和海浪，像一只小船在海中颠簸。海月水母具有伞样的钟状体，浮在海面如同皓月坠入海中，十分美丽。形如僧帽的僧帽水母，其触手甚长，上面布满了无数小刺胞，刺胞的毒液与眼镜蛇的毒液相似。

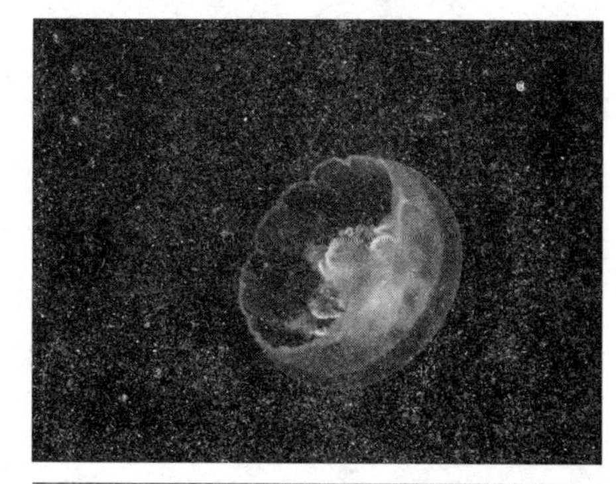

▲水母

还有那称为“海黄蜂”的剧毒立方水母。在海洋里，见到这些水母可千万别动手触摸，否则会被其带毒的刺胞蜇伤，甚至丧命。

色彩绚丽的珊瑚

珊瑚虫生活在温暖的海洋里，拥挤附着在岩礁上。新生的珊瑚就在死去的珊瑚骨骼上生长，有的生成树枝状，枝条纤美柔韧。珊瑚的形状美丽多姿：有像鹿角的鹿角珊瑚；有似喇叭的筒状珊瑚；有像蘑菇的石芝珊瑚等，真是五花八门。颜色有橙黄、粉红、浅绿、紫的、蓝的、白的……

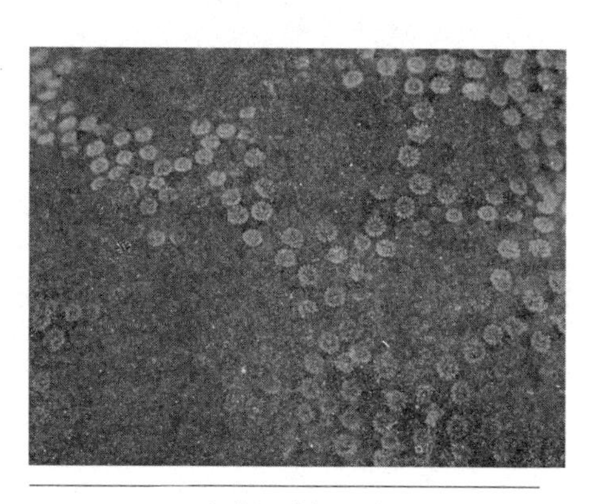

▲美丽的红珊瑚

从触手数目来分，珊瑚可分为两大类——八放珊瑚和六放珊瑚。珊瑚的触手很小，都长在口旁边，那“肚子”（内腔）里被分隔成若干小房间（消化腔），海水流过，把食物带进消化腔吸收。活的珊瑚虫有吸收钙质制造骨骼的本领。活的珊瑚虫死去了，新的又不断生长，日积月累，死珊瑚虫的石灰质骨骼便形成了珊瑚礁、珊瑚岛。

盛开不败的“海菊花”

陆地上的菊花，秋季开放，而在烟波浩渺的海洋中，却有一年四季盛开不败的“海菊花”，它就是海葵。

海葵形态繁多，有上千种之多，一般呈圆筒状，体色艳丽，基部附着在岩石、贝壳、沙砾或海底。海葵上端是圆形的盘，周围有几条到上千条菊瓣似的触手，它们在水中随波摇曳，一张一合，如花似锦。

▲海菊花

生活在礁盘的大海葵，长有天蓝色、黄色的触手，组成鲜艳的“花丛”，游鱼和小虾争相嬉戏于“花丛”之中，一旦被其触手中的刺细胞刺中，便被麻痹，最后被触手卷入口中，成为其美餐。独有那色彩鲜艳的小丑鱼才可与其共栖，互利互惠。有些生物学家认为，海葵的寿命长达300年，所以这“海菊花”可长开300年而不谢，这是陆生菊花无法相比的。

低等三胚层动物——蠕虫动物

蠕虫动物是许多原始的刚刚有三胚层身体结构的动物的统称，它包括了许多庞杂的类群。所谓三胚层，就是在类似于珊瑚或是海绵那样的只有内、外两个胚层的动物的身体结构基础上又在内胚层和外胚层之间形成了中胚层。在三胚层动物中，蠕虫动物是低等的种类。

最低等的三胚层动物

从动物的进化上看，继典型的双胚层动物——腔肠动物之后，双胚层胚胎动物发展到三胚层动物。所有比腔肠动物高等的动物都属于三胚层动物。蠕虫类动物是三胚层动物中最低等的一大类。

岩石中的“虫管构造”

中胚层产生以后，动物的进化分成了两支，一支是原口动物，一支是后口动物。后口动物是进化的主线，从原始的后口动物中，发展出了神经系统获得充分发展的脊椎动物，最后又在脊椎动物中发展出了我们人类。原口是指细胞内陷形成体腔后留下的与外界相通的孔，这个孔以后就变成了动物的口；后口是在体腔形成的后期与原口相反的一端，由内外胚层相互紧贴最后穿成一孔，成为幼虫的口，原口则变成幼虫的肛门。

原口动物虽不是动物进化的主干，但它也分出了不少的门类，而且它们的总数是最多的，以陆地动物为例，除脊椎动物以外，所有的动物都是原口类的。如比较熟悉的蟋蟀、蚯蚓、蜻蜓、蝉、蜘蛛……所有这些都是原口动物。

原口动物和后口动物尽管日后差别极大，但是直到现在仍然有很多共同的特征。

身体分节——仔细看看昆虫，它们的身体是由形状结构大体相同的体节组成，称同律分节，蚯蚓和蚕就是典型的代表。动物身体分节增加了灵活性，扩大了生活领域，加强了对环境的适应性，此外，同律分节又为后来进化的异律分节打了基础（身体分成头、胸、腹三部分）。

雏形的附肢在出现体节的同时，腹部皮肤突起形成疣足，其上有硬毛，每节一对，是运动器官，是附肢出现的最初形式。它是动物强化运动的产物，而产生后又加强了爬行和游泳功能，为扩大动物的生活领域提供了条件。

▲原口动物之墨鱼

具有体腔——体腔是指消化道与体壁之间的腔，体腔中充满体腔液。体腔的出现使内脏器官处于一种相对稳定的环境中，并使它们具有运动的可能性（如肠子的蠕动、心脏的跳动等），因而大大加强了新陈代谢，是运动进化过程中的一大进步。

体腔有原生体腔（段体腔）和真体腔（次生体腔）之分，中胚层与内胚层（消化道）外壁之间没有膜的称原生体腔。低等的原口动物具有原生体腔或根本没有体腔，高等的动物具有次生体腔。

次生体腔也叫真体腔，是外围由中胚层形成的体腔膜所包围的体腔。真体腔的出现造成了各种器官的进一步特化，这显然是有重要进化意义的。例如，真体腔形成中，它的内侧中胚层和内胚层共同构成肠壁，肠壁有自身蠕动的能力，这就有助于提高消化效率。真体腔皆以中胚层起源的体腔上皮覆盖其腔壁。

在原口动物和后口动物分化过程中，还出现一类中间动物，它们的某些特征像原口动物，如具有次生体腔，生殖细胞是从体腔膜上产生的，但它们的体腔形成方式却与后口动物相同。这说明在动物分化初期，还没有显示出优劣势的情况下，万物竞争，走哪条进化道路任意选择。这类过渡动物是苔藓动物和腕足动物。

从动物的进化上看，继典型的双胚层动物——腔肠动物之后，双胚层胚胎动物发展到三胚层动物。所有比腔肠动物高等的动物都属于三胚层动物。

在三胚层动物中，最低等的一大类，过去总称作蠕虫类，也叫蠕形动物。蠕虫，这个名字是瑞典的博物学家林奈创立的，它仅仅是一些体形大致是圆长形，并且又没有骨骼的无脊椎动物的总称。所以“蠕虫动物”实际上不能表示某一类动物，而是包括许多高度分异的动物类别。

尽管由于蠕形动物大都身体柔软，缺少钙质、硅质、角质等构造，留下的化石不多，但是，在世界上的各个地区，几乎从前寒武纪到现代的沉积物中，都能发现一些管状的构造，它们规则或不规则地沿着地层层面或现代沉积物的表面或其他方向“爬行”。这些管状构造，常常叫作“虫管构造”、“蠕虫状构造”等。有些是岩石在沉积过程中或成岩过程中由物理、化学的因素造成的。但有些则确确实实是生物的作品——“蠕虫动物”或其他动物的活动留下的遗迹。

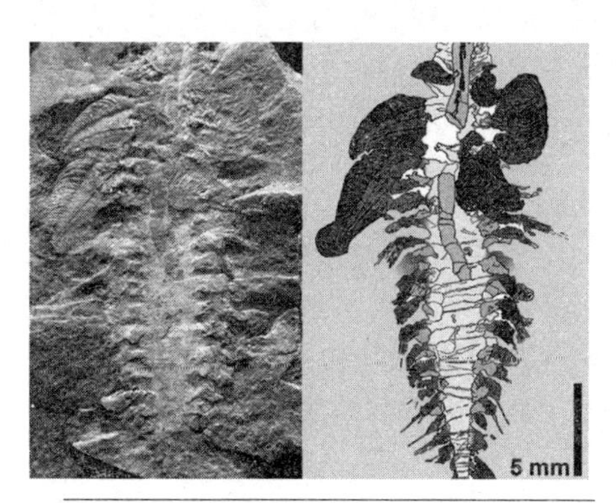

▲蠕虫化石

蠕虫动物的化石是十分稀少的，绝大多数是它们的活动遗留下来的各种痕迹或居住的洞穴。蠕虫动物代表了无脊椎动物演化史上的一次重大的飞跃。

蠕虫动物的起源

蠕虫动物的共同特点是它们的身体都是两侧对称的，并且都是具有三胚层的体壁。其中，中生动物是一类微小的寄生虫，如寄生于头足类、棘皮动物或其他蠕虫动物的体内。

扁形动物是一类形体扁平的无腔低等蠕虫类。一些属于扁形动物的吸虫化石，曾经发现于石炭纪、二叠纪和第三纪昆虫动物化石体中，所以扁形动物的家史也是相当古老的。涡虫是扁形动物中最原始的一类代表，它的特征介于腔肠动物和其他扁形动物之间，有些科学家认为涡虫是由爬行的扁栉水母演化而来的，不过另一些科学家认为它们都是来自浮浪幼虫式的共同祖先。

由于涡虫类最初具备了两侧对称和三胚层的特点，所以也常被认为是原口动物器官系统的发源。另一类无体腔动物是纽形动物，它的特点要比扁形动物进化，那是因为从它开始已经把消化循环系统分化成循环系统和消化系统。消化管已具有肛门的性质。它的化石在侏罗纪已有发现。

在蠕虫动物中，真体腔的产生是从环节动物开始的。它的身体分节，产生闭管式的循环系统等许多比假体腔动物要进步的特点。蚯蚓就是一种环节动物。

关于环节动物的起源，还没有十分肯定的结论。有些科学家认为是由扁形动物演变成功的，有些科学家则认为它可能起源于担轮幼虫式的祖先。现存的许多海生的蠕虫动物在它们个体发育的过程中，都经历过类似于担轮幼虫式的幼虫阶段，如环节动物的多蠕虫。

对蠕虫动物活动痕迹的研究

因为蠕虫动物都没有完善的“骨骼”，所以很难保存成化石。最完整的古蠕虫一般来自保存在琥珀中的昆虫体内。人们从这种寄生的关系知道蠕虫动物在进化过程中，早在石炭纪时它们就已走上了寄生在其他动物体内来保存自己的生存道路，这条道路是动物进化上的成功原因之一，因为它获得了舒适的生活环境从而保障了它们能够比较顺利地传宗接代，但一方面，寄生的道路却使它们从此进入了死胡同，范围狭窄而舒适的生活环境使它们在此后的进化上不可能有宽广的前景。

生物学的研究已经证明，今天在地球上自由生活的生物，只有极少数种类有可能是寄生生物的祖先演变而来的。寄生现象一方面是动物之间互惠的关系，但另一方面，不少寄生虫也在无声无息地残杀着被寄生的动物。不可否认的事实是，在生物世界中，不少生物能够逃脱自然界风云变幻的恶劣环境和其他动物的捕食，却难以摆脱在寄生动物影响下引起的各种疾病而死亡的命运。

虽然很难发现保存完好的蠕虫化石，但人们可以通过古蠕虫动物的管穴和活动痕迹与现代蠕虫动物的管穴和活动痕迹进行比较，从而研究和推断某种蠕虫动物出现的时期、活动的环境和状态以及它的演变情况。还有一些蠕虫动物如环节动物的颚器，从寒武纪以来已有不少有关于蠕虫动物的颚器被发现，对它们的研究，也可以帮助人们去恢复古蠕虫动物的形态特点。

蠕虫动物的分类

现在的动物分类学把蠕虫动物分为五个门，分别是扁形动物门、纽形动物门、线形动物门、担轮动物门、环节动物门。其中纽形动物和担轮动物是两个小门。这五个门类各有不同的形态结构，一定程度上预示了它们各自不同的进化方向。

扁形动物

扁形动物，身体扁平，有三胚层，但是中胚层形成实质组织或间质，没有形成体腔。消化道仍像腔肠动物那样缺少肛门。排泄器是一种特殊的管道系统，叫原肾管，在间质里缕分细管，在体表某一部位有几个排泄孔通外界。身体两侧对称，可以分出上（背）下（腹）、左右、前（头）后（尾）。头部已经有脑神经节和眼点，全身出现了两根向后伸出的腹神经索，中间有许多条横的神经纤维相联络。扁形动物通常雌雄同体。

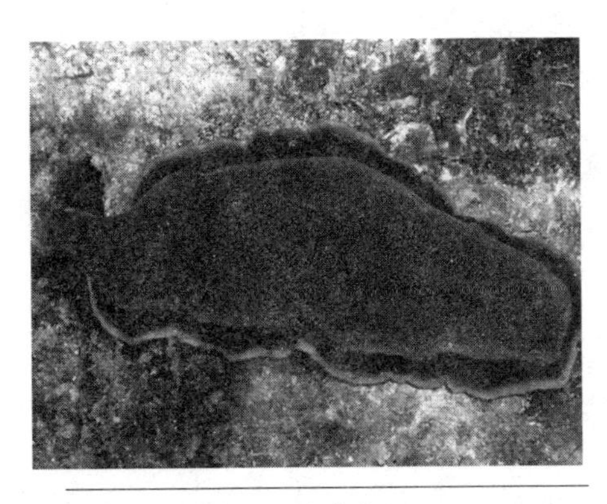

▲扁虫

纽形动物

纽形动物身体扁平或圆筒形，常延长成带形。从外形、独立生活、排泄器、神经系、中胚层的间质各点来看，和扁形动物的涡虫类很相似。但是纽虫在身体的后端有肛门；接近前端的腹面有口，上面有孔，叫吻孔，还有突出由肌肉构成的管状吻管。吻管收缩的时候藏在充满液体的吻腔里。吻管是捕捉食物和抵御敌人的器官。体背和两侧还有三条血管，前后端和中间互相连接，里面有血液。靠体壁肌肉收缩而移动，多雌雄异体。

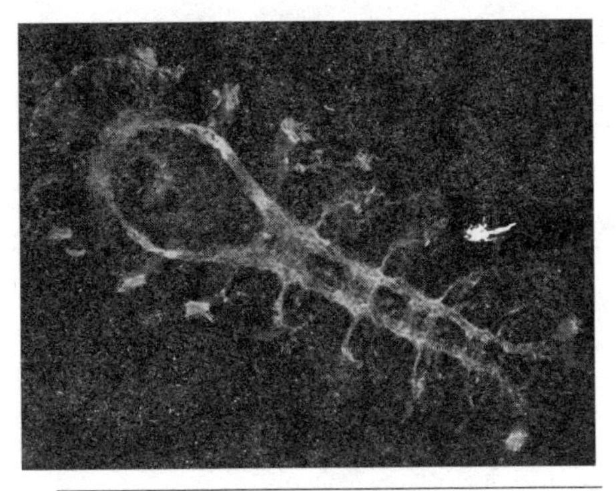

▲环节动物化石

线形动物

线形动物身体通常是长圆筒形，两端尖细，由三胚层形成了原体腔，内脏悬在体腔里，体腔没有隔膜分割。消化道不弯曲，前端是口，后端是肛门。没有完全的血管系统。近前部围绕消化道有神经环，由神经环分出神经索。口的周围有乳突状的感觉器，有的雄体尾部腹面还有几对尾部乳突。一般是雌雄异体。

担轮动物

担轮动物主要包括轮虫纲，是一种最小的后生动物，生活在海水或淡水里。体短圆，有透明角质的壳，两侧对称。体后多数有尾，前端有一个运动用的纤毛盘，纤毛摆动的时候像一个旋转的轮盘，所以叫轮虫。体内有原体腔。消化管很发达，咽里有咀嚼器，有消化腺和肛门，排泄由原肾管完成。大多是雌雄异体。

环节动物

环节动物身体呈长圆筒形或长而扁平，左右对称，由前后相连的许多环节合成。体节的出现为动物的头、胸、腹各部分的分化提供了可能。有的体侧有足状不分节的突起，叫作疣足或侧足，也叫附肢；有的没有附肢，只有刚毛来帮助运动。

多数有明显的体腔。消化道也比较复杂，已经有了口腔、食道、砂囊、胃肠等一整套比较健全的消化系统。排泄器已经由原肾管进化到肾管，分做几部分。在体腔开口的肾小口，有纤毛的细肾管，缺纤毛的排泄管、排泄孔。有明显的血管系统，通常在肠的背腹两侧有两条主血管，两条主血管之间还有四对环血管相连，环血管起着心脏的作用，通过它的跳动可以使赤色血液流通全身。神经系统已经从梯形发展成链状，头部有咽上神经节、环咽神经节和咽下神经节，腹部有一条腹神经链，链上有若干腹神经节。环节动物雌雄同体或雌雄异体，大多在海水、淡水或土壤里自由生活，也有少数寄生。

环节动物可分为多毛纲、寡毛纲和蛭纲。多毛纲中自由游泳的种类有头或口前叶、围口节、躯干部和尾节。口前叶有两个或多个眼，或有各种发达的突出物。躯干部分成明显的节，各节有成对的疣足，用于取食、运动或呼吸，有支持用的成束刚毛。

定居的多毛类的头部明显或不明显，头部一般无附肢。许多管栖种有发达的鳃，用于呼吸和收集食物。有的在前端有触手，收集食物。呼吸用的鳃只在前端少数节的背面长出。疣足如有，一般为简单的叶。刚毛常从体壁直接伸出。许多种类的表皮细胞分泌物质组成管，管的成分有碳酸钙、牛皮纸质或黏液，黏液上粘有沙或微细的沉渣。肛门在后端。

管栖种类的体外有一粪沟，粪便沿粪沟通

沙蚕

沙蚕是环节动物中多毛类中的一种，其状如蚯蚓，因此又叫海蚯蚓。它每节身体上都生着疣足，足上生有刚毛。它的生殖活动非常有趣，平时它们都分散在海底觅食，一到春末夏初，性成熟，雌雄沙蚕都变得颜色鲜艳，呈粉红色、绿色或白色，趁着月圆高照之夜，纷纷游向水面，举行一年一度的婚姻大典。

向前方。不生活在管中的定居种类偶尔在体侧或尾节上有眼。有自由游泳的担轮幼虫，典型的呈菱形，最宽处有一圈纤毛，叫前纤毛轮，后来在后端可能出现一簇纤毛，即端纤毛轮。前纤毛轮之后，还可能有第二轮，即中纤毛轮。担轮幼虫的上半部（前纤毛轮的上方）将来变成口前叶（头），有脑、眼和口前附肢，下半部有消化道、原肾和其他内部器官，也是将来分节的部位。前三节几乎同时形成，不久即长出伪足叶和幼虫刚毛。从尾节不断形成新节（所有增加的节都由尾节形成），体增长。第一节的刚毛一般脱落，此节变成成虫的围口节，其伪足叶或发育为围口附肢，或萎缩，因种而异。第二、三节的幼虫刚毛逐渐代之以成虫的刚毛。幼虫是否取食以及有否大洋生活的时期亦因种而异。找到定居的场所后，迅速失去幼虫的特征，开始像成虫。雌雄同体罕见，有的性别能变。少数定居种类能无性生殖，从身体的一段或一节长出一个新个体。多毛类约 10000 种。大多数生活在海中，浮游、穴居、在海底游走或管栖。

▲沙蚕

寡毛纲的体节相似。口前叶一般无附肢，只是悬在口部的一叶。性成熟时有环带。肛门在后端，刚毛直接从体壁伸出，一般在体腹侧。雌雄同体。精子通常先贮在贮精囊内，再由输精管通到雄孔。卵巢有输卵管通到后一节的雌孔。交配时，两条蚯蚓腹面相对，互换精子。低等种类两条蚯蚓的雄孔与受精囊孔各个相对，精子直接从一方的雄孔进入另一方的受精囊孔内。但有的蚯蚓的雄孔离环带远，精子先沿着体表的精沟流到环带，再送到对方的受精囊孔。卵产在卵茧内，当卵茧沿身体向前滑动，经过受精囊孔时，从孔内排出来自另一条蚯蚓的精子，在茧内受精。环带不仅分泌保护卵的卵茧，还分泌供幼体的营养物质，以及交配时的黏质。直接发育。

蛭纲的前、后端各有一吸盘，前吸盘较小。体节固定为 34 节，但体节常又分成数环，体中段的每个体节一般分为 3 ~5 个体环。前端通常有 1 ~5 对眼。环带只见于生殖期。雌雄同体，有性生殖。腭蛭的精子通过一蛭的阴茎进入另一蛭的阴道内。吻蛭和石蛭的精子由精荚带到另一蛭体上。卵产在卵茧内，卵茧一般附在岩石或植物上，或产在土中。但舌蛭的茧膜薄，附在身体腹面发育，直接发育。约 300 种，主要分布于淡水和陆地，少数海产。

环节动物起源于海洋，可能通过担轮幼虫那样的祖先演化而来。从多毛类的原种演化到寡毛类，蛭类也有环带，可能由共同的寡毛类祖先演化而来。

生活在深海中的蠕虫

为数众多的海洋蠕虫在海洋生物大家族中是重要成员，有着不可替代的重要作用。海洋蠕虫涉及的动物门类很多，种类也很多。

在蠕虫中，最简单的要算扁虫类了，大多过着寄生生活，多数栖于海洋。扁虫类的身体两侧对称，这意味着眼等感觉器官逐渐向前集中，开始头化，而且身体也有背腹之分，但扁虫的身体扁平，像片叶子，厚不过5毫米，口和肛门还只是共用腹面中央的一个共同的开口，两个眼点位于前方。扁虫栖息于海底的石块与海藻之下，颜色和石头相似，靠纤毛在岩石上爬行，晚上捕食小的软体动物或其他小型无脊椎动物。

纽虫动物大部分生活于海洋中，它们的身体不分节，和扁虫很相似，还没有体腔，但消化道有两个开口，食物从口入，残渣从第二个开口排出，这比扁虫的消化吸收效率要高。纽虫动物身体比扁虫大，小的长20厘米，大的可长达10米。大型纽虫身体有发达的环肌和纵肌肌肉带，环肌收缩身体就变细长，纵肌收缩身体则变粗短。

有一种脑纽虫，身体有惊人的延长能力，可以从长1米、直径2厘米伸长到12米、直径2毫米。另外，它还有一个很长的吻，平时缩在鞘内，捕食时可以突然伸出来，伸得几乎和其身体一样长；上面覆盖黏膜和倒刺，可以将小的节肢动物、软体动物和环节动物等擒获。它们平时生活在海底的泥沙中或在海藻和岩石之下。

▲深海庞贝蠕虫

线虫已知有上万种之多，有半数是海洋的居民。有的生物学家估计，它们的种类还要多，可能有50多万种，很可惜它们的身体都太小，不用显微镜是无法看清它们的真面目的。

环节动物的身体是分节的，每一节有着相似的肌肉、相似的器官和相似的附肢，仿佛是由一节节车厢相连而成的一列长长的微型列车，身体的每节相当于一节车厢，头部相当于火车头，头上有4个眼和两对探测器一样的触角。它们大部分生活在海里，其中以多毛类占大多数。

查恩盘虫

也称“查恩伍德圆盘”，高20厘米，形状像连在圆盘上的羽毛，直立在水里。身体中部有一个叶状物，长约20～30厘米，有从中心轴上长出许多成角度、向外排列而且间距很密的互生羽枝，每枝又细分出大约15个横向槽。与澳大利亚的其他前寒武纪生物类一样，它们的外表似乎属于海笔的软珊瑚一族，大多数古生物学家认为它们是一种软体珊瑚。

多毛类动物大者长达1米，小的仅几毫米，从浅海到5000多米的深海里都有。它们有的体色金黄，有的泛着珍珠光泽，在海底游泳时，蜿蜒前行，动作优美动人。它们在海底以线虫、扁虫、端足类等小型动物为食。

▲深海多毛蠕虫

多毛类动物的数量大，繁殖再生能力强，总生物量仅次于软体动物和甲壳动物。在海洋生态的食物链中，它处于承上启下的关键位置，成为海洋生物食物金字塔的基础。其幼体供幼虾、幼鱼摄食，成体则是经济鱼类及虾、贝、蟹的重要饵料。据调查，鲽和鳕等底栖鱼类的胃含物中，沙蚕等多毛类占总量的50%～80%。哪里的沙蚕多，哪里的鱼就会长得膘肥体胖。大个的沙蚕也是人的美味佳肴。

出现保护性外壳的软体动物

由于软体动物与环节动物有着很大的相似性，说明它们可能有着共同的起源，然后各自向不同方向发展。软体动物不善于运动，出现了背壳，发展了保护性的结构与机能，形成了软体动物的特征。而环节动物通过身体的延长，内外结构上出现了分节现象以适应穴居生活，形成了环节动物的特征。

贝壳类动物的分类

距今5.7到4.4亿年，在地球历史上叫早期古生代。这一时期，陆地上仍是一片荒凉，生命迹象十分罕见，但海洋里已经生活着形形色色的动物了，其中主要是海生无脊椎动物。古生物学家至今发现的世界各地保存有大量的化石，就是这个时代生物繁荣的重要特征。

和蠕形动物缺乏化石的情况相反，在早期古生代的地层里，贝壳类给我们留下了很多化石，甚至有一些沉积岩主要就是由含钙质的贝壳积累紧压形成的，如贝壳石灰岩。

在寒武系的地层里，有许多薄的磷灰质介壳，例如海豆芽的贝壳，大量堆积在寒武纪的海滩和浅海底部，以后成为磷矿石。随后出现了蛤蚌类、螺类的贝壳。到奥陶纪，这些动物在海洋里开始占优势，以后一直非常繁盛，并且绵延到现代。

化石研究告诉我们，蠕形动物在漫长的生存过程中向着有贝壳这种更多自我保护的方向发展了。从动物分类学看，贝壳类动物并不属于同一门。它包括苔藓动物门、腕足动物门、帚虫动物门和软体动物门这四大门，现将其他三个门类简单介绍一下。

苔藓动物

苔藓动物以苔藓虫为代表，是生活在水里的一类微小动物，常常成为群体，有的覆盖在水里的树枝或卵石表面，很像苔藓，所以有这个名字。单个苔藓虫的软体住在薄的钙质或几丁质的壳里面，死后遗体保存下来成为化石。

苔藓动物中个员构成形状和大小各异。可分为三纲：被唇纲（生活于淡水）；窄唇纲（海生），以及裸唇纲（多为海生）。

▲苔藓虫

腕足动物

腕足动物主要盛产于古生代，以后它就衰落了，现代海洋中的腕足动物仅仅是它残留的少数属种，如海豆芽、酸浆贝等。

腕足动物两个壳有大小之分，大的叫腹壳，小的叫背壳。壳体的后部（即肉茎伸出的一方）中央特别高突部分叫壳顶，壳喙是壳顶向后突出而弯曲呈鸟喙状的部分。有的腕足类背壳中部常有一凸隆称中隆，沿腹壳中央常有一凹槽称中槽。

腕足动物的壳表面有时很光滑，有时却生长着各种装饰，主要是以壳喙为中心的同心状纹饰（按粗细分为同心纹、同心线、同心层），还有以壳喙为出发点向前缘放射状的纹饰（按粗细分为放射纹、放射线、放射褶）。

石燕是腕足动物中的一个类群，因其形如展翅的燕子而得名。在志留纪早期到侏罗纪早期的海洋中，它们是重要的动物类群之一。

海豆芽是腕足动物中的另一个类群，它的两个贝壳就像舌的形状，从舌形贝壳的后方伸出肉质的茎，用来固着在海底洞穴的底部。它们生活时的形态类似于豆芽，故而得名。

海豆芽的化石最早发现于寒武纪的地层中，到奥陶纪时最为繁盛，并一直保留至今，而且今天的海豆芽与亿万年前的样貌仍然非常相似，因此也被古生物学家叫作“活化石”。

帚虫动物

帚虫动物门是动物界的一个小门，仅有两个属，十几个种，全部是海洋底栖动物。身体呈长圆柱形，栖居在几丁质栖管中。身体分化为触手环、躯干和球根三部分。触手环呈马蹄形，上具纤毛，形状像扫帚，所以起这个名字。

软体动物的起源

关于软体动物的起源，有两种意见，一种意见认为软体动物起源于扁形动物；另一种意见认为软体动物和环节动物是从共同的祖先进化来的，只是由于在长期进化过程中各自向着不同的生活方式发展，所以最后形成两类不同形态结构的动物。

软体动物的起源

具体来说，关于软体动物的起源有两种说法：一种认为软体动物起源于扁形动物；另一种认为软体动物和环节动物是从共同的祖先进化来的，只是由于在长期进化过程中各自向着不同的生活方式发展，所以最后形成两类不同体制的动物。

后一种说法理由比较充分，因为许多海产软体动物的种类在胚胎发育过程中也同许多环节动物一样具有一个担轮幼虫阶段。再加上这两类动物发育都有卵裂，在成体中某些改造上有共同的地方，例如，排泄器官基本属于后肾管型、体腔都是次生的。

这个共同的祖先，一部分向着适于活动的方式的道路发展，形成了体节、疣足及发达的头部，这就是环节动物；另一部分向着适应于比较不活动的道路发展，就产生了保护用的外壳和许多适于运动的构造，如分节现象和头部或不出现或退化。同时，也发展了一些软体动物所特有的结构——外套膜。在软体动物各类群之间由于差别较大，并没有更明显的差别来很好地说明彼此间的亲缘关系。

在软体动物中，双神经纲是比较原始的，因为这种类型左右对称、次生体腔比较发达，保留着原始的梯形双神经系统。腹足纲是比较低等的类群，因为它具有类似环节动物的担轮幼虫或相似的面盘幼虫阶段。

瓣鳃纲动物最显著的特征是呼吸系统的鳃是瓣状鳃。以河蚌为例，每一片瓣状腮就是一个鳃瓣，它是由两片腮小瓣构成，在外侧的一片称外鳃小瓣，在内侧的一片称内腮小瓣。每一腮小瓣由许多的鳃丝构成，在鳃丝表面有纤毛，内部有血管，还有许多的小孔。在鳃小瓣之间的空隙有瓣间隔的横膈膜分隔开，形成许多鳃水管。

由于纤毛的摆动，水由进水管进入外套膜后，由入鳃小孔进入鳃水管，再上升到鳃上腔，最后经过出水管流出体外。在水流过鳃丝的过程中鳃丝内的血液中完成气体交换。这类动物具有两个外套膜，因而有两瓣外壳，它们的低等种类足的底部宽平，匍匐而行，发育过程也出现担轮幼虫，所以它们有可能与腹足类同出一个共同的祖先。

头足纲动物的身体结构高度发达，脑、眼及循环系统等都是软体动物中最进化的，在地层中最早发现的软体动物也是头足动物，也可能由于适应快速活动的社会方式，进化较快向着特化的方向发展了。

软体动物的特点

软体动物和蠕形动物相比，最显著的一个特点是有贝壳。除此之外，多数种类的身体有头和足，有体腔和肛门，身体基本上左右对称，不分节，腹足类的某些原始种类身体上还可以看到分节的结构。

软体动物的软体外面有一个叫外套膜的包裹层，坚硬的贝壳就是由外套膜分泌的矿物质组成的。除以后发展到陆生的以外，在水里生活的一般都用鳃呼吸，鳃是由外胚层细胞分化出来的。软体动物的心脏有一个心室和一对（可能不止一对）心耳，已经具有高等动物循环系统的雏形。神经系统也更加发达，脑的集中控制作用更加明显。

苔藓动物和腕足动物的受精卵都是先发育成为类似轮虫的幼体，长有纤毛，能在水里自由游动。整个发育过程和幼虫的形态，与环节动物十分相似，但是后来又和环节动物分道扬镳。可见这类动物和环节动物有同一祖先。又从软体动物的大部分种类身体不分节，某些腹足类的原始种类有分节结构，可以推知它们就是在蠕形动物中的低等类型向环节动物发展前后的一些种类中分化出来的——向着产生贝壳的方向发展。

贝壳的发生对软体动物来说，一方面是提供了一种保护设备，这是对它的发展有利的。但是另一方面也限制了它的活动和生长，这又是对它的生活和形体发展不利的。所以其中有些种类如头足类的乌贼和章鱼，后来又抛弃了外面的贝壳，向着游动和进攻取食的方向发展，也取得了成功。

▲章鱼

它们游速惊人。有一种乌贼体长可以达到 18 米，触手长 11 米，重 30 吨，它们能撞沉船只，缠食动物和人，甚至敢和大鲸搏斗，决一雌雄。所以从软体动物发展的全部历史看，软体动物向有贝壳和没有贝壳的两极分化，在防守上和进攻上，主要还是成功的，成为无脊椎动物中经久不衰的种类。

但是由于它们向着专门适应水中生活的方向特化得厉害，失去了向更高级类型发展的条件，所以软体动物也只能成为无脊椎动物中的一个旁支。

软体动物的进化

软体动物种类繁多，生活范围极广，海水、淡水和陆地均是它们生存繁衍的乐土。

软体动物体外大都覆盖有各式各样的贝壳，因此，通常又称之为贝类。由于它们中大多数贝壳华丽，肉质鲜美，营养丰富，又较易捕获，因此远在上古渔猎时期，就已被人类利用。其中不少可供食用、药用、农业用、工艺美术业用，也有一些种类有毒，能传播疾病，危害农作物，损坏港湾建筑及交通运输设施，对人类有害。

软体动物包括在生活中为人们所熟悉的腹足类如蜗牛、田螺、蛞蝓；双壳类的河蚌、毛蚶等；头足类的乌贼（墨鱼）、章鱼等，以及沿海潮间带岩石上附着的多板类的石鳖等。它们在形态上存在着很大的差异，例如它们的身体或者对称，或者不对称；体表或者有壳，或者无壳；壳或者是一枚或二枚或多枚。

研究发现：所有的软体动物是建筑在一个基本的模式结构上的，这个模式就是人们设想的原软体动物，也就是软体动物的祖先模式，由原软体动物再发展进化成各个不同的纲，所以原软体动物代表了所有软体动物的基本特征。

根据对现存动物的研究，人们设想由原软体动物，经过身体的前后轴与背腹轴的改变，足、内脏囊及外套腔的移位，而形成了现存各个纲的动物结构特征。

原软体动物各部位的进化

人们推测原软体动物出现在前寒武纪，生活在浅海，身体呈卵圆形，体长不超过1厘米，两侧对称，头位于前端、有一对触角，触角基部有眼。身体腹面扁平，富有肌肉质，形成适合于爬行的足。身体背面覆盖有一盾形外凸的贝壳，保护着整个身体。贝壳最初可能仅由角蛋白形成，称为贝壳素，以后在贝壳素上沉积碳酸钙，增加了它的硬度。

贝壳下面是由体壁向腹面延伸形成的双层细胞结构的膜，称外套膜，外套膜具有很强的分泌能力，贝壳即由外套膜所形成。外套膜下遮盖着内脏囊。身体后端、足的上方与内脏囊之间出现了一个空腔，即为外套腔，它与外界相通。外套腔中有许多进行呼吸作用的鳃，以及后肾、肛门、生殖孔的开口。

原软体动物鳃的结构可能相似于现存腹足类的鳃，它是由一个长的鳃轴向两侧交替伸出三角形的鳃丝所组成，这种鳃称为栉鳃。鳃轴由外套膜或体壁向外伸出，其中包含有血管、肌肉和神经，鳃丝的前缘（即腹缘）具有几丁质的骨棒支持，以增加鳃的硬度。鳃在外套腔的两侧分别由背、腹膜固定了位置，因此鳃将外套腔分成了上、下室。水由外套腔后端的下室流入，经鳃丝表面及上室流出外套腔，鳃丝前缘及表面满布纤毛，由纤毛的摆动造成水在外套腔中的流动。

鳃轴上具有两个血管，背面的为入鳃血管，腹缘的为出鳃血管，血液由入鳃血管流向出鳃血管，也由鳃丝表面的微血管直接由背缘流向腹缘，这样血流的方向正好与鳃表面的水流方向相反，可以更有效地进行气体交换。

原软体动物像许多现存种类一样，不仅鳃的表面布满纤毛，其外套膜及皮肤（包括足部皮肤）部分布有纤毛，这些纤毛的摆动造成水流不断的经过，以有利于气体的交换及捕食，所以在原软体动物中皮肤的呼吸作用是很重要的。足部的纤毛运动与肌肉的收缩还联合构成身体的运动。

原软体动物可能是植食性的，主要取食浅海岩石上生长的藻类，具有与现存软体动物相同的取食结构。口位于头的前端，口后为口腔，口腔后端有一袋形齿舌囊。齿舌囊的底部是一条可前后活动的膜带，膜带上分布有成行成排、整齐排列的几丁质细齿，齿尖向后，膜带及齿构成齿舌，齿舌囊的底部有齿舌软骨，齿舌和软骨上附着有伸肌和缩肌，靠肌肉的伸缩软骨和膜带可伸出口外，以刮取食物。由于取食的磨损，前端的细齿逐渐老化消失，膜带后端可以不断分泌补充新齿。这种齿舌的结构在大多数现存软体动物中是存在的。

口腔的背面有一对唾液腺的开口，其分泌物可以滑润齿舌，并将进入口中的食物颗粒粘着在一起，形成食物索，食物索经食道进入胃。胃的前端呈半球形，胃内壁的一侧具有几丁质板，称胃楯，相对的一侧形成许多细小的嵴与沟，沟中具有纤毛，称为筛选区。胃的后半部分成囊状，称晶杆囊，因其中有一胶质棒状结构，称晶杆，晶杆囊的内壁也有褶皱及纤毛，也形成纤毛沟。食物在口腔中被黏液粘着形成食物索后，不断地进入胃内，依靠胃酸作用除去食物索的黏滞性，使索中的食物颗粒游离，同时靠胃筛选区内的纤毛作用对食物进行筛选，将细小的食物颗粒经胃上端的消化腺管送入消化腺中。

消化腺是食物进行胞内消化及吸收的场所。较大的食物颗粒在胃内被进行胞外消化，未能消化的食物经胃壁的褶皱而进入肠道，由肠道再进行部分的消化作用，最后在肠道中形成粪粒。肛门开口在外套腔后端，粪粒的形成减少了对外套腔的污染，粪粒可由水流排出体外。原软体动物的体腔位于身体的中背部，它包围着心脏及部分肠道，所以实际上代表着围心腔与围脏腔。心脏包括前端的一个心室及后端的一对心耳，由心室通出的动脉经过分枝形成小血管，最后在进入组织间隙形成血窦，再经血窦汇集成静脉，经过肾、鳃等血液流回心耳及心室，此为开放式循环。

原软体动物的排泄器官为后肾，位于围心腔两侧，后肾的一端与围心腔相通称为内肾口，一端与外界相通，称为外肾孔。围心腔接受由心脏及围心腔腺体释放出的代谢产物，随围心腔液由肾口进入到肾脏，肾脏具有一定重吸收的能力，它将有用的盐类回收，无用的废物变成尿，经外肾孔、外套腔再排出体外。

原软体动物的神经结构很简单，围绕着食道形成一神经环，由神经环分出两对神经索，腹面的一对称足神经索，支配足部的肌肉收缩；背面的一对称内脏神经索，支配内脏及外套的运动。

原软体动物的生殖系统包括一对生殖腺，位于围心腔前端中背部，雌雄异体，没有生殖导管，精子或卵成熟后释放到围心腔，因为生殖腺腔也是体腔的一部分，所以生殖细胞经围心腔，再经过肾脏排到体外。

受精作用发生在海水中，原软体动物的胚胎发育可能十分相似于现存软体动物，也进行典型的螺旋卵裂，囊胚孔形成口，经原肠胚后便形成了担轮幼虫。

原始的种类发育中仅经过担轮幼虫，大多数现存的软体动物担轮幼虫时期很短，其后进入面盘幼虫期。面盘幼虫时出现了足、壳、内脏等结构。推测原软体动物没有面盘幼虫期，它由担轮幼虫失去口前纤毛轮、变态为成体，并开始在海底营底栖生活。

海鲜软体动物——鹦鹉螺

鹦鹉螺是海洋软体动物，壳薄而轻，呈螺旋形盘卷，壳的表面呈白色或者乳白色，生长纹从壳的脐部辐射而出，多为红褐色。整个螺旋形外壳光滑如圆盘状，形似鹦鹉嘴，故此得名“鹦鹉螺”。鹦鹉螺已经在地球上经历了数亿年的演变，但外形、习性等变化很小，在研究生物进化和古生物学等方面有很高的价值。

鹦鹉螺的形态结构

鹦鹉螺的身体左右对称，背上生有一个与冠螺、蜗牛等腹足类动物相似的，可以把身体完全保护起来的石灰质贝壳。贝壳很大，直径可达 20 厘米，壳口长 8 厘米左右，不过不是左右卷曲，而是沿一个平面从背面向腹面卷曲，略呈螺旋形，没有螺顶。银白色的珍珠层很厚，内面有极为美丽的珍珠光泽，很像是一件天然的艺术品。

鹦鹉螺的脐孔或开或闭。壳内从壳中心到壳口，由一道道的弧形隔膜分隔成很多个壳室，其数目随鹦鹉螺的生长而增加。最后的一个壳室体积最大，它的躯体居于其中，所以叫作“住室”，其他空着的壳室共有 30 多个，体积较小，可贮存空气，叫作“气室”。

每个隔膜中央有小孔，由串管将各壳室联系在一起。气室中空气的调节，能使它在海中漂浮，其作用同乌贼的“海螵蛸”极为相似。最新的研究则认为鹦鹉螺是通过串管的局部渗透作用，缓慢地排出壳室中的液体，使身体的重量减轻而上浮，随后，周围的压力又将海水压回壳室，使身体的重量增加而下沉，就像一个小型的潜水艇。

鹦鹉螺的头部、足部都很发达，足环生于头部的前方，所以是头足类的一种。头部的构造也同乌贼十分相近，口的周围和头的前缘两侧生有许多触手，但触手上面没有乌贼所具有的吸盘。雄性有 60 个触手，腹面的 4 只愈合成块状的“肉穗”，雌性有 90 个触手，其中 60 个生于足部的内叶下方，簇集呈须状，30 只生于口的周围。雄性和雌性触手的腹面都生有像帽子一样的结构，是由两个触手结合在一起形成的，变得十分肥厚，当鹦鹉螺将身体缩到壳里的时候，就用它们封闭壳口，起到保护身体的作用。

鹦鹉螺的其他触手也有分工，有的伸展迅速，用于警戒，有的只用于摄食。在摄食的时候，使多数触手向四周展开，将猎物包裹起来，然后吞食。在休息或只游动而不取食的时候，它的大部分触手都缩进壳里，只留 1 到 2 个触手在外面，进行警戒或行动。此外，它的触手还可以抵贴岩石，固定身体的位置。

鹦鹉螺的分布和生活习性

鹦鹉螺的分布范围较窄，仅生活在热带海洋中，主要分布于东起萨摩亚群岛，西至加里曼丹岛，北从菲律宾群岛的仁牙因湾，南达澳大利亚的悉尼之间的西南太平洋之中。我国仅在台湾、海南岛、西沙群岛和南沙群岛海域发现过随流飘荡的空壳，尚未采到活体。

鹦鹉螺是一种底栖性的动物，从水深5米到400米都有栖息，处于大陆架外缘区和大陆坡上区，以400米左右水深处数量最多，所以也被称为“亚深海动物”。平时伏在海底的珊瑚礁及岩石上休息，日落以后才出来活动，常用触手沿着珊瑚质海底爬行，前后左右，移动自如，大多背部朝上，偶尔也有腹面朝上的时候。

它也能在水层中浮动或游泳，有时在风暴过后的风平浪静之夜晚，甚至能见到成群结队的鹦鹉螺漂浮在海面上，不过时间通常很短暂，很快又沉入底层。它游泳的方式与乌贼相仿，主要是利用漏斗收缩喷射海水，以反作用力来推动身体的前进。摄食动作快速而敏捷，食物包括小鱼、甲壳类、海胆和其他小型软体动物等，与其生活的水层中活动的种类有密切的关系。

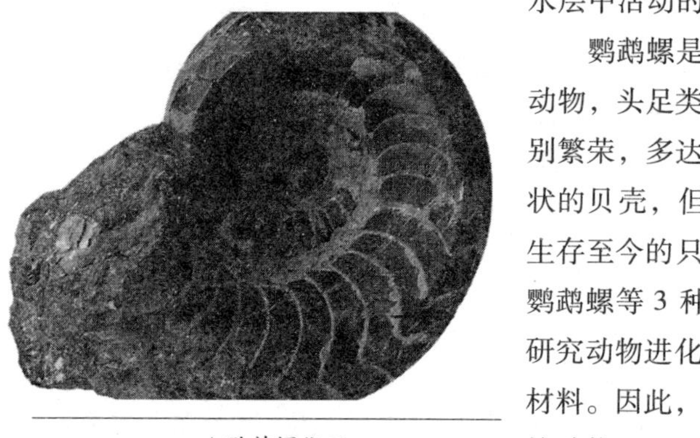
▲鹦鹉螺化石

鹦鹉螺是现存最古老、最低等的头足类动物，头足类在古生代志留纪地层中种类特别繁荣，多达3500余种，它们都有着不同形状的贝壳，但绝大多数种类都已经灭绝了，生存至今的只有鹦鹉螺、大脐鹦鹉螺和阔脐鹦鹉螺等3种，所以称之为“活化石”，是研究动物进化和古生态学、古气候学的重要材料。因此，我国将鹦鹉螺列为国家1级保护动物。

节肢动物

蠕形动物在分化出环节动物前后，一直向着加强保护设备的方向发展，成为拟软体动物和软体动物，而又有一支向着既加强保护设备又继承了身体分节特点的方向进化，保持了灵活性，又发展了附肢，这就是节肢动物。

节肢动物的外骨骼可以形成化石。从距今7亿~10亿年前的地层中就已发现了节肢动物的化石，从早寒武纪开始大量出现。

节肢动物的形态分类

节肢动物也称“节足动物”，是动物界中种类最多的一门。它们身体左右对称，由多数结构与功能各不相同的体节构成，一般可分头、胸、腹三部，节肢动物的形态结构都是适应不同功能而分化成的。根据形态结构方面的差异，节肢动物被分为四门：三叶虫亚门、单肢亚门、甲壳亚门和有螯亚门。

节肢动物的形态

节肢动物整个身体两侧对称，身体分节，但部分体节融合成特别部位，如头部及胸部。有些节肢动物，例如蜘蛛类，头部及胸部进一步融合成头胸部。身体的附肢，例如足部、触角、口器等都分节。

由于头、胸、腹及其各部附属器官不同程度地分化，使节肢动物感觉灵敏，运动灵活，种类繁盛。节肢动物的每个体节一般都有一对分节且具有关节的附肢——节肢。节肢适应于不同的功能而分化成不同的形状。

节肢动物的体壁主要由几丁质组成，坚硬，有保护作用，也作为外骨骼之用。但也由于体壁坚硬，妨碍生长，节肢动物需要在生长期蜕皮多次。

节肢动物的感官系统很发达，眼有单眼和复眼两种，复眼用作视物，单眼用作感光。另外，还有触觉、味觉、嗅觉、听觉及平衡器官，好些昆虫还有特别的发声器。

节肢动物的活化石——鲎

鲎鱼，又俗称爬上灶、夫妻鱼、鸳鸯鱼、东方鲎。鲎起源很早，被称为活化石。最早的鲎化石见于奥陶纪（5.05 亿 ~ 4.38 亿年前），形态与现代鲎相似的鲎化石出现于侏罗纪（2.08 亿 ~ 1.44 亿年前）。最熟知的种是唯一的美洲种美国鲎，体长可达 60 厘米以上。鲎类一直作为人类的食物，又是软壳蟹类的天敌。最具特点的是鲎的血是蓝色的。

节肢动物的呼吸系统颇为多样化，可以利用体表，鳃（水生的）及气管（陆生的）呼吸。蜘蛛等则利用书肺进行呼吸。

节肢动物的外壳既能防御敌害的攻击和带病微生物的入侵，又不影响动物的活动能力。和贝壳类相比，节肢动物显然发展了贝壳类的优点，又克服了贝壳类的缺点。

节肢动物有完善的运动器官，有相当发育的肌肉，神经节的集中达到了新的高度，感觉器官的分化也达到了更高水平，尤其是眼，有单眼和复眼（有的只有一种，有的两种眼并存），一般有触角，所以行动十分灵活有力。

水生的低等动物，作为从蠕形动物发展起的一枝，到节肢动物已经是达到了最高峰。如在奥陶纪出现的一种节肢动物叫板足鲎，体型巨大，长可以达到2米，胸部呈方形，腹尾部有12个体节，头胸部的前侧方有一对板状的游泳足，形状就像橹或桨，凶猛嗜食，在当时无脊椎动物的海洋世界里的霸主。

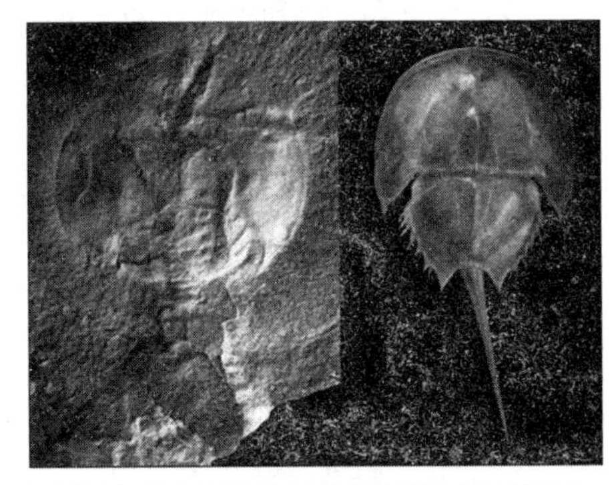
▲鲎与鲎化石

在今天的水生动物中，节肢动物（虾、蟹等）的地位也仅次于高等动物——脊椎动物中的鱼类。

节肢动物不仅在水里，而且以后登上了陆地，在今天的陆生动物中，它的地位也仅次于高等动物——脊椎动物中的哺乳类。特别是昆虫。就数量说，现代昆虫的种类数目超过全部其他生物的总和。

节肢动物的分类

节肢动物可大致分为三叶虫亚门、单肢亚门、甲壳亚门和有螯亚门。

三叶虫亚门在约5.7亿年前的古生代早期的海洋中占优势，在2.8亿年前的二叠纪灭绝。体卵圆形，背腹扁平，分头、胸和尾节三部分；纵分为三叶。长3.5～75厘米。

单肢亚门类节肢动物头部有触角、大腭和小腭。胸部附肢单肢或双肢。腹部有的与胸部不分，具附肢；或与胸部分开，有的有附肢，有的没有附肢。单肢亚门下通常分为6个纲。

（1）烛纲：极小的多足类。两对附肢变为口器，8～11对步足。触角4节，也有少数种类有6节。末端分枝，并有多节的长鞭。

（2）倍足纲：体窄长的多足类，腹部各节由两节合成，每节有两对足和气孔。头有大腭；小腭愈合成腭唇；有时有单眼；触角短，锤形；胸部是4个单节，生殖孔在第3节。体长0.3～28厘米。

▲倍足纲动物毛马陆

（3）唇足纲：体窄长的多足类，有许多明显的腹节，各有一对足，第一腹节的附肢变为毒腭；生殖孔在末节。体长约0.5～26.5厘米。

（4）综合纲：小型多足类，有3对口器，12对步足和一对后纺器，生殖孔在第4躯干节。

（5）弹尾纲：昆虫状小节肢动物。口器

外腭式；触角通常4节；眼简单；3个胸节有足；腹部6节，有分叉的弹器；通常无气管。

（6）昆虫纲：三对附肢形成口器；头由6节组成，有一对触角，常有侧眼和中眼；胸部3节，各有一对足，在第2、3节有的具翅；腹部由11节组成，成虫无附肢；生殖孔在后。

甲壳亚门分布广，多数用鳃呼吸；外骨骼坚固；有触角、大腭。体呈长筒形，体节分明，全体分头、胸、腹3部。头部由6个体节愈合而成。第1节无附肢，其余每节有1对附肢。头部与胸部体节常有愈合现象，合称头胸部。低等甲壳类胸部与腹部间分界不明显，合称为躯干部。高等甲壳类身体分节数目基本固定，胸部为8节，腹部为6~7节，外加一个尾节，尾节不具附肢，其他各腹节多共有6对附肢。

甲壳动物的繁殖方式也很多样，最简单的有将精子和卵子放到水中进行外部受精。但也有通过演变的外肢进行体内受精的，甚至有一些寄生的甲壳动物的雄性退化而栖居在雌性的生殖器内的。

▲甲壳亚门动物螃蟹

甲壳动物的发展过程类似。一般它们经历多个幼虫期，每次幼虫期开始时幼虫通过萌芽产生新的节和外肢。绝大部分甲壳动物一开始的幼体都是典型的无节幼体。有些动物在卵内度过这个幼体期。此后不同纲的动物发展出不同的幼体。有些甲壳动物经过变态，有些不变态为成虫。

除少数特例外几乎所有甲壳动物生活在水中，在海洋和淡水水系的所有的生态系统中都有甲壳动物存在。少数物种生活在陆地上，比如属于寄居蟹的椰子蟹，但这些动物至少在发展期间要依靠水。唯一几乎完全在陆地上生活的甲壳动物是等足目的动物。

在水中，甲壳动物生活在所有的生态环境中。许多物种构成远洋区的浮游生物，其他生活在水底、岩隙、珊瑚礁上或潮汐带。在北冰洋和南极洲的冰层下面也有许多甲壳动物生存，它们构成当地食物链的最下级。在大洋底的沸泉附近也有甲壳动物生活。

同其他节肢动物一样，甲壳动物的进化过程还不很清楚。这个不清楚的主要原因在于它们的甲壳比较难保存为化石。最早的甲壳动物化石出现于寒武纪，今天发现的有介形亚纲和软甲亚纲动物的化石。最早的甲壳动物有可能类似于今天生活在盐水洞穴中的桨足纲，但它们没有留下化石。鳃足纲出现于泥盆纪，蔓足亚纲出现于志留纪。

尤其介形亚纲动物的壳常常在沉积岩中出现，因此它是重要的指针化石。从它们出现以来它们就是浮游动物的重要组成部分。在化石中还常出现的有藤壶。

有螯亚门大部分陆生，少数水生，前体部无触角，但有螯肢和触肢。胸部有单肢形步足。腹部有的有附肢，有的没有。如有附肢，则高度特化。通常有下面三个纲。

(1) 肢口纲：大型海产种类，有书鳃；前体部完全被背甲覆盖；后体部有一长刺。

(2) 蛛形纲：前体部与后体部以一窄的腹柄相连，或两部愈合。前体部有螯肢、触肢和四对步足；后体部通常无附肢。以书肺、气管或者两者兼有呼吸，开口在后体部。生殖孔在后体部第2节的腹面。

(3) 海蜘蛛纲：头部有管状吻和三对附肢；胸部非常窄，由4节组成，各有一对足；腹部小瘤状；无呼吸器及体节排泄器。

▲蛛形纲动物蜘蛛

三叶虫时代

在寒武纪时期，统治海洋的是一种样子像虾的动物，这就是三叶虫。三叶虫是5亿年前所有的动物之中最发达的品种。在那时的海洋中，三叶虫还没有遇到有力的竞争对手，因此它们横行霸道，迅速发展，整个寒武纪成了三叶虫的世界。

进化最成功最迅速的动物

在寒武纪时期，陆地上是一片荒凉，没有动物，没有森林，甚至连一根草都没有，到处是光秃秃的岩石。陆地上毫无生气，海洋里却已经生机勃勃了！海水里充满着海藻，那时的海藻主要是一些小得看不见的绿色植物。此外，还有很多种动物，如沙蚕、蛤蚌等。那个时候，统治海洋的是一种样子像虾的动物，叫作三叶虫。它们是5亿年前所有的动物之中最发达的生物。

寒武纪时为什么出现那么多三叶虫呢？科学家们通过古生态学的研究认为，三叶虫具有很好的适应环境的生存方式。三叶虫并不遵循着单一的生活模式，有些种类的三叶虫喜欢游泳，有些种类喜欢在水面上漂浮，有些喜欢在海底爬行，还有些习惯于钻在泥沙中生活，它们占据了不同的生态空间，寒武纪的海洋成了三叶虫的世界。在寒武纪以后的地质时代，这种不同寻常的生物与其他无脊椎动物又共同生存了很长时间，才逐渐数量减少和衰退。

三叶虫头部多数被两条背沟纵分为三叶，中间隆起的部分为头鞍及颈环，两侧为颊部，眼位于颊部。颊部为面线所穿过，两面线之间的内侧部分统称为头盖，两侧部分称为活动颊或自由颊。胸部由若干胸节组成，形状不一，成虫2～40节。中间部分为中轴，两侧称为肋部。每个肋节上具肋沟，两肋节间为间肋沟。尾部是由若干体节互相融合而形成的，1～30节以上不等。形状一般半圆形，但变化很大，可分为一中轴和两肋部。肋部分节，有肋沟和间肋沟。肋部可具边缘，边缘上亦常有边缘刺。

▲寒武纪三叶虫时代

三叶虫的大小在1毫米至72厘米之间，典型的大小在2至7厘米间。三叶虫为雌雄异体，卵生，个体发育过程中经过周期性蜕壳，在个体发育过程中，形态变化很大。一般划分为3期：幼虫、中年期、成年期。幼年期虫体头部和尾部尚不分明，也没有胸节，直径大约为0.24～1.3毫米。中年期虫体头部和尾部已经分开，胸节也已经发育，但是节数比成年期少一节。成年期虫体的胸部与尾部节数增加到了极限，虫体增大，壳上的刺、瘤等附加物均出现了。

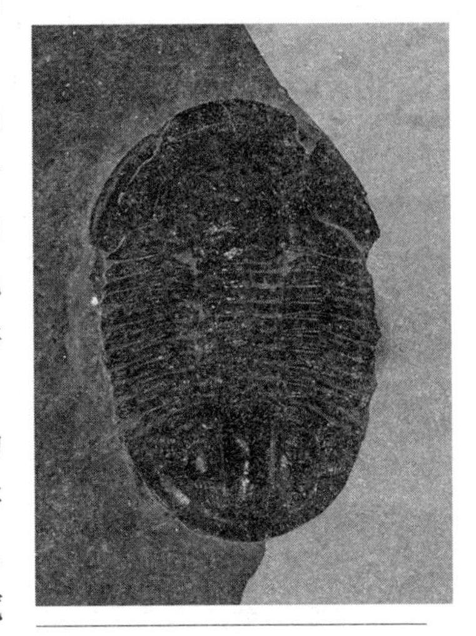
▲三叶虫化石

三叶虫的祖先可能是类似于节肢动物的动物，如斯普里格蠕虫或其他隐生宙埃迪卡拉纪时期类似三叶虫的动物。早期三叶虫与伯吉斯页岩和其他寒武纪的节肢动物化石有许多类似的地方。因此三叶虫与其他节肢动物可能在埃迪卡拉纪和寒武纪的交界之前有共同的祖先。

三叶虫发展迅速，在寒武纪晚期达到繁育高点的时代。为了适应不同的生活环境，形态演变多种多样。有的头、胸、尾三部分大小相等，壳体缓平，头、尾都缺少明显的装饰，如大头虫；有的头部既宽且大，前缘被一条平阔的围边所环绕，其上还排列着整齐的瘤粒，如隐三瘤虫；有的为了免于受害，在胸、尾装饰着尖长的针刺，如裂肋虫；有的壳体还能够卷曲成为球状，如隐头虫。奥陶纪还出现了另一类节肢动物，即介形类。

三叶虫灭绝的具体原因不明，但是志留纪和泥盆纪时期两腭强大，互相之间由关节连接的鲨鱼和其他早期鱼类的出现与同时出现的三叶虫数量的减少似乎有关。三叶虫可能为这些新动物提供了丰富的食物。

三叶虫各部结构主要变化

三叶虫自从在寒武纪早期出现以后，在整个系统演化中各部主要构造特点也逐渐发生相应的变化，这些变化规律主要有下列几方面：

头鞍形态的变化：寒武纪早期的原始三叶虫的头鞍形态多为长圆锥形，凸起也不显著。往后到了寒武纪中期以后，头鞍逐渐缩短，两侧趋向平行，成为圆柱形，甚至有的成为了球形。到了寒武纪晚期及以后的三叶虫，甚至头鞍与其两侧的颊部分界也不清楚了。

面线后支所在位置的变化：早期三叶虫的面线后支（即眼睛之后的那段面线）终点常与头部的后边缘或两颊角相交；往后到了奥陶

> **三叶虫进化出水蝎**
>
> 在漫长的历史进程中，有一种三叶虫已经进化成为水蝎。水蝎长着强有力的螯，能捕捉别的水生动物来当食物。有些水蝎竟有2.7米长，但是跟三叶虫一样，这种水蝎后来也灭绝了。它们不能适应环境的变化，不能再往前发展。到现在还活着的水蝎的后代，只有蝎子、蜘蛛、虱子和马蹄蟹之类。它们直到现在还极像它们的祖先，生活方式也几乎一样。

纪以后的类型，则常与头部的两旁侧缘上相交。

眼的变化：某些三叶虫的眼睛，早期是新月形的，随后逐渐变小，最后消失。另一类复眼比较发达的三叶虫，眼睛则由小变大，最后会出现眼柄，眼睛则长在高高耸起的眼柄顶端上。志留纪的许多三叶虫就属于这一类。

▲三叶虫

身体周围长刺的变化：寒武纪和奥陶纪的三叶虫很少长刺，而志留纪及其以后的类型长刺较为多见，而且刺比以前的也更加复杂。

胸节由多变少，尾部由小变大，头鞍上的横沟由多到少等趋势也在许多类型的三叶虫中显示出来。

另外，从奥陶纪到泥盆纪末的一些三叶虫（比如裂肋三叶虫目）进化出了非常巧妙的脊椎似的结构。在摩洛哥就发现了这样的化石。此外在俄罗斯西部、美国俄克拉何马州以及加拿大安大略省也有带脊椎结构的化石被发现。这种脊椎结构可能是对于鱼的出现的一种抵抗反应。

这个期间的三叶虫整个身体几乎被密密的长刺包围，这些长刺对于它们在水里游泳来说是一种强有力的推进器，因此可以推测它们是游泳的能手；同时，这些长刺也是抵御天敌的有效武器。当时与它共生的鹦鹉螺类、板足鲎类和鱼类都是这类型三叶虫的劲敌，如果三叶虫不增强它的游泳能力和御敌的武器，它们怎样在那个竞争激烈的环境中继续生存繁衍呢?

奥陶纪的某些三叶虫，如宝石虫、斜视虫、隐头虫等还发展了卷曲的能力，它们的头部和尾部可以完全紧接在一起，仅将背部的硬壳暴露在外；它们还可以钻进淤泥以保护其柔软的腹部器官，这样，一方面便于御敌，另一方面也可以以类似于尺蠖那样的伸曲的方式推动身体前进。

遍及世界的三叶虫化石

在远古海洋中三叶虫的生活环境从浅海到深海非常广。偶尔三叶虫在海底爬行时留下的足迹也被化石化了。几乎在所有今天的大陆上均有三叶虫的化石被发现，它们似乎在所有远古海洋中均有生存。

今天在全世界发现的三叶虫化石可以分上万种，由于三叶虫的发展非常快，因此它们非常适合被用作标准化石，地质学家可以使用它们来确定含有三叶虫的石头的年代。

三叶虫是最早的、获得广泛吸引力的化石，至今为止每年还有新的物种被发现。

在英属哥伦比亚、纽约州、中国、德国和其他一些地方发现过非常稀有的、带有软的身体部位如足、鳃和触角的三叶虫化石。

我国三叶虫化石是早古生代的重要化石之一，是划分和对比寒武纪地层的重要依据。主要的三叶虫化石品种有：蝙蝠虫、四川虫及副四川虫、湘西虫、王冠虫、沟通虫。

我国山东泰安盛产的“燕子石”，经研究发现就是当时大量活动的三叶虫死后堆积形成的，那些显露在岩石表面纷纷欲飞的“燕子”，实际上全是一种长有长长尾刺三叶虫的尾甲。

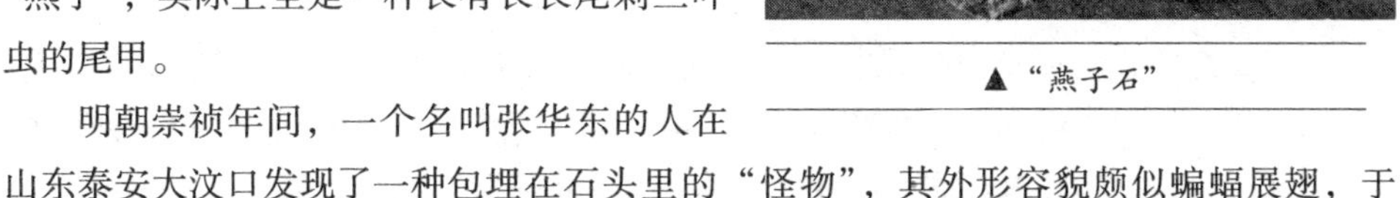

▲“燕子石”

明朝崇祯年间，一个名叫张华东的人在山东泰安大汶口发现了一种包埋在石头里的“怪物”，其外形容貌颇似蝙蝠展翅，于是他就为之命名为“蝙蝠石”。到了 20 世纪 20 年代，我国的古生物学家对“蝙蝠石”进行了科学研究，终于弄清楚了原来这是一种三叶虫的尾部。这种三叶虫生活在 5 亿年前的寒武纪晚期，是海洋中的一种节肢动物。为了纪念这个世界上给三叶虫起的第一个名字，我国科学家就把这种三叶虫由拉丁名翻译成的中文名字依然叫作“蝙蝠石”或是“蝙蝠虫”。

云南虫的进化

云南虫身体呈蠕形，一般长 3 至 4 厘米，大者可以长到 6 厘米。云南虫开始曾被认为是特殊的蠕虫，后确认为脊索动物。云南虫原始的脊索是脊椎的前身，相当柔软，容易受到外力的伤害。云南虫的发现证明了在我国澄江动物群中蕴涵着脊椎动物的起源，这是生命演化史上的重大突破。

国外研究三叶虫的最早记录可以追溯到 1698 年。当时，学者鲁德把一个头部长有三个圆瘤的三叶虫化石命名为“三瘤虫”。到了 1771 年，生物学家根据这种动物的形态特征，即身体从纵横两方面来看都可以分成三部分：纵向上分为头部、胸部和尾部，横向上分为中轴及其两边的侧叶部分，因而给出了一个恰如其分的名称——“三叶虫”。

除了三叶虫，还有一类叫介形类化石，也属节肢动物。它有两个壳瓣，极微小，呈卵形、椭圆形、半圆形、菱形等形状，表面光滑，或者上面有网纹、瘤、刺、突起和槽等，从晚寒武世到现代，广泛分布在世界各地。

足鲎的进化

在大约4.2亿年志留纪海洋无脊椎动物中，板足鲎是一个明星级的动物。如今板足鲎已经不复存在，就是化石也很少见。板足鲎往往称为巨蝎，但大多数板足鲎类是小动物，它们曾经是海洋中最凶猛的无脊椎动物。

奇特的外形

板足鲎之所以为明星级的动物，一方面源于其奇特的外形，头胸甲（又称前体节）近方形，在其中央部有一圆形突起，其中部有一对或一个单眼，头胸甲的两侧有一对复眼。口位于头胸甲腹面；尾节形态多样，有长刺状、钳形、扁形等。体表多具鳞片、褶皱等。身体大小悬殊。板足鲎的名字就是因为其最后一对附肢宽扁似浆而得名。

▲板足鲎

另一方面，也与其奇大的身体有关。2007年，英国古生物学家博斯曼在德国普吕姆一个采石场发现了一只比人还要大的海蝎的蝎爪化石，这个化石可能源于一种巨型海蝎，体长在2.33到2.59米之间，这是迄今所发现的最大节肢动物。

巨海蝎

巨海蝎体长2~3米，单单是爪子就有46厘米长，拥有坚固的防护——覆盖着脊、爪和盔甲。巨海蝎用6条腿走路，后面还有2条扁平如浆的腿。海蝎子之所以能“发育”到这么大，与古代空气中的氧气含量高有关。另一些人则认为，它们因为体型大，在与猎物、同类和天敌之间的“武器竞赛”中壮大起来。不过，当海洋中出现鹦鹉螺这样的顶级掠食动物时，海蝎子的时代就结束了，这种身体长达11米的巨无霸将海蝎子视作佳肴。

这块化石的发现表明，远古时期的蜘蛛、螃蟹以及一些种类的昆虫很可能比人们想象中要大得多，也表明地球上曾经到处可见这种爬行类的庞然大物。这种名为“杰克”的海蝎可能是现代蝎子的祖先，甚至是包括蜘蛛、虱子等在内的所有节肢动物的祖先。

另外，板足鲎是当时海洋无脊柱动物中最重要，也是最凶猛的食肉类的代表，处在食物的顶端。

灭绝之路

▲巨海蝎化石

板足鲎生活在近岸浅海和河口三角洲附近，以移动底栖生活为主。它可以在水中和陆上呼吸。作为第一种从水中移到陆上生活的动物，它也知道怎样蜕壳。它们会聚集到海滩上交配和蜕壳。有时候，在这种大规模扎堆期间，它们会自相残杀，嗜食同类，也很可能会吃下比它小的任何东西。甲壳类和早期某些原始的无颌鱼之所以会进化出具有保护性的“盔甲”，就是因为掠食者海蝎给它们的生存以压力。海蝎有强大的防卫工具——刺、爪和坚硬的外壳。它们用 6 条腿行走，后面的两条成为桡足（扁平附肢），离开水它们很笨拙，但可以在水中游泳。

板足鲎类的体形为什么如此巨大？科学家推测，这可能是因为缺乏来自鱼类及脊椎动物的竞争所致。一旦脊椎动物出现，这种巨型节肢动物便渐渐消失了。也有科学家认为，巨大的节肢动物进化是因为过去大气中氧的含量较高。有些科学家则认为，它们在与可能的猎物，像早期的甲鱼，一同进行“竞赛”中进化。

板足鲎类是已灭绝的水生节肢动物。它最早出现于早奥陶世，晚奥陶世到早泥盆世达到极盛，此后急剧衰落而减少，直到二叠纪末灭绝。

最早的飞行家——昆虫

昆虫通常是中小型到极微小的无脊椎生物，是节肢动物的最主要成员之一。作为最早能飞行的动物，昆虫进化出适应飞行的翅膀，这是最为关键的。如今，昆虫已经发展成为一个庞大的大家族。

原始昆虫的诞生与进化

最古老的昆虫化石是一种无翅的弹尾目昆虫，发现在距今3.5亿年前的泥盆纪中期地层中。这种昆虫的躯体已经明显地分成了头、胸、腹三个部分。作为运动中心的胸部的出现，显然已经代表了昆虫这种新型节肢动物的诞生。另外一个叫作缨尾虫的原始无翅昆虫发现在石炭纪地层中，但是在发现之初却被当作甲壳动物记载下来，直到1958年才被承认是一种原始的昆虫。

这些原始的昆虫是由什么动物进化而来的呢？科学家推测，昆虫的假想祖先应该是具有同律体节的蠕虫状动物，每个体节都有一对附肢。这样的祖先在进化成昆虫的过程中，身体前部的几个体节集中并愈合形成了头部，这些体节上的附肢则演变成了触角和口器；紧接在头部后面的三个体节仍然保持各自独立，但是每一个体节发育了一对强有力的运动器官——足，后来还发育了两对翅膀，形成了昆虫胸部的运动中心；胸部后面的体节变化很小，但是附肢却一般都退化掉了，仅有腹末体节的附肢演变成了尾须和产卵器官。昆虫从出现开始，就显示出了极为强大的生命力，在地球上迅速地发展了起来。

化石证据表明，最早的有翅昆虫是在石炭纪晚期出现的。那是距今大约3亿年前，大地上到处都生长着高大茂密的森林，有翅昆虫就在这样的环境里出现了。它们成群地在森林里飞来飞去，种类也很快地越来越繁杂。实际上，这些高大的树木正是昆虫获得翅膀的环境条件，因为昆虫只有先上树，适应了树上生活以后，才有产生翅膀的需要和可能。

▲昆虫化石

虽然发现有翅昆虫化石的最早时代是石炭纪晚期，但是根据种种事实推测，有翅昆虫的起源是发生在泥盆纪末期或石炭纪初期。泥盆纪地层中已经有煤层存在，说明当时已经出现了森林。

生活在这些森林里的昆虫，首先借助于胸背侧突在树木间滑翔，而后，在滑翔的基础上，自然选择的结果使胸背侧突一代代地逐渐扩展，昆虫的滑翔距离就可以越来越远，最后，胸背侧突终于发展成了能够自由飞翔的翅膀。

翅的产生是昆虫进化史上最为重要的事件。翅的产生使昆虫的胸部构造、肌肉系统以及整个有机体都发生了很大的变化，促进了神经系统的发展，也意味着昆虫行为的复杂化。由于获得了翅膀，使昆虫能够适应更为多种多样的环境，从而打开了更加广阔的生活空间。借助于飞行，昆虫能够在更加广阔的范围内散布、迁徙、求偶、觅食以及躲避敌害。当时，脊椎动物中的两栖类已经登陆，有翅膀的昆虫能够更有效地逃脱两栖类以及蝎子和蜘蛛的捕食。这一切都为昆虫纲日后的繁荣发展奠定了良好的基础。

在地球生命的进化历史上，昆虫是最先获得飞行能力的动物，比爬行动物和鸟类获得飞行能力早了至少5000万年。

昆虫的形态、种类

昆虫通常是中小型到极微小的无脊椎生物。昆虫最大的特征就是身体可分为三个不同区段：头、胸和腹。它们有六条相连接的脚，而且通常有两对翅膀贴附于胸部。

昆虫种类繁多，全世界的昆虫可能有1000万种，约占地球所有生物物种的一半。但为人类所知的有名有姓的昆虫种类仅100万种。为数众多的昆虫分布极为广泛，从沙漠到丛林、从冰原到寒冷的山溪到低地的死水塘和温泉，每一个淡水或陆地栖所，只要有食物，都有昆虫生活。有许多种类生活在盐度高达海水的1/10的咸淡水中，少数种类生活在海水中。

昆虫具有惊人的繁殖能力。大多数昆虫产卵量在数百粒范围内，具有社会性与孤雌生殖的昆虫生殖力更强，如果需要，1只蜜蜂蜂后一生可产卵百万粒，有人曾估算1头孤雌生殖的蚜虫若后代全部成活并继续繁殖的话，半年后蚜虫总数可达6亿个左右。强大的生殖潜能是它们种群繁盛的基础。

大部分昆虫的体较小，少量的食物即能满足其生长与繁殖的营养需求，而且使其在生存空间、灵活度、避敌、减少损害、顺风迁飞等方面具有很多优势。

不同类群的昆虫具有不同类型的口器，一方面避免了对食物的竞争，同时部分程度地改善了昆虫与取食对象的关系。

绝大部分昆虫为全变态，其中大部分种类的幼期与成虫期个体在生境及食性上差别很大，这样就避免了同种或同类昆虫在空间与食物等方面的需求矛盾。

从昆虫分布之广，种类之多，数量之大，延续历史之长等特点我们可以推知其适应能力之强，无论对温度、饥饿、干旱、药剂等昆虫均有很强的适应力，并且昆虫生活周期较短，比较容易把对种群有益的突变保存下来。对于周期性或长期的不良环境条件，昆虫还可以休眠或滞育，有些种类可以在土壤中滞育几年，十几年或更长的时间，以保持其种群的延续。

棘皮动物和原索动物

在水生低等动物中，有非常特殊的一个门，就是棘皮动物门。从它成年个体的形体来看，和动物界的其他门类都相差很远。从它的体制发展水平看，却是无脊椎动物中比较复杂和高等的一类。

原索动物是脊索动物的一大类别，是它的原始类群，原索动物和脊椎动物构成了脊索动物。在脊索动物中，原索动物和脊索动物有着诸多的相似点，但也有着不同。已经证明，原索动物和脊椎动物由共同的祖先演化而来。

棘皮动物的进化

一般认为，棘皮动物起源于具有两侧对称的祖先。其起源过程是这样的：由双胚层动物向三胚层动物发展，出现了两种进化方式，一种是节肢动物式的，另一种是棘皮动物式的。在棘皮动物进化的一支上，棘皮动物是一个特化了的旁支，主干是脊索动物，尤其是发展到脊椎动物，就成了动物系统发育主干中的主干。由于棘皮动物与脊索动物有很多的相似之处，一般认为脊索动物是从棘皮动物进化来的。棘皮动物显然有一个极长的进化历史，因为早在早古生代初期，大量结构复杂的棘皮动物已经出现，这足以证明棘皮动物起源的时间应该在寒武纪之前。

棘皮动物的进化路线

棘皮动物也是三胚层动物，但是它的中胚层发育方式却不同于蠕形动物、软体动物和节肢动物。在所有三胚层动物中，胚胎的中胚层的发生和发育有两种方式：一种叫节肢动物式，蠕形动物、软体动物属于这一种方式；另一种就叫棘皮动物式。这说明，从双胚层动物向三胚层动物发展过程中，棘皮动物就已经和蠕形动物各走一边了。

在棘皮动物进化的一支上，棘皮动物是一个特化了的旁支，主干是脊索动物，以后发展到脊椎动物，成为动物系统发育主干中的主干。动物界的这些分化，在早期古生代——寒武、奥陶两个纪就已经基本上实现了。这两纪时期，地壳比较平静，浅海广布，气候温暖，为水生低等动物的大发展创造了有利条件。

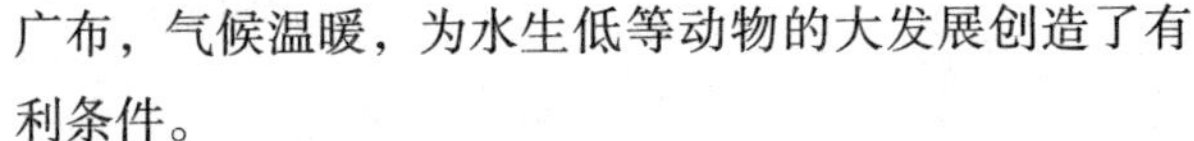

▲海胆化石

棘皮动物的化石，在奥陶纪就有了。奥陶纪中期至晚期，棘皮动物的所有类别都已经出现了。在那以后直到今天的漫长岁月里，再也没有发现新的棘皮动物纲。可以认定，棘皮动物的多数纲在古生代结束的时候都灭绝了，只有少数的纲进入了中生代并繁衍到现代。

海林檎，形状像林檎，奥陶纪和志留纪都非常繁盛，后来灭绝了。海百合，形状像百合，也出现在奥陶纪，志留纪也很繁盛，石炭纪最兴盛，以后逐渐衰减，到现代还有少数后裔。海胆也在奥陶纪出现，石炭纪以后逐渐繁盛，现在海里还有生存。

棘皮动物的特征

棘皮动物在形象上比较原始，身体呈辐射对称，分不清头在哪里，尾在哪里，哪一侧算左，哪一侧算右。

现代棘皮动物分五个纲：海百合、海参、海胆、海星、蛇尾。它们的身体形状呈星状、球状、圆筒状，一般呈辐射对称，但也有左右对称的。幼虫在没有变态以前，一切构造都是左右对称的。棘皮动物的体腔十分明显，体壁组织里有从中胚层分化出来的钙质骨骼，有的相当坚固，有的成骨片埋在皮肤里，有的外面有骨针状的刺，像一只小刺猬，所以叫棘皮动物。棘有防卫敌人的作用，有时又做移动的器官。它身上有特殊水管系统，伸出成为步足，也是运动器官。

海百合是一种始见于石炭纪的棘皮动物，生活于海里，具多条腕足，身体呈花状，表面有石灰质的壳，由于长得像植物，人们就给它们起了海百合这么个植物的名字。

海百合的身体有一个像植物茎一样的柄，柄上端羽状的东西是它们的触手，也叫腕。这些触手就像蕨类的叶子一样迷惑着人们，使人们认为它们是植物。海百合是一种古老的无脊椎动物，在几亿年前，海洋里到处是它们的身影。

海百合柔软的肉体，由无数细小的骨板连接包裹起来，既灵活自如，又能保持它亭亭玉立的姿态。它的头顶上有朵淡红色的“花”——那根本不是花，是捕虫的网子。海百合的嘴，长在“花心”底部。嘴巴周围有条状的“腕”，每条“腕”从基部分成两大枝，每枝再分出两枝。这样一来，它便像长了20只手似的。每条腕枝上，还分生出羽毛般的细枝来，那如同网子的横线，可用来挡住入网的虫子，不让它们漏网逃走。

海百合大小腕枝内侧，有一条深沟，名叫“步带沟”。沟内长着两列柔软灵活、指头一样的小东西叫“触指”。它迎着海水流动的方向撒开，如同一朵盛开的鲜花。一批随水闯入的小鱼虾，懵懵懂懂，被它步带沟里的触指抓住，然后像扔上传送带的肉，由小沟送进大沟，再由大沟送入嘴里。当它吃饱喝足时，腕枝轻轻收拢下垂，宛如一朵行将凋谢的花——那是它正睡觉！

▲海百合复原图

海星是棘皮动物中的重要成员，它们通常有五个腕，体扁平，多呈星形。整个身体由许多钙质骨板及结缔组织结合而成，体表有突出的棘、瘤或疣等附属物。腕下侧并排长有4列密密的管足。用管足既能捕获猎物，又能让自己攀附岩礁。

海星的口位于口面（腹面），肛门在反口面（背面）。口面为浅黄色或橙色，反口面为浅色，底子上衬着紫色或深褐色的斑纹。海星腹部着地，五条腕伸开在浅海的沙地或岩石上不慌不忙地用数目众多的管足（海星的运动器官）爬行。

▲海星

海星捕食的方法十分奇特，且特别喜欢吃贝类。当海星用腕和管足把食物抓牢后，并不是送到嘴里“吃”，而是把胃从嘴里翻出来，包住食物进行消化，待食物消化后，再把胃缩回体内。海星吃贝类，还要加一道工序，先用腕和管足把贝类包起来使之窒息而死，把双壳拉开，然后再翻出胃来吞噬。那些消化不了的贝壳，在海星饱餐之后被抛弃了。

海星的绝招是它分身有术。若把海星撕成几块抛入海中，每一碎块会很快重新长出失去的部分，从而长成几个完整的新海星来。例如，沙海星保留1厘米长的腕就能生长出一个完整的新海星，而有的海星本领更大，只要有一截残臂就可以长出一个完整的新海星。由于海星有如此惊人的再生本领，所以断臂缺肢对它来说是件无所谓的小事。目前，科学家们正在探索海星再生能力的奥秘，以便从中得到启示，为人类寻求一种新的医疗方法。

海参是棘皮动物家族中的一员，在地球上已经生存了6亿年左右。海参全身长满肉刺，披着褐色或苍绿色的外衣，像一根长满刺儿的黄瓜，广布于世界各海洋中。

海参是棘皮动物中名贵的海珍品。在我国海内有20多种食用海参，有些价格昂贵，如刺参、梅花参、乌皱辐肛参等。

在我国山东半岛和辽东半岛沿海，海湾3～15米深的岩礁或细泥沙的海底，生活着一种身体背部布满大大小小的圆锥状肉刺的海参，名叫刺参。刺参是海参中最为名贵的一种。它很怕热，每当夏季来临、海水温度升高时，它便爬到深水里，伏在礁石附近，不吃也不动，开始了“夏眠”，一直睡到仲秋季节才开始活动，这一觉足足要睡3个多月！待到秋高气爽、水温渐凉时，刺参便爬到浅水中，边爬边用树枝状的触手抓起海底含有丰富有机物质的泥沙，吞噬下去。夹在泥沙中的有机物质被消化吸收，消化不了的泥沙被排出体外。正是海参的粪便给那些潜水捕捉海参的人提供了线索。

海参排脏逃生

当遇到凶恶的天敌偷袭过来时，警觉的海参会迅速地把自己体内的五脏六腑一股脑喷射出来，让对方吃掉，而自身借助排脏的反冲力，瞬间逃得无影无踪。不必担心，没有内脏的海参不会死掉，大约50天左右，它又会长出一副新内脏。

海胆是棘皮动物门海胆纲的通称，是生物科学史上最早被使用的模式生物，它长着一个圆圆的石灰质硬壳，全身武装着硬刺。它的卵子和胚胎对早期发育生物学的发展有举足轻重的作用。海胆体形呈圆球状，就像一个个带刺的紫色仙人球，因而得了个雅号——“海中刺客”。渔民常把它称为“海底树球”、“龙宫刺猬”。海胆是海洋里一种古老的生物，与海星、海参是近亲，在地球上已有上亿年的生存史。它们在世界各大海洋中都生活过，以印度洋和太平洋的活动最为频繁。

▲海胆

在我国南方，大都在春末夏初开始捕捞海胆；北方的大连紫海胆则是在夏秋两季采集。这时的海胆里面包着一腔橙黄色的卵，卵在硬壳里排列得像个五角星。海胆的卵是一种特殊风味的佳肴，光棘球海胆、紫海胆的卵块是名贵的海珍品。在我国山东半岛北部沿海，如龙口、蓬莱、威海、长岛等地用海胆卵制成的“海胆酱”行销海内外。

蛇尾是棘皮动物门蛇尾纲海产无脊椎动物，细而多棘，有的有分枝，易脱落，但能再生。体盘小，口在腹面，有5齿。无肛门。管足主要用作感觉器，用以感受光和气味。取食时，用一或数腕伸入水中或泥面，用其他腕固定身体。主要食腐肉和浮游生物，但有时也捕捉相当大的动物。能作痉挛般的运动，常在深海，常停在海底或海绵、珊瑚身上。

脊索动物的起源

在形形色色的无脊椎动物中，哪一门类是脊索动物的祖先呢？许多动物学工作者提出了种种的假说，下面是两个比较重要的假说。

起源于环节动物

持起源环节动物论的学者认为环节动物是脊索动物的唯一祖先，他们指出脊索动物和环节动物这两类动物都是两侧对称和分节的，都有分节的排泄器官和发达的体腔，都是密闭式的循环系统。如果把一个环节动物的背腹倒置，则腹神经索就变得和脊索动物的背神经管位置一样了；心脏的位置和血流的方向也就同于脊索动物。

对此，一些科学家指出背腹倒置的论点是不能自圆其说的。例如，环节动物如果背腹倒置的话，口就变得在背侧，脑就在腹侧，和脊索动物也并不一样，而且脊索、鳃裂以及胚胎发育等方面的差异，都无法解释。因此，这一假说没有得到多少学者的认可。

起源于棘皮动物

棘皮动物论是世界上多数生物学家认可的论点。持这种观点的生物学家认为脊索动物起源于棘皮动物是基于胚胎发育的研究。棘皮动物在胚胎发育过程中属于后口动物，同时以体腔囊法形成体腔，和一般无脊椎动物不同，但却和脊索动物相似。另外，棘皮动物的幼体——短腕幼虫，和半索动物的幼体——柱头幼虫，在形态结构上非常近似。

继而，他们认为半索动物在动物界是处于无脊椎动物与脊索动物之间过渡地位的。生物化学方面的研究也证明棘皮动物和半索动物有较近的亲缘关系。

这两类动物的肌肉中都同时含有肌酸和精氨酸，一方面表明这两类动物亲缘关系较近，另一方面也表明这两类动物是处于无脊椎动物（仅有精氨酸）和脊索动物（仅具肌酸）之间的过渡地位。基于上述原因，持棘皮动物论者认为棘皮动物和脊索动物来自共同的祖先。

两假说中，以后一假说赞同者较多，可能是正确的，虽然还没有直接的化石证据。

至于脊索动物的祖先，推想是一种蠕虫状的后口动物，它们具有脊索、背神经管和鳃裂。这种假想的祖先可以称之为原始无头类。原始无头类有两个特化的分支，即尾索动物和头索动物。由原始无头类的主干演化出原始有头类，即脊椎动物的祖先。

原始有头类以后向两个方向发展：一支进化成比较原始、没有上下颌的无颌类（甲胄鱼和圆口类）；另一支进化成具有上下颌的有颌类，即鱼类的祖先。

原索动物的进化

原索动物是脊索动物门原始的一群。原索动物以及高等动物——脊椎动物，它们的中胚层发育方式和棘皮动物相同，而且棘皮动物的幼体和某些原索动物的幼体异常相似，这说明，原索动物，以至整个脊索动物门，和棘皮动物的亲缘关系有着非常紧密的联系。

原索动物的出现和发展

原索动物是脊索动物门原始的一群。脊索动物门是动物界最高等的一门动物。其共同特征是在个体发育全过程或某一时期具有脊索、背神经管和鳃裂。所谓脊索，是指脊索动物所特有的原始的中轴骨骼，它不像脊椎骨那样坚硬，具有弹性，能弯曲，不分节。

脊索动物在脊索的背侧有中枢神经系统，是中空的神经管，起源于外胚层，大多数脊索动物的神经管前部扩大成脑。在脊索的腹侧有消化道，它的前端两侧有左右成排的小孔与外界沟通，这些小孔称为鳃裂。水中生活的脊索动物终生保留鳃裂，陆地脊索动物仅在胚胎期具有鳃裂，后来发展成肺呼吸。

脊索动物门中的动物，根据其脊索、神经管、鳃裂的特点以及形态特征，可分为四个亚门：半索亚门、尾索亚门、头索亚门和脊椎亚门。这四个亚门中仅有脊椎亚门是进化的主干，其余三个亚门是在向脊索进化途中生出的旁支。

原索动物的类别特征

原索动物分半索动物、尾索动物、头索动物三亚门。现存的种类不多，全部海生。

半索动物，也叫“口索动物”，身体像蠕虫，左右对称，身体分为吻、颈和躯干三个部分，只在接近口部有脊索的形迹，身体前端吻部有起源于体腔的水腔，单凭着这一小段“类脊索”便能判断它是由无脊索向有脊索转变的一种过渡型动物，这类动物全部是海生，代表种类有柱头虫、玉沟虫。

尾索动物，也叫“被囊动物”，分为两

笔石化石

笔石是半索亚门动物的化石代表，通常保存在黑色页岩中，究其原因可能是因为沉积时海水较为平静，海底还原作用强，氧气不足，含有较多的硫化氢，不适宜底栖生物生存，但是在这样的环境里漂浮生活的笔石可以在表层水体中生活，死后尸体沉入水底变成化石；另一种原因则可能是因为当笔石从正常的水体漂浮到这种不宜生存的水体中时，便大量死亡并沉入海底，而海底底栖动物稀少，没有将这些笔石尸体“消灭”掉，它们就大量保存下来并变成了化石。

种，一种少数自由生活的，终生具有脊索的尾部，如海樽、纽鳃樽等；一种固着生活的，仅幼体具有脊索的尾部，成体尾部退化消失，如海鞘等。尾索动物属海生单体。这类动物比半索动物在脊索的长度上进化了一些，据此推测它是由半索动物的祖先分化出来的，可它的倒退比半索动物还大，已不会游泳，不能主动地觅食，只斜插在沙滩中，等食物自动送上门来。

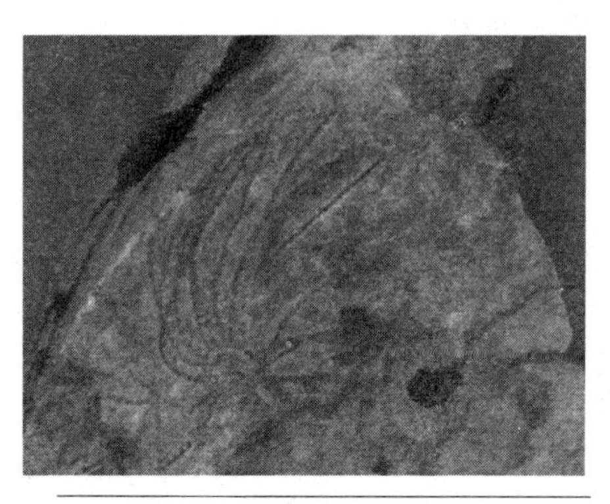
▲笔石化石

头索动物，也叫“无头动物”，身体像鱼，头部分化不明显，终生都有脊索，背侧有神经管，咽部的壁贯穿许多鳃裂，由围鳃腔孔和外界相通，比起半索、尾索动物来，头索动物要算相当进步的了，种类较少。

头索动物分布很广，遍及热带和温带的浅海海域。它们对底质要求比较严格，通常仅局限在有机质含量低的纯净粗砂和中砂中。生活时身体埋入砂中，仅前端外露，用以进行呼吸和滤食水体中的硅藻。仅 1 纲，即头索纲，通称文昌鱼。

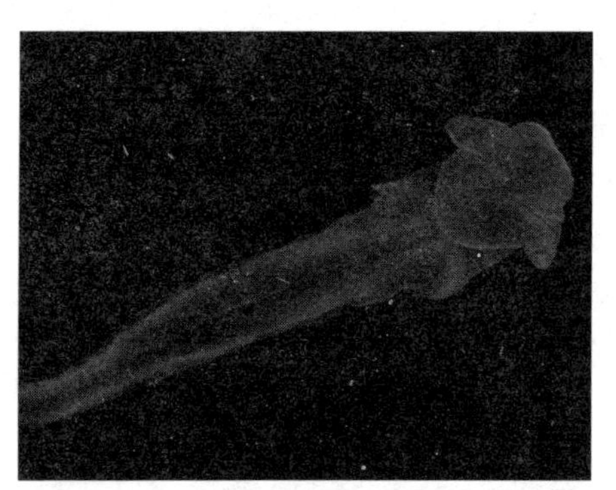
▲柱头虫

文昌鱼外形像小鱼，体侧扁，长约 5 厘米，半透明，头尾尖，体内有一条脊索，有背鳍、臀鳍和尾鳍。生活在沿海泥沙中，吃浮游生物。实际上文昌鱼并不是鱼，它是介于无脊椎动物和脊椎动物之间的动物。

文昌鱼是比鱼低等的动物，它和一般的鱼不同，没有鱼类常有的鳍，它的鳍只有一层皮膜，虽然也用鳃呼吸，但鳃却被皮肤和肌肉包裹起来，形成了特殊的围鳃腔。它没有鳞，没有分化的头、眼、耳、鼻等感觉器官，也没有专门的消化系统，只有一个能跳动的、内有无色血液的腹血管和一条承接口腔及肛门的直肠，因此属于无脊椎动物进化至脊椎动物的过渡类型，有人称之为“鱼类的祖先”。

▲文昌鱼

半索、尾索和头索动物，尽管都算脊索动物门，但都是低级的，连头都没有，故统统称为原索动物或无头类，它们也是动物进化中的侧支，真正代表进化方向的还是脊椎动物亚门。

原索动物以及高等动物——脊椎动物，它们的中胚层发育方式和棘皮动物相同，而且棘皮动物的幼体和某些原索动物的幼体异常相似，几乎很难从一般形态上把它们区别开来。这说明，原索动物，以至整个脊索动物门，包括脊椎动物在内，在所有其他各种动物中，和棘皮动物的亲缘关系最近。

原索动物与脊索动物的另一个亚门——脊椎动物亚门相似，有一中空的背神经索、鳃裂以及脊索。原索动物与脊椎动物的主要区别是原索动物没有脊柱骨。现生的原索动物与脊椎动物由同一祖先演化而来。

文昌鱼的传说

文昌鱼得名于厦门翔安区刘五店海屿上的文昌阁。这里是我国最先发现文昌鱼群的地方。相传古代文昌帝君骑着鳄鱼过海时，从鳄鱼口里掉下许多小蛆，当这批小蛆落海之后，竟变成了许多像鱼样的动物，为纪念文昌帝君，人们为这一动物取名为“文昌鱼”。之后这些动物在那片海域繁衍昌盛，当地渔民也以捕文昌鱼为生了。

寒武纪大爆发揭秘

寒武纪刚开始，就出现了带硬壳的动物，这是生物演化过程中一次明显的质的飞跃，随后出现的澄江动物群，显示了从简单的海绵动物到复杂的脊索动物，几乎所有的现生动物门都有了各自的代表。寒武纪可以说是无脊椎动物的大爆发时期。

带壳动物大爆发

20 世纪 60 ~ 70 年代，世界各地所发现的多门类微小骨骼化石，是地球生命有史以来第一批真正具有硬体骨骼的动物类型，比已认识的三叶虫化石还要早 1000 多万年。这些只有毫米级、大的也只有厘米级的动物化石，包含了大量的现生动物和已绝灭的动物门类。这些均表明，寒武纪早期的海洋可能已经出现了不亚于现代海洋生物多样性的动物门类，它们都是无脊椎动物的祖先类型。

这些祖先型的动物类型包括：软舌螺动物门的锥管螺，软体动物门单板纲的马哈螺，软体动物门腹足纲的始旋螺，软体动物门喙壳纲的瓦特索纳壳，环节动物门的寒武管，腕足动物门的初生贝，腔肠动物门的六方锥石，海绵动物门的原始海绵骨针，节肢动物门的磷足介大巴山虫，棘皮动物门的李勇骨板，脊椎动物门的原赫兹刺，还有许多分类地位未定的灭绝门类，如织金钉类、棱管壳类、开腔骨类、赫尔克壳类、拟骨状壳类、托莫特壳类和阿纳巴管类等。

多门类微小骨骼化石大多以分散的骨片形式保存。许多骨片究竟属于什么样的动物体，至今仍然是个谜。有的学者曾试图利用生物学组织结构原理来拼接赫尔克壳等类型的骨片，复原真实的生物体，但这样的“拼图游戏”大都没有成功。直到 20 世纪 80 ~ 90 年代，一些保存完整的多骨片体化石的发现，才使谜一样的零散骨片化石究竟是什么样的生物体有了答案。如在北格陵兰寒武系第二统地层中发现的赫尔克壳完整生物体化石，是由多达 2000 块骨片组成，骨片分为剑形、刀形和掌形。赫尔克壳身体前后各有一个帽贝状壳，形如单板类和无铰纲腕足类，显示了与软体动物、蠕虫动物和腕足动物的亲缘关系。

另一个重大突破，是在我国云南距今 5.2 亿年前的澄江动物群中发现的微网虫化石完整骨片体。这种生物体形同蠕虫状，身体的侧面带有许多附肢，附肢的基部由一系列微小骨片组成，起到连接附肢与躯体的功能。微网虫骨片体化石的发现，纠正了过去将此骨片误认为放射虫等的观点。澄江动物群中发现的怪诞虫，为一类叫作织金钉类的骨片复原提供了参考。因为两者在骨片的形态、对称性、壳质成分和矿化特征等方面有着近亲关系，它们与微网虫可能同属于一个新的绝灭门类——多足缓步类。

寒武纪早期大量涌现的多门类微小骨骼化石，与前寒武纪缺乏真正骨骼化石相比较，反差极大。反映生物进化跃上了一个新的台阶。由此引发了显生宙生物进化的浪潮，掀开了以澄江动物群为代表的寒武纪大爆发的主幕。那么，引起动物骨骼化的原因是什么？现在一般认为，“雪球事件”以后，随着气候转暖，海平面上升，海洋藻类非常繁盛，能为动物提供大量食物。

另外，超级大陆板块的分离，使大洋格局发生了重大变化。尤其是上升流活动的加剧，给正在扩大的浅海大陆架带来了丰富的营养物质，使海水中的钙、磷等主要造骨元素含量增加。同时大气圈氧含量的提高，使得动物能够更充分地发育。

值得指出的是，当时发生的大规模的磷酸岩化作用，不仅造就了地质历史上最大的成磷事件，促使各地磷矿的形成，也为动物保存骨骼提供了机会。动物骨骼化的内因在于寒武纪初随着生物生态空间的多样化，固着习性和穴居习性的获得，产生了需要骨骼支撑的较大的生物个体；器官的分化需要硬组织给予合理的空间配置；捕食作用也诱发了生物硬体的产生；生物体内要排去多余的钙，而周围海水钙含量也在增加，只有通过自身建造骨骼来获得平衡。

“雪球事件”

雪球事件也称为“雪球地球”假说，是为了解释一些地质现象而提出的。该假说认为在距今约8亿到5.5亿年前，地球表面曾经发生过一次严重的冰川，以至于地球上的海洋全部被冻结，仅仅在厚达2千米的冰层下存有少量因地热而融化的液态水。科学家可以通过冰川融化留下的残骸以及因冰川活动而变形的沉淀物，确定冰川沉积物。

动物门类大爆发

1909年，美国古生物学家瓦尔可特在加拿大西部不列颠哥伦比亚省偶然发现了寒武纪第三世布尔吉斯页岩动物群。该动物群保存了大批软躯体化石，展现了寒武纪多样化的海洋生物面貌，引起了世界极大的轰动。

20世纪80年代，我国古生物学家在云南澄江帽天山寒武纪第二世筇竹寺阶发现了特异埋葬化石群——澄江动物群，更是被世界赞誉为20世纪最惊人的科学发现之一。澄江动物群出现的时代距今大约5.2亿年，比“布尔吉斯页岩生物群”还早1000多万年。

澄江动物群的发现，彻底改变了以往对寒武纪生物多样性的认识。包括腕足动物门、软体动物门、有爪动物门（含叶足动物）、曳鳃动物门、棘皮动物门、栉水母动物门、内肛动物门、星虫动物门、帚虫动物门、半索动物门、脊索动物门、古虫动物门、环节动物门和许多分类位置不明的动物类型在内的20多个动物门类的发现，充分地表明，从低等的海绵动物到高等的脊索动物，大多数现生动物门在寒武纪开始后不久都已有了各自的代表。现代动物多样性的基本框架，即门一级的动物分类，在寒武纪大爆发过程中就已基本形成。尤其值得关注的是，从寒武纪早期的祖先类群中演化出了当今最常见和最繁衍的节肢动物、脊索动物和软体动物。

澄江动物群不仅进一步揭示了以节肢动物为主的原口动物谱系树面貌，而且随着古虫动物门、半索动物云南虫、头索动物华夏鳗、尾索动物长江海鞘、脊椎动物昆明鱼以及海口鱼和原始棘皮动物古囊类的相继发现，填补了后口动物另外“半棵树”的主要分枝。由此可见，寒武纪大爆发实际上同时创建了原口动物和后口动物两大支系的完整动物演化大树的基本轮廓，为显生宙整个原口动物和后口动物谱系的持续演化奠定了基础。

▲澄江动物群复原图

澄江动物群是演化“中间环节”的伟大宝库。一群包括抚仙湖虫、澄江虾和山口虾在内的“中间环节”化石，在以多腿缓步类为代表的节肢动物叶足状祖先与以现生节肢动物在内的真节肢动物之间架起了桥梁。以海口虫为代表的“中间环节”化石，证实其已脱离了无脊椎动物，开始向脊椎动物演变。由此产生神经脊动物的概念，并对有关脊椎动物脑、脊椎骨和头部感觉器等起源有了全新的认识。海口鱼的发现，表明脊椎动物已进入有头类的进化轨道。

澄江动物群中节肢动物极为多样化，约占整个动物群的70%。通过分节外骨骼以及连接骨片之间关节膜的形成，节肢动物开辟了多样化的革新之路。与其他动物门类相比，节肢动物成为生物界进化史上最具多样化且常盛不衰的类群。

澄江动物群化石不仅保存了生物外壳和矿化的骨骼，而且保存了生物的软体器官和组织轮廓，如动物的口、胃、肠等进食和消化器官，动物的肌肉、神经和腺体等体内组织。

这些生物软体器官和组织构造为研究寒武纪早期海洋生物的祖先型生物的原始特征（包括形态结构、生活方式、生态环境和营养结构等）提供了极好的材料，也为化石生物的完整复原和系统分类提供了可靠依据。

▲澄江动物群奇虾化石

澄江动物群特别令人称奇之处还在于，大量的化石代表着没有硬体外壳和矿化骨骼的软躯体生物，就像自然界常见的蚯蚓和水母那样的生物。海洋中约有45%以上的生物通常是不留下化石记录的软躯体生物，因此以往生物进化的历史主要是在硬体骨骼化石的记录基础上建立起来的。澄江动物群大量软躯体化石的发现，不但填补了生物历史的空白，而且更加全面地展示了当时海洋生物世界的完整面貌。

澄江动物群最大的动物，即身长可达2米的奇虾，拥有一对大型捕食器和一个大型具有肢解能力的口器，能够捕捉许多海洋生物。奇虾粪便化石含有的瓦普塔虾和三叶虫骨骼碎片，表明奇虾是当时海洋中的大型食肉动物。它的出现标志着完整的生物食物链在寒武纪早期就已形成，生命复杂生态体系开始步入新的发展时期。

▲奇虾

澄江动物群时代，由于生态空间的迅速拓展，生物个体的大型化，防御能力的提升，捕捉器官的多样化，真正眼睛的出现和活动能力的快捷化，复杂的生命之网已经非常壮观。海洋生物的生活类型已趋多样化，游泳型的奇虾、漂浮型的水母、底栖爬行型的那罗虫、底栖固着型和底栖钻埋型的海豆芽，形成了海洋生物在水中、海底表面和地底下的三个不同生态层次的分布格局，使得5.2亿年前海洋生命分布的壮丽景观，通过澄江动物群这一窗口翔实生动地展现了出来。

寒武纪大爆发的起因

澄江动物群的发现，充分证明了寒武纪物种大爆发的真实性。寒武纪开始不久就发生了物种的大爆发，可能与物理环境和生态环境的变化有密切关系。

原因之一：前寒武纪化石资料表明，真核藻类至少在9亿年前就出现了有性生殖。有性生殖的发生在整个生物界的进化过程中有着极其重大的作用。有性生殖提供了遗传变异性，从而有可能进一步增加了生物的多样性。

原因之二：寒武纪之初，地球大气的氧水平达到一定的临界点，不仅使后生动物得到了用于呼吸作用所需要的氧，而且以臭氧的形式在大气中吸收大量有害的紫外线，使得后生动物免于有害辐射的损伤。

原因之三：寒武纪大爆发的关键食用原核细胞（蓝藻）的原始动物的出现和进化。这些原始动物为生产者有更丰富的多样性创造了空间，而这种生产者多样性的增加导致了更特异的动物的进化。营养级金字塔按两个方向迅速发展：较低层次的生产者增加了许多新物种，丰富了物种多样性。在顶端又增加了新的物种，丰富了营养级的多样性。从而使得整个生态系统的生物多样性不断丰富，最终导致了寒武纪生命大爆发的产生。一些间接的证据支持了这一理论。

原因之四：几乎所有动物的门在这较短的时间内进化出来，可能与Hox基因的调控有直接的关系。Hox 基因是一种“同源异形”基因，是动物形态蓝图的设计师，在发育过程中控制身体各部分形成的位置。

如果“同源异形”基因发生突变，会使动物某一部位的器官变成其他部位的器官，叫作“同源异形”。比如，让某个“同源异形”基因发生突变，能使果蝇的身体到处长眼睛，在该长眼睛的地方长出翅膀，或者在该长触角的地方长出了脚。Hox 基因在所有的脊椎动物和绝大部分无脊椎动物中都存在，调控的机理也相似。这表明它可能是最古老的基因之一，在最早的动物祖先中就已存在。

Hox 基因的突变，开始在胚胎早期引起的变化不大，但随着组织、器官的分化定型，突变的影响逐步被放大，导致身体结构发生重大的改变。这可以解释寒武纪物种大爆发。那时候基因结构和发育过程都较简单，Hox 基因的突变容易被保留，结果导致身体结构的多姿多彩。

最古老的脊椎动物——鱼类

鱼类是最古老的脊椎动物。最早的鱼是4.5亿年前出现在地球上的圆嘴无颌的鱼。泥盆纪时，绝大多数古今鱼均已出现。泥盆纪时代既可谓是鱼的初生年代，也是鱼的极盛时代，当时，由于其他的脊椎动物还不多，所以有人把泥盆纪称为“鱼的时代”。到了新生代，各群鱼类十分繁多，成为脊椎动物中最大的类群，为鱼类发展史中的全盛时代。

鱼类很容易从外表上区分开来，它们组成了脊椎动物中最大的类群：在总数为5万种的脊椎动物中，鱼类有2万2千余种。它们几乎栖居于地球上所有的水生环境——从淡水的湖泊、河流到咸水的大海和大洋。

甲胄鱼

甲胄鱼是在三叶虫和水蝎都灭绝时登上生物舞台的。甲胄鱼身体小而扁，行动很迟钝，吃东西的唯一方法就是吸，靠从泥巴里吸取有机物为生。因为它没有牙床，嘴巴窄得像一条缝。它们有盔甲和头脑。身体的前部长着骨板，其余的部分都长着鳞。甲胄鱼的全身甲胄是一层硬的骨板，能起到保护身体的作用。不过正是因为这样的全身披甲，给生活带来了很多不便。甲胄鱼在泥盆纪末期几乎全部绝灭。

最早的无颌类脊椎动物

科学家在美国科罗拉多州奥陶纪淡水沉积岩中发现了具有骨质结构的鳞片，这是已知最早的脊椎动物化石。它说明在遥远的奥陶纪时期的地球上的河流与湖泊之中，曾经生活着身上有鳞甲的脊椎动物。

另外，科学家还在英格兰志留纪中期的海相沉积中发现过另一些脊椎动物化石，即莫氏鱼和花鳞鱼化石。莫氏鱼可能是一种非常原始的无颌脊椎动物，其系统地位可能接近于现代的无颌类七鳃鳗的祖先。

到了泥盆纪时期，这些早期的无颌类脊椎动物达到了繁盛，在世界各地都有大量的泥盆纪脊椎动物化石被发现。这些最早的脊椎动物属于无颌纲，统称为甲胄鱼类。这些原始的脊椎动物身体细长呈管状；没有上下颌，只在身体的前端有一个吸盘状的口；眼睛后面、头部两侧各有一排圆形的鳃孔；具有分成上下两叶的尾鳍，下叶较长、上叶较短而高，这样的尾巴类型叫作歪尾型。

由于它们没有上下颌骨，作为取食器官的口还不能有效地张合，因此它们获取食物资源的能力就很受限制，它们的食物还不广泛。它们没有真正的偶鳍，也没有骨质的中轴骨骼。有代表性的甲胄鱼体表具有发育较好的由骨板或鳞甲组成的甲胄，这便是“甲胄鱼”这一名称的由来。

▲七鳃鳗

不同类群的甲胄鱼彼此之间存在很大差异。这表明很可能这些不同类群在其有化石记录的时代之前，已经各自经历了长期的进化过程。根据这些差异，可以把包括现代类型在内的无颌类分为以下两个亚纲及几个目：

单鼻孔亚纲：具有单一的鼻孔，较多的

鳃孔和骨质的头盾。单鼻孔亚纲又分为以下 4 目：头甲鱼目、盔甲鱼目、缺甲鱼目和圆口目。

双鼻孔亚纲：具有一对内鼻孔，没有外鼻孔；形态多样，甲片复杂。分为鳍甲目、盾鳞目和多鳃鱼目。

甲胄鱼有 3 个主要目：骨甲目、缺甲目、异甲目。骨甲目的头部和鳃区覆盖着新月形宽骨甲，例如头甲鱼属；背部有成对的眼窝和松果孔（中间眼），在眼的前面，一个中间孔通向鼻区和垂体；嘴小，内部有一个大鳃腔，看来已具有滤食器，与较低级的脊索动物类似。

包裹在拖鞋式头甲里的头甲鱼

头甲鱼又名骨甲鱼，是一类从几厘米到几十厘米长的鱼形动物。它们身体的前部被包裹在拖鞋状的头甲里，露在头甲后面的身体和鱼类相像，只是覆在上面的鳞片是肋状的长条形。在头甲后面长有一对锤状的肉质胸鳍，没有腹鳍。此外，还有两个背鳍和上叶比下叶大的歪形尾鳍。

缺甲目包括纺锤形小鱼类，具有比骨甲目窄而长的体形。没有扩大的头甲，由一连串燕麦状小鳞片覆盖着。不知其内部构造，但感觉器官的孔形和鳃类似骨甲目。

异甲目以鳍甲鱼属为代表，其细长身体的前部由一副大甲片包裹，嘴在腹面横裂，适应于挖泥的进食方式。没有保存内部构造，但甲胄片里面的压痕表明，具有大鳃腔，每侧有一个外鳃孔。与异甲目可能有关系的是花鳞鱼属及其他属，这些属没有甲胄片或大鳞片，而整个身体覆盖着小鳞片。

甲胄鱼类退出历史舞台

甲胄鱼其实还算不上是真正的鱼，不过同时期的真正的鱼类也有全身披甲的，不同的是，那些原始的鱼类有了颌和偶鳍。为了把真正的鱼类和古老的无颌类——甲胄鱼区分开，我们把那些真正的鱼类称为“盾皮鱼类”。甲胄鱼是比鱼类低等的无颌类动物，它和现代海洋里的七鳃鳗同属一类。

甲胄鱼类在地质历史上的分布比较有限，仅延续到泥盆纪。它们可能起源于奥陶纪，由更早期的、还没有甲胄的祖先发展而来，莫氏鱼可能就是那些祖先类型的残余。甲胄鱼类在泥盆纪时发展成为适应于各种水生生态环境和具有各种生活习性的一大类群动物，可谓取得了暂时的成功。

盾皮鱼化石

最早一批志留纪盾皮鱼化石发现于中国，主要是节甲鱼类和胴甲鱼类。显然，盾皮鱼起源分化于泥盆纪以前，可能在志留纪早期或中期，尽管更早的盾皮鱼化石还没有被发现。在我国还在泥盆纪早期地层中发现了属于原始胴甲鱼类的云南鱼类和始突鱼类，这在世界其他地方没有发现过。近来又在云南发现了志留纪的胴甲鱼化石，说明胴甲鱼起源于东亚。

甲胄作为防卫工具，对甲胄鱼类保存个体和物种有利。但是甲胄限制了它们的运动。尽管它们以后又向硬骨退化的方向发展，牺牲保护设备来增加灵活性，但是在遇到比它们优胜的水生脊椎动物——有颌的真正鱼类出来和它们竞争的时候，它们就只能退出历史舞台了。所以到泥盆纪晚期，甲胄鱼类就灭绝了，只留下了它们的化石，成为化石鱼类了。

▲甲胄鱼化石

盾皮鱼类不仅已有上、下颌，还有了偶鳍。这样，它便有可能主动摄食了。盾皮鱼类通常分为节甲类和胴甲类，它们都披有甲，在泥盆纪晚期最为繁盛。前者可以尾骨鱼为代表，后者可以沟鳞鱼为代表。有人认为，盾皮鱼类可能与现代鲨类有亲缘关系，但另一些人认为可能与硬骨鱼类的关系更密切。

沟鳞鱼是生活在泥盆纪沿海和河道口的一种盾皮鱼。头部和胸部的外面，套着一个和蟹壳有些相似的小壳。这个小壳是由许多块小骨板合成的，上面有弯曲的细沟。

沟鳞鱼没有真正的鳍，仅在胸部长有一对套着硬壳的“翅膀”。有些沟鳞鱼化石还保留着软体部分的印模，科学家通过这些印模发现，它的食道两侧有一对与咽喉相通的气囊，很可能是具有呼吸功能的雏形的肺。这样的构造在早期的一些硬骨鱼类中也曾发现，因此科学家推测，肺在脊椎动物起源时就存在，只是在后来的一些鱼形脊椎动物中发生了次生性退化。

沟鳞鱼大概是习惯于河、湖的底栖动物，用钩状前肢沿水底活动。由于嘴部不发达，显然不是动作灵敏的食肉者。在欧洲、美洲和亚洲的泥盆纪地层中，都发现有沟鳞鱼的化石。中国的华南泥盆纪地层也富含沟鳞鱼化石。

鱼类偶鳍的产生

鳍指鱼类和某些其他水生动物的类似翅或桨的附肢。按其所在部位，可分为背鳍、臀鳍、尾鳍、胸鳍和腹鳍。其中，前三种又称为奇鳍，后两种又称偶鳍。总的来说，鳍起着推进、平衡及导向的作用。在进化史上，偶鳍的产生要比奇鳍的产生有意义得多，因为，未来的更加高等的脊椎动物的四肢，正是从鱼类的偶鳍发展而来的。

鱼类的鳍的出现及意义

鱼类的鳍一共有五种：背鳍、尾鳍、臀鳍、胸鳍、腹鳍，前三种鳍因为常不成对，所以总称奇鳍；后两种鳍都是成对的，所以总称偶鳍。鳍是鱼形动物的主要运动器官。对于水里的鱼形动物来说，游泳主要是靠尾鳍推进的，所以最先发展起来的是尾鳍。至于偶鳍，起着保持身体平衡、迅速改变运动方向和“急刹车”的作用，对于完善鱼形动物的运动机能也有一定的意义。

头索动物文昌鱼的鳍，主要是一个很小的尾鳍。另外背上有一条皮褶，腹部有一对皮褶。发展到了脊椎动物的无颌类——现代圆口类有了背鳍，但是仍旧没有胸鳍和腹鳍。古代甲胄鱼类开始有了胸鳍，但是形状多样，如胸角、胸刺等，仍旧没有腹鳍。只有到了鱼类，才有了腹鳍。

从整个脊椎动物发展的历史来看，偶鳍出现的意义远比奇鳍重大。这是因为，未来的更加高等的脊椎动物的四肢，正是从鱼类的偶鳍发展而来的。鱼类以后正是靠发展偶鳍爬上了陆地，连鸟类的翅膀、人类的手也只是鱼类胸鳍的变形。如果没有从偶鳍改造而来的四肢，则不会有陆生脊椎动物的产生。

正是因为这样，人们把偶鳍的发生和发展也看作脊椎动物进化史上的一件大事。

偶鳍和奇鳍由鳍褶而来

以前的科学家认为偶鳍也是由鳃弓变来的。但是从胚胎学和古生物学的研究结果知道，偶鳍和奇鳍都是由鳍褶变来的。

文昌鱼有一对腹鳍褶。在头甲鱼和缺甲鱼的腹面两侧，从胸鳍到肛门之间也都有一对突出的纵棱，这是腹鳍褶的残余。在早期的头甲鱼身上，胸鳍还处在萌芽阶段，可以看出它们和后面的腹侧棱还是连续的，这说明胸鳍和腹鳍是由原来连续的两条鳍褶变来的。

从鳍褶演变成偶鳍，先是皮膜状的鳍褶中断，裂成几个不连续的部分，并且不断产生硬的鳍条，以后有的部分慢慢退化，最后剩下两个，就是胸鳍和腹鳍。原始的偶鳍和奇鳍一样，基部是宽的，后来由宽变窄，增加了运动的灵活性。胸鳍由肩带和躯体相连接，腹鳍由腰带和躯体相连接。鱼类的肩带是和头骨固着在一起的。

奇鳍分别来源于位于身体背部和腹部中央的奇鳍褶，而偶鳍则来源于身体腹面两侧的一对偶鳍褶。鳍褶的功用与鳍一样，在于适应水中生活，起着增加面积阻止身体下沉和翻滚。随着动物的进化、发展，连续的鳍褶分化、分割成为不同部位的鳍。这些鳍由于机能的分工，在形态上出现了变异。

就偶鳍来源于鳍褶的证据来说，首先在原索动物的文昌鱼中，我们已看到一对腹侧鳍褶的存在。而在古生物方面，头甲鱼和缺甲鱼在身体腹面两侧，由胸鳍至肛门间均有一对突出的纵棱，这就是偶鳍褶的残余。在早期的头甲鱼中胸鳍尚处于“萌芽”阶段，仅表现为头甲后侧角的略为膨大部分，它们与其后面的腹侧棱还是连续的。至于棘鱼则更被视为鳍褶论的绝好例证。

在棘鱼的胸鳍与腹鳍间存在两列所谓副鳍，这些副鳍的数目因种类而异，最多可达5对，其与胸鳍和腹鳍的不同仅仅是比后两者稍小而已。副鳍的存在说明胸鳍与腹鳍之间原先是连续的。原始的偶鳍和奇鳍一样，基部（也就是与身体连接的面）是宽的，但在发展过程中偶鳍基部由宽变窄，这样增加了灵活性。因为在鳍基宽的情况下鳍只能在空间的一个面上活动，当鳍基变窄时则可作多个面上的活动。这个道理我们从划船的桨上可以得到启发。在鳍基变窄的过程中，支持鳍膜的辐鳍骨由长变短，其空出的位置由柔软的鳍条代替，而近侧端（离身体近的一端）的基鳍骨则通过退化和愈合，一般形成三块大的骨棒（如鲨鱼、节甲鱼、总鳍鱼等）。

当然，在鱼类的不同适应性发展中，由于偶鳍的功用侧重不同，形态发生了很大变化。其中像总鳍鱼、肺鱼等，因为偶鳍侧重于支持和爬行，偶鳍内的骨骼向着垂直于体轴方向伸展和排列，并在偶鳍基部附着有发达的肌肉，这就是向着陆生脊椎动物四肢发展的前奏。实际上，陆生脊椎动物的四肢就是由这样的偶鳍改造、发展成功的。

有颌鱼类

在距今约4.3亿年前的志留纪早期，由原始的无颌类动物中分化出了有颌脊椎动物，包括盾皮鱼类、棘鱼类、软骨鱼类和硬骨鱼类。上下颌的出现是生物进化史上的一次大革命。它大大提高了鱼类的取食和咀嚼功能，也因此增强了鱼类的生存竞争能力。

无颌类向有颌类的进化

在脊椎动物的进化史上，继无颌类阶段之后的下一阶段，就是有颌类。

由较早期的动物向较晚期的动物进化的过程，实际上是通过其结构由一种功能向另一种功能转变来完成的。颌就是由一些原来执行的功能与取食并无关系的结构转变而来的。甲胄鱼类有大量的鳃，这些鳃由一系列的骨骼构造所支持，每一构造由数节骨头组成，形状像尖端指向后方的躺着的“V”字形。每一个这样的“V”字形构造就是一个鳃弓。原始脊椎动物所有的鳃弓排列成左右两排横卧的“V”字形结构。

在脊椎动物进化的某一个早期阶段，原来前边的两对鳃弓消失了，第三对鳃弓上长出了牙齿，并在“V”字的尖端处以关节结构铰合在一起。这样，能够张合自如，有效地咬啮食物的上下颌形成了，脊椎动物从此真正地张开了“血盆大口”。

颌的出现，改变了无颌类依靠水流进入口咽的细小食物生活的被动取食方式，而变成利用上下颌咬合的主动捕食方式，这样就大大增加了获得食物的机会。

颌不仅作为主动捕食的器官，进一步又发展成为食物加工的器官，通过撕、切、嚼、磨等方式，使食物的利用率大大增加。

颌的作用还远远超出了捕食和加工食物的范围。对于脊椎动物来说，颌是生存竞争的有力武器，这表现在搏斗中用来进攻和防御，在平时日常生活中起着相当于人类双手的重要作用。随着颌的产生和发展，动物的整个身体结构、其他器官以及生理机能也得到改进和提高，促使脊椎动物向着更广阔的范围辐射发展。

有颌类的远祖——盾皮鱼

一般认为盾皮鱼是有颌类的远祖。盾皮鱼类有原始的上下颌，有偶鳍。它们身体前部都裹有盾甲般的骨板，所以叫盾皮鱼。不过它和甲胄鱼类的一整块骨板不同，已经分裂成好几块，头部的骨板——头甲和胸部的骨板——胸甲之间由头甲两侧的关节窝和胸甲两侧的关节突铰合在一起，这样头部就能上下活动。

盾皮鱼大多数生活在淡水里，也有一些种类是海生的。它们也出现在志留纪晚期，在泥盆纪有一个时期在它所生存的水域里称霸。但是它们的好景不长，接近泥盆纪末期，大多数趋于灭绝，到接近古生代末期，几乎全部灭绝。

▲恐鱼化石

盾皮鱼在泥盆纪早期就已经分化，沿着各式各样的路线发展。现在一般分成节颈鱼类、胴甲鱼类、褶齿鱼类、叶鳞鱼类、扁平鱼类、硬鲛类、古椎鱼类。除前面两类外，其余几类都是一些小类群。

节颈鱼类头部和躯干部被坚固的骨质甲片所包裹，两个部分的骨片自成系统，只用一对关节相连。上下颌骨的构造很特殊，吃东西时与一般的脊椎动物相反，下颌不动，上颌向上抬起，然后向下切割，像铡刀一样。这类鱼中有的在泥盆纪中期发展出巨大的类型，例如恐鱼，它可以捕食当时的任何一种鱼类，堪称原始海洋中的霸主。

胴甲鱼类是较小的原始有颌类，一般体长只有30厘米左右。它们的头部、躯干部和胸鳍覆盖着由多块甲片组成的骨甲，躯干部的甲片特别发达，好像由一只骨片做成的匣子套在鱼体的外面。我国发现的胴甲鱼类化石相当多，特别是在云南省，除了最常见的沟鳞鱼外，还有武定鱼、云南鱼、滇鱼等。

盾皮鱼比无颌的甲胄鱼前进了一步，但笨重的“盔甲”是它致命的弱点。它虽然有了不太发达的偶鳍，取食不必等待水的流动，张嘴捕食可以随心所欲，但行动还是受到极大的限制，依然没有摆脱枷锁的束缚，它还是不能自如地在水中行动，只能过底栖生活（生活在水底）。盾皮鱼经历了一段全盛的发展时期，但在激烈的生存竞争中还是落伍了，它由志留纪晚期生活到泥盆纪，也有少数延续到石炭纪早期，最终全部退出了生命的舞台。

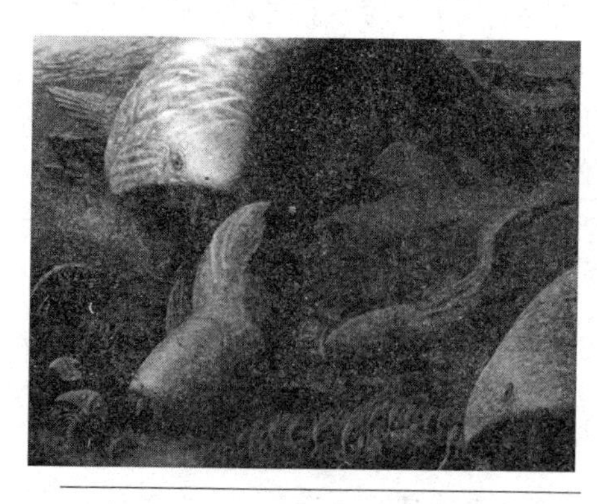

▲恐鱼

原始鱼类中的棘鱼类和盾皮鱼类都出现在志留纪晚期，到泥盆纪达到高峰。它们和无颌类的甲胄鱼平行发展。

恐鱼是盾皮鱼类中最显赫的一族。它是盾皮鱼类中最显赫的一族叫作恐鱼。在寒武纪早期的海洋中，曾经生活着身长两米的奇虾，长有两只巨大的前臂，在海洋中称王称霸。正所谓山中无老虎，猴子称大王，奇虾只能欺负寒武纪时期体型不大的软躯体动物，而泥盆纪晚期出现的恐鱼，单是它头胸甲的尺寸，就超过了奇虾的身材，成为继奇虾之后的海洋霸主。

恐鱼的下颌骨粗壮有力，边缘有一排宽锯齿，在上颌骨上也有一排齿状物与之对应，呈刀刃状，显然是作为撕咬之用。它的头胸甲可达 1.7～2.2 米，估计张开的大口，直径在 0.5 米至 1 米之间。

恐鱼的食物是什么呢？人们推测，当时的恐鱼一般在靠近水底的层位游弋，在淤泥或岩石上寻觅长着外壳的软体动物，比如现代螺类和贝类的先祖，这些动物的行动更加缓慢，往往依靠外壳保护自己。可惜碰到恐鱼就倒了大霉，恐鱼的上下颌一用力，这些精美的壳体便破碎开来，内部的软体被恐鱼吞进肚子，给恐鱼增加了蛋白质营养。

最原始的硬骨鱼类——棘鱼类

早在盾皮鱼类刚刚出现的志留纪晚期，硬骨鱼类中最原始的一支——棘鱼类也悄悄地登上了进化的舞台。

棘鱼类是一类古老的鱼类，长的样子像黄花鱼，个体也不大，上、下颌形成并出现，鳍也在特定部位产生，但它的鳍比较特殊，在鳍叶的前方有一根强壮的鳍刺，棘鱼的名字就来源于此。

志留纪晚期和泥盆纪早期的栅鱼可以作为早期棘鱼类的代表。它们体型像纺锤，体长只有几十厘米，身体由前向后逐渐缩小，在末端向上翘起，形成歪尾；背部有两个三角形的大背鳍，每一个背鳍由皮质的膜构成，鳍的前缘由一个强大的骨质棘支撑；身体下部与后背鳍相对称的位置有一个大小相等、形状相似的臀鳍；臀鳍之前有一个腹鳍；头骨之后有一对胸鳍；胸鳍与腹鳍之间，沿着腹部两侧还有 5 对较小的鳍。这些较小的“额外的”鳍各有一根棘刺支撑于前缘，它们是棘鱼类的特征。棘鱼类生活在古生代中期和晚期的河流、湖泊和沼泽之中，在早泥盆纪发展到其进化的顶峰，从早泥盆纪以后它们衰退了。

棘鱼往往有皮质的甲胄或者菱形的鳞片覆盖全身，头上规则地排列着小骨板。靠前面有一对大眼睛，每只眼睛周围有一圈骨板保护。这说明它们的视觉很好，和主要靠嗅觉活动的无颌类不一样。

从棘鱼身上，我们可以看到最原始的颌。它的颌后第一对鳃弓就是舌弓，上部刚刚开始增大向舌颌骨的方向发展。舌颌骨在高等动物里起着连接脑颅和颌的作用，已经完全失去呼吸机能，但是在棘鱼里舌弓和颌之间还留有鳃孔，表示舌弓还在起呼吸作用，只是舌弓上端多少已经具有关节作用了。棘鱼的鳃孔已经不像无颌类那样露在外面，两侧各有五个鳃小盖覆盖在五个鳃弓上，在这些鳃小盖之上是鳃盖。它和现代某些鱼类的鳃盖一样也是从舌弓后缘向后伸出的，所以可能是同样起源的。

高等鱼类“粉墨登场”

在长期的历史演化过程中，低等的鱼类灭绝了，继而出现的是高等的鱼类——软骨鱼和硬骨鱼。高等鱼类有着很强的适应水环境的能力，这个优势使得它们可以生活在地球水域的每个角落。

进化路上的成功者

从地质情况看，志留纪后期到泥盆纪，地壳构造变动比较大，形成普遍海退，陆地范围扩大，地形起伏复杂，湖泊、河流和海湾有了广泛的分布。水域的多样化促进了早期水生脊椎动物的发展和分化，也使它们相互之间以及和水生无脊椎动物的生存竞争越来越激烈。因此促使某些水生脊椎动物向着防御手段方向发展，甲胄鱼类的甲胄，盾皮鱼类的盾甲，棘鱼类的棘刺，都是防御的重要手段。

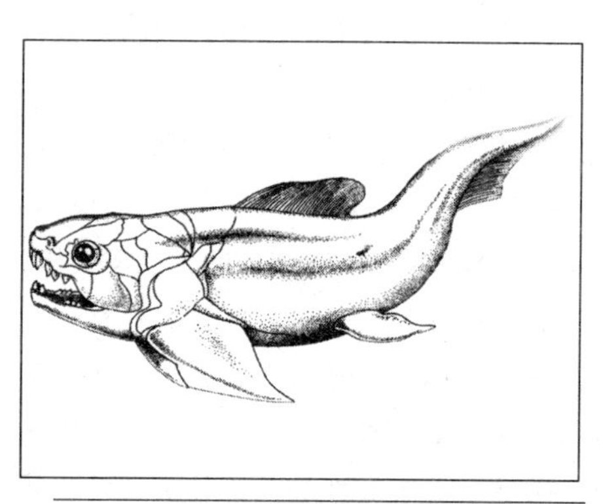

▲盾皮鱼

但是甲胄和盾甲又成了甲胄鱼类和盾皮鱼类进一步发展的累赘，成了阻碍它们进化的绊脚石。其中无颌类的甲胄鱼类由于没有颌以及偶鳍更加原始，在竞争中处于最不利的地位，所以灭绝最早。随之而来的是盾皮鱼和棘鱼的灭绝。

在这一场生存竞争中，另外有两类原始鱼类却取得了成功，这就是软骨鱼类和硬骨鱼类。

据研究，盾皮鱼的脑颅、神经器官和胸鳍等的内部构造和软骨鱼相似，表明盾皮鱼和软骨鱼可能有亲缘关系。

棘鱼的形体构造包括吻部、眼睛、鼻孔等却和硬骨鱼相似，表明棘鱼和硬骨鱼可能有亲缘关系。但是这并不是说，软骨鱼是从盾皮鱼演变来的，硬骨鱼是从棘鱼演变来的。因为盾皮鱼和棘鱼的形体构造都已经特化，在进化路线上已经走上了歧途，等待它们的命运是灭绝。

更有可能的是，由同一种早期无颌类发展成为软骨鱼一支和特化了的盾皮鱼一支，又由另一种早期无颌类发展成为硬骨鱼一支和特化了的棘鱼一支。那特化了的两支都被证明是尝试的失败者，而另外两支作为尝试的成功者，成为今天水域里的统治者。

高等鱼类是如何进步的

典型的高等鱼类的身体都是流线型，这一点与许多善于游泳的原始鱼形动物并没有太大差别，所不同的是，它们发展出了一套后者从来没有过的完善的运动器官——鳍。典型的高等鱼类有一个大而有力的尾鳍，尾鳍在水中来回摆动引起反作用力，从而推动身体前进。背部有1~2个背鳍，腹面一般还有一个臀鳍，均为平衡器，防止鱼游动时发生滚动和侧滑。

偶鳍包括位于前方的一对胸鳍和一对位置或前或后的腹鳍。在进步的鱼类中，这些偶鳍非常灵活，起到水平翼或升降舵的作用，有助于鱼在水中上下运动，也可以起方向舵的作用，使鱼能够急转弯，还可以作为制动器使鱼能够急停。有了奇鳍和偶鳍的配合，鱼类就能够完善地适应在水中的活跃的生活方式。

在高等鱼类进化的各种性状中有一项进化十分关键。在鱼类进化的初期，颌骨后面的第一对鳃弓特化为舌弓，上面的骨头特化为起支柱或连接作用的舌颌骨，将颌骨与颅骨连接起来。

舌颌骨在鱼类的进化和由鱼类发展为陆生动物的过程中都发挥了重要作用。由于舌颌骨一端与头骨后部相连接而另一端与颌骨相连接，原来位于头骨与舌弓之间的鳃裂就大为缩小。在较原始的鱼类中，这种缩小了的鳃裂保留下来转变成喷水孔，它是位于第一对完全鳃裂前方的一对小孔。在高度进步的鱼类中喷水孔也完全消失了。

软骨鱼和硬骨鱼

软骨鱼和硬骨鱼是进化比较成功的鱼类，尤其是硬骨鱼进化得尤为成功。硬骨鱼类凭借鳔的优势，迅速占据了海洋中的各个角落，并挺进陆地内部，它们种类繁多，形态、大小千差万别，适应性也是“各显神通”。它们成为广大水域的真正征服者。

软骨鱼类的进化情况

软骨鱼类是高等鱼类中最低等的类群，绝大多数在海洋中生活，但它们的祖先却起源于淡水中。正像它们的名字所表明的，它们有一副由软骨组成的骨架。体表大都被楯鳞。鳃间隔发达，无鳃盖。软骨鱼在温带和热海洋中大量生存，它们在水中用鳃呼吸。鳃通过头部后面的几个鳃裂直接同外界交流。

软骨鱼类一直是很成功的脊椎动物，虽然它们的种属并不多，但是所发展出来的类型，对其环境总是能够异常完善地适应。从泥盆纪到现代，它们一直生活在世界的各个海洋中，成功地控制着它们的对抗者，甚至压制着与它们生活在同一生态环境中的更高级的动物类群。

软骨鱼类的进化可分为鳃类和全头类两个方向，且两者早就各自分别地发展。一般将软骨鱼纲的板鳃类的历史分为三个阶段：原始的裂口鲨阶段主要在泥盆纪，延续到晚古生代；弓鲛阶段约始自早石炭纪到三叠纪；近世阶段自侏罗纪始直到现在，发展出后来的鲨类及其亲族。然而这三个阶段并不是衔接的直接关系。

软骨鱼类的第二条进化路线以全头类为代表。这可从现代的银鲛类经由中生代的多棘鲛类追溯到颊甲鲛类。它们几乎全是底栖的，具有替换缓慢的齿板，基本以带壳食物为食，用齿板研磨。全头类于石炭纪达到极盛期，侵占了原来被盾皮鱼类占据的环境，并取而代之。

▲鲨鱼

已知最早的鲨类是裂口鲨属，化石发现于美国伊利湖南岸晚泥盆纪克利夫兰页岩中。身长约 1 米，体形似鱼雷；有一条大歪尾，不能活动的成对的胸鳍和腹鳍凭借宽阔的基部附着在身体上，另外在尾的基部还有一对小的水平鳍。

裂口鲨的上颌骨由两个关节连接在颅骨上，一个是眶后关节，紧挨在眼睛后边，另一个在头骨后部，舌颌骨在这里形成颅骨与上颌背部的连接杆。

这种上颌与颅骨的连接形式称为双接型，是相当原始的连接方式。裂口鲨的上颌仅由一块腰方骨组成，下颌也仅有一块骨头，称为下颌骨。

▲弓鲛

牙齿中间有一个高齿尖，其两侧各有一个低齿尖，许多古老软骨鱼类的牙齿都是这种原始结构。颌之后有六对鳃弓。

裂口鲨的结构在许多方面都是鲨类中原始的模式，可以认为它接近鲨类进化系统中央主干的基点，后期的鲨类可能是从这里出发沿着各个方向进化出来的，它们包括：

肋刺鲨类：从石炭纪和二叠纪发展起来，生活在古生代晚期淡水的湖泊与河流中，是鲨类进化的侧支。具双接型的颌。背鳍长，尾鳍与身体成一直线向后直伸形成尖尾（称为圆尾型）。头后具长刺。牙齿由三个齿叶组成，两侧齿尖高，中央齿尖低。

弓鲛类：是现代鲨类（真鲨类）最早和最原始的类型。后面的牙齿不像前边的牙齿那样尖锐，呈低而宽阔的齿冠，具有压碎软体动物介壳的功能。最初出现于泥盆纪晚期，演化史经过了中生代达到新生代的开始时期。

异齿鲨类：较原始的真鲨类，是弓鲛类稍有变异的后代。出现于中生代，种类较少。牙齿具有压碎的功能。

六鳃鲨类：一个较小的肉食性类群，出现于中生代，被认为是弓鲛类与真鲨类之间的连续环节。

鼠鲨类：现代鲨类。颌的连接方式改变为舌接型，即依靠舌颌骨与头骨的后部相连接，使颌的活动性得以增强。兴起于中生代，特别在侏罗纪繁盛。

鳐类：身体呈扁平，适于底栖生活，为高度特化了的现代鲨类。

> **隐藏在海底泥沙里的鳐鱼**
>
> 鳐鱼是鲨鱼的同类，但为了适应海底生活，长期将身体藏在海底沙地里，便慢慢进化成现在模样。鳐鱼身体周围长着一圈扇子一样的胸鳍，尾鳍退化，像一根又细又长的鞭子，靠胸鳍波浪般的运动向前进。鳐鱼平时隐藏在沙里，等螃蟹和虾等接近，则突然进攻。它们的牙齿像石臼，能磨碎任何东西，背部长着一根剧毒的红色刺，人被刺到会死亡。全世界发现的鳐鱼有100多种。

硬骨鱼类的进化情况

硬骨鱼类是水域中高度发展的脊椎动物，无论是缓缓流淌的溪流，还是奔腾不息的江河，也无论是陆地上的池塘、湖泊，还是浩渺无垠的海洋，几乎都是它们的世界。我们现在食用的鱼类几乎都是各种类型的硬骨鱼。

硬骨鱼类具有高度进步的骨化了的骨骼。头骨在外层由数量很多的骨片拼接成一整幅复杂的图式，覆盖着头的顶部和侧面，并向后覆盖在鳃上。鳃弓由一系列以关节相连的骨链组成，整个鳃部又被一单块的骨片——鳃盖骨所覆盖，因此硬骨鱼在鳃盖骨的后部活动的边缘形成鳃的单个的水流出口。

▲硬骨鱼

硬骨鱼的喷水孔大为缩小，有的甚至消失了。大多数硬骨鱼由舌颌骨将颌骨与颅骨以舌接型的连接方式关联。

脊椎骨有一个线轴形的中心骨体，称为椎体。椎体互相关联成一条支持身体的能动的主干。椎体向上伸出棘刺，称为髓棘，尾部的椎体还向下伸出棘刺，称为脉棘。在胸部则由椎体的两侧与肋骨相关联。有一个复合的肩带，通常与头骨相连接，胸鳍也与肩带相关联。所有的鳍内部均有硬骨质的鳍条支持。

硬骨鱼类体外覆盖的鳞片完全骨化。原始硬骨鱼类的鳞厚重，通常呈菱形，可分为两种类型：一种是以早期的肺鱼和总鳍鱼为代表的齿鳞，另一种是以早期的辐鳍鱼类为代表的硬鳞。随着硬骨鱼类的进化发展，鳞片的厚度逐渐减薄，最后，进步的硬骨鱼仅有一薄层骨质鳞片。

原始的硬骨鱼类有具机能性的肺，但大多数硬骨鱼的肺已经转化成有助于控制浮力的鳔。硬骨鱼类的眼睛通常较大，在其生活中起着重要作用；嗅觉的作用退为次要。

硬骨鱼类最早出现于泥盆纪中期的淡水沉积物中。之后，它们分化为走向不同进化道路的两大类；辐鳍鱼类（亚纲）和肉鳍鱼类（亚纲）。

泥盆纪的古鳕鱼目中的鳕鳞鱼属可以说是早期硬骨鱼类最好的代表。从鳍鳞鱼型的祖先类型发展出了各种类型的辐鳍鱼类，其进化历程可分为软骨硬鳞鱼类、全骨鱼类和真骨鱼类三个阶段，这三个阶段各自在总体上的形态特点，反映了辐鳍鱼类进化的趋向。

肉鳍亚纲包括肺鱼类和总鳍鱼类，它们在鱼类适应于水中生活的进化史上是一个旁支，但是在整个脊椎动物的进化史上却起着承上启下的关键性作用。

最早的肉鳍鱼类出现在泥盆纪，其早期种类的形态与早期的辐鳍鱼类有多方面的相似，但是一些重大的差别使二者早在泥盆纪中期就有了基本的分歧。

早期的肉鳍鱼类也有歪尾，但是尾上有一个位于体轴之上的小的索上叶，这一特征在原始的辐鳍鱼类是不存在的。原始辐鳍鱼类的鳍是由平行的鳍条所支持，但是早期的肉鳍鱼类的鳍却有中轴骨头和在中轴骨两侧向远端辐射排列的较小的骨头。这种类型的鳍被称为原鳍。

原始的辐鳍鱼类只有一个背鳍，早期的肉鳍鱼类却有两个背鳍；早期的肉鳍鱼类在头骨顶上两块顶骨之间有一个具感光作用的松果孔，而早期的辐鳍鱼类通常没有松果孔；早期的肉鳍鱼类眼睛不像早期辐鳍鱼类的那么大；原始的肉鳍鱼类的鳞片是齿鳞型，在鳞片基部骨层之上有厚层的齿鳞质，原始辐鳍鱼类的鳞片的齿鳞质很有限，却有厚层的釉质层覆盖在表面。肉鳍亚纲包括总鳍鱼目和肺鱼目。

总鳍鱼类包括扇鳍亚目和空棘鱼亚目。前者是大的肉食性鱼类，见于泥盆纪至早二叠纪，多生活于淡水中，现已灭绝，如骨鳞鱼，过去认为它们是四足动物的祖先。空棘鱼类是特化类群，头骨骨片数量和牙齿数目均减少，中生代较多，如大盖鱼。矛尾鱼是其唯一的现生代表。

总鳍鱼类具两个背鳍。偶鳍支持骨双列式，其基部具肉质叶。尾歪形或圆形，并具特殊的上、下叶。眼孔小。具迷齿型牙齿。身披整列质鳞。其脑颅的前部筛蝶区与后部的耳枕区之间有一条关节缝把二者分开。

空棘鱼有一对外鼻孔。扇鳍鱼类具内鼻孔；空棘鱼类无内鼻孔。

肺鱼类繁盛于晚泥盆纪至石炭纪，至今只有少数极特化的代表生活于非洲、大洋洲和南美的赤道地区。肺鱼类内骨骼退化，骨化程度差，头骨骨片极为特殊，几乎无法与其他鱼类进行对比研究；牙齿多为齿板；脑颅中部无关节缝；偶鳍具肉质基，但支持骨为单列式；其内鼻孔经研究为移入口腔的后外鼻孔；具自接型颌。自其早期代表如双鳍鱼等，直到现代，在漫长的地质历史中它们几乎没有什么重大的改变。角齿鱼是中生代较为常见的肺鱼类化石，化石多为其齿板。

▲总鳍鱼

狼鳍鱼

狼鳍鱼是原始的真骨鱼类，种类很多，为中生代后期（晚侏罗世—早白垩世）东亚地区的特有鱼类。现已绝灭。

狼鳍鱼生活年代

狼鳍鱼体长一般在10厘米左右，身体呈纺锤形或长纺锤形。背鳍位置靠后，与臀鳍相对，其前有上神经棘。头部膜质骨具有薄间光质层，尾正型，圆鳞。牙齿尖锥形。主要分布于我国北部，是我国北方数量最多，分布最广的鱼类之一。

狼鳍鱼的多数种牙齿较小，可能以浮游生物为食，但中华狼鳍鱼、甘肃狼鳍鱼和室井氏狼鳍鱼的牙齿略大，可以捕食小昆虫和昆虫卵。狼鳍鱼一般保存完好，属静水环境下的原地埋藏。从化石埋藏的密集情况看，该鱼似有群游的习性。

▲狼鳍鱼化石

狼鳍鱼最早发现于寒武纪，繁盛于泥盆纪，石炭纪、二叠纪甲胄鱼几乎灭绝，软骨鱼和硬骨鱼兴起，中生代起，硬骨鱼逐渐较软骨鱼兴旺而直到现代。

在狼鳍鱼生活的时代，人类还没有出现，那时候，地球上的物种和现在的情况大不一样，哺乳动物的类型很少，鸟类也是刚刚诞生，很多地方是海洋。不过，鱼类已经比较进化了，狼鳍鱼也是硬骨鱼类，和我们现在看到的大多数鱼一样，骨骼已经是骨化成硬骨，植物中的被子植物也是刚开始萌芽。确切的地质年代就是在侏罗纪的晚期，距离现在约有1.4亿年的历史。

狼鳍鱼属于骨舌鱼超目。骨舌鱼类是原始的真骨鱼类，其独特之处在于化石属多于现生属，而真骨鱼的绝大多数类群中现生属远超过化石属。骨舌鱼类为淡水鱼，现生骨舌鱼类除舌齿鱼外，均分布于南大陆，而化石材料几乎在各大陆都有发现。淡水鱼类的这种跨洋分布，对于研究各大陆的发展历史具有重要的意义。

骨舌鱼类化石发现于除南极外的世界各大陆，从晚侏罗世到渐新世，但绝大多数早期骨舌鱼类化石发现于我国。自从英国学者格林伍德将狼鳍鱼归入骨舌鱼类之后，狼鳍鱼成为已知最早的骨舌鱼类。其后我国境内中生代陆相地层中不断有新的骨舌鱼类化石发现。迄今为止，我国境内报道的骨舌鱼类约有25属50种。

狼鳍鱼还是我国发现的最早的真骨鱼类。我国一般把含狼鳍鱼的地层确定为晚侏罗世，以狼鳍鱼群的消失作为划分侏罗纪与白垩纪的界线。但是，研究介形类、古植物和一些其他门类的学者一直把狼鳍鱼层的时代看作早白垩世，争论持续了许久。

▲骨舌鱼类化石

狼鳍鱼被包裹成化石

狼鳍鱼是东亚地区有特色的一种鱼化石。在我国，尤其是在辽宁以及河北等地相当集中，其中的数量是很难计算的。无论是谁到出产狼鳍鱼的地方看一看，一定会很吃惊，一条条十分精美的狼鳍鱼保存在比较薄的岩石上面，安然而又神态自若地注视着远方。

原来，在侏罗纪晚期，在辽宁的西部地区曾是一片海洋和湖泊，在那里出没很多的水生动物，像鱼类、两栖类以及水生爬行动物等。突然有一天，突如其来的火山喷发惊动了这些生物，但是，为时已晚，强烈的火山爆发喷出的热焰瞬时间弥漫天空。不知过了多久，伴随着火山喷发飞射出来的火山灰降落在湖面上，鱼儿使尽浑身力气也没能逃脱，最后就被灼热火山灰覆盖起来。

由于火山灰的细密，加上高温作用，鱼儿被紧紧地包裹起来，后来，随着地质的历史变迁，上面又盖上了时代比较晚的地层，光阴消逝，被火山灰紧裹的鱼儿就形成了化石，所以，我们今天看到的狼鳍鱼是一条挨着一条排列着，是自然界的一场灾害留给我们后人的一段远古精彩故事。

在狼鳍鱼化石的产地，科学家们在同一地层里，甚至和狼鳍鱼紧挨着找到了恐龙化石，既有大型的蜥脚类恐龙，也有小巧玲珑的鹦鹉嘴龙化石，十分惊喜的是还有鸟类化石相伴。它们的尸体在同一时代、同一地方掩埋，有足够的理由说明它们曾经是生活在一起，只不过各自的生活环境不同罢了。鱼儿生活在水中，而恐龙是生活在气候是温暖潮湿地区的陆地上，鸟儿悠闲地飞翔在空中。

两栖动物

鱼类动物是各类脊椎动物发展的基础来源，是极初级的脊椎动物。随着初级脊椎动物的不断进化与发展，某些鱼类物种通过水边、湿地、红树林及沼泽地这些特殊环境，作为跨越陆地生存活动的适应性跳板，久而久之，逐步演化出一类能适应水陆之间的环境与气候而生存的动物，这就是两栖动物。两栖动物是一种幼体生存在水环境中而成体生存在陆地上的脊椎动物。

最早脱离水环境的脊椎动物

最早有冒险精神勇敢从水域来到陆地的鱼类是肉鳍鱼类。它们是最早的两栖动物。从熟悉的生活环境来到一个完全陌生的环境，不但需要勇敢精神，更需要能够适应新环境的能力。为此，它们开始了适应性的巨大改变。

需要克服的生存大问题

在泥盆纪末期，某种肉鳍鱼类的后裔冒险从水中出来，爬上了陆地，发展成为最早的两栖动物，从此，脊椎动物进入了一个与它们曾经居住了好几百万年的环境有非常大区别的环境。地质记录表明，最早的两栖类是鱼石螈类，它们与较高级的肉鳍鱼类有许多共同的特征，同时，在这两个脊椎动物类群之间，也存在着巨大的差别。

从水中到陆地，必须要克服一些大问题，才能在陆地生存下来。呼吸问题是早期的两栖类必须克服的重大问题之一，不过这已经由它们的鱼类祖先解决了。

肉鳍鱼类的肺是发育完善的，而且可能经常在使用。因此两栖类只不过是继续使用它们从肉鳍鱼类祖先继承下来的肺在空气中呼吸。鱼类和两栖类在这个方面的主要区别之处在于，用鳃呼吸仍然是大多数有肺的鱼呼吸的主要方式，而肺通常只是一个辅助的呼吸器官，但最早的陆生脊椎动物基本上是用肺呼吸空气，只是在它们的青年或幼体阶段里用鳃呼吸。

干燥问题是这些最早爬上陆地的脊椎动物碰到的另一个重要问题。鱼类的身体总是浸泡在水体之中，当最早的两栖类不再在水中生活时，它们就面临着保持它们的体液的需要。因此，正如现代的两栖类所表现的那样，鱼石螈类是最早期的两栖类，决不会冒险离开水很远，并且它们要不断地回到溪流和湖泊里。尽管这样的习性会限制古老的两栖类离开水作深入陆地的活动，但是在其历史的早期阶段，这类动物已经发展了能够抵抗空气干燥作用的体被或者身体的覆盖物。

随着两栖类在陆地生活的发展，尤其是在二叠纪时，它们发育出了强韧的皮肤，这类皮肤通常是贴衬在小骨片或骨板的下面。当两栖类的皮肤防止体液蒸发效力逐渐增大，并且足以作为防御外界侵害的一件坚韧的外衣时，两栖类对水的依赖性也就随之减少，也就能在陆地上停留更长时间。这是两栖类进化历史中的一个重要因素，而对于从两栖类派生出来的那些更高级的脊椎动物（如爬行类）则更为重要。

因为鱼类是被致密的水所支持着的，所以地心吸引力对鱼类的影响较小。当最初的两栖类在离水以后，必须与增大了的地心吸引力的影响作斗争，因此，在它们进化到早期的一个阶段中，发育了强壮的脊椎骨与强有力的肢体。构成肉鳍鱼类的脊椎骨的椎体的那些比较简单的“盘”或“环”，已经成为互相连锁着的结构，形成了支持身体的强有力的水平的脊柱。脊柱在两个点上分别由肢带所支持，即前边的肩带与后边的腰带，腰带和肩带又由肢体和脚所支持。

早期的陆生脊椎动物还发展形成了一种新的运动方式，在这种运动中，四肢和脚都起着最重要的作用。它们不仅克服了地心引力的作用，使身体从地面上抬起来，而且能够推动身体在地面上行进。

最早登陆的脊椎动物还面临着生殖的问题。鱼类通常是把它们没有保护的卵产进水中，并在水中孵化。陆生脊椎动物或是回到水中去生殖，或是必须发展出在陆上能够保护卵的方法。虽然两栖类在它们对陆地生活的适应中，取得了好几项巨大的进展，但是它们却从来没有解决离开水去繁殖后代的问题。因此，这类动物在它们的整个生活史中，始终被迫回到水中，或者像某些特化了的类型那样，到潮湿的地方去产卵。

登陆先行者——肉鳍鱼类

两栖动物的祖先是肉鳍鱼类。在鱼类自身进化的道路上，肉鳍鱼类可以说是进化的一个旁支，可是从整个脊椎动物的进化来说，肉鳍鱼类却是一个举足轻重的类群，因为后来出现的四足类脊椎动物，就是从肉鳍鱼类中进化出来的。

肉鳍鱼类可分为肺鱼和总鳍鱼。肺鱼类的最早代表是泥盆纪中期的双鳍鱼。肺鱼类在晚泥盆纪至石炭纪曾经比较繁盛，至今只有少数极特化的代表生活在非洲、澳大利亚和南美洲的赤道地区。澳大利亚肺鱼是三个地区肺鱼中最原始的，它们生活在昆士兰州的一条河流中。在旱季河流水量减少时，就生活在一个个孤立的小水坑中，到水面上来呼吸空气，利用它那分布着许多血管的单个的肺进行呼吸。不过，这种鱼还不能离开水面生活。非洲的肺鱼和南美洲的肺鱼则在它们栖息的河流完全干涸后还能够生存好几个月。当旱季来临时，这些肺鱼就钻进泥里并把自己包裹起来，只留下一到数个小孔与外界通气，以使自己能够进行呼吸。与澳大利亚肺鱼不同的是，这两种肺鱼都有一对肺。

总鳍鱼类的最早代表是泥盆纪中期的骨鳞鱼。从它身上，实际上已经可以多多少少地看出一些早期两栖类动物的“苗头”了。

▲非洲肺鱼

首先，骨鳞鱼的头骨和上下颌完全是硬骨质的，而且许多骨块的成分、位置和形状都与早期的两栖类相似。其次，骨鳞鱼的牙齿是“迷齿型”的。也就是说，在显微镜下观察它的牙齿横切面时，可以发现釉质层褶皱得很厉害，形成的图案就像迷宫似的。有意思的是，早期的陆生两栖动物的牙齿也是这种迷齿型的。最有意义的是骨鳞鱼偶鳍内部的骨骼结构，不仅不像肺鱼那样特化，反而其中各个骨块的结构、位置和形状，甚至骨块之间的关节都与早期的两栖动物非常相似了。

以此为基干，总鳍鱼类发展成为两个大的系统，即包括骨鳞鱼在内的扇鳍鱼类（亚目）以及空棘鱼类（亚目）。扇鳍鱼类是大的肉食鱼类，发现于泥盆纪至早二叠纪，多生活于淡水水域，现已灭绝。扇鳍鱼类中有一种生活在泥盆纪的真掌鳍鱼，它们与早期两栖动物的相似点就更多了。

除了头骨、牙齿和偶鳍上的相似之外，它们在脊索周围有一系列骨环。这些结构与早期两栖类动物脊椎的结构已经非常相似了。因此，有些科学家认为，从真掌鳍鱼到陆生脊椎动物在进化上只差爬上陆地那短短的一步了。

空棘鱼类是特化类群，头骨骨片数量和牙齿数目均减少。它们在中生代较多，代表有大盖鱼等。

作为最先登陆的脊椎动物，两栖类既保留了水生祖先的某些形态结构，又发展了适应陆生的某些形态结构。它的生活习性既宜水又宜陆，是水陆之间的一种过渡动物。

为了适应从水生到陆生的转变，它们的某些结构或某些器官不仅在形态上有变化，在机能上也随着起变化。例如鱼类的偶鳍和两栖类的四肢，是有共同起源的，但是不仅形态上发展了，而且机能也从平衡器官变成了主要的行动器官。又如两栖类的中耳腔的柱骨（镫骨），原是从鱼类中的有颌类的舌颌骨变来的，而舌颌骨又是从无颌类的鳃弓变来的，它们的形态一而再地变化，它们的机能也一而再地变化。生物进化中像这样结构或器官的形态和机能同时变化的例子是很多的。

两栖类是水陆之间的过渡型动物，它既适应水生又适应陆生，但是同时又既不完全适应水生又不完全适应陆生。它既然从水中登上了陆地，有些适应水生的器官就退化了，例如有些两栖动物，幼年阶段还保留水生习性和适应水生的器官如鳃，到成年阶段鳃退化了，它在水里就不能像鱼类那样自在了。而就陆生生活来说，它虽然不断向着更加适应陆生的方向发展，但毕竟还只是在初期适应阶段，长时期离开水就受不了。因此，可以说两栖类既是一种水陆之间的过渡型动物，也可以说是一种徘徊于歧途的动物。

两栖动物的形态与繁殖

两栖动物是从水生过渡到陆生的脊椎动物，具有水生脊椎动物与陆生脊椎动物的双重特性。它们既保留了水生祖先的一些特征，又获得了陆地脊椎动物的许多特征。这就是两栖动物独有的特征。两栖动物的形态以及繁殖等都具有两重性。

两栖动物的形态

两栖动物四肢是强有力的、适于陆地行走的推进器官；有长尾；能用肺呼吸；卵无羊膜结构，必须产在水中并在水中孵化；幼体在水中生活，用鳃呼吸，变态后生长出四肢，爬上陆地，用肺呼吸。

从总鳍鱼类继承而来的具有两种椎体要素的早期两栖类向着加强脊柱，支撑身体重量，适于陆地生活的方向发展。椎体的结构和形态成为两栖纲分类的基础。

两栖类的椎体形态有两种类型，一种叫壳椎，古生代许多小的两栖类和现代两栖类具有这种椎体形态，这种椎体是单一的一块，常中空；另一种叫弓椎，这种椎体由间椎体和侧椎体两种骨骼要素所组成，这样的椎体是从总鳍鱼类直接继承而来的。弓椎是在晚古生代的迷齿两栖类中发现的，它们在今天的高等的脊椎动物各纲中仍变态地存在着。

两栖纲种数少于任何其他陆生脊椎动物纲，个体结构变异很大：蚓螈体型较长，无附肢，形似蠕虫；而蛙类的身体粗短，无尾，腿长。分布于全世界，但大多集中在热带地区；个别科和许多属仅见于热带。蝾螈主要分布在北温带，只有一个科也见于中美和南美北部。雨蛙科最北分布到加拿大西北部的沼泽地；蛙科除南极、新西兰和格陵兰外，所有的主要地区皆有分布。蚓螈遍布热带。蚓螈仅分布于美国东南部和墨西哥东北部。

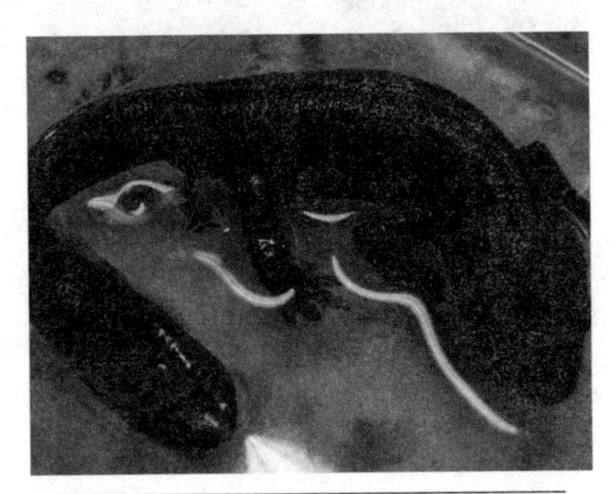

▲蝾螈

两栖纲大多数种皆营独居生活，但蛙类的许多种类在春、夏两季聚集在一起鸣叫。多数种类具水生幼体阶段，经变态成为陆生的成体。个别特殊种类终生营水生生活。但许多种蝾螈和蛙以及所有的产卵蚓螈都离开开阔的水域产卵。某些种类无水生幼体阶段。大多数两生类在繁殖地与其栖息地之间进行季节性的迁徙运动。蚓螈、蚓螈及某些蝾螈的生殖地和栖息地是同一地点，但其他的种类必须进行年度旅行。如从比较干燥的小山边转移到某些池塘或山谷的小溪流中。会叫的雄性蛙和蟾蜍发现适于繁殖的地域后发出的叫声可将0.4或0.8千米之外的其他雄性和雌性招来。

现代型两栖动物皮肤裸露而湿润，通透性强，起到调控水分、交换气体的作用；皮肤满布多细胞粘液腺和表皮下/内微血管，在湿润状态下为肺的辅助器官。此外还有“毒腺”。随着肺的发生，循环系统也有相当大的改变：心房分隔为两个，分别接纳来自肺循环与体循环的血液，心室为1个，其中有混合的静脉血和动脉血。新陈代谢率低，对潮湿温暖环境条件的依赖性强。

现代型头部骨片少，骨化程度弱；头颅扁平而短，眼眶与颞部相通，枕部短于面部，与已绝灭的古两栖类大不相同。枕髁两个。椎骨有前、后关节突，脊柱和附肢骨相应起了变化。脊柱分化有颈椎和荐椎各1枚，躯椎和尾椎的数目因种类而异。肋骨短或无，无胸廓。主要由鼻瓣和口腔的动作将空气压入（而不是吸入）肺内。肩带不再像鱼类那样与头后部骨片关联，而是悬于肌肉之间，头部与前肢的活动互不受牵制；腰带与荐椎相关联，因而扩大了活动范围和增强了支撑身体的能力。指4、5趾为主。骨骼肌肉系的形态机能，比水生的鱼类有更大的坚韧性和灵活性。左右麦克尔氏软骨相接处或有细小颐骨。

两栖动物的繁殖

两栖动物以体外受精为主，少数可行体内受精，但无真正的交接器——阴茎。卵生，偶有卵胎生或胎生。卵小而多，除卵胶膜外，无其他护卵装置，与鱼类一样同属于无羊膜动物，这是向完全陆栖发展的障碍。幼体阶段有侧线器官，以鳃呼吸，鳃的形态、发生与鱼类的迥然不同，属新生器官。幼体形态不能代表近祖型性状，经过变态幼体器官或萎缩或消失或改组，形成有显著进步趋势的成体。成体与幼体两个阶段形态上的差别越显著（如无尾目），变态也越剧烈，对繁衍后代也越有利。在变态前后的两个生长发育阶段不能完全脱离水域或潮湿小生境而生存，这是过渡类群的关键特征。

蚓螈和大多数蝾螈体内受精。除少数例外，大部分蛙类和蟾蜍都是体外受精。大多数蚓螈产卵于陆上；蝘螈和多数蝾螈产卵于水中，其余蝾螈产卵于陆上、洞巢、腐木或潮湿的碎石中。

蛙类的护卵

蛙类的护卵方式各种各样。有的将卵产于地洞里，待蝌蚪孵出后，雄蛙将小蝌蚪放在背上送到水中。有些种类的雌性背上有一特殊的小袋，卵被放在小袋里直至孵化。

最古老的两栖类——鱼石螈

一个多世纪以来，为了寻找最早登陆的原始动物化石，古生物学家走遍了世界。有一条重要线索引导科学家进行探寻，那就是这一进化很可能发生在4亿年前的泥盆纪。寻找那条鱼的化石好像并不难。到19世纪快要结束的时候，科学家的目光都集中在了一类鱼的身上，它们就是生活在泥盆纪的总鳍类。鱼石螈是最早登陆的原始动物化石。

发现鱼石螈化石

根据现在的化石证据，最早的两栖类叫鱼石螈，是在格陵兰和北美洲的上泥盆纪地层里找到它的化石的。

鱼石螈身长约1米，骨骼兼有鱼类和两栖类特征。它头高而窄，头骨结构坚实，上面还是鱼类鳃盖骨的残余。它的体表覆有小鳞片，身体侧扁，有一条类似鱼的尾鳍的尾巴。它的脊椎骨等结构都和总鳍鱼十分相似。如果单凭这些特征，完全可以把鱼石螈列入鱼类。但是鱼石螈的眼睛已经后移到头骨的中部，不像总鳍鱼那样长在前端吻部。它已经长出了四肢，有强壮的肩带和腰带，能用四肢支撑起身体在地面上爬行。它的前肢的肩带已经不像鱼类那样和头骨固接在一起，表明头部已经能够活动。这些进步的特征表明它已经发展到了两栖类，应该被看成是两栖类的最古老的祖先，也就是最早登陆的脊椎动物。

▲鱼石螈

鱼石螈登陆是在泥盆纪末，但是两栖类开始繁荣是在石炭纪。石炭纪时期，地球上气候温暖潮湿，石松植物和楔叶植物形成了大片原始森林，陆地上广布着池塘沼泽，为两栖类的发展提供了良好的条件。

一个多世纪以来，为了寻找最早登陆的原始动物化石，古生物学家走遍了世界。有一条重要线索引导科学家进行探寻，那就是这一进化很可能发生在4亿年前的泥盆纪。到19世纪快要结束的时候，古生物学家的目光都集中在了一类鱼的身上，它们就是生活在泥盆纪的总鳍类。

总鳍类的鳍里有着独一无二的骨结构，似乎是人类大腿和手臂的前身。尤其是其中一种总鳍类——早已绝迹了的掌鳍鱼，更是具备所有的腿骨，只是缺少脚和趾。于是，科学家们认为，如果找到地球上最早出现的总鳍鱼登陆后便演化而成的动物化石，就可以找到我们人类的祖先——没有四肢的祖先。

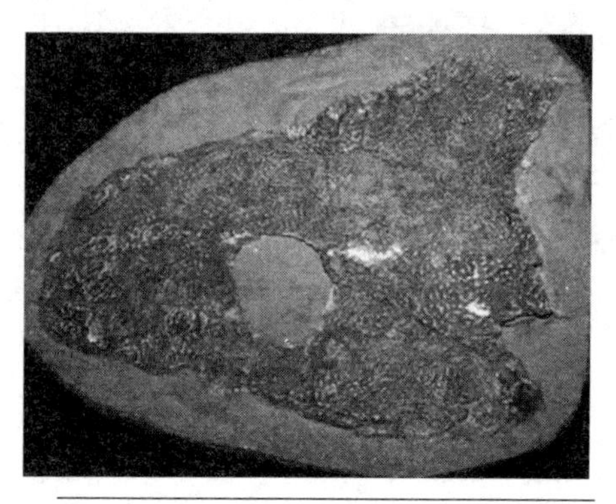

▲鱼石螈头骨化石

要想见到露出地面的泥盆纪岩层，只有到世界上为数不多的几个地方去，其中之一是格陵兰。于是在20世纪30年代，一组瑞典科学家多次造访了此处，其任务正是寻找第一种有腿的动物。在这组专家中，寡言少语、固执己见、在整个古生物学界最不招人爱的埃里克·贾维克，找到了人们梦寐以求的东西——最早长出腿脚而不是鳍的动物。贾维克把它称作鱼石螈。

从达尔文时代之后的1859年开始，人们就一直在寻找这种意义重大的动物，而今终于找到了，这当然令整个古生物学界欢欣鼓舞。现在贾维克所要做的，就是尽可能地重建这种古怪动物的解剖结构。这一切当然需要较长的时间，尽管贾维克是一名非常出色的解剖学家，而且自1948年就已开始工作，却直到1996年才完成基本分析。其间他完成了两篇论文，证实了现行的理论。贾维克说，鱼石螈确实是一种在陆地上行走的四足动物，它有5根手指和5根脚趾。可以推论：当掌鳍鱼拖着鳍挣扎登陆之后，它便演化成为最早的四足动物——鱼石螈。

但立即有人指出，贾维克的说法有很大漏洞，鱼石螈很可能不是直接从掌鳍鱼进化来的，因为二者之间差异太大。鱼石螈是完全成形的四足动物，也就是说它有胸廓，盆骨连接在脊骨上，肢体上有指头和趾头。而掌鳍鱼仍然是鱼，尽管它已有原始的腿骨，却未显示出多少向四足动物进化的其他特征。这就意味着，必须找到一种“中间动物”，它能显示从鱼向四足动物的转变的确发生过。这种“中间动物”应该既能行走，又是一半像鱼、一半像四足动物的动物。

“中间动物”也就是达尔文所称的“过渡形式”。“过渡形式”正是进化理论的核心，因为它们表明一种动物能够变异成另一种动物。当环境条件发生剧变时，进化过程中就会出现“过渡形式”。那些不能适应新环境的动物会灭绝，但偶然的变异最终往往是保证存活的关键。随着一群古怪的变异动物在新环境中挣扎求生，其中大多数会很快消亡，只有少数将变成“过渡形式”动物，“过渡形式”的化石，因此成为所有物种演化中最重要的化石。

无果的“过渡形式”寻找

在鱼石螈化石发现以后，面对缺少“中间动物”的质疑，古生物学家开始寻找鱼和我们最早的祖先之间的“过渡形式”。

1938年12月下旬，南非罗兹大学一位解剖学教授的助手拉蒂迈小姐在海边寻找鱼标本时，从渔民打捞上来的鱼中发现了一条奇怪的鱼。一般鱼的鳍都是直接长在身体上的，可是这条鱼的鳍却与众不同，它的鳍都是长在一条条胳膊或腿似的附肢状结构上，然后这些附肢状结构再与身体相连。拉蒂迈小姐立刻意识到这条鱼的不同寻常——这样结构的鱼不正是四足类脊椎动物起源于鱼形脊椎动物的一个良好佐证吗？

拉蒂迈小姐立即向渔民买下了这条鱼。可是，当时学校已经放假，实验室已经封了门，无法取出用于浸制和保护标本的福尔马林等药剂。情急之下，拉蒂迈小姐买了几千克盐，将这条鱼像腌咸鱼一样地里里外外涂抹起来——这是当时条件下唯一的保护防腐办法了。

圣诞节过后，教授度假回来，拉蒂迈小姐兴冲冲地将这条鱼拿给他看。此时，由于在盐的作用下脱水变干变硬，这条珍贵的“咸鱼”几乎只剩下鱼皮和里面的鱼刺了。即使如此，教授还是马上就意识到了这条鱼的意义并进行了研究，认为这条鱼应属总鳍鱼目空棘鱼亚目。原来被认为已经灭绝了的动物突然被发现仍然生存在地球上，而且这种动物还与包括我们人类在内的所有四足类脊椎动物的祖先有关，怎么能不让人心情激动！

▲拉蒂迈鱼

为了纪念拉蒂迈小姐对科学、对人类知识宝库做出的这一重大贡献，教授将这条鱼及其所代表的物种命名为拉蒂迈鱼。

同样在1938年12月，在非洲东海岸，靠近一条小河河口的海中，当地渔民钓上来一条活的拉蒂迈鱼（当时还没有这么命名），这条鱼一下子轰动了整个学术界，古生物学家和鱼类学家纷纷前去观看。可惜这条鱼出水仅活了3个小时，而且防腐不好已经烂掉了，仅剩下一张鱼皮。为了找到新的、更好的拉蒂迈鱼，专家们在当地大搞宣传活动，画着拉蒂迈鱼的招贴画送到了每条渔船上，以便引起渔民们的注意。可是，这种鱼再也没被发现。

奇迹再次发生了，相隔14年以后，1952年12月20日夜，在马达加斯加岛西北方向的海面上又捕到第二条拉蒂迈鱼。从捕获的情况来推测，拉蒂迈鱼是生活在200～400米的深水里，体长介于1.2～1.8米之间，体重30～80千克，它体形圆厚，腹部宽大，口中长着尖锐的牙齿，在解剖它的肠胃时发现有鱼的残骸，证明它是肉食性的鱼类，由于深水中比陆地上的压力大得多，它出水后因适应不了突然减压而很快的死亡了。但是从形态上看，化石中的古老种类和现今生存的种类差别不大，只是今天的拉蒂迈鱼体、胸鳍更大些，内鼻孔没有了，气鳔只留下了一点点，而早期空棘鱼类的气鳔因曾向肺演化是很大的，推测是因为后来长期适应了深海环境，压力大，所以内鼻孔消失，鳔也逐渐变小了。

总鳍鱼的鳍中有中轴骨骼，末梢各小骨都依靠着中轴骨和身体互相连接，而现代鱼类鳍骨都与身体直接相接。总鳍鱼鳍内骨骼的排列方式和原始四足动物（原始两栖类）的四肢骨有些相似。因而人们推想：四足动物的四肢是总鳍鱼类的胸鳍、腹鳍演化而来的。在水底它可以用这种鳍支撑自己的身体，若调整到合适的方位，还可以用这种鳍勉强地爬行几步。不过化石所提供的情况还不足以充分证实人们的推想。

拉蒂迈鱼的发现不但可以让我们了解到它各部分结构的功能，还可以在它们活着的时候来观察它们活动的情况。有人在观察第八条拉蒂迈鱼时，证明了它们的胸鳍几乎能做各个方向的转动和安置姿势，这也就更有力地验证了鳍演化成四肢的这一推测。

空棘鱼是生活于泥盆纪的一种总鳍类，人们以为它早在7600万年前就已灭绝了，而今发现它竟然还活着，这个发现令当时的整个科学界惊呆了。此后的好几十年里，空棘鱼一直被认为是鱼和四足动物之间的“过渡形式”。不过，当时无人对它有足够了解，人们只把它当成是一种活化石。

第二次找到的第二条活的空棘鱼，结果却令人大失所望：它并不会用鳍行走，而只会游泳，也就是说，它只是一条鱼，而不是“过渡形式”或“中间动物”。

1981年，金妮·克兰克完成了她的毕业论文，来到英国剑桥大学动物学博物馆工作。金妮一直梦想着能加入到探索“我们为何会长出脚”之谜的队伍中，正在这时，一位同事对她说：别担心，机会马上就到。这位同事带来了一本学生笔记，是一名学地质的学生写的，他曾于1970年去过格陵兰，并在格陵兰的山上发现了大量鱼石螈化石。虽然他语焉不详，但却好似一声惊雷。要知道，当时世界上仅存由贾维克找到的鱼石螈化石。金妮当即决定去一趟格陵兰。到达目的地之后的两星期过去了，她仍未找到那位学生描述的地方。正当金妮开始认为自己可能找错了地方时，却出现了惊喜——吹开覆盖的尘土，她看见了一副头骨的一部分。

▲空棘鱼

事实证明，金妮找到的并不是鱼和四足动物之间的“过渡形式”，但同样是罕见的发现。这是另一种泥盆纪的四足动物，叫作刺鱼石螈。刺鱼石螈与贾维克的发现不同，但明显来自同一祖先，因而也与人类相关。

刺鱼石螈是迄今为止发现的第二种泥盆纪四足动物。金妮带了十多块刺鱼石螈化石回剑桥，但直到1990年，这趟旅行的真正重要性才浮现出来。当时，金妮的一名同事开始分析金妮已放弃的刺鱼石螈化石样本。当他准备从岩石中挖出刺鱼石螈的“手”时，他想一定会找到5根手指。令他大吃一惊的是，他最终找到的手指不是5根，而是8根！再进一步核实，没错，刺鱼石螈的一只手上真有8根指头！这就是说，所有教科书上都写错了——因为最早的四足动物根本不止有5根手指！

金妮的发现意味着，有关“我们为何长出、又如何长出四肢”的科学探索，必须全部从头再来。现在，科学家需要的就不仅是从鱼向四足动物的“过渡形式”——尽管这个“过渡形式”仍未找到，同时他们还得重新回答：“我们为何会长出四肢?”为什么会有动物需要脚，而脚又不是用来走路的呢?

迷齿类和壳椎类

两栖动物是最原始的陆生脊椎动物，既有适应陆地生活的新的性状，又有从鱼类祖先继承下来的适应水生生活的性状。多数两栖动物需要在水中产卵，发育过程中有变态，幼体（蝌蚪）接近于鱼类，而成体可以在陆地生活，但是有些两栖动物进行胎生或卵胎生，不需要产卵，有些从卵中孵化出来几乎就已经完成了变态，还有些终生保持幼体的形态。

两栖动物最初出现于古生代的泥盆纪晚期，最早的两栖动物牙齿有迷路，被称为迷齿类，在石炭纪还出现了牙齿没有迷路的壳椎类，这两类两栖动物在石炭纪和二叠纪非常繁盛，这个时代也被称为两栖动物时代。在二叠纪结束时，壳椎类全部灭绝，迷齿类也只有少数在中生代继续存活了一段时间。进入中生代以后，出现了现代类型的两栖动物，其皮肤裸露而光滑，被称为滑体两栖类。

迷齿两栖类动物

迷齿类是地球上最早出现的陆栖脊椎动物，它们繁盛于石炭纪和二叠纪，少数种类延续到三叠纪。由于锥状牙齿横截面上具有迷路构造，因此得名。头骨由坚硬厚大的骨片组成，因此也称为坚头类。

与肉鳍鱼类相比，迷齿类头骨扁平，骨片减少，舌颌骨退入中耳形成镫骨，具有听凹。此外，它们当中的多数种类体表还有厚重的鳞甲。

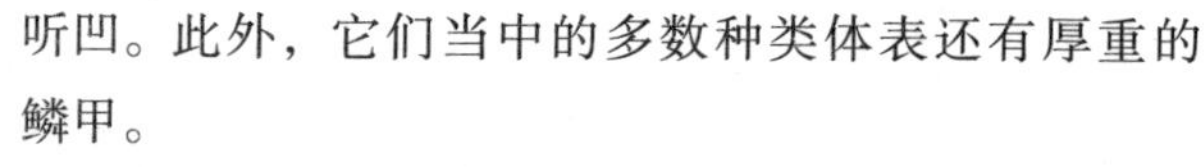

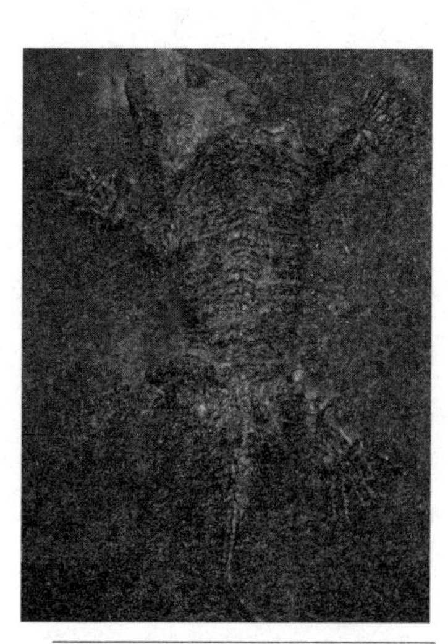

▲蜥螈化石一

迷齿类繁盛的时代，地球上的沼泽、河流和湖泊中到处都有这种动物。在古生代的后期和三叠纪时，它们遍布在地球的所有大陆上。迷齿两栖类的地理分布很广，种类也十分丰富，后期的迷齿两栖类个体较大，当时是一种可怕的捕食者。

迷齿类分为三个目：鱼石螈目、离片椎目和石炭螈目。我国新疆乌鲁木齐附近发现的乌鲁木齐鲵是古生代晚期向爬行类演化的石炭螈目、蜥螈亚目的成员。

蜥螈亚目中的蜥螈是一种特殊的两栖动物，在它身上可以看到既有一些两栖动物的特征，又有一些爬行动物的特征。

在北美洲南部和苏联北部二叠纪地层里找到过一种蜥螈化石。它的身体构造一半像两栖类，一半像爬行类。

▲蜥螈化石二

蜥螈很像一种叫作石炭蜥的迷齿类两栖动物。例如，它的头骨顶部是完全盖着的，迷齿类头骨的全部骨片都仍然保留着；在上下颌的边缘上也长着迷齿类那样的尖锐牙齿。特别是颌骨上还有一些迷齿类那种典型的大牙齿，而且，它那连接头骨与颈椎的枕髁也像石炭蜥一样，只有一个。

但是另一方面，蜥螈身体上的骨骼（解剖学上称为头后骨骼）却表现出了一系列与早期的爬行动物相像的进步特征。例如，它的脊椎骨的构成和形状、连接前肢与脊柱的肩带中的锁间骨以及肱骨都与爬行动物相似；肠骨比两栖动物扩大很多；荐椎骨有两个，与两栖动物只有一个不同。它的踝部虽然还是两栖动物类型的，但是趾骨的排列却与早期的爬行动物相似：大拇指和大脚趾都有两节指（趾）节骨，第二指（趾）有三节指（趾）节骨，第三指（趾）有四节指（趾）节骨，第四指（趾）有五节指（趾）节骨，小指骨有三节指节骨，小脚趾有四节趾节骨。这种指（趾）节骨的排列形式是原始的爬行动物的典型指（趾）式。

蜥螈生活的时代正是地球上气候干燥的时期。与两栖类比较，爬行类有更强的适应这种环境的能力，它们能在陆地上产卵，在陆地上孵化，它们也不需要像两栖类那样在水里度过它们的幼年，从而使动物真正从水里解放出来，逐渐发展成为中生代陆地的统治者。

蜥螈既有爬行动物又有两栖动物特征的身体构造，正说明了动物进化的真谛。即使是一个物种的进化，也并不是在所有方面平均一致地发展的。一种动物可能在一些特征上是进步的，但是在另外一些特征上却是原始的，这种情况被称为“镶嵌进化”。蜥螈的这种镶嵌进化特点正表明了它们是介于两栖动物与爬行动物之间的奇妙的中间类型。依据蜥螈的这个特点，可以更有把握地推测，爬行动物起源于蜥螈或是类似于蜥螈那样的两栖动物。

最早的两栖动物——鱼石螈和棘鱼石螈就属于迷齿类，它们均出现于古生代泥盆纪晚期，拥有较多鱼类的特征，如尚保留有尾鳍，并且未能很好地适应陆地的生活。

鱼石螈和棘鱼石螈的牙齿有类似总鳍鱼的迷路，被归入两栖动物纲的迷齿亚纲。鱼石螈和棘鱼石螈组成了迷齿亚纲的鱼石螈目，鱼石螈目自泥盆纪晚期出现后延续到了石炭纪早期，而在石炭纪早期迷齿亚纲的另外两个目也已经出现。

进入石炭纪后，两栖动物迅速分化，并在古生代的最后两个纪石炭纪和二叠纪达到极盛，这个时代也因此称为两栖动物时代。这个时期的两栖动物多种多样，适应不同的生存环境，有些相当适应陆地生活，有些则又回到了水中，有些特大型的种类如石炭纪的始螈可以长到7～8米长，习性颇似现代的鳄鱼，相当可怕。

在石炭纪密布森林和沼泽的环境里，始螈和另一种凶狠的两栖动物——双锥螈是代表性的大动物，前者潜伏于水中猎食鱼类或别的两栖动物，后者则埋伏于陆上，袭击那些靠近它的大型昆虫或别的小动物。

而在二叠纪与异齿龙、楔齿龙、丽兽等凶恶爬行类对抗的引螈，则代表了古生代迷齿类进化的一个巅峰。引螈是石炭纪和二叠纪陆地上最大的动物之一。它体长1.8米以上，头骨很大，宽阔而比较扁平，耳缺很深，有大而具迷路构造的牙齿，脊椎和四肢骨结构粗壮，结构笨重，脊椎骨异常坚硬。生活习性可能像现代的鳄，出没于溪流、江河与湖泊之中，捕食鱼类及小型爬行类。与现在的两栖动物不同，这些早期的两栖动物身上多具有鳞甲。在古生代结束后，大多数原始两栖动物灭绝，只有少数延续了下来。

迷齿亚纲的离片椎目和石炭螈目两个目分别代表两栖动物的主干类型和两栖动物中向着爬行动物进化的类型。离片椎目是两栖动物的主干类型，在石炭纪和二叠纪时遍布世界各地，而在古生代结束时离片椎目的一些成员仍然繁盛了一段时间，是原始两栖动物中唯一延续到中生代的代表，有些甚至到中生代后期才灭绝，这些中生代的迷齿类分布广泛，体型巨大，如三叠纪大名鼎鼎的虾蟆螈，头骨长度就超过1米，主要生活在水中，与其同时代的引鳄螈一样与植龙类争夺着淡水领域的统治权。

壳椎两栖类动物

壳椎类多为小型两栖动物，适应于浅水及沼泽生活；最早出现于早石炭纪，至古生代末灭绝，从未繁盛过。一般分为三个目：游螈目、小鲵目和缺肢目。

小鲵目都是一些适合生存在水边地下或沼泽中的小型的原始两栖动物，而缺肢目则特化成小型、细长而且没有四肢的蛇状两栖动物。

游螈目是壳椎类中数量、种类和形态都最为多样化的家族。它们在石炭纪后期开始向两个方向进化，一支进化成体形细长的鳗鱼状或蛇形两栖动物；另一支则身体和头骨都向着扁平而且宽阔的方向发展，例如二叠纪著名的笠头螈。

笠头螈是一种形状古怪的两栖动物。它的身体细扁，长约60厘米。头部像三角箭头向左右支出，比身体还要宽，因此形状十分奇怪。它双眼在身体上侧，口在下面。它有长尾便于游水。笠头螈比引螈或者双椎螈更善于游泳。它四肢软弱，各有五趾，经常在泥岸上瞌睡。笠头螈的肢骨又小又弱，显然，这种动物很可能属于底栖型的两栖动物，大部分时间可能都是待在小溪或池塘的水底生活的。

现代类型的两栖动物——滑体两栖类

三叠纪后古老的两栖类衰退以至灭绝，代之而起的是无甲两栖类，并一直延续至今。无甲两栖类就是滑体两栖类，顾名思义，这是些体表光滑、没有甲胄的动物，它是现代的两栖动物，种类并不少。

现在的两栖动物超过4000种，分布也比较广泛，但其多样性远不如其他的陆生脊椎动物，只有3个目：无尾目、有尾目和无足目，其中只有无尾目种类繁多，分布广泛。每个目的成员也大体有着类似的生活方式，从食性上来说，除了一些无尾目的蝌蚪食植物性食物外，均食动物性食物。两栖动物虽然也能适应多种生活环境，但是其适应力远不如更高等的其他陆生脊椎动物，既不能适应海洋的生活环境，也不能生活在极端干旱的环境中，在寒冷和酷热的季节则需要冬眠或者夏蛰。

有尾类两栖动物

有尾两栖类动物终身有尾，尾较长侧扁，适于游泳。幼体及成体体形近似，最不特化。体长形，分头、躯干和尾3部，颈部较明显，四肢匀称。皮肤光滑湿润，紧贴皮下肌肉，富于皮肤腺，全无小鳞。耳无鼓膜和鼓室。幼体用鳃呼吸，成体用肺呼吸，也有些种类终生具鳃，肺很不发达或无肺，而皮肤呼吸却占重要地位。

循环系统显示了比无尾目更为原始的特点，如心房间隔不完整，左右心房仍相通；静脉系统出现了后腔静脉，但终生还保留着后主静脉。有些种类终生还保留着鱼类特有的侧线。一般不能发声。舌不能从后端翻出撮食。上下颌均有小齿，仅鳗螈类覆以角质片。椎体双凹型或后凹型，有肋骨。肢带软骨质成分多，肩带仅肩臼周围的部分骨化，适于在水中迅速游动，在陆上活动时，躯干很少抬离地面，以交替的迈步动作和躯干与尾的波状弯曲前进。能疾走或树栖的种类，其四肢较长，或尾有攀援能力。

> **滑体两栖类的起源**
>
> 滑体两栖类到底是从哪一种或哪些古老的两栖动物进化出来的？这是困扰科学家们的一个必须回答的问题。目前占统治地位的观点认为，从迷齿两栖类中的某一种离片椎类动物演化出了所有滑体两栖动物的共同祖先类型，所有现代的两栖动物有一个共同的祖先。这种观点被称为“单源起源说”。与之相对的是“多源起源说”，认为无尾两栖类是从离片椎类进化来的，而有尾两栖类和无足两栖类可能是从壳椎类演化出来的。目前两种假说谁是谁非还难有定论，这也是现代两栖动物进化中的一个未解之谜。

有尾两栖类动物体皮肤无鳞，多数具有四肢，少数只有前肢而无后肢。变态不显著。有的具有外鳃，终生生活于水中，有的在变态后移到陆上湿地生活。雄性无交接器。有的体外受精，如小鲵、大鲵；有的体内受精，如蝾螈，雄性先排精包，雌性将精包纳入泄殖腔，当排卵时，精包释放精子，受精是在输卵管内进行。多卵生。幼体先出前肢再出后肢。

在我国东北的白垩纪早期的地层中发现了许多保存精美的有尾两栖类动物化石。目前已经命名的有钟健辽西螈、东方塘螈、奇异热河螈、凤山中国螈等，它们生活在距今大约 1.3 亿年前。这些化石具有时代早、保存状态好、数量多、种类丰富等特点。而且，它们是世界上已知最早的现代蝾螈类的代表，许多特征可以与现生种类比较。由此推测，世界上现存的蝾螈类很可能是由此演化出来的。在我国分布的种类不多，约 20 余种，如小鲵、大鲵、蝾螈等。

全世界大约有 400 多种蝾螈，分属有尾目下的 10 个科，包括北螈、蝾螈、大隐鳃鲵（一种大型的水栖蝾螈）。它们大部分栖息在淡水和沼泽地区，主要是北半球的温带区域。蝾螈身体短小，有 4 条腿，皮肤潮湿，体长 10 到 15 厘米，大都有明亮的色彩和显眼的模样。中国大蝾螈体型最大，体长可达 1.5 米。

▲蝾螈化石

蝾螈出世以后，幼体时期可能是几天，也可能是几年。幼体长有外鳃和牙齿，没有眼睑。这些特征可能会保留到性成熟。栖息在北美洲东部的一种泥蝾螈和墨西哥中部的蝾螈都有这个特性。

蝾螈主要食昆虫、蠕虫、蜗牛和一些小动物，包括它们的同类。像其他两栖动物一样，它们依靠皮肤来吸收养分，因此需要潮湿的生活环境。在环境温度降到 0℃ 下以后，它们会进入冬眠状态。

大多数成年的蝾螈白天躲藏起来，晚上才出来觅食。有些则在繁殖季节才从地底下出来，或者是到温度和湿度适合于它们生存的时候才会露面。有些种类的蝾螈，特别是属于无肺螈科的蝾螈，完全是陆栖动物。

大鲵俗名“娃娃鱼”。山间盛夏的夜晚，伴随着泉水叮咚的声音，常听到婴儿般的啼哭，这就是大鲵那凄惨的叫声，“娃娃鱼”之名由此而来。娃娃鱼头宽而扁圆，上嵌一对小眼睛，尾部侧扁，四肢短小，形状十分怪异。体色有棕色、红棕色，还有黑棕色的。娃娃鱼是现存两栖动物中最大的一种，身长可达 1.8 米。

娃娃鱼一般生活在岩石叠起的清澈的山涧，洞穴位于水面以下。白天，它在自己舒适的“家中”酣睡，夜幕降临时，才静静地隐蔽在滩口乱石中，等猎物走过，便吞而食之。由于很少活动，新陈代谢十分缓慢，偌大的娃娃鱼，每天只需吃 200 ~ 300 克食物就行，而且还不用天天都吃。娃娃鱼是一种很古老的动物，在 2 亿多年前曾繁盛一时。

有尾两栖类动物适应于水栖生活，大多生活于淡水水域，也有些种类变态后离水而栖于湿地。生活在池塘、江河、湖泊、山溪、沼泽中的多为半水栖，其他以终生水栖或陆栖为主。

有尾两栖类动物无交接器，多为卵生。个别种类卵胎生或胎生。体外受精或体内受精。体内受精者，雄性泄殖腔内腺体分泌的胶质，能将大量精子粘在精包内；雌性的泄殖腔边缘突出，能将雄性排出的精包纳入泄殖腔内，完成受精作用。某些种类的成体保留多种幼态性状。

▲娃娃鱼

无尾两栖类动物

无尾类包括现代两栖动物中绝大多数的种类，也是两栖动物中唯一分布广泛的一类。无尾类的成员体型大体相似，而与其他动物均相差甚远，仅从外形上就不会与其他动物混淆。无尾类幼体和成体则区别甚大，幼体即蝌蚪有尾无足，成体无尾而具四肢，后肢长于前肢，不少种类善于跳跃。

无尾类的成员统称蛙和蟾蜍，蛙和蟾蜍这两个词并不是科学意义上的划分，从狭义上说二者分别指蛙科和蟾蜍科的成员，但是无尾类远不止这两个成员，而其成员都冠以蛙和蟾蜍的称呼，一般来说，皮肤比较光滑、身体比较苗条而善于跳跃的称为蛙，而皮肤比较粗糙、身体比较臃肿而不善跳跃的称为蟾蜍，实际上有些科同时具有这两类成员，在描述无尾类的成员时，多数可以统称为蛙。

无尾类历史悠久，三叠纪便已经出现，直到现代仍然繁盛，除了两极、大洋和极端干旱的沙漠以外，世界各地都能见到，但在热带地区和南半球尤其是拉丁美洲最为丰富，其次是非洲。无尾类可分为原始的始蛙亚目和进步的新蛙亚目，或进一步将始蛙亚目划分为始蛙亚目、负子蟾亚目和锄足蟾亚目。

1999 年，一只出土于辽西白垩纪早期地层中的古老蛙类化石引起了国内外科学家的广泛关注。我国科学院古脊椎动物与古人类研究所的青年学者王原将它命名为“三燕丽蟾”。它是我国已知最早的蛙类，生存在距今约 1.25 亿年前，与大大小小的恐龙生活在同一时代。

三燕丽蟾不仅时代早，而且化石保存得十分精美，这在蛙类化石中极其罕见。因为蛙类大多生活在温暖潮湿的环境中，同时骨骼又细又弱，所以很难保存为化石。过去我国仅发现了山东的玄武蛙（距今约 1600 万年前）和山西的榆社蛙（距今约 500 万年前）等 2 ~ 3 块较完整的新生代蛙化石。

三燕丽蟾的骨骼形态已经与现生无尾两栖类十分相近，它的上颌边缘长满了细细的梳状排列的牙齿，而我们现在常见的蛙类大多没有牙齿，具有牙齿是原始的表现。

根据这一特征判断，三燕丽蟾的舌部捕食机能及身体的运动能力可能还不够强，牙齿在辅助捕食中具有比较重要的作用。

在分类学上，三燕丽蟾属于盘舌蟾类的一种。欧洲的盘舌蟾、产婆蟾与亚洲的东方玲蟾是它的现生的近亲。

现生无尾两栖类中较原始的种类都是蟾类，如北美的尾蟾、新西兰的滑蟾以及欧洲和北非的盘舌蟾等；同时，化石证据表明，弧胸型肩带的出现要早于固胸型肩带的出现。从这个角度看，蟾是蛙的前辈。换句话说，体态优雅的蛙是从某种怪模怪样的癞蛤蟆演化出来的。

三叠蛙

三叠蛙是迄今所知最早的滑体两栖动物，已经有2.4亿年的高龄了。三叠蛙头骨简化，尾部缩短。它有许多原始的特征：如前肢保留5趾（而不是现生两栖类中常见的4趾），躯干部的脊椎骨数目较多，尾部仍由若干脊椎组成，而不是现生蛙类所特有的愈合为一根的尾杆骨。

无足两栖类动物

无足类通称为蚓螈，是现代两栖动物中最奇特人们了解得最少的一类。蚓螈完全没有四肢，是现存唯一完全没有四肢的两栖动物，也基本无尾或仅有极短的尾，身上有很多环褶，看起来极似蚯蚓，但实际内部结构却完全不同。

大多数无足类动物生活在热带地区，并且是穴居生活，鱼螈是这类动物的代表之一。它们的皮肤裸露，有许多环状皱纹，富于黏液腺；眼睛退化，有些隐藏于皮下或被薄骨覆盖，而在鼻和眼之间有可以伸缩的触突，可能起到嗅觉的作用。

这类动物的脊椎骨数目很多，有的种类多达250块，而最大的无足类的个体长度可以达到1.5米。一些蚓螈背面的环褶间有小的骨质真皮鳞，这是比较原始的特征，也是现代两栖动物中唯一有鳞的代表。所有的蚓螈都是肉食性动物，主要捕食土壤中的蚯蚓和昆虫幼虫。不少蚓螈是卵胎生，但是也有一些是卵生。

现生的无足两栖类有160多种，分布在拉丁美洲、亚洲南部和非洲的热带地区。西双版纳鱼螈是我国仅有的一种无足两栖类。无足类的化石十分罕见，最古老的化石无足类发现于美国亚利桑那州大约2亿年前的侏罗纪早期地层里，被命名为“小肢始蚓螈”，它的特别之处是具有弱小的四肢，这也反映了它的原始性。随着无足类的演化，这些四肢一步步缩小，到现生种类中则完全消失，使其成为真正的“无足类”了。

▲三叠蛙

征服陆地的爬行动物

爬行动物是第一批真正摆脱对水的依赖而征服陆地的脊椎动物，可以适应各种不同的陆地生活环境。爬行动物也是统治陆地时间最长的动物，其主宰地球的中生代也是整个地球生物史上最引人注目的时代，那个时代，爬行动物不仅是陆地上的绝对统治者，还统治着海洋和天空，地球上没有任何一类其他生物有过如此辉煌的历史。现在虽然已经不再是爬行动物的时代，大多数爬行动物的类群已经灭绝，只有少数幸存下来，但是就种类来说，爬行动物仍然是非常繁盛的一群，其种类仅次于鸟类而排在陆地脊椎动物的第二位。

现代对爬行动物的分类，一般根据它们头骨上有没有颞孔和颞孔的个数、位置，把由古代和现代的爬行动物组成的爬行纲下分为四个亚纲：无孔亚纲、下孔亚纲、调孔亚纲和双孔亚纲。每个亚纲下面又分若干个目，一共有17个目。

爬行动物的进化

爬行动物之所以能在生物界辉煌一时，占据优势地位，是与它们不断转变和进化分不开的。这些转变和进化最终使它们越来越适应陆地环境，为最终种族的繁茂奠定了有力的基础。

羊膜卵的巨大功绩

脊椎动物自从在水里诞生以后，已经经历了从无颌到有颌、从水生到陆生两次大的变革变成了水陆过渡型的两栖动物。但是两栖动物还不能完全摆脱对水的依赖，它要在水里产卵，幼年时期也要在水里度过。

晚期古生代末期，从原始两栖类中进化来的爬行类出现了。爬行动物直接把卵产在陆地上，完全摆脱了对水的依赖，使脊椎动物完成了从水生到陆生的飞跃。这是脊椎动物的第三次重大变革，这次变革是在生殖方式上，就是出现了所谓羊膜卵，于是两栖类转变成了爬行类。

鱼类的卵是产在水里的。卵有卵黄，为未来的胚胎提供养料。卵成熟以后由雌鱼排出体外，然后雄鱼也在水里射精，靠水做介质，把精子送到卵子上去，这是体外受精。受精卵在水里进行胚体发育，产生幼鱼。

两栖类的卵和鱼类的卵相似，有的体外受精，有的体内受精。受精卵也必须在水里发育，产生幼体，仍然要留在水里继续进行胚后发育。以后发生变态，变成成体，才能登上陆地。

鱼类和两栖类的卵一般都不大，构造比较简单，只有在水里才能防止卵里的水分蒸发，使胚体发育中所需要的水分得到保证。所以鱼类和两栖类的生殖离不开水。因此脊椎动物要完全摆脱水环境，需要找到其他的生殖方式。羊膜卵的出现解决了这个问题，它把胚体发育中所需要的水分来源从体外转变到体内。

羊膜卵都是在体内受精的。然后产在地上或其他适当场所，这是卵生；或者在母体输卵管里停留到幼体孵化出来为止，这是卵胎生。

爬行类的卵一般都比较大，里面有一个大的卵黄，它给成长中的胚胎供应养料。卵里还有两个囊，一个就是羊膜，另一个是尿囊。羊膜是因为它在羊胎里特别显著而得名的。羊膜里充满着液体，就叫羊水，胚胎就在羊水里发育。尿囊收容胚体在卵里停留期间所排出的废物。有的爬行类的卵里还有卵白，整个结构外面还有一层浆膜，浆膜外面是一层卵壳。卵壳坚韧，可以保护卵体；又有许多细孔，可以透气，以便吸入氧气，排出二氧化碳气。

羊膜卵不同于鱼类和两栖类的非羊膜卵，就在于它可以产在干燥的陆地上，并且在陆地上孵化。这是因为羊水为胚胎发育提供了一个水域环境，胚胎不会因卵处在干燥环境中而干死，而且胚胎悬浮在羊水里，有防震和保护的作用；卵白保证胚胎发育过程中的用水；卵壳又减少卵里水分的蒸发。有的爬行类如蜥蜴和蛇，它们的卵没有卵白和卵壳，因此只能产在比较潮湿的地方，还需要通过卵膜从外界取得一部分水分。有卵白和卵壳的卵就可以产在干燥的沙土里，不依赖水就能孵化出动物幼体来。

还有，羊膜卵都是体内受精，也不需要像体外受精的卵那样靠水做介质把精子运送到卵子上去。

爬行动物进化的特征表现

已知最早的羊膜卵发现于北美洲二叠纪早期的沉积物中，而这一时代比爬行动物完善地适应于陆生生活的时代晚很多。不过从化石上还是可以看到两栖类向爬行类发展的情形，例如有一些中间类型兼有进步的迷齿类与原始的爬行类的特征。

蜥螈表现出两栖类和爬行类特征的混合，是脊椎动物进化过程中发生于两个纲之间的逐渐过渡的标志。这种变化是逐渐的而不是突然的，因此很难在两栖类与爬行类之间划分一条清晰的界线，但是可以把爬行类的一些典型特征和一般特征略述如下。

爬行类在个体发育的过程中不像两栖类那样中间要经过变态，而是直接由羊膜卵发育。爬行类头骨比较高，不同于迷齿两栖类那种通常呈扁平化。爬行动物原始的耳鼓凹已经消失。有些爬行动物虽然有耳鼓凹，但大都是次生性的。

爬行类的头骨和顶骨以后的骨头有的变小了，有的由头骨的顶盖部位移到了枕部，有的甚至完全消失。迷齿类的非常典型的松果孔，在早期的爬行动物中仍然还有，在许多进步的类型中则消失。爬行类腭上的翼骨显著，原始的爬行类的这些骨头上有发育完好的牙齿。爬行类嘴前边的腭骨上也可能有小的牙齿，但是没有像许多迷齿类的那种大的、獠牙状的腭齿。大多数的爬行动物只有一个枕踝。

爬行类的椎骨由一个大的椎侧体和一个缩小成小楔状的椎间体组成，比较进步的类型的椎间体消失。原始的爬行类有两块荐椎骨，不同于两栖类只有一块荐椎，而在许多进步的爬行类中，荐骨由好几块椎骨组成，有的类型增加到八块之多。肋骨也随着荐骨的扩大而扩大。爬行类的肩带中，肩胛骨和喙状骨均扩大加强了，而匙骨缩小或者消失了。通常有锁骨和锁间骨，但是与迷齿类的这些骨头比较起来大为缩小。

原始的爬行动物肋骨从头部到骨盆之间是连续的，而且大致相似，但是比较进步的爬行类的肋骨通常有颈部、胸部和腹部几部分的分化。

爬行类的肢体和足骨都比迷齿两栖类更为进步。即使是原始的爬行类，肢骨一般都比迷齿类的肢骨更为细长。腕部的中央骨块不超过 2 块，不同于迷齿类的由 4 块骨头组成。踝部近端的骨头减少到 2 块，不同于两栖类的 3 块。这种减少是由于内侧的胫侧跗骨、中间跗骨两块骨头与中央的 1 块骨头合并到一块所形成的。这几个骨头愈合到一起，与高等脊椎动物的距骨的愈合情况相当。外侧的腓跗骨相当于哺乳类的跟骨。

在三叠纪新出现的所有爬行类中，最重要的要算槽齿类和鼬龙类。槽齿类是非常成功地生存了一亿余年的初龙类的奠基者，是后来在中生代占显要地位的许多爬行类的直接祖先。在这些爬行类中包括鳄类、翼龙类，特别是式样众多的恐龙。

鼬龙类是哺乳类的直接祖先。哺乳类虽然在中生代恐龙类处于极盛的时候并不在进化上占重要的地位，可是到新生代来到时就代之而兴起了。

早期爬行动物种类

原始的爬行动物在晚石炭世早期从两栖类分化出来以后，很快就开始辐射分化，形成早期爬行动物的几个不同分支。在上石炭统地层里，至少已经发现了四类早期的爬行动物，这就是杯龙类、中龙类、盘龙类和始鳄类。

杯龙类是一类最古老的爬行动物。因为这类动物的椎体内凹，像一只只杯子，所以叫杯龙类。最早的杯龙类化石是发现在北美洲加拿大新斯科舍上石炭统下部地层里的林蜥化石，个体小，只有三四十厘米长。稍后的有在美国新墨西哥州下二叠统地层里的湖龙化石，个体比较大，大约有一米多长。它们的头骨构造上有许多两栖类的特征，头盖坚固，头骨后部是截平的，上下颌很长，上面有许多锋利尖锐的牙齿，看来它们是肉食性的，依靠捕食小型的两栖类过活。它们在许多解剖性质上和现代蜥蜴有点相似，在行动方式上也差不多。

杯龙类特别是大鼻龙形类被认为是后期发展起来的爬行动物的基干，从它分化出许多其他类型的爬行动物，是继往开来的代表。它本身除其中一支前棱蜥生活到三叠纪外，其余都在二叠纪末就灭绝了。

中龙类出现在晚石炭世，只在南美洲巴西南部和南非洲两个地方找到过它们的化石。

▲林蜥化石

中龙是一类小型细长的爬行动物，上下颌伸长，颌上有长而锋利的牙齿，肩腰带比较小，四肢纤长，脚变大成为宽阔的桡足，有一条长而灵活的尾。这些形态特征说明它是水生的，一般认为是淡水爬行动物，靠吃鱼类和其他水生小动物生活。

中龙类有许多特征是属于杯龙类性质的，它的椎弓是膨大的，和杯龙类的很相似，所以很可能它和杯龙类有共同的祖先。但是它已经特化，代表爬行动物中一个很古老而独立的进化分支。中龙类只生活在晚石炭世到早二叠世，很快就灭绝了。

盘龙类的化石发现在北美洲，特别是美国的得克萨斯州、俄克拉何马州和新墨西哥州的上石炭统和下二叠统地层里。

盘龙类的头骨在许多方面和大鼻龙形类的十分相近；脊椎骨有间椎体；四肢和杯龙类相似，但是比较细长。

盘龙类也可能是从大鼻龙形类分化出来的。它本身只生活在晚石炭世到早二叠世。但是从它发展进化而成的、生活在二叠纪中、晚期和三叠纪的兽孔类，却和哺乳动物相似，也是哺乳动物的祖先。所以兽孔类也叫似哺乳动物，仍然属于爬行类。

盘龙类是一类很重要的早期爬行动物，在它身上已经孕育着后来的哺乳动物的胚芽。

始鳄类的化石最早是发现在美国堪萨斯州上石炭统地层里的岩龙，其次是发现在南非二叠系地层里的杨氏鳄。

岩龙是一种没有特化的爬行动物，形态和习性有点像蜥蜴，身体和四肢都细长，适宜在地面上快跑。杨氏鳄也是结构轻巧的小型爬行动物，能在地面上快跑。

始鳄类是中生代称霸的爬行动物——恐龙类的最早祖先。但是它们一直生活到新生代开始，虽然始终不十分繁盛，却活到比它的后代恐龙类还晚一些。

爬行动物的分类

爬行纲下分为四个亚纲：无孔亚纲、下孔亚纲、调孔亚纲和双孔亚纲。每个亚纲下面又分若干个目。每一个纲目的进化途径和方式都有不同的地方，但与其所处的环境都有紧密的关系。

无孔类爬行动物

无孔类爬行动物中的杯龙类和中龙类，在二叠纪到三叠纪就已经灭绝了。杯龙类，特别是杯龙类中的大鼻龙形类是后期爬行动物的基干；中龙类由于构造特殊，它的系统地位还没有完全确定。有人认为应该归入杯龙类，有人认为应该归入似哺乳动物类。实际上它是系统关系未明的早期爬行动物的辐射分化的一支。

无孔类爬行动物中，现存的只有龟鳖类。

龟鳖类的构造特殊，和其他许多爬行动物都不相同。从化石记录看，南非洲二叠系地层里曾经发现一种很破碎的稀有的化石，叫正南龟类。这是一种只有 10 厘米左右的很小的爬行类，头骨的性质不明，颌骨上和颚部边缘带有细小的牙齿，脊椎骨和肋骨已经特化，很可能以后发展成为龟鳖类的甲壳。所以这种动物可能对龟鳖类的起源提供一些线索。

真正的龟鳖类出现在中三叠世或晚三叠世，样子已经和现代龟鳖类相差无几。最早的祖先类型叫原颚龟。以后又出现两栖龟，也是一种原始的类型。它的躯体有坚固的甲壳保护，颈部很短，头部不能缩进壳里，或者只能稍微收缩一点；头骨数目已经减少，牙齿已经从颚骨边上消失。到侏罗纪，从两栖龟分化出两个分支：一类叫侧颈龟，它的颈能向两侧方向弯曲，纳入壳里；另一类叫曲颈龟，也叫隐颈龟，它的颈能曲成 S 形直缩入壳里，是龟鳖类中比较成功的一类。

▲鳖

龟类是比较特殊的动物，从它们所具有的坚硬外壳就能很容易地分辨出来。最有趣的是，大多数的龟都能把头、四肢和尾缩进壳内，虽然这让它们承受了“缩头乌龟”的屈辱，但不能否认，这恐怕是四足动物中最奇特的防御方式，而且也非常有效。

在人们的印象中，它们一直是长寿的标

志，我国古代也经常能看到它们的雕像或者工艺品。虽然它们的寿命并不是真的有千年、万年，但一般也可以活到数十岁，有的甚至还创下了188岁高龄的纪录，的确无愧于“长寿动物”的美名了。

最原始的龟是原颚龟，与最早的恐龙几乎同时出现在2亿多年前，它已经有了和今天的龟相似的壳了。从此以后，龟的子子孙孙都有了一个壳。

龟鳖类中进化最成功而且数目最多的是曲颈龟类，它们现在仍遍布全球。曲颈龟类的脖子可以以S形弯曲的方式垂直地缩进甲壳里。颈椎高度特化以适应这样的行为。

曲颈龟类从白垩纪开始就在四足类脊椎动物群中占有显要的地位，并且向着许多适应辐射的方向进化着。它们有的栖息在河流与沼泽中，有的则适应于陆地生活；有的居住在森林中，也有的可以生活在平原上甚至沙漠里；有一些龟类重归海洋，只是生殖时才登陆；有些龟鳖类身体很小，有的却非常巨大（例如现代的象龟、陆龟以及更新世的巨龟等）；有的龟鳖类完全是肉食性的，有的则是完全的植食性，也有一些是杂食性。

龟类与大多数爬行动物一样是变温动物。主要分布在热带和温带地区。绝大多数龟鳖类习惯陆地生活，但一般居住在河流、湖泊附近以及沼泽和湿草地中。河龟是较常见的龟类，真正完全陆生的龟类并不多。最引人注目的，当数生活在南半球加拉帕戈斯群岛的象龟，它们可以一生不到水中生活，靠仙人掌为食，只在繁殖期会饮水。

成年象龟体长可达到1米，体重160千克。在我国云南发现的2000多万年前的路南陆龟，身体大小与象龟相仿。在印度还发现过更大的陆龟，其背甲长达2米。在其他大陆，也有大型陆龟化石被发现。可见当年这些大型龟类是广泛分布的，但后来都灭绝了。

可能象龟也只是因为生活在岛上才苟延残喘生活到今天。但它们已经面临窘境，急需保护。

还有一些龟类则适应海洋生活，产生了桨状的附肢，只有在产卵期间才回到沙滩。现在生活在海洋中的龟有棱皮龟和海龟两大类。棱皮龟是现存最大的龟鳖类，最大体长可达3米，重960多千克，俨然是一个庞然大物。

▲象龟

龟鳖类看来也是杯龙类的直接后裔。在它们的整个进化历史中，头骨的数目虽然已经减少，但是仍然趋向于保持原始爬行类那种坚固的头骨，在许多进步的龟鳖类中，头盖骨又有开孔和退化现象。

另一方面，龟鳖类在长期生存斗争中又出现各种有用的适应。它是现存爬行动物中没有牙齿的一类，颚骨上的牙齿消失了，形成了角质的喙嘴，这种喙嘴对切割肉类和植物同样有效。肢体变得强壮，陆生种类足短趾少，海龟的足变成桡足，适宜于游泳。而真正的特征是甲壳的发展，肋骨分化发展包裹了肢带和肢骨的上节，来支持保护性的骨质背甲。在腹面发生了骨质腹甲。背甲腹甲都覆盖有角质甲套，在两侧互相连接，使它们成为完全装甲的爬行类。龟鳖类就是这样取得了笨重的保护适应，尽管牺牲了灵活性，却能经得起时间的考验，一直延续到现在。

现存的龟鳖类大约有400多种，多分布在热带和温带，适应各种生活环境，如河流、沼泽、森林、沙漠等。在白垩纪，有一些龟鳖类回到海里，成为海龟，如玳瑁、绿蠵龟、赤蠵龟，有的体长1米以上。

下孔类爬行动物

下孔类爬行动物中的原始类型就是盘龙类，最初的盘龙类叫蛇齿龙类，其中有早二叠世的巨蜥龙，是一种中等大小的爬行动物，体长1.5米，具有蜥蜴的一般形状；二叠纪的蛇齿龙，是一种比较大的爬行动物，体长1.5~2.5米。它们都吃鱼，主要栖居河流、池塘边。

▲大海龟

盘龙类主要是晚石炭世和早二叠世的动物，大多出现在北美洲。到中二叠世和晚二叠世，盘龙类发展成为兽孔类，即似哺乳动物，它们一直延续到三叠纪。兽孔类化石在世界各地都有发现，而南非的卡鲁平原发现得更多。

调孔类爬行动物

调孔类爬行动物中最原始的是从杯龙类中早期发展出来的原龙类。原龙类出现在二叠纪，延续到三叠纪。

二叠纪的原龙类是小型的、形状像蜥蜴的爬行动物，是陆生的，可能生活在灌木丛里，伺食昆虫或其他小爬行动物。到三叠纪，原龙类向不同的方向特化。在三叠纪结束的时候，原龙类趋于灭绝。

在三叠纪，从原龙类沿三个独立方向发展，分别以楯齿龙类、幻龙类和蛇颈龙类为代表，它们都是海生的爬行动物。

楯齿龙类生活在早三叠世，它们特化成为在浅海里生活的爬行类，靠吃海底介壳类动物生活。它们结构笨重，身体粗壮，头骨、颈部和尾部都短，四肢骨中等长度，四足是比较小的桡足，背部有保护甲。腹面有由坚固骨棒组成的腹肋筐。牙齿特化，前排成水平的，像是很有效的钳子，后排成宽大的磨石状，在强壮的颌部肌肉收缩下，可以压碎坚实的海生介壳类。

楯齿龙类随着三叠纪的结束而灭绝。

幻龙类是和楯齿龙类同时代的靠吃鱼类生活的海生爬行动物，也只生活在三叠纪。这是一些从小型到中型的长形爬行类，有很长的可以弯曲的颈，有发达的腹肋筐，四肢变长，相当强壮，四足是短的桡足，能爬上陆地。

蛇颈龙和幻龙同属调孔类中的蜥鳍目，蜥鳍目爬行动物也叫鳍龙类。幻龙是小型原始的鳍龙类，蛇颈龙是大型进步的鳍龙类。

蛇颈龙基本上继承了幻龙类的型式，只是躯体增大。它的样子像一条蛇套在一只乌龟壳里，头很小，颈很长，躯体宽短而扁平，四足是很大的肉质桡足，能快速划动，并且能迅速转身。它的上下颌骨结构也比幻龙类有所改进，是凶残的肉食类，不仅吃鱼，也吃自己的幼仔和其他海生爬行类。它也像幻龙那样能爬上陆地。

蛇颈龙类从晚三叠世开始出现，身体逐渐扩大。到侏罗纪已经遍布全世界，身长达到 3 ~6 米；到白垩纪末期，身长达到最长，可以达到 18 米。它们在侏罗纪和白垩纪的水域里称霸一时，到白垩纪末灭绝了。

双孔类爬行动物

双孔类爬行动物可以分成两大类。又可以分成两个次亚纲：一个次亚纲叫鳞龙次亚纲，包括始鳄目、喙头目和有鳞目，有鳞目又包括蜥蜴类和蛇类；另一个次亚纲叫初龙次亚纲，包括槽齿目、鳄目、蜥臀目、鸟臀目和翼龙目。

现存的爬行动物，除了属于无孔类的龟鳖类之外，其余几类都属双孔类。

根据化石记录，鳞龙次亚纲——喙头类出现在三叠纪初期，在三叠纪曾经繁盛过一时，分布到全世界。有一些形体相当大，如巴西的坚喙蜥，体重有近 100 千克的。三叠纪以后，分布受到限制。

现存的喙头类爬行动物只有一种，叫作楔齿蜥或喙头蜥，残存在新西兰附近的少数岛屿上，所以也叫新西兰蜥蜴。它的身长可以达到 75 厘米，看上去像只大蜥蜴，体表覆有颗粒状小鳞，背和腹侧有薄板状大鳞，背中线上有一排棘状的鳞。它的头部还有松果孔，表明它还保留着原始的形态，所以被看作是一种活化石。

蜥蜴俗名四脚蛇，实际上，蛇是四脚退化的蜥蜴。蜥蜴和蛇在颚骨和翼状骨上有发育完好的牙齿。

蜥蜴类从三叠纪晚期开始，到侏罗纪就已经沿着各种不同的适应路线辐射发展，并且以后一直保持着这一特色。白垩纪曾经发展出某些巨蜥类，体长达到 9 米以上，适应于回到海里去生活，短期繁盛后到白垩纪末灭绝。

现存的蜥蜴类大约有 3800 种，是现存爬行动物中种类最多的一个类群。体长从十几厘米长的小型蜥蜴到几米长的巨蜥类。常见的壁虎、变色龙都是小型蜥蜴。

蛇类是所有爬行类中最后进化形成的，实际上是高度特化了的蜥蜴。它们的四足退化，其中蟒蛇还保留有后肢的痕迹。但是全身的骨骼和肌肉却发展得能够灵活地游动，它们有的退居到水里，有的隐居在密林和岩石丛中，有一部分在中新世又发展出了毒牙，在生存斗争中能够延续到现在。

▲变色龙

现在的蛇类大约有3000种，是现存爬行类中仅次于蜥蜴的一个类群。它们生活在地球上的大部分地方，甚至到了北极圈和南美洲南端。它们大部分生活在森林、草原、荒漠和山地里，少量生活在树上、地下和水里。

初龙次亚纲——槽齿类在二叠纪末出现，到三叠纪末灭绝。这一类爬行动物的历史虽短，种数也不很多，但是在爬行动物进化史上却有重大意义，它是统治中生代的主要爬行动物恐龙类的祖先。

槽齿类中又可以分成四类。

古鳄类：是最早、最原始的一类，出现于晚二叠世，以南非下三叠统地层里发现的引鳄为代表。身体和四肢都很粗壮，用四足行走，头骨相对较长，还保留着许多原始的特征，只是槽齿类进化的旁支。

假鳄类：在槽齿类进化系统中较重要的一类，它们在许多方面表现出初龙类的典型的进化趋向，以南非下三叠统地层里发现的派克鳄作为代表。这是一种小型的肉食性爬行动物，身长大约60厘米，骨的构造纤弱，很多部分是中间空的，前肢比后肢小。它的牙齿都生在齿槽里，这就是槽齿类这个名字的由来。它的背部中央有两排骨板，这是假鳄类的一个共同特征。欧洲的鸟鳄、北美的黄昏鳄都属于假鳄类。

恩吐龙类：在后期的槽齿类中，有一支向着身体装甲的方向发展的一类爬行动物，以三叠纪晚期欧洲的恩吐龙为代表。它的身体已经装备了全套甲胄，可以避免遭受敌人攻击。它的头骨和牙齿都弱小，显然不是肉食性的。它的体重较大，因此只能是四肢行走，但是前肢比后肢小，表明它们是从两肢行走的假鳄类演变来的。欧洲的锹鳞龙、北美的正体龙和有角鳄属于这一类。

植龙类：是和恩吐龙类同样向身体增大方向发展的一支，如植龙和狂齿鳄，是一些凶恶贪吃的肉食性爬行动物，栖居在溪流湖泊里，吃鱼或其他可能捕到的动物生活。它们的头骨和下颌骨都伸长，有锋利的牙齿。鼻孔长在高出头部的小丘状突起的顶上，以便在水下潜游的时候露出水面进行呼吸。它们的四肢强壮，可以在陆上行走，但是前肢仍比后肢小，可知它们的祖先也是两肢行走的假鳄类。

槽齿类本身虽然在三叠纪末灭绝了，但是从它分化出来的恐龙类和翼龙类却在侏罗纪和白垩纪称霸陆地并且占领空中，还有鳄类一直生活到现代。

初龙次亚纲——鳄类最早出现在三叠纪末期。美国亚利桑那州的原鳄是一种中等大小的爬行动物，体长1米左右，是四足行走的，但是后肢比前肢长得多，表明它是槽齿类中的两足行走的假鳄类的后裔。从原鳄发展到早侏罗世的中鳄，从早侏罗世到白垩纪十分繁盛，继续到新生代初。

▲锹鳞龙复原图

在白垩纪，从中鳄又发展出两支比较进步的类型：西贝鳄类和真鳄类。西贝鳄类是近十几年来才在南美洲发现的，主要特点是头骨高而侧扁，牙齿扁平。现在已经灭绝了。

真鳄类就是现代的鳄类。它的特点是内鼻孔靠后退到颚骨后面，使从外鼻孔经内鼻孔到肺部的呼吸道不通过口腔而通过咽喉后方。在现代鳄类中，舌头后面有一个特殊的活瓣，可以使呼吸道和口腔分开，使呼吸和进食能同时进行，这是水生生活的一种适应。

现存的爬行动物包含四个目。鳄目：包含鳄鱼、长吻鳄、短吻鳄、凯门鳄等 23 个种。喙头蜥目：包含生存于新西兰的喙头蜥，共 2 个种。有鳞目：包含蜥蜴、蛇、蚓蜥等，接近 7900 个种。龟鳖目：包含海龟与陆龟，接近 300 个种。

现代的爬行动物栖息于每个大陆，除了南极洲以外，但它们主要分布于热带与副热带地区。现存的爬行动物，体型最大的是咸水鳄，可达 7 米以上，最大者重 1.6 吨；最小的是侏儒壁虎，只有 1.6 厘米长。

除了少数的龟鳖目以外，所有的爬行动物都覆盖着鳞片。虽然所有的细胞在代谢时都会产生热量，大部分的爬行动物不能产生足够的热量以保持体温，因此被称为冷血动物或变温动物。爬行动物依靠环境来吸收或散发内部的热量，例如在向阳处或阴暗处之间移动，或借由循环系统将温暖血液流动至身体内部，将较冷血液流动至身体表层。大部分生存于天然栖息地的爬行动物，可将身体内部的体温维持在相当狭窄的变化范围内。不像两栖类，爬行动物的表皮厚，因此不需要栖息在水边，吸取水分。由于体温调节方面的关系，爬行动物可以较少的食物维生。温血动物通常以较快速度移动，某些蜥蜴、蛇或鳄鱼的移动速度较快。

爬行动物的“活化石”——鳄鱼

鳄鱼是迄今发现活着的最早和最原始的爬行动物，它是在三叠纪至白垩纪的中生代（约2亿年以前）由两栖类进化而来，延续至今仍是半水生性凶猛的爬行动物。它和恐龙是同时代的动物。鳄鱼顽强地坚持繁衍至今，但它历经劫难也使原来的大部分绝迹，只有少数幸存下来。所以，科学家称它为“活化石”。

鳄鱼之所以引起特别关注是因其在进化史上的地位：鳄是现存生物中与史前时代似恐龙的爬虫类动物相联结的最后纽带。同时，鳄鱼又是鸟类现存的最近亲缘种。大量的各种鳄化石已被发现；4个亚目中有3个已经灭绝。根据这些广泛的化石记录，有可能建立起鳄鱼和其他脊椎动物间的明确关系。

凶残成性的鳄鱼

鳄鱼是一个拥有2亿年历史的爬行家族，现在发现的最早鳄鱼化石与恐龙一样，出现在三叠纪晚期，但科学家们相信，鳄鱼起源的时间比恐龙还要早。这个历史悠久的家族目睹了爬行动物的兴衰、恐龙的灭亡以及鸟类和哺乳动物的兴盛。

白垩纪晚期是哺乳动物进化史上的一个重要时期，在那段时间里，许多种群开始分化，以适应在不同的小环境下生存。古生物学家戴维·克劳斯说：“鳄鱼从白垩纪晚期日趋多样化，大到5米长，小的不足1米，以适应不同生存环境的需要。

直到今天，它们依然注视着地球上的生命不息. 可谓是一类非常成功的爬行动物。

鳄鱼形象狰狞丑陋，生性凶恶暴戾，行动十分灵活。白天它一般伏睡在林荫之下或潜游水底，夜间外出觅食。它极善潜水，可在水底潜伏10小时以上。如在陆上遇到敌害或猎捕食物时，它能纵跳抓扑，纵扑不到时，它那巨大的尾巴还可以猛烈横扫。

鳄鱼的遗憾之处是，虽长有看似尖锐锋利的牙齿，却是槽生齿，这种牙齿脱落下来后能够很快重新长出，可惜它不能撕咬和咀嚼食物。这就使它的双颌功能大减，既然不能撕咬和咀嚼，只能像钳子一样把食物“夹住”然后囫囵吞咬下去。所以当鳄鱼捕到较大的陆生动物时，不是把它们咬死，而是把它们拖入水中淹死；相反，当鳄鱼捕到较大的水生动物时，又把它们抛上陆地，使猎物因缺氧而死。在遇到大块猎物不能吞咽的时候，鳄鱼往往用大嘴“夹”着食物在石头或树干上猛烈摔打，直到把猎物摔软或摔碎后再张口吞下，如还不行，它干脆把猎物丢在一旁，任其自然腐烂，等烂到可以吞食了，再吞下去。正因为鳄鱼的牙齿不能嚼碎食物，所以它生长了一个特殊的胃。这只胃的胃酸多而酸度高，使鳄鱼的消化功能特好。此外，鳄鱼也和鸡一样，经常吃些砂石，利用它们在胃里帮助磨碎食物促进消化。

在1亿多年前鳄鱼繁盛的年代，有一种叫作“帝王鳄”的古代鳄鱼，体长可达11～12米，仅头部就有1人多长，体重可达到10吨左右。它们生活在大河深处，凶残无比。根据它的头骨构造和满嘴粗大尖锐的牙齿，科学家们推测，不仅河里的鱼是它们的食物，甚至连中生代的霸王——恐龙，也常常成为它们的“家常便饭”，堪称“恐龙杀手”。

▲“帝王鳄”

当恐龙口渴难忍来到河塘边全神贯注地喝水时，帝王鳄会趁它不注意猛然张开它那张巨口，一下子咬住恐龙的身体，直至恐龙没有反抗之力，再把恐龙吃掉。

这类鳄鱼之所以能捕食恐龙，主要因为它有着非常特殊的身体构造。它的鼻子末端长着一个巨大的、球根状的突起，突起里面有一个空腔。这使它的嗅觉异常灵敏，并能发出奇异的声音。而且，这种超级鳄鱼的牙齿也非同一般。与一般以鱼类为生的动物相比，它的下颌牙不仅与上颌牙互相交错，而且能精确无误地嵌入其中。在100多颗牙齿当中，一排门牙能咬碎骨头，撕裂像恐龙一样巨大的猎物。

帝王鳄的眼睛还有一个很独特的构造，能使它长时间生活在海岸边——帝王鳄的眼窝底部朝上转，这样能大量增加目视范围。除此之外，鳄鱼的皮肤上还长有一层片状骨质“铠甲”。这些“铠甲”不仅像树的年轮一样标志着鳄鱼的年龄，而且能保护鳄鱼在捕食猎物时免受伤害。

其实，帝王鳄还不算是最大的鳄鱼。生存于美国白垩纪晚期的一种叫作“恐鳄”的鳄鱼，体长达到15米，是已知鳄鱼中的“至尊巨人”。

这种绝对恐怖的巨型爬行动物并不是现代鳄鱼的直系祖先，而只是近亲。

恐鳄在希腊意为“恐怖的巨鳄”之意，是种已灭绝大型鳄，生存在北美洲东部海岸地区。恐鳄是史上出现过最大型的鳄类之一，可能会以恐龙为食。目前发现的恐鳄化石主要以头骨为主，但是也有腿骨和脊椎骨。

以前，科学家们认为，恐鳄的身长一般为8～10米。生存于北美洲东部的恐鳄，身长为8米，体重为2000千克。生存于北美洲西部的恐鳄，身体较大，身长为12米，体重为

鳄鱼的眼泪

当鳄鱼窥视着人、畜、兽鱼等捕食对象时，往往会先流眼泪，使你被假象麻痹而对它的突然进攻失去警惕，在毫无防范的状态下被它凶暴地吞噬。这种说法是不对的。鳄鱼流眼泪是在润滑自己的眼睛。当鳄鱼潜入水中时，鳄鱼眼中的瞬膜就闭上，既可以看清水下的情况，又可以保护眼睛；当鳄鱼在陆地上时，瞬膜就被用来滋润眼睛，而这就需要用到眼泪来润滑。

7700千克。当然也有些学者认为最大的恐鳄可能超过12米，重达8500千克。

但是新的研究结果显示，最大的恐鳄也许并没我们认为的那么大，而且在陆地的行动能力比现代的鳄鱼差得多。

▲恐鳄偷袭恐龙

最大的恐鳄不会有8000千克，但是也不会小到只有2000~3000千克的地步，估计恐鳄体重应该在6000千克左右。生物学家研究显示恐鳄腿部的骨骼相对它的大小相当得弱，甚至低于帝王鳄，很可能是特化适应水生的鳄鱼。

虽然恐鳄的身长最新的几个估计值相当得低，但即使是这几个值数仍然明显地大于任何现存的鳄类。恐鳄被认为是史上最大型的鳄之一。

恐鳄的化石主要在美国许多地区发现，包含阿拉巴马、密西西比、蒙大拿、佐治亚、新泽西、北卡罗来纳、新墨西哥、得克萨斯、犹他和怀俄明。在2006年，墨西哥北部发现一个恐鳄的皮内成骨，这次首次在美国以外地区发现恐鳄化石。恐鳄的化石最常在佐治亚州的湾岸平原地区被发现，接近阿拉巴马的边界。

根据恐鳄的化石分布，这群巨鳄可能生存于河口环境。某些恐鳄化石被发现于海相沉积层，但可能是恐鳄进入海洋寻找食物，如同今日的湾鳄。在阿古哈组，某些恐鳄可能生存于盐沼或潮汐带，该地区也发现最大型的恐鳄化石。

与恐鳄同栖息地的阿尔伯托龙，是一种9米长的兽脚类恐龙，可能也是在霸王龙等巨型猎食者出现以前，当时陆地上的食物链顶层，很有可能会与恐鳄发生冲突。

1954年，内德·科尔伯特与罗兰·伯德首次提出，恐鳄很可能以生存于相同地区的恐龙为食。内德·科尔伯特在1961年再次重申这个理论："这种鳄鱼应该会以恐龙为食，不然为何它们的体型可以生长到超越恐龙？恐鳄会在水中攻击岸边的猎物，哪里是兽脚类恐龙无法猎食的区域。"

恐鳄通常被认为采取类似现今鳄鱼的猎食模式，将身体沉浸在水中，攻击接近岸边的恐龙或其他陆栖动物，直到猎物溺死。在大弯国家公园附近发现的数节鸭嘴龙尾椎，带有恐鳄的齿痕，加强了恐鳄会以部分恐龙为食的理论。

大卫·史威莫等人提出：恐鳄可能会以海龟为食。恐鳄可能会用嘴部后段、较钝的牙齿，咬碎海龟的龟壳，以海龟为食。在恐鳄的北美洲东部化石发现处，数个此种海龟的龟壳已发现齿痕，很有可能是由大型鳄鱼所留下。

生物学家提出恐鳄的食性可能依据生存地区的不同，而有不同的变化。生存于北美洲东部的较小型恐鳄，生态位可能类似现今的美洲鳄，有多种食物来源，例如：海龟、大型鱼类及小型恐龙。得克萨斯与蒙大拿的恐鳄体型较大、较为少见，可能主要以鸭嘴龙等大型恐龙为食。

现存的著名“冷血杀手”当属尼罗鳄了，这是一种较大体型的鳄鱼，平均体长3.7米，大者可超过5.5米，有不确切的纪录则长达7.3米。尼罗鳄是分布最广泛的鳄之一，在非洲大部分水域都能见到，在马达加斯加岛也有分布，有些种群生活于海湾环境中，在不同地区生活着不同的亚种，这些亚种彼此之间略有区别。

尼罗鳄以凶猛著称，可以捕食包括人在内的大型哺乳动物，也捕食鱼、鸟和小型鳄鱼等。鳄生性凶猛是鼎鼎有名的，它们的秘密武器是它们那又长又粗的尾巴。当它们见到牛、羚羊、鹿等哺乳动物在河边饮水的时候，会悄悄潜水过去，突然将铁鞭一样的尾巴向上一扫，立即把猎物打入河内，然后它们张开大嘴，饱餐一顿。其他一些鳄类也能用类似的方法伤害人畜。

鳄鱼的成功应该归功于它的身体结构：它的心脏和鸟类、哺乳类一样已经发展出有4个房室，使得身体各部分供氧充足；它忍饥挨饿的能力很强，已知有的种类即使半年不吃也不致饿死。它的身体构造则非常适应水中的生活。

鳄鱼在进入新生代以后的几千万年里，身体构造基本定型，没有发生大的变化。因此，鳄鱼也被称为“活化石”。大多数鳄鱼都长着扁平的头，有一个长长的吻部，嘴里长着圆锥形的牙齿，非常适合捕杀猎物。

▲尼罗鳄

温和的扬子鳄

一般来说，人们印象中的鳄鱼总是凶残成性的“冷血杀手”，因此对其敬而远之。其实，在鳄鱼的演化历史中，不仅有像帝王鳄和恐鳄这样凶残的肉食者，也有许多温顺的植食性鳄鱼。

即使是在肉食性鳄鱼中，有些种类也并不凶残。大多数鳄鱼通常不会主动进攻人类，尤其是产于我国长江中下游，也是唯一生存于温带的现存鳄鱼——扬子鳄，性情非常温和。

扬子鳄又称中华鳄，因为扬子鳄是恐龙的“堂兄弟”，所以它的俗名又叫猪婆龙或土龙。

扬子鳄以蛤蟆、鱼、蛙以及鼠类为主食。兔子会跑，鱼儿会游，鸟儿会飞，而扬子鳄的脖子只能转动15°，所以它捕食时，若不要一点“阴谋诡计”是不可能捕到猎物的。它捕食猎物时，把尾巴和头隐藏在水中，只露出像木块似的背部，当猎物停落在它那像木块的背上晒太阳时，它的身体就会慢慢下沉，最后，只露出紧闭的嘴巴，猎物就会朝没水的地方爬，一直爬到扬子鳄的嘴边。这时，猎物还不知道自己已危在旦夕，只见扬子鳄张开大嘴，猎物“咕噜”地滚入嘴里，霎时便成了它的美餐。

扬子鳄喜欢栖息在湖泊、沼泽的滩地或丘陵山洞长满乱草蓬蒿的潮湿地带。它具有高超的挖洞打穴的本领，头、尾和锐利的趾爪都是它的打洞工具。俗话说“狡兔三窟”，而扬子鳄的洞穴还超过三窟。它的洞穴常有几个洞口，有的在岸边滩地芦苇、竹林丛生之处，有的在池沼底部，地面上有出入口、通气口，而且还有适应各种水位高度的侧洞口。洞穴内曲径通幽，纵横交错，恰似一座地下迷宫。也许正是这种地下迷宫帮助它们度过了严寒的大冰期和寒冷的冬天，同时也帮助它们逃避了敌害而幸存下来。

▲扬子鳄

在扬子鳄等爬行动物身上，至今还可以找到早先恐龙类爬行动物的许多特征，人们研究恐龙时，除了根据恐龙化石以外，也常常以扬子鳄去推断恐龙的生活习性，所以，人们称扬子鳄为“活化石”。扬子鳄对于人们研究古代爬行动物的兴衰和生物的进化有着非常重要的意义。

在爬行动物的进化历史中，鳄鱼是一个成功的典范，即使是6500万年前令中生代霸主——恐龙灭绝的残酷考验，也没能消灭顽强的鳄鱼。但是，它们却无法抵御来自人类的威胁，最近的科学调查表明，在现存的20多种鳄鱼中，已经有16种濒临灭绝。

蜥蜴类和蛇类

蜥蜴类和蛇类合称为有鳞类，蛇是从蜥蜴类中演化出来的。确切无疑的有鳞类化石，最早发现于中侏罗纪。蜥蜴类在地史中刚一出现就已经多种多样了，早在晚侏罗纪时，就发现了有鳞类中3个类群的化石记录。结合楔齿蜥的起源时间，推测最早的有鳞类应该至少在三叠纪就已经出现。有鳞类从中侏罗纪开始迅速发展，以后在早白垩纪时，伴随最早的蛇类的出现，这个类群又有了一次大发展。曾经普遍认为蛇起源于掘穴的蜥蜴，近年来又有人认为蛇起源于海洋，与沧龙密切相关。一般认为，现代蜥蜴中巨蜥类与蛇类最接近。蛇的祖先可能在侏罗纪时就从蜥蜴中分出来，可能与巨蜥类基干类群关系最近。

蜥蜴类形态特征

蜥蜴类和蛇类是现存爬行动物中最兴盛的类群，分布于世界大部分地区。现存蜥蜴约3000种，而蛇类有大约2400种。现代蜥蜴中最大的要数印度尼西亚的科摩多龙（也有称科摩多巨蜥），能长到3米多，捕食鹿和猪。

科摩多是印度尼西亚努沙登加拉群岛的一部分。在这里，生活着世界上最大的蜥蜴，岛上的居民称之为“科摩多龙”。科摩多岛气候温和，丛林茂密，四周环海，海岸有成片的沙滩和林立的礁岩。这样的自然环境，成了巨蜥蜴生活的“天堂”。

成年的蜥蜴，一般身长5米左右（雌性大，雄性小），体重100多千克。皮肤粗糙，生有许多隆起的疙瘩，无鳞片，黑褐色，口腔生满巨大而锋利牙齿（世界26种巨蜥蜴，只是它有牙齿）。但是，声带很不发达，即使激怒时，也仅能听到它发出的“嘶嘶嘶嘶”的声音。它捕食动物时，凶猛异常，奔跑的速度极快。它那巨大而有力的长尾和尖爪是捕食动物的“工具”。它以岛上的野猪、鹿、猴子等为食。只要成年的巨蜥一扫尾巴，就可以将3岁以下的小马扫倒，然后一口咬断马腿，将马拖到树丛中吃掉。吃不完时，它还将余下部分埋在沙土或草里，饿时再吃。

▲科摩多龙

生活在科摩多岛上的野鹿、野猪、山羊和各种猴子，见到巨蜥就逃。蜥蜴吃饱后，趴伏于丛林间，沙滩上或礁岩上，甜睡，晒太阳。它善游泳，具有潜入水中捕鱼吃或在水下待几十分钟的特殊本能。

在澳大利亚发现的巨蜥化石则有科摩多龙的 2 倍大。但蜥蜴中最大的还数沧龙，这是晚白垩纪的一种海生蜥蜴，有的个体长度可以超过 10 米。沧龙有着长长的尾巴，几乎占了身体的一半长。曾经发现过几百件保存极为精美的沧龙化石，但没在成年沧龙的体内发现过幼仔，估计它们和海龟一样还得回陆地下蛋。

蜥蜴是变温动物。在温带及寒带生活的蜥蜴于冬季进入休眠状态，表现出季节活动的变化。在热带生活的蜥蜴，由于气候温暖，可终年进行活动。但在特别炎热和干燥的地方，也有夏眠的现象，以度过高温干燥和食物缺乏的恶劣环境。可分为白昼活动、夜晚活动与晨昏活动三种类型。不同活动类型的形成，主要取决于食物对象的活动习性及其他一些因素。

变色龙就是能改变身上颜色的蜥蜴。它依靠自身皮下的多种色素块，能随时随地根据需要改变身体颜色，以便捕食和躲避外敌的袭击。变色龙的变色实际上是一种伪装武器，用来弥补自身行动迟缓的缺陷，使其得以摆脱捕食者的追捕。

▲壁虎

变色龙身体颜色的变化主要取决于光线、温度等环境因素和自身情绪等。因此，变色龙的皮肤颜色是其自身情绪的晴雨表。例如，有些种类的变色龙生病时肤色会变白，而另一些种类的变色龙会变成醒目的颜色来赶走入侵者，或者在发情期变成猩红色。而最妙之处在于，为了便于伪装，变色龙选择的是自己所处位置最主要的颜色。比如，当它在沙地捕食时，它的皮肤是黄褐色的；当它进入森林，又将自己变成草丛树杆的绿色。

变色龙的变色受到神经激素的控制，是由色素的扩散或者集中引起的。色素存在于星形的色素细胞内，而色素细胞包括黄色素细胞、红色素细胞等多种。在色素细胞外环绕着肌肉纤维，因而具有一定的弹性。在自主神经系统的作用下，色素细胞能扩大到整个“自由”空间，同时发生许多分支。这样，原本集中在细胞中央的色素便分散开来。最后，色素细胞收缩或放大形成不同种类色素细胞的颜色组合，从而决定了变色龙的肤色。这也就是变色龙能变色的秘密。

大多数蜥蜴吃动物性食物，主要是各种昆虫。壁虎类夜晚活动，以鳞翅目等昆虫为食物。体型较大的蜥蜴如大壁虎也可以小鸟、其他蜥蜴为食物。巨蜥则可吃鱼、蛙甚至捕食小型哺乳动物。也有一部分蜥蜴如鬣蜥以植物性食物为主。由于大多数种类捕食大量昆虫，蜥蜴在控制害虫方面所起的作用是不可低估的。很多人认为蜥蜴是有毒动物，这是不对的。全世界蜥蜴中，已知只有两种有毒毒蜥，隶属于毒蜥科，且都分布在北美及中美洲。

许多蜥蜴在遭遇敌害或受到严重干扰时，常常把尾巴断掉，断尾不停跳动吸引敌害的注意，它自己却逃之夭夭。这种现象叫作自截，可认为是一种逃避敌害的保护性适应。我国壁虎科、蛇蜥科、蜥蜴科及石龙子科的蜥蜴，都有自截与再生能力。

有的蜥蜴变色能力很强，特别是避役类以其善于变色获得“变色龙”的美名。另外，大多数蜥蜴是不会发声的。壁虎类是一个例外，不少种类都可以发出洪亮的声音。蛤蚧鸣声数米之外可闻。壁虎的叫声并不是寻偶的表示，可能是一种警戒或占有领域的信号。

蛇类形态特征

蛇是爬行动物中进化最快的类群。蛇类有红外线感受器，如存在于蝮蛇类的颊窝和大多数蟒的唇窝，它们是热敏器官，对周围环境温度变化极为敏感，能在数十厘米的距离内感知0.001℃的温度变化。这样它们就能在夜间准确地判断哺乳类或鸟类的存在及位置。蛇的这类捕食行为，还有蛇的专门用来捕捉温血动物的某些头骨结构都表明，蛇的进化可能与当时哺乳动物的多样化密切相关。

许多蜥蜴有躯干延长、四肢退化的趋势，而这种趋势在蛇中发展到了极致。蛇的脊椎数目可达500块，尾前椎数120~454块。现代蛇基本没有了四肢：肩带和前肢完全退化，仅蟒中有后肢残余，盲蛇有腰带的残迹。人们用“画蛇添足”来比喻做事多此一举。但是如果算上化石，画蛇添足就未必错误了。例如，近年来在以色列发现的9500万年前的蛇化石，从头骨看可以归入典型的蛇类，却还保留了几乎完整的后肢。

蛇的外耳已经没有了，不过里面的方骨和镫骨还在，它们直接从地面获取声波。声波在固体中比空气中传播要快得多，所以蛇类对地面的微弱振动极为敏感。

我们常用“蛇吞象”比喻贪心不足，即使是最长的蛇，如拉丁美洲的网蟒10米长，或最重的蛇，227千克的水蟒，也不可能吞下大象。不过这句话也有其来由，蛇口可以张开很大，达到130度角，这时候就能吞下比蛇头大几倍的食物，如眼镜蛇吃鼠、蟒蛇吞山羊等等。

不少人提到蛇就会感到毛骨悚然，这一方面是害怕毒牙的伤害，另一方面是其体表色彩斑斓，让人觉得形态可憎。很多毒蛇颜色鲜艳，身体具有色彩不同的环纹。早期的蛇大多靠窒息来杀死猎物，就像今天的蟒一样：缠绕在猎物胸部，逐渐收紧，直至猎物断气。

蛇一般是不会主动对人进攻的，除非你打到了它的身躯。你的脚踩上了它的时候，它会本能地马上回头咬你脚一口，喷洒毒液，令你倒下。当人们行走在山路上时，“打草惊蛇”在此用得很恰当。你手执一根木棍，有弹性的木棍子最好。边走边往草丛中划划打打，如果草丛有蛇，会受惊逃避的。用硬直木棒打蛇是最危险的动作，因为木棒着地点很小，不容易击倒蛇。软木棒有弹性，打蛇时木棒贴地，蛇击中可能性更大。蛇打七寸，这是蛇的要害部位，打中此部位，蛇动弹不了。

爬行动物中的滑翔者

在爬行动物中，翼龙是唯一能够进行飞行的类群，而在翼龙出现之前，有一些爬行动物也在试图征服蓝天，但是由于它们不够努力，或者命运不济，最终没能实现飞向蓝天的美梦，只能在空中进行短距离的滑翔。这就是自晚二叠世开始出现的一些小型的能滑翔的双窝类爬行动物。

滑翔蜥的特化

这些小型的没能飞向蓝天却能滑翔的双窝类爬行动物中，有一种产自马达加斯加的代达罗斯蜥。代达罗斯蜥名字来源于古希腊传说中的建筑师和雕刻家代达罗斯，代达罗斯在克里特岛为国王迈诺斯建造了神奇的迷宫之后失宠，先是和他儿子被关在迷宫里，后又被囚禁在沿海的一座石堡中。不久，代达罗斯凭借自己的巧手，和儿子一起用剩饭诱捕海鸥，然后用它们的羽毛制成翅膀，逃离了克里特岛。代达罗斯蜥现在被认为是空尾蜥的年轻个体，与产自德国和英格兰的韦格替蜥类似。

空尾蜥生存在晚二叠世的德国与马达加斯加，是已知最早的会滑翔的爬行类。空尾蜥拥有特化的类似翅膀结构，使它可以滑翔。这些是条状结构，有皮肤覆盖在上面。

空尾蜥的平均长度是60厘米长，而身体长而平坦，有利于滑翔。头骨类似蜥蜴，有尖端的口鼻部，头后部有宽广的头饰，上有锯齿状边缘，类似角龙类。

韦格替蜥生存于距今约2.8亿年前二叠纪的马达加斯加，肋骨从身体两旁延伸出来，并连接皮肤，可让它们滑翔。外表类似蜥蜴的韦格替蜥，头后方有非常小的皱褶，将颈部大部分覆盖住。

▲滑翔中的蜥蜴

这类爬行动物的颅后骨骼非常特化，具有很长的肋，用来支持皮膜，这开启了动物走向滑翔的大门。这些能滑翔的爬行动物主要有几种类型，其中包括分别产自英国和美国上三叠统地层的滑翔蜥和伊卡洛斯蜥。后者的名字来源于代达罗斯的儿子伊卡洛斯，可惜的是由于他不听父亲的话，飞得太高，阳光熔化了粘连鸟羽的蜡滴，酿成了悲剧。与始虚骨龙相似，这些动物滑翔时所用的皮膜由伸长的肋所支持，肋有10对或11对，而在始虚骨龙科中是21对。

滑翔蜥体长大约为72厘米，拥有从身体突出14.3厘米长的肋骨，之间有皮膜连接，可能是用来在树间滑翔，就像现代的飞蜥。空气动力学研究指出滑翔蜥可能不是滑翔者，而是利用肋骨与皮膜在树间降落。一项研究指出，当滑翔蜥以45度角降落时，时速可达每秒10～12米。飞行时的俯仰动作可由舌骨上的皮瓣来控制，如同现代的飞蜥。

现生的飞蜥和其近亲种类也能进行滑翔，在它们中还可以见到同样的由肋形成的翼膜。在飞龙属中，5～7对伸长的肢平常保持折叠状态，在滑翔的时候展开。

这些蜥蜴生活在印度尼西亚的雨林中，靠蚂蚁和生活在树干上的其他昆虫为食：它们爬上一棵树美餐一顿，然后迅速安全地滑翔到另一棵树上。曾有记录显示，从10米高的地方它们可以滑翔60米远。滑翔不仅能节省能量，而且还不需要在危险重重的林下穿行。此外，翼膜的色彩鲜艳，这样还可以破坏整个生物体的轮廓，起到伪装的作用。

有鳞类爬行动物的飞行特征

在有鳞类爬行动物中，有许多支系都表现出了适应飞行的形态和行为。例如，现在生活在东南亚壁虎类的几个属中的飞守宫属和蝎虎属，具有完全蹼化的“手”和“足”，在体侧还具有折叠的皮肤，尾巴也是扁平的，能够增加其面积。尽管在这些属中只有飞守宫属的滑翔行为或身体动作得到了详细的研究，但它们可能全都具有从空中直接降落的能力。

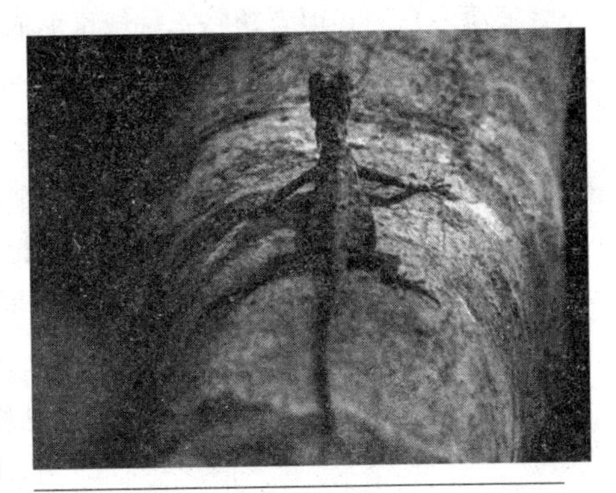

▲飞蜥

曾经有人观察到，飞守宫属的几个种和蝎虎属的两个种能够从树干上跃起，滑翔一段距离后又重新返回到同一棵树上。生活在东南亚和印度南部的飞蜥属是最成熟的有鳞类滑翔者，这个属大约有45个种，都具有同样的滑翔膜，由5～6根延长的胸肋支撑的皮膜构成。

飞上蓝天的翼龙类

翼龙是恐龙的近亲，生活在同一时代，是飞向蓝天的爬行动物，有时也被误认为是“会飞的恐龙”。翼龙起源于约2.15亿年前的晚三叠纪，灭绝于6500万年前的白垩纪末期。当恐龙成为陆地霸主时，翼龙始终占据着广阔的天空。翼龙时而栖息在悬崖峭壁上闭目养神，时而快速掠过湖面捕食鱼虾。它们在空中翩翩飞舞，追逐嬉戏，俯瞰着大地上的万物生灵。翼龙的飞行在飞行动物中达到了极限，中生代的蓝天没有其他生物可以与其争锋，即使现在也没有。

翼龙的进化

适合脊椎动物飞行的条件是十分苛刻的。首先，它们要克服地心引力的作用，体重必须相当轻。由于肌肉强度、骨骼强度、体重与翅膀面积间的比例等物理性质方面的限制，它们的大小要有一定限度。为了达到轻巧的目的，它们的骨头一般是中空的，外壁很薄。它们必须有翅膀，一般由前肢转变而成；必须有支持“飞行机器”的坚强的大梁——脊柱；必须有上下运动翅膀的强大的肌肉；适应于这些肌肉的加强，其附着区——胸骨就必须异常地扩大，还必须有某种类型的着陆器，一般由后肢转变而成。最后，飞行要求必须有高效的新陈代谢活动。

翼龙类是在侏罗纪开始时适应于飞行的初龙类。它们在侏罗纪的发展异常多样化，有一部分继续到白垩纪，在白垩纪末期最后趋于绝灭。侏罗纪的喙嘴龙，可以作为翼龙类的初期代表。体长约60厘米，头骨为典型的初龙式。有两个颞孔，位于大的眼孔后方，此外尚有一个大的眶前孔。头骨和颌骨的前部延长，生有齿尖向前的长的尖齿，可能是对捕食鱼类的一种适应。

▲槌喙龙

头骨长在一个很长的能够弯曲的颈上。颈部以后的背脊部分很短并且坚实，肩带和腰带之间有一系列相连续的肋骨。有一条很长的尾巴。保存在岩石上的印痕表示其末端有一舵状的皮膜。前肢的肱骨很粗壮，桡骨和尺骨相当长，第四指极度地拉长，形成翼膜的主要支架，这可由岩石的印痕上清楚地看出，第四指以前的各指退化成小钩状，可能是翼龙类借以在树枝或岩壁上栖息的悬挂器。第五指消失。从腕部向前伸出一钩状的突起——翼骨，帮助支持翼膜之用。肩胛骨和乌喙骨强大，后者在腹侧连接扩大的胸骨，是振动翅膀用的强大的胸肌的支点。喙嘴龙还不能自由飞行，只能从高处向低处滑行。

在进步的翼龙类中（喙嘴龙不具有这一优势）肩胛骨上端通过一块特殊的骨头——背骨与脊柱接触，使肩带的强度更为增强。后肢比较小，脆弱（所有的翼龙类可能都一样），为翼膜所连接。这种爬行类显然能作连续飞行，可能是一种飞行的食肉类，能俯冲捕食在水面游泳的鱼类。它们与现代的蝙蝠相似，落在地上时就会异常笨拙。

美国俄亥俄大学的研究人员在《自然》杂志上介绍说，他们使用计算机分层造影扫描技术，依据化石建立了翼龙大脑的三维图像。图像显示，翼龙的小脑叶片相当发达，其质量占脑质量的7.5%，是目前已知的脊椎动物中比例最高的。与之相比，擅长飞行的鸟类的小脑叶片也只占其脑质量的1%到2%。最大的翼龙是风神翼龙（羽蛇神翼龙）。展开双翼有11到15米长，相当于一架飞机大小。最小的树栖翼龙化石——隐居森林翼龙，翼展开仅25厘米，近似于一只燕子身形大小。

中生代的翼龙大致可分三类，一类是早期的翼龙，主要生活在早侏罗纪，喙嘴龙是这一类的代表。它产于德国佐伦霍芬地区，恰巧与始祖鸟产于同地、同时代的地层中。到了晚侏罗纪，出现了翼手龙，它进化的尾巴极短，口中的牙齿大大退化了，其中最特化的种类牙齿已完全消失，颌部变成了似鸟类的喙状。掌骨变长了，它可算作进化的中期产物。

进入白垩纪后，翼龙的演化已达到了高峰，尾巴消失，牙齿退化了，骨骼中空，眼睛前方有巨大的孔洞，这样就减轻了头骨的重量，第四指骨更加伸长，拍动力量加大，使它能够自由飞翔，这个时期的代表是中国准噶尔翼龙。

爬行类的新陈代谢活动率是比较低的，那么，翼龙如何能维持较长时间的飞行呢？也许它们的飞行大部分是采取滑翔方式的，这样就不需要消耗大量的能量。尽管如此，仍很难想象翼龙类如果没有超过其他爬行类所有的能源如何满足支持其飞行所需的能量。是否可能它们是一些单独具有温血的爬行类？或许是否它们发展了一种有保温性的身体覆盖物，多少能帮助维持固定的体温？

20世纪初，英国古生物学者曾推测，翼龙具备快速运动的能力，像蝙蝠一样，体上有毛，并有与鸟类相似的生活习性，是体温恒定的温血动物。后来在德国发现的喙嘴龙化石上，找到了毛的印痕。1970年，在哈萨克斯

“中国翼龙”

“中国翼龙”化石在我国辽西发现。它的头部有一个很大的孔，以便飞行时减轻头部的重量；它的脖子比较长，便于开阔视野；它的尾骨已经退化；它的第四指变成了飞行指，每个前肢由七节骨骼组成；两个飞行指构成翅膀的骨架，这是它最奇特的地方，翼龙就是通过这两个骨架支撑着双翼飞行。从它的骨骼形态来看，它体态轻盈，具有很好的飞行能力。

坦发现了一件比较完整的带有“毛”的翼龙化石，英国古生物学家通过对这件标本毛状物和翼膜结构的研究，认为它属于温血动物。

▲喙嘴龙

翼龙身体上的这些“毛”隔热保温，防止体内热量的散失，具有调节体温的作用。另一个证据来自于翼龙的骨骼，它们像鸟一样有一些用于调节体温的小气囊。我国辽西带“毛”的热河翼龙的发现，进一步佐证了至少部分小型的翼龙类为温血动物。

越来越多的化石证据表明，一些翼龙为了适应飞行的需要，已经具有内热和体温恒定的生理机制、较高的新陈代谢水平、发达的神经系统以及高效率的循环和呼吸系统，成为一类最不像爬行动物的爬行动物。

翼龙的灭绝之谜

为了生存而竞争和繁衍后代是生物的本能，翼龙也不例外。较强的飞行能力使它们可以长途迁徙，寻找最佳的生存环境和自己的伴侣。为了生存和交配，它们之间的争斗在不断上演，这也是翼龙家族不断发展壮大的生存法则。白垩纪晚期，翼龙已经成为当之无愧的空中霸主，但是一场大灾难正在悄悄逼近这个庞大的家族。

虽然翼龙在地球上曾形成了庞大的翼龙家族，但是它们也随时面临着危险，甚至灭顶之灾。在我国辽西发现的许多翼龙化石，都明显地表现出它们死亡前的痛苦挣扎，如郝氏翼龙，它的身体紧紧蜷曲在一起，嘴里还咬着自己的翅膀，表明它是在非常痛苦的状态下死亡和被埋葬的。辽西地区很多翼龙标本都反映出当时的生物经历了突然的非正常死亡。这些突发灾难是如何造成的？科学家通过研究认为，翼龙灭绝的原因可能是频繁的火山爆发。

▲翼手龙

火山猛烈地喷发了，浓厚的火山灰和大量的有毒气体像一个张牙舞爪的魔鬼迅速地扑向它们，大量动物瞬间窒息而死，包括陆地上的恐龙、空中飞翔的翼龙和鸟，甚至它们的后代，那即将破壳而出的小生命也不能幸免于难。很快，所有生物灰飞烟灭，地球上曾经辉煌的翼龙彻底消失了。

对于火山爆发导致翼龙灭绝的推测，有人提出怀疑，因为火山喷发只能导致部分地区的翼龙死亡，但在6500万年前翼龙是突然灭绝了，应该有别的原因导致这一物种的消失。又有人推测，翼龙绝灭的原因很可能出在皮翼上。它的皮翼很薄弱，中间没有骨骼支撑，一旦皮翼破损就无法修补，影响了飞行能力，造成两翼不平衡，皮翼越大这个缺点就越明显。而从爬行类进化出的鸟类，在适应天空飞行能力方面比它们更强。在竞争中鸟类灵活地拍动翅膀，做着急飞、急停、空中急转弯等高难度动作，把翼龙打下了天空，打进了泥土中。因此，尽管翼龙有可能也进化到了温血动物阶段，但由于进化速度不快、程度不同，最终还是被进化快、程度高的鸟类独霸了天空。

地球霸王——恐龙

恐龙最早出现在约2亿4千万年前的三叠纪，灭绝于白垩纪末期，在地球上曾独霸约1.5亿年之久。恐龙开创了一个时代，一个空前的时代，可以说中生代的水、陆、空都是恐龙的天下。从地理范围来看，恐龙几乎无所不在，欧洲、亚洲、非洲、美洲、南极大陆都有恐龙化石出土。从形态特征来看，它们四肢健壮有力，并通过产蛋来孵化小生命；从个体大小来看，它们可以称得上是迄今为止发现的最大的陆生动物，根据化石推断出个体最重的可以达到100吨。白垩纪末期，恐龙突然销声匿迹，从生物界消失。直至今日，人类还没有完全解释清恐龙突然灭绝的原因，恐龙灭绝依然是个世纪谜题。

发现恐龙化石

我们生活的地球已经有46亿年的历史了，在这漫长的发展岁月里，不断地有新的生物演化出来，也不断地有旧的生物被淘汰出局。对于那些被淘汰的生物来说，在人类还远远没有出现的时候，化石是它们曾经存在过的唯一证据，所以有了古生物学这一门学科的产生。令人感到不可思议的是，像恐龙这样一类极其庞大、盛极一时的生物的化石，按理应该早就被发现了，人们之所以迟至19世纪才认识它，很大一部分原因是对这一类化石熟视无睹，根本没有想到动物中会有如此巨大的个体出现过。最早注意到恐龙的人是英国的外科医生曼特尔。

发现奇特的牙齿化石

曼特尔是英国萨塞克斯郡刘易斯地方的一名乡村医生，同时也是一位热情很高的化石采集家。早年，他花了许多精力去寻找，采集岩石中的古生物化石，还在家中建起了一座小型地质博物馆。

1822年，曼特尔夫妇来到萨塞克斯郡的乡间，在当地筑路用的石材中，曼特尔夫人发现了一颗牙齿的化石。这是一颗样子奇特的动物牙齿化石。这颗牙齿化石太大了，曼特尔先生见过许许多多远古动物的化石牙齿，可是没有一种能够与这么大、这么奇特的牙齿相似。

在随后不久，曼特尔先生又在发现化石的地点附近找到了许多这样的牙齿化石以及相关的骨骼化石。为了弄清这些化石到底属于什么动物，带着深深的疑问，曼特尔找到了法国的博物学家，有着“古生物学之父”美称的居维叶先生，请他看看这些不同凡响的化石。居维叶鉴定的结果是犀牛的上腭门齿。接着。英国牛津大学的地质学教授威廉·巴克兰也得出了相同的结论。

▲梁龙头骨

经过核对资料，曼特尔发现，在采石场一带的地层中根本没有哺乳类动物的化石。他对这些权威们的论证表示怀疑，他决定继续考证。从此，只要一有机会，他就到各地的博物馆去对比标本、查阅资料。

被确认的“鬣蜥的牙齿”

两年后的一天，他偶然结识了一位在伦

敦皇家学院博物馆工作的博物学家，这名博物学家当时正在研究一种生活在中美洲的现代蜥蜴——鬣蜥。于是，曼特尔先生就带着那些化石来到伦敦皇家学院博物馆，与博物学家收集的鬣蜥的牙齿相对比，结果发现两者非常地相似。曼特尔顿时有所领悟。1825 年，他公开发表了研究报告，认为他收到的那些巨大的牙齿化石，应属于尚未发现过的一种绝灭动物，并给这种古动物起了个拉丁语学名，叫作“鬣蜥的牙齿”。

后来，随着发现的化石材料越来越多，人类对这些远古动物的认识也越来越深入。所谓的“鬣蜥的牙齿”这种动物实际上是种类繁多的恐龙家族的一员。它确实与鬣蜥一样属于爬行动物，但是它与真正的鬣蜥的亲缘关系比起与其他种类的恐龙的关系还要远！但是，按照生物命名法则，这种最早被科学地记录下来的恐龙的种名的拉丁文字并没有变，依然是“鬣蜥的牙齿”的意思。不过，它的中文名称则被译成为“禽龙”。

曼特尔的发现迈出了人类科学地研究恐龙、认识恐龙的第一步。后来，禽龙化石在英国、比利时等地大量发现，证实了曼特尔的正确鉴定。

随后发现的新类型的恐龙以及其他一些古老的爬行动物，名称全都和蜥蜴有关，例如“像鲸鱼的蜥蜴”、“森林的蜥蜴”等等。同时，最初引起人们注意的这些远古动物化石，往往个体巨大、奇形怪状，着实令人恐怖。随着这些令人恐怖而类似于蜥蜴的远古动物化石不断被发现和发掘，它们的种类积累得越来越多，许多博物学家已经开始意识到它们在动物分类学上应该自成一体。

叫“龙”不是龙

现在古生物学上的恐龙，并不包括所有用“龙”命名的古代爬行动物，如杯龙、中龙、盘龙、原龙、蛇颈龙、鱼龙、翼龙都不属于恐龙。古生物学上的所谓恐龙，只指双孔亚纲中的蜥臀目和鸟臀目两个目，或者说只指蜥龙类和鸟龙类两大类。不是所有叫“龙”的爬行动物都是恐龙。

1842 年，英国古生物学家欧文爵士用拉丁文给它们创造了一个名称，这个拉丁文由两个词根组成，前面的词根意思就是“恐怖的”，后面的词根意思就是“蜥蜴”。从此，“恐怖的蜥蜴”就成了这一大类彼此有一定的亲缘关系，但是却表现得形形色色的爬行动物的统称。我国把这个拉丁名翻译成了“恐龙”。

恐龙的起源

恐龙统治了三个地质时代，总共大约1.5亿年。不过，在三叠纪和侏罗纪早期，恐龙仍然未成为非常强大的物种。到了侏罗纪末期，非常庞大的蜥脚类成为了这个地球上最庞大的生物。侏罗纪末期是它们统治地球的“黄金时期”，无论多样性、智力，还是体型上都远远凌驾了同时期的其他生物。地球历史上最传奇的物种究竟是如何出现，又是如何崛起的呢？恐龙的起源仍然是一个待解之谜。

初龙类的兴起

在恐龙的起源问题上，一种观点认为，恐龙的祖先是一种像蜥蜴一样的小型动物，名叫“杨氏鳄”。这种小动物约30厘米长，走起路来摇摇晃晃，靠捕捉虫子为生。它们的后代明显分出两支，一支是继续吃虫子的真正的蜥蜴，另一支是半水生的早期类型的初龙。其中后者，也就是早期类型的初龙，与恐龙有较为可靠的亲缘关系。由初龙再进化成地球上形形色色的恐龙。

在二叠纪时期，似哺乳爬行动物是陆地上的优势脊椎动物，但大部分在二叠纪至三叠纪灭绝事件中灭亡。草食性的似哺乳爬行动物水龙兽是唯一存活下来的大型陆地动物，并在三叠纪初期成为最繁盛的陆地动物。

在早三叠纪，初龙类快速地成为陆地上的优势脊椎动物。关于初龙类为何快速崛起，一种解释是，初龙类演化出直立四肢的过程，比似哺乳爬行动物的演化还快。

最早的初龙有些外貌与鳄鱼十分相似，同样是铠甲护身，就连头骨上也有鳄鱼一样的坑洼。主要差异是，初龙的鼻孔靠近双眼，而鳄鱼的鼻孔位于头的最前端。

▲派克鳄，一种早期的初龙

初龙与鳄鱼一样是肉食动物，而它们的亲族也有演变成植食性动物的，但无论是肉食动物的还是素食动物，早期的初龙类动物，身上都长有骨甲，身后都拖着一条粗大有力的尾巴，它能在水中起到推波助澜的作用。

为了提高划水的速度，那时的初龙还进一步改变了身体的结构，后肢增长，加粗，成为水中的推进器。逐渐地，腿移到了身体下方。腿的位置变动和后腿的加长，对这类动物取得生存优势是非常重要的。

后来，气候变得更加干燥了，这些动物

被迫移往陆地上生活，感觉到长短不齐的四条腿走起路来特别别扭，于是改用两条后腿行走。长而粗大的尾巴这时正好起到平衡身体前部重量的作用。由于姿态的改变，它们的步幅加大了，运动速度也提高了许多，这是向恐龙演变迈出的关键性一步。

不过，在早期的初龙类动物身体条件尚不完善，还不太适应陆地生活的时候，其大部分时间还是生活在水中，以免受到别的动物的惊扰。一旦身体结构更加完善，真正的恐龙便出现了。这类富有生气的动物在陆地上向似哺乳动物发起了进攻。

恐龙时代的黎明

在三叠纪晚期，真正的恐龙正式登场了。黑瑞龙是其中一种最早出现的恐龙，它的身体可以长到3~6米长，体重可以达到360~450千克，它比现代陆地上最大的食肉猛兽狮子和老虎已经大多了。它有敏锐的听力，锋利的爪子和牙齿，身手非常敏捷，是其他动物的杀手，由于这些进化特征，它很快成为了地球生存游戏的大赢家。

另一种最早出现的恐龙叫始盗龙，与黑瑞龙相比，始盗龙很袖珍，因为它身长还不到1米，体重只有5~7千克。有趣的是，在始盗龙的上下颌上，后面的牙齿像带槽的牛排刀一样，与其他的食肉恐龙相似；但是前面的牙齿却是树叶状，与其他的素食恐龙相似。这一特征表明，始盗龙很可能既吃植物又吃肉。

始盗龙的一些特征证明，它是地球上最早出现的恐龙之一。例如，它具有5个“手指”，而后来出现的食肉恐龙的“手指”数则趋于减少，到了最后出现的霸王龙等大型食肉恐龙只剩下两个“手指”了。再如，始盗龙的腰部只有三块脊椎骨支持着它那小巧的腰带（即骨盆），而后来的恐龙越变越大时，支持腰带的腰部脊椎骨的数目就增加了。

不过始盗龙也有一些特征与黑瑞龙以及后来出现的各种食肉恐龙都一样。例如，它的下颌中部没有一些素食恐龙那种额外的连接装置。再如，它的耻骨不是特别的大。始盗龙和黑瑞龙在三叠纪晚期的出现，代表了恐龙时代的黎明。

鱼龙和蛇颈龙

2亿多年前的三叠纪，在恐龙登上陆地之前，称霸海洋的是一些形形色色的海生爬行动物。那时的海洋爬行动物与现在的不同，不仅种类更加丰富，而且体型巨大，形状怪异。到了中生代，鱼龙和蛇颈龙成为了海洋的主宰，它们的角色很像今天仍然活跃在大海中的鲸、海豚和海豹。

鱼龙时代

鱼龙是一种类似鱼和海豚的大型海栖爬行动物。它们是一类古老的爬行动物，生活在中生代的大多数时期，最早出现于约2.5亿年前，比恐龙稍微早一点，约9000万年前它们消失，比恐龙灭绝时间要早。在三叠纪中期陆栖爬行动物的一种无法适应陆地环境逐渐回到海洋中生活，演化为鱼龙，这个过程类似今天的海豚和鲸的演化过程。在侏罗纪时它们分布尤其广泛。在白垩纪，作为最高的水生食肉动物的鱼龙逐渐被蛇颈龙取代。

▲沙尼龙

从鱼龙的化石形状来看，鱼龙具有流线型的体形，已与其他海生爬行动物有着极大的差别，它没有其他动物都具有的脖子。它的生活环境、游泳方式及食物来源与现代的鲨鱼、海豚都一样，所以它们的外形也是惊人的相似。这种因适应相似的生活环境而在体形上变得相似是向鱼类趋同的，所以称它为鱼龙。

由于所发现的鱼龙化石都是这种体形，估计它已经经过了较长时期的进化发展，但它的祖先及起源现在还不清楚，只能根据它具有迷齿型牙齿，来推测它可能与杯龙类有点关系。

关于鱼龙的样子，法国生物学家居维叶曾对鱼龙有过较形象的描述："鱼龙具有海豚的吻，鳄鱼的牙齿，蜥蜴的头和胸骨，鲸一样的四肢，鱼形的脊椎。"它们的外形酷似一些大型快速游泳的鱼类，纺锤形的身体，皮肤裸露，三角形的头向前伸出似剑的长吻，嘴内长满锥状的牙齿，牙齿有迷路构造。身上长有一个肉质的背鳍，尾部长有由一串下折的尾椎骨构成的上叶小、下叶大的倒歪形尾。鱼龙的这一体现快速游泳的适应型式从三叠纪延续到白垩纪，仅有量的改变。例如，它们的个体变大，歪形的尾鳍加大，前肢鳍脚变长。我国20世纪60年代在西藏发现的“喜马拉雅鱼龙”身长就在10米以上。

鱼龙类的身躯构造说明，它们完全失去了上陆的能力。在鱼龙的种种奇怪特征中，最惊人的是它们巨大的眼睛。人们发现，有一种身长只有9米的鱼龙拥有一对直径超过26厘米的大眼睛，它们看上去像一对盛食物的大盘子。这是人们发现的世界上最大的眼睛。另一种鱼龙很小，只有4米，但它们的眼睛却超过了22厘米，相对于它们的身体而言，这也是一对大得出奇的眼睛，科学家迄今尚未发现眼睛和身体的比例如此超常的动物。不过在今天的海洋里，也有一些眼睛大得出奇的家伙，例如一种巨大的乌贼，它们眼睛的直径可以达到25厘米，蓝鲸的眼睛也可达到15厘米。

鱼龙进化出如此大的眼睛有何用处呢？鱼形鱼龙的眼睛，像猫眼一样有非常低的光孔值，即采光性能很好。根据计算，如果把一只猫放在水下，关掉所有的灯，它可以在深达500米的海域猎取食物。大眼鱼龙眼睛的光孔值接近猫，但是它的眼睛比猫眼睛还大。也就是说，它可以接纳更多的影像，因而具有更强的视力。所以，大眼鱼龙在同样的深度可能比猫看得更清楚。因此，鱼龙拥有大眼睛是为了在阴暗的海洋里收集更多的光线，以便发现隐藏在深水中的小动物。

绝大多数爬行动物在繁殖后代的时候都是卵生，把蛋产在沙里或者窝里。可是鱼龙已经非常适应水中生活，没法再回陆地产卵了，它们如何繁殖一直是个谜。

后来在德国发现了肚子里有胚胎的鱼龙化石，人们才恍然大悟，原来鱼龙能够直接产下幼仔。

迄今为止，人们已经发现有胚胎的鱼龙化石近百条，这些化石多数在腹部保留着1～4条胚胎化石，最多的达到12条。

化石表明鱼龙是胎生动物，尽管人们很难相信海生爬行动物在那么早的时候就进化出了胎生的繁殖方式，但事实确实如此。每年的6月中旬，怀孕的雌性大眼鱼龙会成群结队地游到有大片珊瑚礁和海藻丛的陆表海，尽快生产。这种环境不仅为小鱼龙提供了丰富的食物来源，也是它们的避难所。但是，这里并不适合成年的大眼鱼龙捕食。习惯了在广阔而黑暗的深海里捕食的鱼龙，很难适应陆表海水域的明亮阳光和狭小空间，所以它们产下小鱼龙后不久就会离开。

小鱼龙离开母体后第一件事就是赶快浮到水面上去吸一口气。它们生下来就很活泼，能够自由游泳。像所有动物的婴儿一样，它们头和眼睛的比例都比成年个体的大。新生的小鱼龙成长初期，珊瑚礁中的洞穴和通道成了它们躲避肉食动物的理想场所。在几个月内，小鱼龙就会长大，进入开阔海域生活。

鱼龙的分类，目前较一致的意见是根据肢骨鳍脚构造的连接关系分为两大类，即宽足类和窄足类，它们共分为5个科。混鱼龙科、短头鱼龙科、萨斯特鱼龙科、鱼龙科、块鳍鱼龙科。前三科主要生存于三叠纪，是一些较原始的鱼龙，一般个体较小，形态较原始。其中的萨斯特鱼龙科是三叠纪中晚期分布最广泛的鱼龙类，囊括了一大堆千差万别的品种，从几米长的到十几米的都有。后两个科主要包括侏罗纪和白垩纪一些进步的鱼龙。

蛇颈龙时代

蛇颈龙属于爬行纲的调孔亚纲的蜥鳍目，是一类适应浅水环境中生活的类群，从三叠纪晚期开始出现，到侏罗纪已遍布世界各地。到了白垩纪末期，蛇颈龙渐渐退出海洋霸主的位置，与恐龙走向灭绝之路，而体积庞大、更为凶猛的沧龙成为了海洋中强大的掠食者。

尽管蛇颈龙是一种早在白垩纪末期灭绝的大型海洋爬行动物，但有人曾怀疑尼斯湖水怪可能就是蛇颈龙的后裔。在多年的远古生物研究领域中，蛇颈龙一直被披上了神秘色彩，它为什么长着相当于身体和尾部长度2倍的脖颈？它的胃部为什么藏有大量磨光鹅卵石？

蛇颈龙是恐龙时期最凶猛的海洋脊椎动物之一，因此被科学家们称为“海中霸王龙”。蛇颈龙体型庞大，它的脖颈与体躯不成正比，就像一条大蛇穿在乌龟壳中：头小，颈长，躯干像乌龟，尾巴短。头虽然偏小，但口很大，口内长有很多细长的锥形牙齿。它们游泳方式是靠四肢划水，尾巴做舵，因此速度不如鱼龙快。这类动物可以白垩纪末期的薄片龙为代表，薄片龙全长14米，但绝大部分被其细长的脖子所占据，它的脖子里有76节颈椎，因而像蛇一样非常灵活，可以左右摆动和向前猛刺，追逐并袭击鱼群。

一般认为，蛇颈龙在海洋中主要以鱼、鱿鱼和其他游水动物作为食物，但实际上，蛇颈龙摄食范围要广得多。从澳大利亚昆士兰州发现的两具蛇颈龙化石分析中，研究人员找到了这两具蛇颈龙死亡前的“最后晚餐”。

令研究人员感到惊奇的是，在化石中竟发现蛇颈龙肠胃中残留着蛤蜊、螃蟹和其他海底贝类动物，这将证明蛇颈龙的食谱要更为广泛，它不仅仅局限于猎食游水鱼类，还可以利用长长的脖颈伸到海底寻觅各种贝壳类、软体类动物。

▲蛇颈龙的骨骼

更加令人惊奇的是，在这两具蛇颈龙化石分析过程中，发现其中一具蛇颈龙胃部竟包含着135块胃石。胃石在蛇颈龙胃中究竟实现着一种什么功能呢？有人认为，蛇颈龙体内胃石的主要作用可能是帮助消化，蛇颈龙在海底觅食会吞下许多蛤蜊、螃蟹等带有甲壳的动物，胃中难免会留下难以消化的贝壳残物。正是这种鹅卵石在胃中将难以消化的贝壳磨碎，促进蛇颈龙的食物消化，长时间之后鹅卵石也被磨得十分光滑。

蛇颈龙类可根据它们颈部的长短分为长颈型蛇颈龙和短颈型蛇颈龙两类。

长颈型蛇颈龙主要生活在海洋中，脖子极度伸长，活像一条蛇，身体宽扁，鳍脚犹如四支很大的划船的桨，使身体进退自如，转动灵活。长颈伸缩自如，可以攫取相当远的食物。生活在白垩纪的薄片龙，颈长是躯干长的 2 倍，由 60 多个颈椎组成，真是令人吃惊。

短颈型蛇颈龙又叫上龙类。这类动物脖子较短，身体粗壮，有长长的嘴，所以头部较大，鳍脚大而有力，适于游泳。发现于澳大利亚白垩纪地层中的一种长头龙，身长 15 米，可头竟有 3.7 米长，嘴里上下长满了钉子般的牙齿，大而尖利，呈犬牙交错状，凶猛无比。上龙类适应性强，分布广泛，当时的海洋和淡水河湖中均有它们的种类生活着，是名副其实的水中一霸。

上龙是蛇颈龙的近亲，但它们的头很大，脖子比蛇颈龙短，牙齿极为锋利。其中最大的种类体长可达 25 米，仅头部就有 5 米长，是侏罗纪唯一一种体形与现代蓝鲸相仿的海洋爬行动物，估计体重可能有 100 多吨。拥有如此体型和利齿的上龙，进攻当时海洋里的任何动物都不在话下。

迄今为止，人们还没发现过带胚胎的蛇颈龙或上龙的化石，所以还不能确定像它们这样的水生爬行动物究竟是怎么繁殖后代的。从它们的骨骼化石来看，它们应该还具有在陆地上爬行的能力，当然这种爬行能力已经十分有限了。所以尽管还没有找到化石证据的支持，一些科学家还是觉得存在“胎生”的可能性，而且人们至今也没有发现它们的卵所形成的化石。

蜥臀类恐龙

恐龙常被认为是总目，或是未定位的演化支。恐龙总目以下分为两大目：蜥臀目，一般称为蜥臀类；鸟臀目，一般称为鸟臀类。以其骨盆结构来区分。蜥臀目意为“蜥蜴的臀部”，骨盆形态比较接近早期的恐龙。鸟臀目意为“鸟类的臀部”，大部分为四足草食性动物。

蜥臀目种类繁多，著名的梁龙、雷龙、霸王龙以及我国的马门溪龙、禄丰龙等皆属此类。蜥臀目恐龙从三叠纪晚期开始出现，与鸟臀目支系分开个别演化，它们所生存的时代一直延续到白垩纪结束为止。除了已经演变成为鸟类的分支之外，白垩纪晚期第三纪灭绝事件使蜥臀目恐龙完全消失。

蜥臀类恐龙在侏罗纪迅速发展

在侏罗纪时，蜥臀类恐龙进化发展迅速，到侏罗纪中晚期巨型蜥脚类恐龙和大型的肉食性恐龙在世界各地比比皆是。这是为什么呢？这和当时的自然环境是分不开的。从三叠纪中期开始，特别是到了三叠纪晚期，地球上的陆地开始了一系列的解体过程，各大陆块先后分开，向着今天的位置缓慢漂移。随着陆块分离引起的海洋浸入，使全球气候不仅变得温暖，而且变得越来越湿润。

进入侏罗纪早期后，大地构造活动相对较为平静，地势平坦、河湖广布、植被繁茂是侏罗纪随处可见的自然景观。在这种优越的自然环境条件下，恐龙进入了大发展时期。其中，尤以蜥臀类恐龙更为繁盛，首先是植食性恐龙获得了极大的发展，出现了蜥脚类恐龙的大繁荣。饱食终日，无所用心使它们的体型越来越大，出现了数十米长、数十吨重的巨型蜥脚类恐龙，马门溪龙、雷龙、梁龙、腕龙就是这类恐龙的典型代表。

▲似鳄龙

马门溪龙是我国目前发现的最大的蜥脚类恐龙，因其发现于中国四川宜宾马门溪而得名。此属动物全长 22 米，体躯高将近 4 米。它的颈特别长，相当于体长的一半，不仅构成颈的每一颈椎长，且颈椎数亦多达 19 个，是蜥脚类中最多的一种。

另外，颈肋也是所有恐龙中最长的（最长颈肋可达 2.1 米）。与颈椎相比，背椎（12 个）、荐椎（4 个）及尾椎（35 个）相对较少。

马门溪龙各部位的脊椎椎体构造不同：颈椎为微弱后凹型，腰椎是明显后凹型，前尾椎是前凹型，后尾椎是双平型，前部背椎神经棘顶端向两侧分叉，背椎的坑窝构造不发育，4个荐椎虽全部愈合，但最后一个神经棘部分离开。

肠骨粗壮，其耻骨突位于肠骨中央；坐骨纤细；胫腓骨扁平，胫骨近端粗壮，长度相等。距骨发育，其上面的胫腓骨关节窝很发育，故中央突起很高，后肢的第一爪粗大，各趾骨的形状特殊。

马门溪龙属最著名的两个种：一为合川马门溪龙，发现于重庆市合川区和甘肃永登，前方为多棘沱江龙；另一个为建设马门溪龙，发现于四川宜宾。

马门溪龙在蜥脚类演化史上属中间过渡类型，为蜥脚类恐龙繁盛时期（距今1.4亿年的晚侏罗世）的早期种属，在侏罗纪末全部绝灭。

2006年8月26日，科学家们在新疆奇台县发现了一具马门溪龙化石，测量其体长达35米，是名副其实的“亚洲第一龙”。

这具蜥脚类食草恐龙化石与1987年在同一地点发掘的恐龙化石都是马门溪龙，身体总长度为35米，比中加马门溪龙长5米。令人惊讶的是，这条恐龙仅脖子就长15米，是世界上脖子最长的恐龙。

▲马门溪龙

此前，中加合作考察队在距离这具恐龙化石100多米的山上，发现了多具恐龙化石，其中一具蜥脚类食草恐龙化石，根据其颈肋长1.4米推断，它身长约30米、高约10米、重约50吨。

当时，这条恐龙被确定为亚洲第一大恐龙，被命名为中加马门溪龙，其化石现藏于北京自然博物馆。

植食性恐龙的大繁荣必然带来肉食性恐龙的兴旺，因此以巨齿龙类为代表的大型食肉恐龙迅速发展起来，巨齿龙、气龙、霸王龙等都是当时非常活跃的中到大型的食肉恐龙类群。而这时的鸟臀类恐龙，除鸟脚类和剑龙类以外，其他类群都还没有出现，好像是在积蓄着进化发展的力量。

兽脚恐龙的繁盛时代

蜥臀类恐龙主要分为两个亚目：兽脚亚目和蜥脚形亚目（即龙脚形亚目）。兽脚类是恐龙家族中的掠食者。它们的地史分布时间很长，从三叠纪中期一直到白垩纪末期。它们的种类也很多，包括体长不足1米的小型种类到迄今最大的陆生食肉动物——霸王龙。

兽脚类具有快速奔跑和掠食的能力，这种能力是由它们的一些独特的结构来实现的。它们用长长的后肢支撑身体运动，前肢显著短于后肢，适于抓捕猎物，有的种类前肢极度退化到“不起作用”的程度。它们的后肢强健，有三个发挥作用的长脚趾着地，趾端长有钩状的爪子。头较大，有着恐龙中最大和最复杂的脑子，一些进步种类的脑很像鸟类的脑，说明这些种类已有很不简单的行为和习性。眼睛很大，视力很好，能发现远处的猎物。口裂很深，上下颌长满又长又大，向后弯曲的，匕首状牙齿，牙齿的边缘还有很多小锯齿。这种牙齿适于咬死猎物，并且能够将猎物身上的肌肉和肌腱割断，撕成碎片。它们的头骨结构粗壮，头与颈的连结非常灵活，有利于在捕食和撕咬猎物时头部的活动。

兽脚类以其善跑和掠食的优势赢得了生存斗争的胜利，其中绝大多数种类是专事猎获，肆意杀戮的掠食者。个别种类可能为腐食性，即取食动物的尸体。在白垩纪晚期有的种类放弃了专一的肉食性，过着杂食的生活。一些成员还失去了口中的牙齿，用鸟一样的尖嘴啄食。兽脚类出现很早，是最早的恐龙类群之一。它们是天生的猎手，一开始就以其高度特化的奔跑形象出现。自从发生开始便分化成两类，一类是个体较小，身体轻巧，肢骨内中空的虚骨龙类，另一类是个体中等到大型，身体沉重的肉食龙类。霸王龙是肉食龙中最为人熟知的种类。腔骨龙是虚骨龙类恐龙中最著名的早期成员，生活在三叠纪晚期，其足迹曾遍布于世界。在始盗龙和黑瑞龙发现以前，腔骨龙一直扮演着最早的兽脚类恐龙的角色。

▲角鼻龙

腔骨龙是一些小型的两足行走的恐龙，骨骼中空，结构轻巧，身长 2 米左右，体重不过 20 多千克。它的后肢强壮，形似鸟腿，善于奔跑；前肢短小，有如灵活的“手”，适宜于攀缘和掠取食物。它的身体以臀部作为支持点，后面有长大的尾和躯体前部保持平衡；颈部比较长，能弯曲；前端是尖狭的初龙式的头骨，颌骨长，装有锐利的锯齿状的槽齿，说明它是肉食性的；头骨结构精巧，有巨大的颞孔和前眼窝。

兽脚类从侏罗纪分四个适应的方向进化。

第一个方向是体型始终保持小型，如晚侏罗世的小鸟龙类。它们的前肢加长，更加灵活。

1942 年，在美国亚利桑那州的侏罗纪早期地层中发现了一种体形较大的兽脚类恐龙，因为其头顶上有一对薄薄的 V 字形骨质嵴，科学家把它命名为双嵴龙。

双嵴龙生活在侏罗纪早期，身体较为粗壮，头骨高大，颚骨发达，嘴裂很大，满嘴的牙齿像锋利的小刀子一样，牙齿的前后边缘上还有小的锯齿，这些特征显示它可以撕碎任何捕获到的猎物，然后将大块的肉吞进腹中。此外，双嵴龙的头骨上在眼睛后面的部位都有孔，这些孔是为了更好地附着那些牵动颚骨的肌肉用的，因此双嵴龙撕咬的力量一定非常强大。科学家推测，双嵴龙可能是侏罗纪早期生态系统中少有的最残暴、最凶猛的食肉动物之一。双嵴龙的后肢粗壮有力，脚上长有利爪，可以用来捕捉、撕裂猎物。

2 亿年前左右的那段时光里，双嵴龙经常出没在河流湖泊间的高地上或丛林间，追捕着各种各样的食草动物。它们也可能喜欢孤独地生活，有时也可能会隐蔽在不易被发觉的地方等待时机偷袭猎物，甚至它们还可能像现代的鬣狗一样以由于各种原因死去的动物的尸体和腐肉为食。

我国境内也发现过双脊龙化石。1987 年 8 月，云南省昆明市博物馆恐龙发掘队在晋宁县夕阳乡发掘出了一具属于古脚类的云南龙的化石。不胫而走的消息吸引了四面八方的老百姓前来观看。这里的老百姓都是彝族同胞，他们从来没有听说过什么恐龙。但是当他们看到一块块化石的时候，一些人觉得这种骨头形状的石头似曾相识。有的人告诉发掘队说，在夕阳乡的木杆榔村的山坡上也见过这样的石头。

发掘队跟随着报信的人来到木杆榔村，那里果然有一串恐龙的脊椎骨出露在一个小冲沟里。他们决定在这里进行发掘。几天后，一个触目惊心的场景出现了。原来这里竟然有两条恐龙！而且，是两条完整的恐龙骨架扭在一起，其中一条是古脚类恐龙，而另一条却是食肉的双嵴龙，后者的大嘴正好咬在前者的尾椎骨上。

▲双嵴龙

科学家根据化石的这种埋藏状况推测，这两条恐龙的死因可能有两种：一是它们在一场你死我活的搏斗中两败俱伤而双双死去；再一种可能就是古脚类恐龙已经死去多日，尸体上的肉已经腐败变质了，而饥肠辘辘的兽脚类只管填饱肚子，没想到却因吃了腐败变质的古脚类恐龙肉而中毒身死。从二者平静的姿势来看，后一种可能性甚至更大些。

我国双嵴龙是侏罗纪早期最大的食肉恐龙，身长将近 4 米，嘴巴又尖又长。它的上颚的前部有一个裂凹，使得前上颚骨能够活动。科学家推测，它最喜欢吃的大概是其他动物的内脏，因为它的尖嘴可以伸进动物尸体的腹腔中，而头顶上那两块薄板状的冠状嵴可以在头伸进尸体的腹腔时起到支撑腔壁的作用。

第二个方向是向体形中等大小发展，这是从白垩纪开始的。北美洲和亚洲的白垩系地层里找到的似鸟龙类就是这一方向的代表，它们的大小和一只大鸵鸟差不多，样子也很像鸵鸟，所以也叫鸵鸟龙。

第三个方向是发展到恐爪龙类，也是在白垩纪发展起来的。恐爪龙类的体型从小型到中型，前肢和手显著地增大，脚的第二趾有弯刀形的爪，可能是一种攻击和防御用的武器。

第四个方向是发展成为大型、凶猛的肉食龙。主要出现在晚三叠世，到侏罗纪开始繁盛。如异龙、角齿龙、巨齿龙等。美洲、欧洲、非洲、亚洲都发现过它们的遗骨。肉食龙发展到白垩纪达到鼎盛时期。白垩纪的肉食龙中著名的有惧龙、霸王龙。

霸王龙生活在7000万年前的白垩纪时期，是一种捕杀食植物恐龙的大型食肉恐龙。霸王龙身长约10米，高6米，体重约20吨，两条粗壮的后肢支撑着全身的重量，但行走的速度并不慢，速度可达10～12千米/小时。一条粗壮有力的尾巴既能在行走中保持身体平衡，又可作为进攻的武器，一对前肢虽然细弱，但末端尖锐，在搏斗中往往能将猎物抓得皮开肉绽。但最厉害的武器还是那张巨嘴，真可谓是血盆大口，两排尖利的牙齿在强有力的上下颚的牵动下，能够咬断（下）猎物的任何一部分。霸王龙具备这些优势似乎还觉得不够，又加上了一件“迷彩服”，使得它能很隐蔽地接近目标。

蜥脚恐龙时代

在侏罗纪的恐龙世界里有一类巨型的恐龙。它们是吃植物的，生活在广阔的原野上，这就是蜥脚类恐龙。蜥脚类恐龙是蜥臀目恐龙中的另一个主要的亚目，与兽脚类恐龙不同，它们全都是植食性动物。

如果你已经为霸王龙的大体型感到吃惊的话，那么当面对蜥脚类恐龙中的众多“巨人”时，一定会心灵为之震撼。这类动物中有的曾达到了体长40米，体重100吨的大体型，是地球上曾经生活过的最大的动物。

蜥脚恐龙中出现较早较原始的是板龙，板龙发现于德国、英国和南非三叠纪时期沉积形成的岩石中。长可达8米，在三叠纪的动物中算得上是“大汉”了。它的前腿明显比后腿短得多，因而认为它可用后腿站立。当然，从前腿仍较为粗壮的情况来看，四足行走仍是可能的。板龙的头较小，而脖子已经较长，和躯干的长度差不多。借助于这条长脖子，以及后肢站立，身体昂起的姿态，板龙可以取食到5～6米高的树木顶端枝叶。它的牙齿相当细弱，样子像周围有锯齿的小树叶，这样的牙齿只能适于吞食柔嫩多汁的树叶。

比较原始的蜥脚恐龙还有禄丰龙，它是生活于东亚的原蜥脚类恐龙的著名代表，因其标本在云南禄丰县出土而得名。禄丰龙从头到尾有6米长，双腿站立时，头抬起的高度可达4米。身体别的地方与板龙非常相似。禄丰龙带爪的前肢，可以帮助取食植物的枝叶，也可以与敌害搏斗，后肢的趾爪在行走时，深入地面，可防止滑倒。禄丰龙口中长的也是一副小牙齿，躯干部后面拖着的同样是一条长而粗大的尾巴。

在恐龙家族中，个子最大的要数梁龙了。它们又高又长，简直就像一幢楼房，尤其是脖子特别长。虽然梁龙身躯如此庞大，但体重却没想象中那么大，它们只有 10 多吨重，那些比它们个头小许多的恐龙倒往往比它们重上好几倍。那是因为，梁龙的骨头非常特殊，不但骨头里边是空心的，而且还很轻。因此，梁龙这样的庞然大物就不会被自己巨大的身躯压垮。

梁龙的姊妹雷龙体躯庞大，重约 40 吨，体长可达 24 米。雷龙自发现以后，便“身世”不凡，起初人们把它视为最重的恐龙。雷龙的头骨与梁龙的头骨相似，较为低长，侧面看去呈三角形，吻端很低，只有一个鼻孔，且位于头的顶端。口中的牙齿较少，生在颌骨的前部，牙齿呈棒状。

圆顶龙是北美最著名的恐龙之一，生活在开阔的平原上。圆顶龙在外形上，主要是脖子比躯干长不了多少，而躯干很壮。圆顶龙是一种较为进步的蜥脚类，不仅体型大，体长可达 18 米，体重可达 30 吨，而且在骨骼上已演化出协调其巨大体重的结构。

圆顶龙类恐龙中的一个特殊成员是腕龙，说它特殊，主要是它的前肢比后肢更长，脊背由前向后倾斜，这与其他所有的蜥脚类恐龙都不一样。此外，腕龙的脖子也相当长，并不亚于梁龙类动物。

进入白垩纪后，蜥脚类恐龙开始衰退，尽管如此，它们还是走到了白垩纪的尽头。

鸟臀类恐龙

鸟臀类恐龙的腰带骨骼结构与鸟类相似，从形态上看都很特别，有的嘴巴像鸭嘴，有的背上长有三角形的骨板，还有的头上长角，真是千奇百怪。

与三叠纪晚期蜥臀类恐龙已经有了众多的代表相比，那时的鸟臀类恐龙却发现得极少，可谓凤毛麟角。但是到了侏罗纪晚期，鸟臀类恐龙开始进入它的繁盛期，白垩纪是鸟臀类恐龙的盛世。鸟臀类恐龙分为鸟脚类、剑龙类、甲龙类、肿头龙类和角龙类五大分支。

鸟臀类恐龙的演化

为什么说白垩纪是鸟臀类恐龙的盛世呢？侏罗纪晚期开始到白垩纪，在各大陆块继续分离漂移的同时，又发生了南方大陆彻底解体。超级大陆的解体、漂移，引起频繁的地震发生和火山的剧烈喷发，使地壳强烈变形、陆地大幅度抬升，形成了许多高耸的山脉和异常复杂多样的地形地貌。加上陆块在移动过程中所处的纬度带发生变化等等因素，白垩纪的气候又开始了长期的降温过程，春夏秋冬四季越来越分明。自然环境表现出复杂多变的特点。

植物对环境变化非常敏感，首先做出反应。侏罗纪晚期出现的被子植物因能充分适应白垩纪四季分明的气候而发展迅速，到白垩纪晚期出现了爆发性的增长，而裸子植物则开始衰退。

由于白垩纪自然条件的巨大变化，蜥臀类中除肉食性恐龙继续演化发展以外，巨型植食性恐龙日渐衰退。相反，恐龙中的另一大类——鸟臀类恐龙则进入了大发展时期，呈现出异彩纷呈的局面。其中，除了在侏罗纪出现的剑龙类是在白垩纪早期衰退灭绝以外，甲龙类、角龙类、肿头龙类等形态各异的全新的恐龙类群竞相出现，鸟脚类也演化出了新的类群——鸭嘴龙类。所以说，白垩纪是鸟臀类恐龙的盛世。

鸟脚龙类

鸟脚类恐龙是鸟臀类恐龙中最早出现的一大支系，也是鸟臀类恐龙进化的主干，其他鸟臀类恐龙，如剑龙类、甲龙类和角龙类都是由鸟脚类进化而来。鸟脚类恐龙出现于三叠纪中期，一直繁衍到白垩纪末，在地球上生活了 1 亿多年。由于它们用强壮的后肢奔走，有的地方很像鸟，所以叫它鸟脚类。

发现于南非三叠纪晚期沉积岩层中的畸齿龙是目前发现的最早的鸟臀类恐龙，同时，它也是鸟脚类恶龙的最早代表。畸齿龙是一种用两只后足行走的很小的鸟臀类恐龙，它的头骨只有大约10厘米长。头骨上有一个被压低了的颌关节，在下颌的前方有一个分离开的没有牙齿的前齿骨，这是鸟臀类恐龙最显著的头骨特征。

畸齿龙上下颌的边缘都长有较特化的小牙齿，显然适合于切割和咬裂植物性的食物。令人惊异的是，畸齿龙下颌的前方有一个类似于哺乳动物的犬齿那样的大牙齿。三叠纪晚期，鸟臀类恐龙虽然在整个恐龙家族中并没有占据特别显赫的地位，但是在畸齿龙奠定的身体结构基础上，包括鸟脚类恐龙在内的鸟臀类恐龙在后来的侏罗纪和白垩纪中却百花齐放般地发展起来，成为恐龙大家族中最为多姿多彩的分支。

▲豪勇龙

鸟脚类恐龙是一个庞杂的类群，包括弯龙、异齿龙、棱齿龙、禽龙、鸭嘴龙等。几乎所有的鸟脚类恐龙都是素食者。体型大小也较悬殊，小的不到1米（如异齿龙），最大的有十几米（如禽龙、鸭嘴龙），显示出这类恐龙的光怪陆离，多姿多彩。

禽龙是最早发现的恐龙之一，禽龙的发现为探索爬行动物的进化揭开了新的一页。让我们通过时间隧道走进中生代，来到热闹非凡的恐龙王国，在距今1.4亿到1.0亿年前的时代中我们找到了禽龙。只见它身躯高大、体形笨重、尾部粗而巨大，体长一般在10米左右，体重十几吨。它的前肢较短，但坚实有力，前肢有5个趾头，末端无爪呈“人手状”。最特别的是，禽龙的大拇指变大而成为一副尖利的钉子般的装备，这是它们的自卫武器。可以想象，当它遇到想要吃它的霸王龙时，就用这个大而尖硬的“钉耙”去刺伤敌手。

禽龙是形形色色鸟脚龙类中的一员，因为它们常用两脚行走，两腿直立的姿势和它们脚的三趾构造，与现代的鸟禽颇为相像，所以人们叫它“禽龙”。禽龙的后肢很长且粗壮有力，脚趾分节宽而浑厚。禽龙大部分时间靠后肢行走，但有时在茂密的丛林、湿热的沼泽或宁静的湖畔觅食、饮水、漫游时，也会用四足缓慢行走，但是遇见了霸王龙，还是要用两只后脚逃命的，因为这样速度更快。它的“自卫武器”仅是在迫不得已、无路可逃时使用。

禽龙是由原始的鸟脚龙类进化来的，在体形上与弯龙极为相似，所以人们又称禽龙是“放大了的弯龙”。禽龙的头骨长而低平，鼻孔部位呈宽扁的喙状，并有一层角质覆盖，

▲禽龙

加上它们长在牙床上的到一定时期就自行替换的单排牙齿，就像一台食物磨碎机，把吃进口中的树叶、枝条磨碎咽下。鸟脚龙类的恐龙都是素食者，即只吃植物。禽龙生活的时代，气候炎热，森林繁茂，湖泊、沼泽星罗棋布，由此促进了它们向大型化的发展。尽管它前肢上有“尖硬的钉子”，但比起甲龙（身披铠甲）、三角龙（头上长有三只伸向前方的角）、剑龙（尾巴长刺）来，它的“自卫武器”太弱了，因此它还未到白垩纪的末期，就被霸王龙给灭绝了。

弯龙是一类小型到中型的恐龙，身长从2米到6米，主要用后足行走，有时也用四足行走。从一般结构来看，它比小型兽脚类恐龙笨重，大概是不善于快跑的。它的头骨低平，颞孔很大，眶前孔相对地比较小，显示出鸟臀类中一个新的发展方向，就是眶前孔的退化。它的牙齿呈磨盘式，表示是植食性的。所以弯龙是一类没有自卫能力的素食者。

在鸟脚龙类中，特别兴旺的应是白垩纪的鸭嘴兽形恐龙，它的代表就是名为鸭嘴龙的大型恐龙，因为这类恐龙的嘴巴宽而扁，很像鸭子的嘴巴，所以叫鸭嘴龙。鸭嘴龙的一个主要特征是牙齿很多，少的有200个，多的可以达到2000多个。这些牙齿一行行重叠排列在牙床里，替换使用，上面一行磨蚀了，下面又顶上一行。鸭嘴龙为什么会有这么多牙齿？据说，这与它们吃的食物有密切关系，因为鸭嘴龙吃的大部分植物是石松类中的木贼，这种植物含硅质较多，牙齿磨蚀较快，所以只有牙齿多才能弥补这一缺陷。

▲鸭嘴龙

鸭嘴龙的头骨也十分引人注目。一些鸭嘴龙头上是平的，没有什么装饰，但另一些头上长着冠状突出物，它是由鼻骨或额骨形成的，也被称作“顶饰”。按照鸭嘴龙头上顶饰的有无，可以把它们分成为两类：平头类和栉龙类。

现在一般认为，鸭嘴龙是在沼泽地中生活的，并常常潜水，甚至有人发现它们具有类似于鸭的脚蹼的构造，说明它们可以在水中游泳。

剑龙类

剑龙类恐龙出现于侏罗纪中期，繁盛于侏罗纪晚期，到白垩纪早期就灭绝了，在地球上生存了1亿多年。剑龙是剑龙类的代表。

剑龙最奇特的地方是背部具有呈三角形的剑刺般的骨质甲板，称为剑板。在颈部和尾部，这些剑板有碟子大小，而到了臀部以上的身体中段，则大如车轮。

关于剑板的功能还没有一个确切的说法。由于它们剑刺般的形状，开始人们都推测是用于防御的武器。当食肉类恐龙进攻时，它们便会低下头，用剑板进行抵御。也有人认为，由于剑板上还带有五颜六色的角质层，它们很可能在饱食之后便趴在地上，这样看起来就像是一簇簇中生代植物本内苏铁，这样巧妙地伪装可以避免被食肉类恐龙发现。此外，还有人认为，剑板上的颜色很可能十分鲜艳夺目，可以用作向其他恐龙发信号，或者作为求偶信号，用来吸引异性的注意。还有人说，在剑板内分布着大量的微血管，可以用来调节体温。

在剑龙身上可以看到许多为适应环境而形成的奇特器官。在它们厚重有力的尾巴上长有四个大的骨刺，宛如四把利剑，最长的可达 1 米。当肉食性恐龙向其发起进攻时，它们可以挥舞锋利的尾刺戳向敌害，使进攻者死于非命。

剑龙的大脑非常小，仅比核桃仁大一点。这样小的脑是如何指挥体重达 1 ~2 吨的躯体来进行运动的呢？原来，在它们的臀部还有一个比脑大 20 倍的膨大的神经结，能够把脑发出的信号进一步传达到身体的其他部分，因此被誉为第二大脑。由此可见，剑龙绝不是智能低下的笨头笨脑的动物，不然它们不可能在中生代的大地上繁衍 1 亿多年。

甲龙类

剑龙类从地球上消失了，接替它们的是甲龙类。这类恐龙说起来也就是古代的穿山甲，当遭受到肉食恐龙攻击的威胁时，就将身体蜷缩成一个球形，或者在地上将身体伸展，总之，在敌人停止攻击之前，一动不动地争取早些脱险。但是有的时候这类恐龙也不光是致力于防御，它们大多在尾巴的末端长有长锤或大棒，这是用来击退敌人进攻的唯一武器。

甲龙是甲龙类的代表，是一种以植物为食、全身披着“铠甲”的恐龙。它们的后肢比前肢长，身体笨重，只能用四肢在地上缓慢爬行，看上去有点像坦克车，所以有人又把它叫作坦克龙。而且，尾巴末端还有一个重重的骨质尾锤。当它们受到肉食性恐龙的进攻时，尾巴一扫，让来犯者难以近身，否则就可能付出皮开肉绽的惨重代价了。

甲龙是白垩纪武装恐龙的代表，但是它的外貌却没有像侏罗纪的剑龙那样威武壮观。用来保护身体的“尾锤”从效果上来看，在甲龙类中可以说是最发达的。

▲甲龙

肿头龙类

到了白垩纪晚期，恐龙王国已经进入了它的黄昏期。可是就在这临近结尾的时候，恐龙大家族中又演化出了许许多多奇特的类群，这些新出场的“演员”们把恐龙世界的最后一幕上演得分外辉煌。肿头龙类就是这些新出场的“演员”中非常独特的一群。

肿头龙类区别于其他恐龙类群的最主要特点就是它们的头盖骨异常肿厚，并扩大成了一个突出的圆顶，头颅极其坚硬。它们的典型代表是肿头龙。肿头龙喜欢过群体生活。它们像山羊一样，雄性之间经常性地以头相撞，胜利者就可以在群体中保持较高的社会地位。在繁殖季节，它们也可能以这种方式决出胜负，胜者与雌性个体交配。不过肿头龙的厚头部并不能帮助它抵抗掠食者的袭击，它有敏锐的嗅觉和视觉，当发现敌人时，会快速逃离。

角龙类

在恐龙类中，角龙最后登场，是一类末代恐龙，充分繁荣了这一时期，接着和其他恐龙一起从地面上消失了。

角龙类是头上带角的恐龙，一般分为两大类群，即鹦鹉嘴龙类和新角龙类。它们共同的特点是头上有窄的角质的沟状喙嘴，嘴的前部有高度发达的拱状骨板，有大小轻重不等、形状各异的颈盾。随着白垩纪晚期的自然环境变化以及角龙类成员适应环境能力的增强，使它们能在较短的时间内发展成体型巨大、颈盾和角各有特色的盛极一时的恐龙类群。在角龙类中最著名的就是三角龙了。

三角龙是晚白垩纪数量众多且十分著名的草食恐龙，三角龙化石最初于1887年被发现，它是一种中等大小的四足恐龙。三角龙全长大约有7.9～9米，臀部高度为2.9～3米，重达6100～12000千克。它们的头盾可长至超过2米，可以达到整个动物身长的1/3。

三角龙的口鼻部鼻孔上方有一根角状物；以及一对位在眼睛上方的角状物，可长达1米。头颅后方则是相对短的骨质头盾。大多数其他有角盾恐龙的头盾上有大型洞孔，但三角龙的头盾则是明显的坚硬，令人联想起现代犀牛。

长久以来，关于它们三根角以及头盾的功能处于争论中。传统上，这些结构被认为是用来抵抗掠食者的武器，但最近的理论认为这些结构可能用来求偶，以及展示支配地位，如同现代驯鹿、山羊、独角仙的角状物。

三角龙各种有结实的体型、强壮的四肢、前脚掌有五个短蹄状脚趾、后脚掌则有四个短蹄状脚趾。虽然三角龙确定是四足动物，但是它们的姿势长久以来处于争论中。三角龙的前肢起初被认为是从胸部往两侧伸展，以助于承担头部的重量。

然而，角龙类的足迹化石证据，显示三角龙在正常行走时保持直立姿势，但肘部稍微弯曲，居于完全直立与完全伸展两种说法的中间。但这种结论无法排除三角龙抵抗或进食时会采伸展姿态。

三角龙是草食性动物，因为它们的头部低矮，所以它们可能主要以低高度植被为食，但它们也可能使用头角、喙状嘴、以身体来撞倒较高的植被来食用。颚部前端具有长、狭窄的喙状嘴，被认为较适合抓取、拉扯，而非咬合。牙齿排列成齿系，每列由 36 ~40 个牙齿群所构成，上下颚两侧各有 3 ~5 列牙齿群，牙齿群的牙齿数量依照动物体型而改变。

▲三角龙

三角龙总共拥有 432 ~800 颗牙齿，其中只有少部分正在使用，而三角龙的牙齿是不断地生长并取代的。这些牙齿以垂直或接近垂直的方向来切割食物。三角龙的众多牙齿，显示它们以体积大的有纤维植物为食，其中可能包含棕榈科与苏铁，甚至还包含草原上的蕨类。

三角龙和暴龙生活在同一时期，生存于现今的北美大陆，当遭遇暴龙，三角龙就以自己强壮结实的体格与尖锐的三角来进行决斗。

恐龙王国走向覆灭

大约在距今6500万年时，曾经主宰地球1.5亿年的恐龙在短时间内突然销声匿迹了。不仅统治地球的各种恐龙全部灭绝了，同样悲惨的命运还同时降临到了地球上的陆地、海洋和天空中生活的很多种其他的生物身上。在这次灾难中灭绝的还有蛇颈龙等海洋爬行动物、有翼龙等会飞的爬行动物。经过这场大劫难，当时地球上大约75%的生物种从地球上永远地消失了。这真是一场大灭绝、大灾难。这场大灭绝标志着中生代的结束，地球的地质历史从此进入了一个新的时代——新生代。是什么原因导致了恐龙的突然灭绝呢？关于恐龙灭绝的原因，现今仍是一个谜，存在许多种猜想。

陨星撞击地球论

1980年，美国科学家在6500万年前的地层中发现了高浓度的铱，其含量超过正常含量几十倍甚至数百倍。这样浓度的铱只能在陨石中才可以找到，因此，科学家们就把它与恐龙灭绝联系起来了，提出了陨星撞击导致恐龙灭绝的假说。

根据铱的含量还推算出撞击物体是相当于直径10千米的一颗小行星。这么大的陨石撞击地球，绝对是一次无与伦比的打击，以地震的强度来计算，大约是里氏10级，而撞击产生的陨石坑直径将超过100千米。科学工作者用了10年的时间，终于有了初步结果，他们在中美洲尤卡坦半岛的地层中找到了这个大坑。据推算，这个坑的直径在180千米到300千米之间。

陨星撞击地球的证据找到后，科学家形象生动地为我们描述了一段发生在距今6500万年前的惊心动魄的故事：有一天，恐龙们正在地球乐园中无忧无虑地尽情吃喝着，突然，天空中出现了一道刺眼的白光，一颗直径10千米相当于一座中等城市般大的巨石从天而降，流星般猛烈地撞到地球上。这一撞相当于几万个原子弹威力的爆炸在顷刻间发生。这是一颗不期而至的小行星，与地球碰撞后产生的撞击力可达1015吨TNT炸药爆炸所产生的能量。卷着尘埃的一个巨大的蘑菇云迅速升起，直冲天空，而后弥散开来，最后把整个地球都笼罩在里面。很快，恐龙就彼此看不见了，因为黑云遮天蔽日，白天也没有了阳光。这种恐怖的状况持续了一两年。植物的光合作用中断了，因而大量枯萎、死亡。吃植物的素食恐龙因此相继死去。以后，吃肉的恐龙也由于失去了食物而灭绝了。

有一些科学家认为，在那次空前绝后的陨星撞击地球中，只有70%的恐龙在当时灭绝，其他的一些恐龙种类则勉强地躲过了劫难，可是在随后的几百万年里又逐渐绝灭了。后一种说法并不是没有道理，因为在6500万年前的这次事件以后形成的地层里，仍有一些恐龙骨骼被发现。例如，美国新墨西哥州6000万年前上下的地层中就曾经发现了恐龙的残骸。在阿拉斯加新生代的冻土带里，也发现过三角龙的化石。这些现象似乎说明，在这次小行星撞击地球引起的大爆炸以后，仍然有一些恐龙挣扎着生活了几百万年的时间，最后才因为不适应新的气候和新的环境而最终相继灭绝。

不论以上的事情是否真的发生过，恐龙的全部灭绝都将是一个奇特的事情。通过一些珍贵的恐龙化石，科学家们的研究工作一直在进行着。

▲陨星撞向地球

大气成分变化说

人类已经知道，在地球刚刚形成的遥远年代里，空气中基本上没有氧气，二氧化碳的含量却很高。后来，随着自养生物的出现，光合作用开始了消耗二氧化碳和制造氧气的过程，从而改变了地球上的大气环境。同时，二氧化碳一方面通过生物的固定以煤、石油沉积在地层里，另一方面也通过有机或无机的过程以各类碳酸盐的形式沉积下来。这种沉积是一直进行的。

有证据表明，恐龙生活的中生代二氧化碳的浓度很高，而其后的新生代二氧化碳的浓度却较低。这种大气成分的变化是否与恐龙灭绝有关呢？

我们知道，每种生物都需要在适当的环境里才能够正常地生活，环境的变化常常能够导致一个物种的兴衰。当环境有利于这一物种时，它就会兴旺发展，反之，则会衰落甚至绝灭。

恐龙生活的中生代，大气中的二氧化碳的含量较高，说明恐龙很适应于高二氧化碳浓度的大气环境。也许只有在那种大气环境中，它们才能很好地生活。当时，尽管哺乳动物也已经出现，但是它们始终没有得到大发展，也许这正是由于大气成分以及其他环境对它们并不十分有利，因此它们在中生代一直处于弱小的地位，发展缓慢。随着时间推移，到了白垩纪之末，大气环境发生了巨大的变化，二氧化碳的含量降低，氧气的含量增加，这种对恐龙不利的环境使恐龙最终灭绝了。

温血动物说

过去，所有的科学家都认为恐龙像其他爬行动物一样是冷血动物或变温动物，但是随着化石资料的不断增多，人们的认识也发生了变化，有人提出，有些恐龙可能是温血动物。首先，他们认为有些恐龙行动极为敏捷，也不是像蛇一样在地上爬行，而是靠两条后腿在地面上跑动，其速度可达20～90千米/时。这就需要有强壮的心脏并且维持较高的新陈代谢，这些显然冷血动物是做不到的。

其次，恐龙的食量都相当大，据推测，一头30吨重的蜥脚类恐龙，每天可能要吃掉近2吨食物，只有温血动物才需要这么多的能量。从食肉恐龙远远少于食草恐龙来看，这一点也是合理的。

另外，还有一些身体较小的恐龙，它们身上覆盖着一层羽毛或毛发，这也是为了防止体温散失。其他方面，如骨骼的研究，也初步表明一些恐龙是温血动物。温血恐龙的说法一提出，就受到强烈抨击，但到底结论如何，目前还难下定论。

有些人认为恐龙是温血性动物，因此可能禁不起白垩纪晚期的寒冷气候而导致无法存活。因为即使恐龙是温血性，体温仍然不高，可能和现生树懒的体温差不多，而要维持这样的体温，也只能生存在热带气候区。同时恐龙的呼吸器官并不完善，不能充分补给氧。温血动物和冷血动物不一样的地方，就是如果体温降到一定的范围之下，就要消耗体能以提高体温，身体也就很快地变得虚弱。它们过于庞大的体躯，不能进入洞中避寒，所以如果寒冷的日子持续几天，可能就会因为耗尽体力而遭到冻死的命运。但是，这种学说有一个疑点，那就是恐龙不都是那么庞大，也不一定都不能躲进洞里避难，所以这种学说也有不完善的地方。

火山爆发说

意大利著名物理学家安东尼奥·齐基基提出，恐龙大灭绝的原因很可能是大规模的海底火山爆发。齐基基认为，白垩纪末期，地球上在海洋底下发生了一系列大规模的火山爆发，从而影响了海水的热平衡，并进而引起了陆地气候的变化，因此影响了需要大量食物维持生存的恐龙等动物的生存。他的理由是，现代海底火山爆发对海洋和大气产生的影响是众所周知的，只是其影响程度比起6500万年前发生的海底火山爆发小多了。

他认为，过去，科学界对海底火山爆发的情况了解得很少，现在需要对这种严重影响地球环境的现象进行深入的研究。他举例说，格陵兰过去曾经生长着茂密的植被，但是当全球性的海洋水温平衡变化以后，寒冷的洋流改变流向后经过了格陵兰，从此把这个大大的岛屿变成了冰雪覆盖的大地。这是海洋水温平衡变化对气候产生巨大影响的一个典型实例。海底火山活动是影响海洋水温平衡变化的一个重要因素。因此，齐基基认为应该将海底火山的大规模爆发引起的海洋水温平衡变化作为研究恐龙灭绝问题的一个重要参考因素。

气候变迁说

6500万年前，地球气候陡然变化，气温大幅下降，造成大气含氧量下降，令恐龙无法生存。也有人认为，恐龙是冷血动物，身上没有毛或保暖器官，无法适应地球气温的下降，都被冻死了。

还有一种理论，虽然同样是认为气候骤变引起恐龙绝灭，但是推测的过程却不一样。这一派学者认为，在距今大约7000万年前，北冰洋与其他大洋之间被陆地完全隔开，并在最后的日子里海水因各种因素的作用渐渐地变成了淡水。到了距今6500万年前，分隔北冰洋与其他大洋的“堤岸”突然发生了决口。大量因淡化而变轻的北冰洋的水流入其他大洋。由于北冰洋的水温度很低，这些“外溢”的冷水形成了一层冷流，使得地球大洋的海水温度迅速下降了大约20摄氏度。海洋温度的下降又严重影响了大陆气候，使大陆上空的空气变冷。同时，空气中的水蒸气含量也迅速减少，引起了陆地上普遍的干旱。陆地上的这些气候变化产生的综合结果之一就是使恐龙灭绝了。

气候骤变造成恐龙绝灭的一条可能的途径是严重影响恐龙的卵。一些科学家发现，在恐龙灭绝之前的白垩纪末期，恐龙蛋的蛋壳有变薄的趋势，说明在恐龙大绝灭之前有气候急剧变化造成的作用。我国的一些古生物学家也发现，在一些化石地点产出的恐龙蛋中，临近绝灭时期的那些恐龙蛋蛋壳上的气孔比其他时期的恐龙蛋蛋壳中的气孔要少，这很可能与气候变得寒冷干燥有关。

物种进化说

由于恐龙的繁荣期间长达1亿6千多万年，使得肉体过于巨体化。而且，角和其他骨骼也出现异常发达的现象，因此在生活上产生极大的不便，最终导致绝种。恐龙中最具代表性的迷惑龙，体长25米，体重达30吨，由于体型过于庞大，使动作迟钝而丧失了生活能力。

另外，三角龙等则因不断巨大化的三只角以及保护头部的骨骼等部位异常发达，反而走向自灭之途。但这种观点也存在着疑问，并非所有的恐龙体型都如此庞大，也有体长仅一米左右的小恐龙。另外，也有骨骼像鹿一般，能够轻快奔跑的恐龙。但为什么这种恐龙也同时绝种了呢？而且，异常发达的骨骼等部位，在冷血动物体内，推测能够吸收外界的温度，也能放出体内的热，以调节身体的温度，具有非常有利的功能。由此看来，这种说法也受人质疑。

关于恐龙灭绝其他猜想

除了上面所说的猜想以外，关于恐龙灭绝的猜想还有以下几种：

一、物种斗争说。恐龙年代末期，最初的小型哺乳类动物出现了，这些动物属啮齿类食肉动物，可能以恐龙蛋为食。由于这种小型动物缺乏天敌，越来越多，最终吃光了恐龙蛋。

二、地磁变化说。现代生物学证明，某些生物的死亡与磁场有关。对磁场比较敏感的生物，在地球磁场发生变化的时候，都可能导致灭绝。由此推论，恐龙的灭绝可能与地球磁场的变化有关。

三、被子植物中毒说。恐龙年代末期，地球上的裸子植物逐渐消亡，取而代之的是大量的被子植物，这些植物中含有裸子植物中所没有的毒素，体型巨大的恐龙食量奇大，大量摄入被子植物导致体内毒素积累过多，终于被毒死了。

四、大陆漂移说。地质学研究证明，在恐龙生存的年代地球的大陆只有唯一一块，即“泛古陆”。由于地壳变化，这块大陆在侏罗纪发生的较大的分裂和漂移现象，最终导致环境和气候的变化，恐龙因此而灭绝。

五、繁殖受挫理论。目前已经在世界上许多地方陆续发现了古老爬行类的蛋化石，尤其是恐龙的蛋化石。按照形态结构，可以把恐龙蛋分为短圆蛋、椭圆蛋和长形蛋等种类。恐龙蛋的大小变化范围很大，蛋壳厚度及其内外部“纹饰”、蛋壳结构及其壳层中的椎状层和柱状层比例变化范围都存在不同的差异。为了深入开展恐龙蛋内部特征的研究，科学家已经采用了很新的技术和多种方法，如扫描电子显微镜，x 射线衍射仪，偏光显微镜，CT 扫描仪等。检查的结果之一是发现一些恐龙蛋化石没有恐龙胚胎。

有些人认为，在远古时期，彗星撞到地球，使地表发生巨大变化，让恐龙无法适应这种环境，导致灭绝。

关于恐龙灭绝原因的假说，远不止上述这几种。但是上述这几种假说，在科学界都有较多的支持者。当然，上面的每一种说法都存在不完善的地方。恐龙灭绝的真正原因，还有待于人们的进一步探究。

鸟类的出现

鸟类是由古爬行类进化而来的一支适应飞翔生活的高等脊椎动物。由于鸟类在形态构造方面有一系列的高级特征，又有很强的飞翔能力，能进行快速的飞行运动，使之种类繁多，遍布全球，成为脊椎动物中仅次于鱼类的第二大纲。

鸟纲分古鸟亚纲和今鸟亚纲两个亚纲。古鸟亚纲以始祖鸟为代表。中国辽西发现的鸟类非常丰富，并可归入许多不同的类群，代表鸟类的不同进化阶段。今鸟亚纲包括白垩纪以来的一些化石鸟类以及现存鸟类。化石鸟类以黄昏鸟目和鱼鸟目为代表，它们的骨骼近似现代鸟类，但上、下颌具槽生齿。现存的鸟纲都可以划入今鸟亚纲的三个总目：平胸总目、企鹅总目和突胸总目。平胸总目的著名代表为鸵鸟及鸸鹋；企鹅总目的代表为王企鹅；突胸总目包括现存鸟类的绝大多数，分布遍及全球。

发现始祖鸟化石

根据达尔文进化论，生物是逐渐由低级向高级进化而来的。如果这个观点是正确的，鸟类应该是由低级的爬行动物进化来的，而且我们应该能够发现从古老的爬行动物逐渐演变成鸟类的连续化石记录。然而，在《物种起源》于1859年发表的时候，古生物学家还没有发现一具能够直接证明生物进化的所谓过渡型化石。

为什么化石记录没能反映出生物的逐渐变化？这是由于化石记录极为不完全。化石的形成是一个非常偶然的事件，过渡型生物体要碰巧被保留下来并被人们发现，更为偶然。偶然幸运地发生了。第一具过渡型化石——始祖鸟在德国出土了。它既有爬行类的特征，又有鸟类的特征，明显是从爬行类到鸟类的过渡型。始祖鸟作为生物进化的直观而形象的证据，被写进了几乎每一本普通生物学教材中，成了尽人皆知的最为著名的化石。

“始祖鸟”的发现和命名

在空中飞翔的鸟类要保存为化石很困难，这是因为鸟类为了飞上蓝天，在身体结构上发育了轻而中空的骨骼。当远古时期的一只鸟寿终正寝、长眠于地上时，它的纤细的骨骼在风吹、雨淋和日晒下，会逐渐破碎解体，最后变成尘埃，即便落在阴暗的地方，也会有其他食腐动物光顾，在它们饱餐之后，原地只余下一堆破碎的骨头。只有宁静的湖泊和沼泽，才是鸟类永久安息的理想坟墓。在古代湖边或沼泽地栖息的鸟类，在死亡之后如果恰好坠落在细腻的淤泥中，而且此后的漫长岁月中淤泥缓慢地压实，变成石头，没有被温度、压力摧毁，才最终会保留下那只鸟儿的骨骼，幸运的话，还能在岩石中留下羽毛的印痕。如此苛刻的形成条件使鸟类化石的完整保存成为奇迹。然而这个奇迹真的出现在德国巴伐利亚地区的索伦霍芬。

1861年秋天，德国巴伐利亚地区的索伦霍芬内科医生卡尔·哈白林发现一处石灰石岩壁上有一块奇特的石头，表面刻着一幅画，画得像是一种小动物，大小和乌鸦差不多。它的头很像蜥蜴，两颌长着锯齿一样的牙齿，细长的尾巴是由许多尾椎骨串联成的，像爬行动物鳄的骨骼。可它又带着飞翼和羽毛的印痕。这到底是什么怪物呢？

哈白林医生和在场的人看了又看，谁也捉摸不定。最后干脆把这块石头从青色的石灰岩中凿了出来，送到动物学家那里弄个明白。石块送到学者们的书桌上，望着这只奇特的石头动物，动物学家们一时也毫无头绪。

在研究过程中，一位学者从《物种起源》一书中得到启示：他认为这种动物既保留了爬行动物的特征，又具备鸟类的特点，很有可能是鸟类的祖先。其他动物学家也都赞同他的观点，最后得出了结论：这是一块古鸟的化石，人们将这种古鸟取名为“始祖鸟”，意思是“羽翼之始”。并通过对它形态特征的分析，认定鸟类是由爬行动物进化而来的。

▲始祖鸟化石

在第一件始祖鸟化石标本发现以后，过了16年，1877年，又在那里附近发现了第二件始祖鸟化石。以后一直到1956年，才又在附近发现了第三件。1970年，又在旧标本中找到了一个新的标本。到现在为止，已经发现的始祖鸟化石标本有五件，都是在德国这一地区发现的。

除了侏罗纪的鸟类只发现了五件始祖鸟化石外，白垩纪的鸟类化石虽然稍多一些，也仍然很有限。新生代的鸟类化石发现得比较多，但是大多数只是一些零星的碎骨。只有在一些特殊的化石堆积如更新统的沥青层里，才找到比较完整的新生代的鸟类化石。

始祖鸟具有鸟类的特征

始祖鸟是最早的鸟类。把始祖鸟划到鸟类家族中，主要是因为它的羽毛。我们用肉眼观察一根羽毛时，看到的是一条中空的茎的两边伸展出排列整齐的“毛发”，似乎结构很简单。只有当我们把羽毛拿到显微镜下观察时，我们才发现，每一条细小的“毛发”上面，还有许多复杂的结构，枝杈纵横，并且有钩状物相连。这是鸟类的羽毛才有的特征。所以，确定一块化石是否属于鸟类的，要从显微结构上看化石上是否有鸟类羽毛独特的细微结构。始祖鸟的羽毛展现出了这些细微的特征，因此理所当然地成为鸟类家族的成员，甚至有人说它就是现代所有鸟类的老祖宗。

始祖鸟有初龙类型的头骨，长的颈部，坚实的身体，健壮的后肢，一条很长的尾巴使身体平衡。前肢变大，显然已有翅膀的作用。头骨有两个后颞孔，但由于脑部四周骨片的扩大而被挤缩。眼孔很大，周围有一圈膜骨片，眼眶前方有一大的眶前孔。头骨及下颌前端部分加长并变窄成像状，有发育完好的牙齿。背部较为短壮，这对于飞行动物是必须的。荐部长，成为骨盆的肠骨和背脊间的牢固的连接部分。耻骨和坐骨棒状，耻骨已移到后面和坐骨平行的位置，显示出和鸟臀类恐龙相似的排列方式。后肢强壮，而且和鸟类的相像，脚上有3个向前伸的带爪的趾，1个向后伸的短趾。这种后趾的型式也是典型兽脚类恐龙的模式。显然，始祖鸟行走和奔跑的姿态大致和鸡相似。骨质的尾巴为典型的爬行类样式，长度和脊柱的其余部分相等。肩胛骨细长，臂骨也很长，手部大大引长，由前面3个手指组成。骨骼系统的全部骨头的结构都很精巧。手部和下臂部生长羽毛，躯体部分也有羽毛，尾部很特殊，在两旁各有一排羽毛。后足有四个脚趾，三前一后，这是鸟类的特征。

发现始祖鸟的那种石灰岩一般认为是浅水湖相沉积，所以推测始祖鸟大概是生活在湖滨的动物，可能是吃鱼的。由于始祖鸟适应飞行的各方面构造还不很完善，所以推测它大概还只能在低空滑翔。

▲始祖鸟复原图

它怎么从陆地行走变成在天空滑翔呢？这有两种意见。

一种意见认为它原来是一种善于奔跑的动物。从奔跑开始，在奔跑中用前肢来拍动空气以加快速度，这时候前肢上有由鳞片变成的原始羽毛的变异类型在生存斗争中处于有利的地位，才终于发展出带羽毛的翅膀，由翅膀扑动而开始离开地面到空中滑翔。

另一种意见认为它原来是树栖的，在树上利用带羽毛的翅膀滑翔是一种有利的活动方式，就使前肢上有由鳞片变成的原始羽毛的变异类型获得了更多的生存和繁殖机会，终于发展出带羽毛的翅膀而获得飞行能力。

根据第五件始祖鸟标本看，它不但翅膀上有爪，后趾末端也有尖利而弯曲的爪。这种爪对奔走不利，而对攀缘树枝有利。这似乎支持树栖说。

始祖鸟的发现意义非常重大，是人类探索鸟类起源的重大成果，也是人类研究生物进化发展道路上的里程碑。它有力地支持了1859年达尔文发表的名著《物种起源》，有力地证明了鸟类确是起源于爬行类，是由爬行类演化而来。

始祖鸟之后鸟的进化

鸟类在晚侏罗世出现以后，到了白垩纪，在向现代鸟类进化的道路上已经迈出了一大步。

白垩纪鸟类的头骨已经有像现代鸟类那样各块骨头愈合的现象，颞孔进一步退化。骨骼中的气孔更加发展。胸骨已经大大扩张。骨盆（腰带）和荐椎骨已经愈合成一个构造。指骨也不像始祖鸟那样分离，已经开始像现代鸟那样愈合。但是白垩纪的鸟类仍然保留牙齿这一原始性质。

白垩纪的鸟类化石在北美、南美、欧洲都有发现。最著名的是在美国堪萨斯州发现的黄昏鸟。这是一种特化了的鸟，翅膀已经退化，营游泳和潜水生活，吃的主要是鱼，和现代的潜鸟、鸊鷉相似。另外有一种叫鱼鸟，是一种和黄昏鸟相似的鸟类，也是靠吃鱼生活，所以叫鱼鸟。这两类鸟都已经灭绝。

在我国辽宁西部发现的中生代鸟类化石，其种类、数量和保存的精美程度，都远远超过了世界上其他任何一个地区，堪称世界之最。这些发现大大填补了从始祖鸟到白垩纪晚期鸟类进化过程中的空白。

侏罗纪晚期的始祖鸟主要是适应陆上生活。到了白垩纪，虽然大多数鸟类仍然生活在树上，但也有一部分开始适应不同的生活环境。长翼鸟就是一个典型的代表。

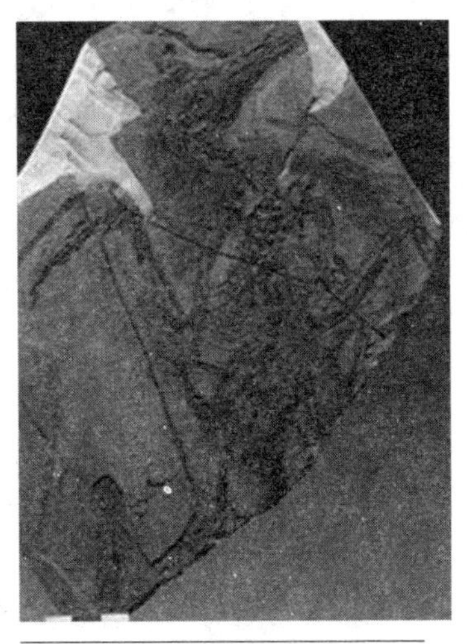

▲长翼鸟化石

从长翼鸟的化石来看，这是一类树栖能力很强的鸟类。它的后肢短小，但前肢却十分发达，表明它拥有强大的飞行能力。而且嘴巴较长，并有锐利的牙齿，因此推测这可能是一种以鱼类等水生动物为主要食物、生活在水边树上的鸟类。

长翼鸟可能具有与现代的翠鸟非常类似的生活方式。它可以长时间地栖息在树枝上，一旦发现水中的猎物，凭借身体的重力、后肢的弹力和两翼的推动力快速向下俯冲，用长嘴捕捉猎物，然后用翼迅速拍打水面起飞，并返回到树上，享受它的美餐。

鸟类进入了新生代，差不多已经全面地现代化了，牙齿已经消失，骨骼结构已经发展到了今天的样子。可以说新生代中鸟类在身体结构上已经没有多大进化了。

但是鸟类在新生代还是有很大的进化发展的，这主要表现在它们向许多不同的生活方式适应，引起了异常多样的辐射分化，产生了身体比例、羽毛色彩、外部形态以及生活习性上的种种变异，形成了繁杂的种类和支系。

新生代鸟类在骨骼结构上比较一致，而在外部形态上多种多样，这给研究鸟类化石带来了困难，因为外部形态在化石上往往是很难辨别的。

新生代鸟类化石在世界各地都有发现。我国曾经在内蒙古发现白垩纪晚期到新生代初期的松鸦蛋化石，这是我国发现的最早的鸟蛋化石。在青海泽库茶卡油页岩中发现三块鸟类羽毛的印痕化石，年代大概在老第三纪的始新世，这是我国发现的最早的羽毛印痕化石。

在山东临朐的硅藻土沉积地层中发现一种鸟化石，命名叫山旺山东鸟，年代大概在新第三纪的中新世中期。第四纪更新世的鸵鸟蛋化石屡有发现，在北京周口店不仅发现过鸵鸟蛋化石，还发现过鸵鸟的腿骨化石以及其他许多鸟类的骨骼化石。

鱼鸟

鱼鸟是白垩纪晚期鱼鸟目的代表属。体高几达1米，大小与现代燕鸥很相似。颌骨具向后倾斜的牙齿，胸骨龙骨突发达，翅强大，具较强的飞行能力。中生代结束后即灭绝。化石于1872年，在美国堪萨斯州白垩纪石灰岩内首次发现，但缺少头骨，仅有部分下颌骨。1975年在美国亚拉巴马州晚白垩世地层中发现完整的鱼鸟化石。那长长的下颌，向后倾斜的牙齿和具有很强飞行能力的翅膀等，都证明它与其他鱼鸟类一样，能飞行，肉食性，非常适应白垩纪的海相环境。

原始鸟类起源假说

始祖鸟的化石发现后，根据其特征，科学家认为始祖鸟是由爬行类进化到鸟类的一个过渡类型。然而，鸟类到底是由哪一类的爬行动物进化而来的呢？自从始祖鸟发现以后的100多年以来，科学家们就一直争论不休。迄今为止，晚侏罗纪的鸟类化石只有始祖鸟一种，而始祖鸟作为鸟类的始祖，也成为科学家破解中生代地球演化的一个突破口。其中关于原始鸟类起源的猜想更是重要的一环，并形成了众多学派。但真正在学术界有影响的学说主要有三种：恐龙起源说、槽齿类起源说和鳄类起源说。

恐龙起源说

恐龙起源说有着曲折的历史，这一假说尽管很早就被提出，且现在已成为一种主流说法，但中间过程却颇具喜剧色彩。

英国著名的生物学家赫胥黎最早提出了原始鸟类恐龙起源说。赫胥黎是达尔文进化论最杰出的代表。赫胥黎酷爱博物学，并坚信只有事实才可以作为说明问题的证据。1868年，赫胥黎在一次晚宴中突然发现，盘子里吃剩的火鸡骨骼，竟和早上实验室里研究的恐龙骨骼如此神似。回家以后，他很仔细地比对恐龙与鸟类的骨骼，结果发现35个相似之处，于是提出“恐龙和鸟类之间存在一定亲源关系”的假说。

恐龙和鸟类存在一定亲缘关系的假说流行了很长一段时间后，到了1927年便销声匿迹，被槽齿类起源说取代。一直到了20世纪的70年代，才由美国耶鲁大学著名的恐龙学家约翰·奥斯特伦姆教授重新提出。20世纪80年代以后，影响日益扩大。

▲尾羽龙

1996年，中国辽宁西部地区发掘到千禧中国鸟龙化石标本。千禧中国鸟龙生活在距今1.25亿年前。与恐爪龙与伶盗龙同属驰龙类类群，是鸟类最亲密的血缘近亲。

千禧中国鸟龙在恐龙与鸟的中间环节中，扣上了最关键的一个失落的环节。它是世界上已知保存最完整的驰龙类，而且保存了更为精美的绒毛状皮肤演化构造。

驰龙类在形态上已经非常接近早期鸟类，其头后骨骼形态上已经与大多数恐龙很不一样，反而具有许多早期鸟类的特征，它的肩带（连接前肢与脊椎骨的骨骼）结构与始祖鸟几乎没有什么差别。

虽然千禧中国鸟龙并不能飞行，但是它在骨骼结构上已经产生了一系列能够适应于飞行的演化，骨骼系统已经完全具备了拍打前肢的要求，是一种典型的预进化模式。千禧中国鸟龙也发育有细丝状皮肤衍生物，因而进一步证明了这种构造在非鸟兽脚类恐龙中的广泛存在，为羽毛的起源和演化提供了重要的证据。

千禧中国鸟龙是世界上第一种能够分泌毒液的恐龙，它能像今天的毒蛇那样，将毒牙中的毒液注入猎物体内，从而有效麻痹猎物。

千禧中国鸟龙约有火鸡大小，它们上颌有一个袋状结构，很可能是毒腺。在攻击猎物时，毒腺内的毒液就会顺着毒牙上的凹槽，渗入被咬伤的部位中，从而令猎物陷入麻痹甚至休克。研究人员说，这种恐龙的毒牙与非洲树蛇的“后毒牙”结构类似，它们不是通过前牙向猎物身体中喷射毒液，而是通过“后毒牙”将毒液慢慢渗入猎物体内。

毒恐龙可能不是利用毒液杀死猎物，而只是为了麻痹它们，以便更容易捕获猎物，这也是现代“后毒牙”蛇类和蜥蜴的捕猎方式。

▲千禧中国鸟龙

它们擅长从猎物后面的低树枝处发动突袭。一旦牙齿深入猎物皮肤，毒液也会随之渗入。猎物陷入休克之中，但它们应该还活着。

目前，多数学者已经接受了鸟类起源于恐龙的观点，并认为鸟类是从兽脚类恐龙的一支——小型个体的恐龙演变而来的。

槽齿类起源说

自从赫胥黎提出鸟类起源于恐龙以后，这一假说在当时曾经盛行一时，但同时，它也遭到了一些科学家的反对。但是，对这一假说的真正冲击发生在1913年。当时，南非著名古生物学家布罗姆教授详细描述了一种叫作假鳄类的槽齿类爬行动物化石之后，正式提出了鸟类起源于比恐龙更为原始的槽齿类的新假说。

布罗姆教授认为鸟类起源于一类原始的槽齿类爬行动物，该爬行动物主要出现在三叠纪时期。由于其年代较恐龙还早，被认为不仅是鸟类而且是包括恐龙在内的多数爬行动物的祖先。布罗姆的理由就是翼龙和兽脚类恐龙都太特化，不可能是鸟类直接的祖先，行进在各自进化道路上的恐龙和鸟类形成的部分特征已具有不可逆转性。这一观点在20世纪盛行了近半个世纪。

更大的冲击来自于1926年，丹麦著名古生物学家海曼教授出版的一部阐述鸟类进化问题的经典著作——《鸟类起源》。在这部书里，海曼教授有力地支持了鸟类起源于槽齿类的假说。由于这部书的权威性，其强大的影响力造成的结果是：尽管有一些科学家反对，但是在随后的将近半个世纪的时间里，几乎所有涉及鸟类起源问题的科学论文和教科书里都把鸟类的槽齿类起源假说作为了定论，而鸟类的恐龙起源假说则到了几乎被人遗忘的地步。

鳄类起源说

鳄类起源说出现得较晚，这个假说是英国学者亚历克·沃尔克在1972年提出的。他认为，鸟类和鳄类组成一个单系类群，因此这一假说也常被称为“鸟类的鳄类起源假说”。

有趣的是，1985年，沃尔克经过一番思考后宣布，由于自己原先的观点太缺少证据而难以继续维持。然而，正当这一学派的追随者们大失所望之际，沃尔克却在1991年不知受到什么灵感的触发，忽然又向同行们宣布他的鳄类起源论仍然可以成立。可是，还没有等到他的追随者们为他庆祝，沃尔克却又一次做出了令世人惊讶不已的举动。他在1992年6月给许多同行们写信，再次认为鳄类起源假说缺乏证据，同时他还就如此反复无常而向同行们表示道歉。不过，沃尔克的追随者们却并没有完全跟着他倒戈。仍然有不少立场坚定的人继续坚持着鸟类的鳄类起源假说。

▲鸟面龙

鸟类飞行起源

从对世界各地的化石研究发现，鸟类是从恐龙演化来的，这一论点在学术界几乎已成为共识。但是恐龙如何脱离地面演化成蓝天中的精灵——鸟类，演化的具体环节是什么，这些问题却一直是个谜。对于这个谜，100 多年来，学术界一直存在着两大假说：树栖起源说和奔跑起源说。

两大起源假说

树栖起源说认为，鸟类的飞翔是由栖息在树上的生物借助重力，经过一个滑翔阶段形成的。如果仔细地观察现生脊椎动物，就不难发现具有飞行或者滑翔能力的动物大多生活在树上，甚至包括蝙蝠在内的脊椎动物都是在树栖生活过程中学会飞行的；以此类推，鸟类的飞行也应该是这样产生的，这就是鸟类飞行树栖起源说。简单地说，就是鸟类的祖先最早生活在树上，经常利用羽毛，借助重力向下滑翔，如此日复一日，就形成了强大的主动飞行能力。

树栖起源说的合理方面在于，鸟类祖先的身体结构肯定还不完善，不能做到真正意义上的飞行，因此借助重力开始飞行的方式相对容易。美国著名鸟类学家、哥伦比亚大学的鲍克博士就是树栖起源说的坚定支持者。他认为鸟类的飞行必须要通过树栖这一适应性阶段，经历滑翔这一过程才可能产生。

与树栖起源说相对立的一种假说是奔跑起源说，也有人称之为地栖起源说。这一假说认为鸟类的祖先是两足行走的小型兽脚类恐龙，它在奔跑当中，前肢逐渐解放出来，演化出拍打能力，起到加速的作用，同时通过这种快速的奔跑获得起飞速度，从而飞离地面，冲向蓝天。而翅膀就是在这一过程中由前肢演变而来的。

这种说法对大众而言相对熟悉，并且也容易接受，因为我们常常乘坐的飞机就是这样飞上天空的。在此之前的很多年，奔跑起源说一直占据着主流的地位，得到了大多数古生物学家的支持。甚至科学家们还详细研究了恐龙向鸟类演化过程中和飞行相关的结构转化，建立了完善的演化序列；他们还研究了鸟类祖先的奔跑速度，推论出飞离地面所需的起飞速度是可以实现的，相关研究还表明，鸟类的祖先可能是在斜坡上奔跑的时候学会拍打翅膀的。

从这两种学说产生的那天起，人们就一直争论不休。双方都在不停地寻找切实的化石证据来证明自己学说的正确性。在此之前的考古发现中，已知最原始的鸟类——始祖鸟的一些特征表明了它是一种奔跑型的动物，但另外一些特征却和树栖动物相似；另外一种原始鸟类——孔子鸟的生活习性的推测也同样存在类似的争论。

树栖假说得到强化

小盗龙的发现为鸟类飞行树栖假说提供了关键证据。2000 年发现于辽宁朝阳地区早白垩纪九佛堂组的赵氏小盗龙化石，是已知恐龙当中最接近鸟类的属种，它一些特征和树栖的鸟类比较相似。这一发现表明并不是所有的恐龙都生活在地面上，有些恐龙在向鸟类演化的过程中，可能转移到树上生活，飞行能力逐渐产生。但是，同样遇到了始祖鸟和孔子鸟的问题：骨骼形态提供的信息是相互矛盾的，一些特征指示树栖习性，但另外一些特征类似地栖动物。

后来，学者们又对同类型的标本进行了更加深入的研究，出乎意料的是，此次研究工作揭示了一个恐龙演化过程中完全未知的阶段，而这一阶段恰恰可能是鸟类飞行起源的一个关键性阶段；新标本——顾氏小盗龙证实了以前对赵氏小盗龙所做的推测：恐龙世界中存在树栖恐龙，鸟类的飞行始于树栖生活。

在研究的 6 件标本当中，有两件标本被鉴定为小盗龙的一个新种：顾氏小盗龙；另外 4 件标本和顾氏小盗龙有一定区别，可能代表其他属种。通过对这些标本的综合研究，已经证明了这些恐龙的皮肤结构不仅具有现生鸟类羽毛的形态，甚至还显示了空气动力学特征，但最突出的一点是，这些恐龙后肢上的羽毛形态和分布与鸟类的翅膀惊人地相似。由此可以推论，这些恐龙长着四个翅膀，不仅前肢羽化为翼，而且后肢也羽化为翼；这些恐龙生活在树上，可能借助四个翅膀进行滑翔；鸟类的祖先很可能借助重力，在经历一个滑翔阶段之后才产生强大的主动飞行能力。

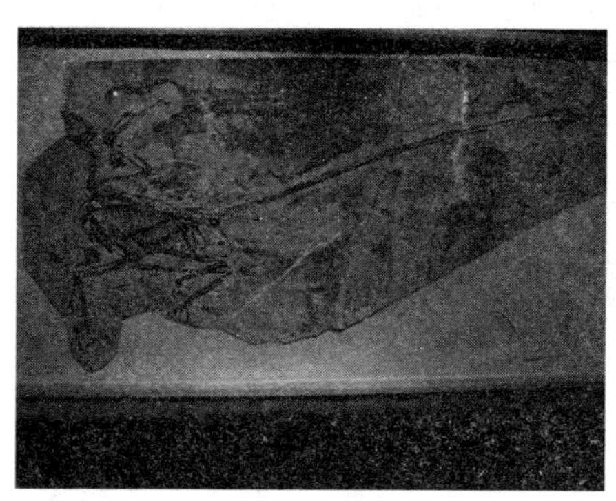

▲赵氏小盗龙化石

孔子鸟化石

1993年，辽宁北票市附近的四合屯农民杨雨山采集到一块近30厘米的鸟类化石，后来化石收集者张和收集到一些鸟类的前肢和颅骨的化石。1995年，中国的学者对该鸟进行了描述，并命名为孔子鸟。很快人们就发现四合屯是个鸟类化石库，中国随即成为世界古鸟类研究的中心。从1994年后古生物学家们云集辽西，数以万计的鸟类化石源源不断地被发掘出来，全世界古生物学界几乎都把目光都投向了这里，鸟类研究进入到一个全盛时期。

孔子鸟的进化特征

孔子鸟是古鸟类中的一个属，包括杜氏孔子鸟、圣贤孔子鸟等，其化石遗迹在我国辽宁省北票市的热河组，即四合屯和李八郎沟等白垩纪时期的沉积岩中发现。在现已公开的化石标本中，其骨骼结构十分完整，有着清晰的羽毛印迹。这一切使得孔子鸟成为最出名的中生代鸟。

根据其出土的地点地质形成史推断，这种鸟生活在距今1.25亿至1.1亿年左右。孔子鸟是目前已知的最早的拥有无齿角质喙部的鸟类。孔子鸟因孔子而得名。从进化角度来看，孔子鸟的形态特征比始祖鸟显得进步，生活时代也应该比始祖鸟晚。孔子鸟的个体与鸡的大小相近，其最明显的特征是，孔子鸟口中牙齿已经消失退化，咀嚼功能已被角质喙和体内肌胃的消化功能所代替。这一点与鸟类十分相似，表明孔子鸟是真正的鸟，是至今世界上最早具有角质喙的鸟类。

▲孔子鸟化石

孔子鸟从爬行动物祖先残留下来的双弓形头骨仍很明显，而这一原始形态在始祖鸟头骨上没有出现。孔子鸟的前肢不但与始祖鸟一样，仍有三个发育的游离指骨，而且第一指爪强大而钩曲，具有较强的抓握、攀爬能力。第三指爪（中间一个）较退化，这和飞羽附着第三指有关。发育的趾爪及指爪，显示孔子鸟适应攀援树木的生活。

孔子鸟肱骨近端有一气孔，表明已有减轻体重的趋势。孔子鸟的肩带与始祖鸟相似，很原始，肩胛骨近端与乌喙骨近端还愈合在一起，而且比较短。孔子鸟的初级飞羽仅6枚（现生鸟类至少9枚），胸骨比始祖鸟稍大，但仍为板状，没有龙骨突。

孔子鸟最进步的表现就是尾椎已大大缩短，基本形成尾综骨的雏形，全身羽毛比较丰满，体羽已基本覆盖全身。有意思的是，孔子鸟的某些个体，保存一对长的尾羽，这可能代表雄性的特征。另一些个体的头部还保留装饰性羽毛。数百件个体的集中发现或许还表明，孔子鸟具备了某些现生鸟类集群性的行为方式。

不同的古鸟类研究小组对孔子鸟的飞行能力有不同的看法。孔子鸟有大而弯曲的爪子。这让人想到，孔子鸟的飞行器官没有足够的力量原地起飞。为此，孔子鸟会用爪子爬到树上，然后从上面坠落，在这种自由下落的过程中开始拍打翅膀起飞。这种观点也有违一个事实，就是孔子鸟的足相比近现代鸟类的足在抓取方面相对较弱。这种理论的反对者认为，孔子鸟的骨骼其实已经足够强，可通过助跑加速完成起飞。

大量的孔子鸟骨骼化石是在四合屯的湖沉积物中发现的，这可以推断孔子鸟喜欢在湖边地带生活。从有些地层发现的标本密度过密推测，可能是由于自然灾害造成的集体死亡。可能是在一次火山爆发中很多孔子鸟同时死亡，它们的尸体被雨水从岸上冲刷到湖中。这种理论有一个推论，就是孔子鸟和其他很多近现代鸟类一样，过的是群居生活，起码会有一段时间集中在一起。

复原孔子鸟

孔子鸟的化石发现后，有人根据化石分析结果，对这种古鸟进行了复原。从复原结果看，中华孔子鸟的外形比较近似中国民间传说中的“凤”。让人们自然联想到“丹凤朝阳”的典故。凤，即凤凰，“雄曰为凤，雌曰为皇”。它是历史中确曾有过的一种动物吗？学术界过去的观点多倾向于否定。但无论甲骨文、金文都有材料确切无误地表明，直到商周之际，凤凰还是一种虽然稀见、但却并非不存在的鸟类。战国秦汉以后，凤凰方完全被神化成一种灵异之鸟。

▲孔子鸟生活复原图

凤凰到底是我们所知道的什么鸟？有专家考证，实际上，凤凰就是中国三皇五帝时代灭绝的大鸵鸟，但学界一直没有定论。

孔子鸟的发现，有着重大意义：第一，解开了长期争论不休的始祖鸟头骨构造之谜，证明了始祖鸟有眶后骨和鳞骨，它与后期鸟类、现生鸟类有极大差异；第二，孔子鸟的双弓形头骨是鸟类起源于初龙类的最新证据。

中华龙鸟化石

就在孔子鸟以与始祖鸟相齐名的姿态公诸于世后不久，一只被认为是更加原始的鸟类又被炒得沸沸扬扬，这就是中华龙鸟。1996 年，辽西朝阳又给世界一个震惊：距今 1.5 ~ 1.6 亿年的晚侏罗纪鸟类——“中华龙鸟”在此发现，比 1861 年德国发现的始祖鸟早 1000 多万年，这个发现引起世界考古专家的瞩目，从而打破了一个多世纪以来德国始祖鸟一统天下的局面，开创了鸟类研究的新天地。

发现“中华龙鸟”

1996 年 8 月，辽宁省的一位农民捐献了一块化石标本，它体态很小，但形似恐龙，嘴上有粗壮锐利的牙齿，尾椎特别长，共有 50 多节尾椎骨，后肢长而粗壮。此外，最引人之处是它从头部到尾部都被覆着像羽毛一样的皮肤衍生物。这种奇特的像羽毛一样的物质长度约 0.8 厘米。科学家们经过认真的研究，确认这是最早的原始鸟类化石，由于是在中国发现的，被命名为“中华龙鸟”。

研究证明，中华龙鸟的形态特征和身体大小与产于德国的一种小型的兽脚类恐龙——美颌龙相似，它们可以被归为一类。中华龙鸟是两足行走的动物，成年个体可以长到 2 米长。在它的背部，有一列类似于“毛”的表皮衍生物。一些古生物学家认为这是原始的“羽毛”，因此，中华龙鸟应该是一种原始的鸟；另一些古生物学家则认为，这种皮肤的衍生物不具备羽毛的特征，而类似于现生的某些爬行动物（例如蜥蜴）背部具有的表皮衍生物结构——角质刚毛，也可能是纤维组织。

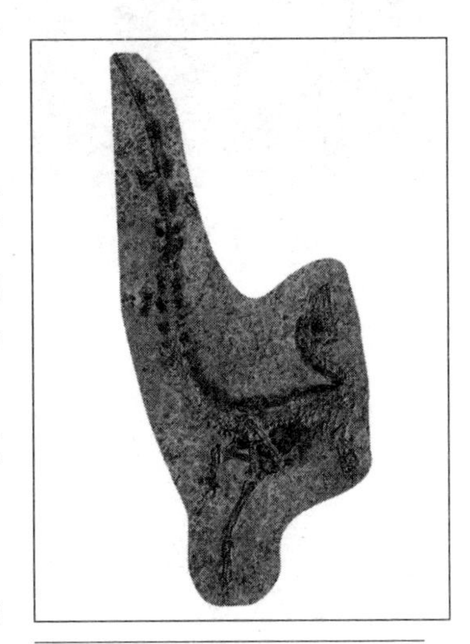

▲中华龙鸟的化石

从化石骨骼来看，中华龙鸟拥有很多典型的恐龙特征：它的头骨又低又长，脑壳很小；它的眼眶后面有明显的眶后骨，下巴后部的方骨直；它的牙齿侧扁，样子像小刀，而且边缘还有锯齿形的构造；它的腰臀部骨骼中耻骨粗壮，向前伸；它的尾巴相当长，有几十个尾椎骨，尾椎骨上还有发达的神经棘和脉弧构造；它的前肢特别短，只有后肢长度的三分之一，前肢的特征显示它的生活时代要比德国的美颌龙晚。

基于这些特征，一般认为中华龙鸟是一只小型的兽脚类恐龙。当然，根据生物命名法则，最初给它定的名字“中华龙鸟”则依然使用。

古生物学家们对中华龙鸟身上的似毛表皮衍生物的功能进行了讨论，一些人认为它可能是一种表明性别的“装饰”物；另一些人则认为它是一种保温装置。后一种解释似乎是更为合理的，因为小型的恐龙和小的始祖鸟为了高效率地活动，应该需要具备高效率的新陈代谢，因此也就需要保持体温。由此推论，中华龙鸟身上的似毛表皮衍生物表明，小型的恐龙有可能是恒温动物。也有一些古生物学家推测，这种“毛”是羽毛进化过程的前驱，因此称其为“前羽”。

有趣的是，在中华龙鸟的化石骨架中，发现它的腹腔里有一个小的蜥蜴化石。显然，这只蜥蜴是中华龙鸟捕获后吞下的猎物。

恐龙向鸟类演化的新证据

鸟的起源是科学界悬而未决的重大难题之一。早在100多年前，古生物学家就曾在德国发现了始祖鸟，为了进一步揭示鸟类起源的秘密，科学家们进行了不懈的努力。有限的始祖鸟化石成了人类描述鸟类起源故事的全部依据。鸟类是不是从恐龙演化而来的？鸟类是怎样进化和发展的？靠始祖鸟有限的材料很难进行全面和深入的研究。就在这关键的时候，中华龙鸟被发现了。

▲中华龙鸟

中华龙鸟的发现立刻就传遍了全世界，因为它为我们提供了从爬行动物向鸟类进化的新证据。中华龙鸟既保留了小型兽脚类恐龙的一些特征，也具有鸟类的一些基本特征，成为恐龙向鸟类演化的中间环节。

从中华龙鸟显示的特征看，它比德国的始祖鸟更加古老和原始，中华龙鸟的骨骼特征像恐龙，行动敏捷，但还不具备飞翔的能力。随着对中华龙鸟的深入研究，世界鸟类学家逐渐认识到，始祖鸟更加接近现代鸟类，中华龙鸟才是恐龙向鸟类演化的真正的中间环节，鸟类进化和发展的秘密正在一步步揭开。

甘肃鸟和恐怖鸟

甘肃鸟和恐怖鸟都是已经灭绝的史前鸟类。虽然，它们都已经灭绝，但科学家通过对寥寥可数的化石进行细心研究，还是从中“解读”出很多关于鸟类进化的珍贵信息。

甘肃鸟的发现和研究

甘肃鸟化石发现于我国甘肃地区，生存于早白垩世时期。甘肃鸟很可能是现生滨岸和水生鸟类的祖先。甘肃鸟的发现，使很不连续的鸟类早期进化谱系中增加了一个重要的新环节。

甘肃鸟与现代鸽子一般大，它身体的上半部结构表明它能从水面起飞；后腿和蹼足的细节显示，它可能是靠足推进的潜水鸟，很像现代的鸭子，但能力稍逊。

另外，甘肃鸟骨骼中空程度低，因此较重也较笨拙。

甘肃鸟已具胫跗关节，跖骨已完全愈合，尽管它与始祖鸟出现的时代相距不太长，但进步性质却非常明显。甘肃鸟与现生鸟类有许多一致性，如胫骨末端已进化为鸟类所特有的胫跗骨关节；跖骨已愈合为一个跗跖骨；已形成鸟类第一趾与其他三趾相对的趾型。

甘肃鸟还具有一些明显的原始特征，如胫跗骨远端无骨质腱桥（这是早期鸟类的共同性质）；跗跖骨近端血管孔、胫肌前结节和屈肌腱管均不发育；跗跖骨远端尚未愈合完全等。

甘肃鸟与黄昏鸟和鱼鸟接近，尤与比甘肃鸟晚数千万年的鱼鸟接近。甘肃鸟与始祖鸟无直接的近亲关系。

科学家分析，甘肃鸟可能以鱼、昆虫为食，偶尔也吃植物，但由于发现的化石没有头部，其饮食结构尚无法确定。

▲甘肃鸟复原图

恐怖鸟的发现与研究

恐怖鸟生存于距今2700万年到150万年间，如今已全部灭绝。它可能起源于欧亚大陆，来到美洲后由于处于食物链顶端，没有生存竞争对手，一度进化得相当巨大，直到更加凶猛的猫科动物进入美洲才逐渐衰落。

恐怖鸟身高达3米，体重200千克，是一种不能飞翔的鸟类，这个现已灭绝的巨鸟家族被称为恐怖鸟。它们天性喜好食肉猎杀，可以一口吞下一只狗，还具有惊人的奔跑速度，甚至现今世界奔跑速度最快的猎豹也无法与之媲美。当它将猎物尸体饱餐一顿后，会用强壮的腿部把猎物骨头击碎，吸食碎骨中的骨髓。恐怖鸟的体态与鸵鸟十分相似，但是恐怖鸟却是一种食肉动物，拥有着强壮的双腿，快速奔驰在数百万年前的南美洲，厚重有力的脚爪可将猎物置于死地。恐怖鸟无疑是恐龙的接班人，成为地面上最可怕的掠食动物。

那么后来，恐怖鸟是怎样灭绝的呢？原来在恐怖鸟生活的那个时期，南美洲还是一个漂离的大陆板块，在这个与其他陆地隔绝的世界，没有更强壮的掠夺动物与恐怖鸟竞争，同时，恐怖鸟也没有天敌，因此它当上了南美洲的霸主。

▲恐怖鸟

然而，大约300万年前，南美洲、北美洲大陆板块发生碰撞，从此北美洲生活的掠夺动物如美洲虎和剑齿虎的身影也出现在南美洲。

一些考古专家认为，正是由于南、北美洲大陆碰撞，导致大量北美洲掠夺动物涌入南美洲，在残酷的自然竞争下，恐怖鸟渐渐退出了强大的掠夺动物之列，慢慢走向灭亡。

目前，科学家对恐怖鸟的生活习性了解甚少，考古界发现骨骼完整的恐怖鸟化石寥寥可数。现今世界上任何一种不能飞翔鸟类的体型都不可能比恐怖鸟大，鸵鸟的体型很大，与恐怖鸟有相似之处，却是一种典型的素食主义者，而且鸵鸟体型不如恐怖鸟那样强壮有劲，更不具凶残嗜血的掠食习性。

哺乳动物登上历史舞台

哺乳动物是动物发展史上最高级的阶段，也是与人类关系最密切的一个类群。哺乳动物是所有动物物种中最具适应环境和气候变化能力的动物种类。

从化石上看，哺乳动物与爬行动物非常重要的区别在于其牙齿。动物学家可以通过各种牙齿类型的排列来辨别不同品种的动物。在动物界中只有哺乳动物耳中有三块骨头。它们是由爬行动物的两块颌骨进化而来的。

新生代是地球历史上最新的一个时代，其时间从距今 7000 万年开始直到现代，其经历时间只相当于古生代的一个纪。

到新生代第三纪为止所有的哺乳动物都很少。在恐龙灭绝后哺乳动物占据了许多生态位。到第四纪哺乳动物已经成为陆地上占支配地位的动物了。在生物史上，这个时代被称为“哺乳动物时代”。

哺乳动物的起源

早在三叠纪晚期，就在恐龙刚刚登上进化舞台的同时，一群在当时并不起眼的小动物从兽孔目爬行动物当中的兽齿类里分化出来。它们有点“生不逢时”，因为在随后从侏罗纪到白垩纪长达1亿多年的漫长岁月里，它们一直生活在以恐龙为主的爬行动物的巨大压力下，在夹缝里求生存。直到白垩纪之末，当恐龙等在中生代异常适应的爬行动物发生了大灭绝之后，它们才得以在随后的新生代中顽强地崛起并成为新生代地球的主宰。它们就是哺乳动物。

哺乳动物的祖先是兽齿类

哺乳动物虽然在6500万年前恐龙灭绝以后才统治大地，但哺乳动物的起源要追溯到远比恐龙更古老的年代，在最早的爬行动物出现后不久，向着哺乳动物方向进化的一支就已经出现，这一支就是似哺乳爬行动物，即下孔亚纲。似哺乳爬行动物在恐龙统治大地之前曾经繁盛一时。

事实上，鸟类从爬行类分化出来是在侏罗纪，而哺乳类却早在三叠纪晚期就已经出现了。所以哺乳类的出现在鸟类之先。

从现有的化石资料看，从三叠纪晚期到侏罗纪，已经出现的原始哺乳动物有五类：梁齿兽类、三尖齿兽类、多尖齿兽类、对齿兽类、古兽类。

梁齿兽类以莫根兽为代表。莫根兽分布于欧洲和亚洲，在美国亚利桑那州也有发现，生活在晚三叠世，是一类小型哺乳动物。它具有细长的下颌骨，下颌骨由单一的一块齿骨组成，这是属于哺乳动物所特有的形式。下颌骨和头骨主要由齿骨和鳞骨相连接，但是下颌骨上还保留着关节骨的残余，头骨上也保留着方骨的残余，关节骨——方骨关节原是属于爬行动物的关节形式。莫根兽的牙齿已经分化，有小的门齿，大而锐利的单个犬齿，犬齿后有前臼齿和臼齿。

三尖齿兽类分布的地区比较广，从欧洲、亚洲、非洲到美洲都有发现，生存的时代从三叠纪晚期一直延续到白垩纪初期。它们也都是小型哺乳动物。下颌骨相当长，有一列已经分化的牙齿，门齿三到四个，犬齿一个，前臼齿四个，臼齿五个。我国云南禄丰上三叠统地层里找到的中国尖齿兽，就是一类原始的三尖齿兽类，它有三个门齿，前臼齿和臼齿都有纵列的三个齿尖。

多尖齿兽类是一类高度特化了的原始哺乳动物。它生存时代从晚侏罗世一直延续到新生代早期。它的头骨笨重，上下颌各有一对长而大的门齿，臼齿上有二到三纵列的齿尖。它是最早适应草食的哺乳动物。这些都和现代的啮齿类十分相似。我国内蒙古的古新统地层里找到过相当丰富的多尖齿兽类的化石。

对齿兽类之所以得名，是因为它们的臼齿三个主尖排列成对称的三角形的缘故。它们生活在晚侏罗世到早白垩世。

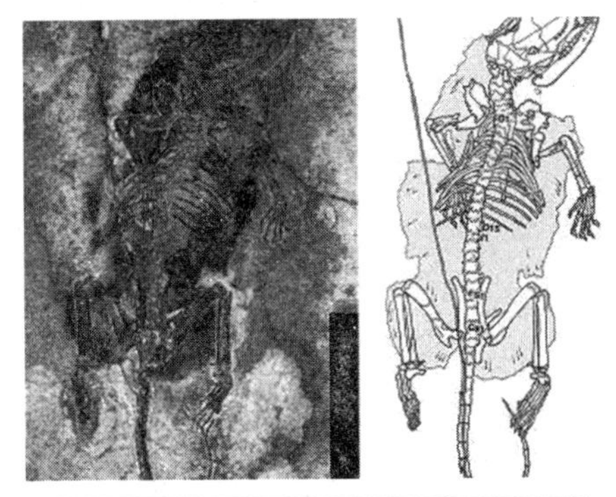
▲多尖齿兽类化石

古兽类主要生活在侏罗纪中期到白垩纪初期。它的牙齿不像多尖齿兽类那样特化，是一种没有特化的三锥齿式，后来的哺乳类的牙齿都是从这种基本构造演变而来的。所以一般认为古兽类是后来的哺乳类的祖先。古兽类可以说是原始哺乳动物中特别重要的一类。

似哺乳动物就是兽孔类，特别是兽孔类中的兽齿类，它们有许多特征和哺乳动物很相似，可以认为，原始哺乳动物正是从似哺乳动物起源的。

兽齿类的主要特征是：不像一般爬行动物那样牙齿不分化，全是一个类型的，而是分化成门齿、犬齿、颊齿（颊齿包括前臼齿后臼齿），颊齿上还长有齿尖。这和哺乳类——兽类相同，所以叫兽齿类。

似哺乳爬行动物早在石炭纪（3 亿多年前）就与别的动物分道扬镳了。在晚石炭纪的最早期的羊膜类中，就已经有了它们的身影。下孔类可分为盘龙类和兽孔类两大类。盘龙类是基干的早期类群，从石炭纪一直延续到早二叠纪。盘龙类中的楔齿龙类是早二叠纪陆地上的肉食统治者，从这类中产生了兽孔类。

兽孔类主要包括恐头兽类、二齿兽类及兽齿类。恐头兽类有肉食和植食两大类型，只生存于二叠纪，没有留下后代。二齿兽类是二叠纪、三叠纪最为繁盛的类群，以植食为主。典型的二齿兽仅在上颌有两个“犬齿”。二齿兽类包括二齿兽、水龙兽、肯氏兽等，其中最有名的当数水龙兽。

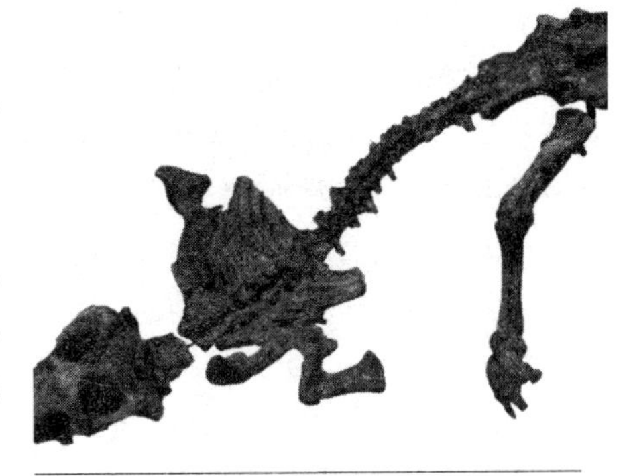
▲水龙兽骨骼

水龙兽生活在 2.4 亿年前的三叠纪初期。水龙兽曾经在地球上极为繁盛，它的足迹遍及现在的南非、中国、印度和俄罗斯等地，可能还包括澳大利亚。

水龙兽的外形尺寸和现代猪相似，头大、颈短、体桶状，体形有点类似今日的河马。其特征是颜面部显著向下折曲，因此头骨很高；长着猪一样的长嘴和一些小獠牙。

与其他异齿兽类相比较，水龙兽的头骨构造比较特别。它的眼眶位置很高，直达头顶，眼眶前面的脸部和吻部不像其他类群那样向前伸，而是折向下方，使脸面和头顶之间形成一个夹角，这个夹角有时可达90°。

同时，水龙兽的鼻孔位置也移到眼眶下面。鼻位置很靠上，一直到眼孔之下，身体结构已具有若干哺乳动物的进步性状。

以前人们认为这是与水生生活相适应的形态：只要头向上拱起一点，头顶高高地突出的眼睛及下面的鼻孔就能升出水面进行观察和呼吸了。

还有人提出其鼻孔内有瓣膜状结构，可以在潜入水中时关闭，以防止水的灌入。中国古生物学家及国外同行对水龙兽进行深入研究，他们根据化石复原肌肉生长情况，推测它的特殊的头骨形态是为摄取坚硬的植物。

和水龙兽共同保存的化石中也包含有不少的陆生生物。所有这些都证明水龙兽很有可能是一种完全陆生的动物，并不生活在水中，可挖掘洞穴。

生活于湖泊池沼边缘，以植物为生。它的各大陆上所发现的化石极其相似，以致均归同属，有的甚至可归同种。水龙兽通常被用作大陆漂移说的佐证，证明在2亿年前各大陆是互相连接的，它也被许多的科学家认为是地球上所有哺乳动物的祖先，因此也算是人类的祖先。

水龙兽化石通常比较完全，有时能见到若干个体保存在一起，再加上数量众多，说明水龙兽很可能和现生的草食性哺乳动物一样是过群体生活的。它那种特殊的牙齿构造，只能把它解释为素食者。推想它生活时像龟鳖类一样嘴里长着角质喙，用来切断坚硬的植物。

科学家称，在“水龙兽时代”到来前，地球上曾遭遇了一次生物大灭绝灾难，95%的地球生物都在一系列的火山爆发中遭遇灭绝，水龙兽能够挖洞和冬眠，从而帮助它们度过了地球上最恶劣的时期，幸存下来，在植物丰富的地球上度过了至少100万年没有任何天敌和掠食者的“黄金时代”。

它们开始在地球上大规模繁衍，有数十亿头水龙兽，世界各地到处都有它们的身影。这些“史前猪”在地球上生存了数百万年，没有留下任何后裔就消失了，后来再也没有见到它的踪影。

兽齿类是肉食类群，包括兽头类、丽齿兽类和犬齿兽类，以犬齿兽类最为兴旺。在三叠纪早期，犬齿兽类兴起，取代了晚二叠纪的兽头类和丽齿兽类。犬齿兽类是最重要的类群，是哺乳动物的祖先。

犬齿兽类和哺乳动物一样有了牙齿的分化，并且可能已经身披毛发，是恒温动物了。三叠纪晚期到侏罗纪初期的一些三列齿兽类（包括我国的卞氏兽和鼬龙类）与哺乳动物非常相似。三列齿兽是进步的植食性兽齿类，曾经被当作是哺乳动物中的多瘤齿兽。鼬龙是小型的肉食动物，是最进步的兽齿类，正处在爬行类和哺乳类的分界线上。三列齿兽和鼬龙等出现得太晚，当时已经有真正的哺乳动物出现了，所以它们不可能是哺乳动物的祖先，哺乳动物的祖先应该是更早期的一些兽齿类。

目前已经发现的最早的哺乳类动物化石，形成于大约1.5亿年前的侏罗纪晚期，尽管这样的化石现在被发现的还十分稀少，但我国辽宁地区找到的“张和兽”“热河兽”“爬兽”和“中华俊兽”等，为早期哺乳类动物的研究提供了重要的信息。

爬兽化石的发现让人们格外惊奇，因为在人们的印象当中，中生代是恐龙独霸天下的时期，那时候的哺乳动物都是像老鼠一样毫不起眼，生活在恐龙的阴影之下。而中国科学院古脊椎动物与古人类研究所的研究人员在辽宁却发现了一种生活在中生代的大型哺乳动物——强壮爬兽的化石。它的体长大约60厘米，在其胃部的地方，竟然有一些恐龙幼崽的骨骼。这是考古学家首次在哺乳动物的肚子里发现食物，而这食物居然还是十多厘米长的恐龙幼崽。

“张和兽”

1994年，在中国的辽宁西部发现了迄今为止世界上保存最好的早期哺乳动物化石，并以它的发现者——张和的名字命名为“张和兽”。

这只张和兽的生活年代是距今大约1.25亿年前的白垩纪早期。它的尾部没能保存下来，化石全长14厘米左右，估计它生活时的身体长度超过25厘米。古生物学家从它的牙齿构造推断，认为这可能是一种主要以昆虫为食的动物，也是现代哺乳动物较古老的旁系祖先。

原始哺乳动物的出现是在中生代初期。这时候地球上的气候比较温暖湿润，地面上裸子植物已经开始繁盛，动物界除了昆虫占领了低空，主宰大地的主要是爬行动物。不过爬行类中的恐龙还没有登上历史舞台。二叠纪晚期到三叠纪初期是爬行动物中的兽孔类（似哺乳动物）最繁盛的时期。到三叠纪晚期，兽孔类种类逐渐减少，只有极少数生存到侏罗纪初期。

但是就在兽孔类（包括兽齿类）本身趋于灭绝的过程中，它中间的有些进步类型却朝着哺乳动物的方向发展，终于跨进了哺乳动物的门槛，成为新的一类脊椎动物——哺乳动物。

兽齿类是如何成为统治者的

在三叠纪时，另一类爬行动物——双孔类的初龙类兴起，早期的初龙是槽齿类，主要是些食肉种类。在三叠纪中期由槽齿类进化出了恐龙，到三叠纪晚期，蜥臀目和鸟臀目都已有不少种类，恐龙已经是种类繁多的一个类群了，在生态系统占据了重要地位。初龙的兴起可能对下孔类产生了巨大的冲击，初龙类特别是恐龙类很快取得了优势地位。

中生代是恐龙在一统天下，那时兽齿类动物，只是在丛林和草地上躲躲闪闪地生存着的一种小型爬行动物。然而，当中生代末地壳运动加剧，环境发生重大改变时，恐龙等爬行动物难以适应和生存，而哺乳类则显示了很强的竞争能力，哺乳动物有很好的适应环境的能力。它是胎生哺乳，在窝中繁衍后代，其幼仔成活率比那些露天日照、自生自灭的爬行类幼仔要高；它们是恒温动物，天冷了或靠运动取暖，或靠冬眠躲避，不像爬行类变温，温度降到一定程度，就会被冻死；天热时靠出汗降低体温，而爬行类没有汗腺只能泡到水里，若无水则会被热死；它们身体各部分的骨头或愈合或固结，而爬行类身上“零碎”太多，行动不如它们方便灵活，活动范围也不如它们宽广。

杨式鳄

在具有双孔类型头骨的动物中有一种“槽齿类”的小动物，叫杨氏鳄，它是从南非二叠纪晚期的地层里发现的，样子有点像现代的蜥蜴。它有瘦长的身子，细弱的四肢，是一种肉食性动物。头骨构造轻而不特化，有两个颞颥孔，此外还保存着很多原始的特征：有耳凹，耳凹一般是两栖动物的特征；牙齿不仅长在颌的边缘，而且还长在颌骨上；同时还保存有松果体：很可能中生代以后繁殖起来的各式各样的双孔类爬行动物都是从这类小动物分化出来的。

植物界被子植物出现后，食植物的哺乳动物适应性很快，而食植物的爬行类因新陈代谢慢适应不了。总之，灾变后自身和环境的一切条件都不利于爬行类的发展，只能让哺乳类代替了。中生代曾经称霸世界的那些恐龙们，当它们趾高气扬、横行天下时，恐怕做梦都没有想到，这些见了自己就胆战心惊的小哺乳动物，竟然能够逃过白垩纪末期的大劫难，而且它们的子子孙孙竟然在恐龙灭绝后接管了天下。

新生代开始时，陆地又一次扩大面积，更给了哺乳类发展的地盘，它们以高层次的进化向陆地深处进军，无论是在沙漠或高山，不管是炎热的赤道还是寒冷的北极都留下了它们的足迹。它们在适应环境的同时，身体结构又开始了分化，产生了各种形状，生物学中管这种现象叫适应辐射。当初爬行类就是适应辐射，现在哺乳类也适应辐射，夺取了爬行动物的所有地盘。除了陆地外哺乳类也向天空和水中发展。

哺乳动物分类

最早出现的哺乳动物是些体型非常小的食虫动物，如我国的中国锥齿兽，在侏罗纪出现了植食的多瘤齿兽类，也是体型比较小的类群。在整个恐龙统治大地的1亿多年时间内，哺乳动物一直不是很起眼的小型动物，直到中生代结束时也没有出现过体型巨大的种类。

▲始带齿兽，最早的哺乳动物之一

在恐龙灭绝后，哺乳动物进化迅速，到始新世就已经达到全面繁盛，陆地上再次出现尤因它兽那样的巨兽（然而比恐龙还是要小很多），并且已经开始向海洋和天空进军了。

哺乳动物分为四个亚纲：始兽亚纲，包

括三叠纪和侏罗纪的原始哺乳类，分属于梁齿目和三尖齿目，现都已绝灭了。原兽亚纲，是从始兽亚纲中进化来的，现已大多数灭绝，仅剩下下蛋的哺乳动物——鸭嘴兽和针鼹。异兽亚纲，也是原始的哺乳动物，但其进化路线与始兽亚纲不一样，是不同的两栖类进化产生的，仅为多瘤齿兽目的一些古老哺乳类，它们生活在侏罗纪早期到始新世早期。

兽亚纲包括现代哺乳动物在内的约 28 个目，有化石的和现存的，分属于古兽、后兽和真兽 3 个次亚纲。古兽类生活在中侏罗纪到白垩纪初期，是兽亚纲进化的主干，它在侏罗纪末到白垩纪初期分化出后兽类和真兽类，在三叠纪末期已灭绝。后兽类是胎生，没有真正的胎盘，胎儿发育未完全即产出，在母体育儿袋中哺乳长大，此类只有有袋目一类，如大袋鼠。

真兽类，顾名思义，它们都是真正的野兽，此类包括绝大多数现代生存的哺乳动物，本亚纲的现存的种类有 17 个目，人们熟知的就有食肉目（如猫科动物）、啮齿目（如各种鼠类）、偶蹄目（如猪、牛、羊等）、奇蹄目（如马、驴等）、灵长目（如猴和猿类等）、翼手目（如蝙蝠等）、长鼻目（如象等）和鲸目（如海豚等）。

多瘤齿兽

多瘤齿兽是异兽亚纲中仅有的一类哺乳动物。其形态特征与习性和啮齿类相近。早期的多瘤齿兽体小如家鼠，后期则逐渐增大。多瘤齿兽有数对大门齿，下臼齿齿冠狭长，有两排平行的瘤状齿尖，上臼齿则有 3 排。前部颊齿在有些属种中变成有细纹的刀片状牙齿。颅后骨骼具有较多原始特征，如其肩胛骨就与单孔类（鸭嘴兽）相近。一般认为多瘤齿兽是以植物为主的杂食性动物。多瘤齿兽最早出现在晚侏罗纪，在晚白垩世和古新世达到顶峰，渐新世全部灭绝，延续时间超过 1 亿年，长于其他哺乳动物。多瘤齿兽化石主要发现于欧洲和北美。在亚洲蒙古国南部及我国内蒙古地区中部也有发现。

哺乳动物的特征

哺乳动物具备了许多独特特征，因而在进化过程中获得了极大的成功，如哺乳动物有恒定的体温；繁殖效率高；获得食物及处理食物的能力增强；体表有毛；用肺呼吸；脑较大而发达；胎生；分泌乳汁哺育仔兽等。呼吸、循环系统的完善和独特的毛被覆盖体表有助于维持其恒定的体温，从而保证它们在广阔的环境条件下生存。胎生、哺乳等特有特征，保证其后代有更高的成活率及一些种类的复杂社群行为的发展。

皮肤致密结构完善

哺乳动物的皮肤致密，结构完善，有着重要的保护作用，有良好的抗透水性，控制体温及敏锐的感觉功能。为适应于多变的外界条件，其皮肤的质地、颜色、气味、温度等能与环境条件相协调。

哺乳动物皮肤的主要特点为：

1. 皮肤结构完善

哺乳动物的皮肤由表皮和真皮组成，表皮的表层为角质层，表皮的深层为活细胞组成的生发层。表皮有许多衍生物，如各种腺体、毛、角、爪、甲、蹄。真皮发达，由胶原纤维及弹性纤维的结缔组织构成，两种纤维交错排列，其间分布有各种结缔组织细胞、感受器官、运动神经末梢及血管、淋巴等。在真皮下有发达的蜂窝组织，绝大多数哺乳动物在此贮藏有丰富的脂肪，故又称为皮下脂肪细胞层。

2. 皮肤衍生物多样

哺乳动物的皮肤衍生物包括皮肤腺、毛、角、爪、甲、蹄等。

皮肤腺十分发达，来源于表皮的生发层。根据结构和功能的不同，可分为乳腺、汗腺、皮肤腺、气味腺（麝香腺）等。

乳腺为哺乳类所特有的腺体，能分泌含有丰富营养物质的乳汁，以哺育幼仔。乳腺是一种由管状腺和泡状腺组成的复合腺体，通常开口于突出的乳头上。乳头分真乳头和假乳头两种类型，真乳头有 1 个或几个导管直接向外开口；假乳头的乳腺管开口于乳头基部腔内，再由总的管道通过乳头向外开口。乳头的数目随种类而异，从 2 个至 19 个，常与产仔数有关。低等哺乳动物单孔类不具乳头，乳腺分泌的乳汁沿毛流出，幼仔直接舐吸。没有嘴唇的哺乳动物如鲸，其乳腺区有肌肉，能自动将乳汁压入幼鲸口腔。

另一种皮肤腺为汗腺，是一种管状腺，它的主要机能是蒸散热及排除部分代谢废物。体表的水分蒸发散热即出汗，是哺乳动物调节体温的一种重要方式，一些汗腺不发达的种类，主要靠口腔、舌和鼻表面蒸发来散热。

皮脂腺为泡状腺，开口于毛囊基部，为全浆分泌腺，其分泌物含油，有润滑毛和皮肤的作用，也是一种重要的外激素源。气味腺为汗腺或皮脂腺的衍生物，主要功能是标记领域、传递信息，有的还具有自卫保护的作用。气味腺有数十种，如麝香腺、肛腺、腹腺、侧腺、背腺、包皮腺等。气味腺的出现及发达程度，通常是与哺乳类以嗅觉作为主要猎食方式相联系的，而以视觉作为主要定位器的类群其嗅觉及气味腺均显著退化。

毛是哺乳动物所特有的结构，为表皮角化的产物。毛由毛干及毛根组成。毛干是由皮质部和髓质部构成；毛根着生于毛囊里，外被毛鞘，末端膨大呈球状称毛球，其基部为真皮构成的毛乳头，内有丰富的血管，可输送毛生长所必需的营养物质。在毛囊内有皮脂腺的开口，可分泌油脂，润滑毛、皮；毛囊基部还有竖毛肌附着，收缩时可使毛直立，有助于体温调节。按毛的形态结构，可将毛划分为长而坚韧并有一定毛向的针毛（刺毛），柔软而无毛向的绒毛，以及由针毛特化而成的触毛。

哺乳类体外的被毛常形成毛被，主要机能是绝热、保温。水生哺乳动物基本上无毛的种类如鲸，有发达的皮下脂肪以保持体温的恒定。毛常受磨损和退色，通常每年有一、二次周期性换毛，一般夏毛短而稀，绝热力差，冬毛长而密，保温性能好。陆栖哺乳动物的毛色与其生活环境的颜色常保持一致，通常森林或浓密植被下层的哺乳动物毛呈暗色，开阔地区的呈灰色，沙漠地区多呈沙黄色。

角是哺乳动物头部表皮及真皮特化的产物。表皮产生角质角，如牛、羊的角质鞘及犀的表皮角，真皮形成骨质角，如鹿角。哺乳类的角可分为洞角、实角、叉角羚角、长颈鹿角、表皮角等五种类型。

洞角由骨心和角质鞘组成，角质鞘即习称之为角，成双着生于额骨上，终生不更换，有不断增长的趋势。洞角为牛科动物所特有。

实角为分叉的骨质角，无角鞘。新生角在骨心上有嫩皮，通称为茸角，如鹿茸。角长成后，茸皮逐渐老化、脱落，最后仅保留分叉的骨质角，如鹿角。鹿角每年周期性脱落和重新生长，这是鹿科动物的特征。除少数两性具角如驯鹿，或不具角如麝、獐之外，一般仅雄性具角。

叉角羚角是介于洞角与鹿角之间的一种角型。骨心不分叉而角鞘具小叉，分叉的角鞘上有融合的毛，毛状角鞘在每年生殖期后脱换，骨心不脱落。这种角型为雄性叉角羚所特有，而雌性叉角羚仅有短小的角心而无角鞘。

长颈鹿角由皮肤和骨所构成，骨心上的皮肤与身体其他部分的皮肤几乎没有差别。

表皮角完全由表皮角质层的毛状角质纤维所组成，无骨质成分，为犀科所特有。角的着生位置特殊，在鼻骨正中，双角种类的两角呈前后排列，前角生于鼻部，后角生长在颌部。

爪、甲和蹄均属皮肤的衍生物，是指（趾）端表皮角质层的变形物，只是形状功能不同。爪，为多数哺乳类所具有，从事挖掘活动的种类爪特别发达。食肉类的爪十全锐利，如猫科动物的爪锐利且能伸缩，是有效的捕食武器。甲，实质为扁平的爪，是灵长类所特有。蹄，为增厚的爪，有蹄类特别发达，并可不断增生，以补偿磨损部分。

骨骼系统发达

哺乳动物的骨骼系统发达，支持、保护和运动的功能完善。主要由中轴骨骼和附肢骨骼两大部分组成。其结构和功能上主要的特点是：头骨有较大的特化，具两个枕骨踝，下颌由单一齿骨构成，牙齿异型；脊柱分区明显，结构坚实而灵活，颈椎7枚；四肢下移至腹面，将躯体撑起，适应陆上快速运动。

（1）中轴骨骼：包括颅骨、脊柱、胸骨及肋骨。

颅骨相当大，由额骨、顶骨、枕骨、蝶骨、筛骨、鳞骨、鼓骨等构成，其中枕骨、蝶骨、筛骨等均由多数骨块愈合而成，骨块的减少和愈合使头骨坚而轻，是哺乳类的一个明显特征。脑位于颅腔内，以颅骨后方的枕骨大孔与脊髓连接。枕骨大孔两侧各有一枕踝与第一颈椎相关节。哺乳类的眼眶、鼻腔和口腔主要由泪骨、颧骨、鼻骨、鼻甲骨、上颌骨、前颌骨、腭骨、翼骨、犁骨、下颌骨、舌骨等构成。下颌由1对下颌骨（齿骨）组成，为哺乳类头骨的一个标志性特征，下颌骨后端与鳞骨相关节。

脊柱由一系列椎骨组成，可分为颈椎、胸椎、腰椎、荐椎和尾椎五部分。颈椎骨通常为7枚，只有少数种类为6枚（如海牛）或8～10枚（如三趾树懒），绝大多数的哺乳类不论颈的长短（如长颈鹿和刺猬）都是7枚颈椎。第1个颈椎称寰椎，第2个颈椎称枢椎，寰椎呈环状，前面形成一对关节面与枕踝相关节，枢椎椎体前端形成齿突伸入寰椎的椎孔，赋予头部能灵活转向。胸椎常为13枚左右，各胸椎与肋骨相连结，并与肋骨和胸骨共同构成胸廓；胸骨分节，有飞翔能力的蝙蝠和营地下掘穴生活的鼹鼠等哺乳动物，有与鸟类相类似的龙骨突起。腰椎为4～7枚。荐骨为3～8枚，且融合为一，与腰带相关节；无后肢的鲸类，荐骨不明显。尾椎数随尾的长短而异，变化很大，从数枚至数十枚不等。

（2）附肢骨骼：包括肩带、腰带、前肢骨、后肢骨。

肩带由肩胛骨、乌喙骨、锁骨构成。陆栖哺乳动物肩带的肩胛骨十分发达，乌喙骨退化成肩胛骨上的一个突起。锁骨多趋于退化，有的无锁骨，如奇蹄类和偶蹄类。而在适于攀缘、掘土和飞翔生活的类群中锁骨则发达。可见锁骨发达程度与前肢活动方式关系密切，凡前肢作前后活动的种类其锁骨退化，前肢作左右活动的种类其锁骨发达。

腰带由髂骨、坐骨和耻骨构成。髂骨与荐骨相关节，左右坐骨与耻骨在腹中线愈合成一块髓骨，构成关闭式骨盘。哺乳类的腰带愈合，加强了对后肢支持的牢固性。

前肢骨及后肢骨的结构与一般陆生脊椎动物的模式类似，但前后脚掌（跖）、指

（趾）骨，随不同的生活方式而有大变化，如蝙蝠特化为翼状肢，鲸为鳍状肢。除鲸目、海牛目、翼手目和部分有袋目外，哺乳动物的多数种类股骨下端前方有膝盖骨，膝关节向前转，提高了支撑和运动的能力，这是哺乳类有别于其他陆生脊椎动物的特征。

按陆生哺乳动物四肢着地行走的不同方式，足型可分为跖行、趾行和蹄行性。其中以蹄行性与地面接触最小，是适应快速奔跑的足型。

肌肉结构和功能进一步完善

哺乳类的肌肉系统与爬行类基本相似，但其结构与功能均进一步完善。主要特征：四肢及躯干的肌肉具有高度可塑性。为适应其不同运动方式出现了不同的肌肉模式，如适应于快速奔跑的有蹄类及食肉类四肢肌肉强大。

皮肌十分发达。哺乳类的皮肌可分为两组：一组为脂膜肌，可使周身或局部皮肤颤动，以驱逐蚊蝇和抖掉附着的异物。脂膜肌还可把身体蜷缩成球或把棘刺竖立防御敌害，如鲮鲤、豪猪、刺猬。哺乳类中高等的种类脂膜肌退化，仅在胸部、肩部和腹股沟偶有保留。另一组皮肌为颈括约肌，其表层的颈阔肌沿颈部腹面向下颌及面部延伸，形成颜面肌及表情肌。哺乳类中的低等种类无表情肌，食肉动物出现表情肌，灵长类的表情肌发育好，而人类的表情肌最为发达，约有 30 块。

围绕口周围有复杂的唇肌，在吮吸中发挥了十分重要的作用。此外，分布于颅侧和颧弓，止于下颌骨（齿骨）的颞肌和嚼肌强大，这与捕食、防御以及口腔的咀嚼密切相关。

膈肌为哺乳类所特有的肌肉，为一横位的随意肌，把内脏腔分隔成胸腔和腹腔，膈肌的活动有助于呼吸。

消化能力显著提高

哺乳动物的消化系统包括消化管和消化腺。在结构和功能上表现出的主要特点是，消化管分化程度高，出现了口腔消化，消化能力得到显著提高。与之相关联的是消化腺也十分发达。

（1）消化管包括口腔、咽、食道、胃、小肠、大肠等。

哺乳动物的口腔咀嚼和口腔消化方式，引起了口腔结构的较大改变。出现了肉质的唇，为吸乳、摄食、辅助咀嚼的重要器官，并为发音吐字器官的组成部分。草食类哺乳动物的唇特别发达，有的上唇有唇裂。

为适应口腔咀嚼活动，哺乳类口裂缩小，并在两侧牙齿的外侧出现了颊部，一些种类的颊部还发展了呈袋状结构的颊囊，用以贮藏食物。口腔顶壁由骨质的硬腭及软腭所构成，从而把鼻腔开口（内鼻孔）与口腔分隔开，鼻的通路即沿硬腭。软腭后行，直至正对喉的部位，后鼻孔开口于咽腔。

腭部常有角质上皮的棱，可防止食物滑脱。草食及肉食种类有发达的角质棱。口腔内有十分发达的肌肉舌，有助于摄食、搅拌及吞咽，并为人类发音的辅助器官。舌表面分布有味蕾，为味觉器官。上、下颌骨上着生有异型齿，齿由齿槽长出，中有髓腔，充有结缔组织、血管和神经。因齿的形状和功用不同，可分为门齿——切割食物，犬齿——撕裂食物，臼齿——咬、切、压、研磨食物等多种功能。不同食性的哺乳动物，其牙齿的形状、数目均有很大变化。但同一种类的齿型及齿数是稳定的。

哺乳动物的咽构造完善，前接口腔，后通喉与食道。由于次生腭的形成，内鼻孔也开口达咽部，故咽部是消化管与呼吸道的交叉处。在咽部两侧还有耳咽管的开口，可调节中耳腔内的气压而保护鼓膜。咽部周围有淋巴腺体分布。喉门外有一会厌软骨，其启闭以解决咽、喉交叉部位呼吸与吞咽的矛盾。

食道紧接咽之后，为一细长的管，下端接胃。食道为食物通过之通道，无消化作用。

胃是哺乳动物消化道的重要部分，其形态常因食性的不同而变化，多数哺乳类为单胃；草食性哺乳动物为复胃，又称反刍胃，一般由 4 室组成，即瘤胃、蜂巢胃（网胃）、瓣胃和腺胃（皱胃）。仅腺胃为胃本体，具有腺上皮，能分泌胃液，其他 3 个胃室均为食道的变形。具有复胃的草食性动物，在食物消化过程中要进行多次反刍，直至食物充分分解为止。

哺乳动物的小肠是消化道中最长的部分，包括十二指肠、空肠及回肠。小肠分化程度高，其黏膜富有绒毛、血管、淋巴和乳糜管，加强了对营养物质的吸收作用。

大肠较小肠短，黏膜上无绒毛，其粘液腺能分泌碱性黏液保护和润滑肠壁，以利粪便排出。在大肠开始部的一盲支为盲肠，其末端有一蚓突。盲肠在单食胃的食草动物中特别发达。哺乳动物的大肠可分为结肠与直肠，直肠直接以肛门开口于体外（泄殖腔消失），是哺乳类与两栖类、爬行类、鸟类的显著区别。

哺乳动物的消化腺除 3 对唾液腺外，在横隔后面，小肠附近还有肝脏和胰脏，分别分泌胆汁和胰液，注入十二指肠。肝脏除分泌胆汁外，还有贮存糖原、调节血糖，使多余的氨基酸脱氧形成尿及其他化合物，将某些有毒物质转变为无毒物质，合成血浆蛋白质等功能。

呼吸系统发达

哺乳动物的呼吸系统十分发达，特别在呼吸效率方面有了显著提高。空气经外鼻孔、鼻腔、喉、气管而入肺。

哺乳动物的鼻腔可分为上端的嗅觉部分和下端的呼吸通气部分。鼻腔的上端有发达的鼻甲，其黏膜内有嗅细胞。此外，还有伸入到头骨骨腔内的鼻旁窦，增强了鼻腔对空气的温暖、湿润和过滤作用。同时，它也是发声的共鸣器。

哺乳动物喉的构造完善。喉为气管前端的膨大部分，既是呼吸的通道，也是发音器官。喉由软骨、韧带、肌肉及黏膜构成。喉的入口称喉口，喉壁腹前缘的会厌软骨在吞咽时可遮盖喉口，食物和水经会厌上面进入食道，可防止食物和水误入气管。平时喉口开启，是空气进出气管的门户。由甲状软骨和环状软骨构成的喉腔，在中部的侧壁上有黏膜褶所形成的声带为发声器官，开始出现于无尾两栖类，但以哺乳类最发达。

气管位于食道的腹面，进入胸腔后分叉成一对支气管通入肺。气管与支气管在结构上主要的特点是：管壁由许多背面不相衔接的软骨环支持，从而保证了空气的畅通。气管黏膜具纤毛上皮和粘液腺，可过滤空气，粘液腺分泌的黏液能粘住吸入的空气中的尘粒，在纤毛的推动下尘粒移至喉口，经鼻或口排出。

哺乳动物肺的结构最复杂，是由复杂的“支气管树”所构成，支气管分支的盲端即为肺泡。肺泡数量十分巨大，因而大大增加了呼吸表面积，大大地提高了气体交换的效果。肺泡之间分布有弹性纤维，在呼吸的配合下可使肺被动地回缩。

胸腔是容纳肺的体腔，为哺乳动物所特有，当呼吸活动进行时，肺的弹性口位，使胸腔呈负压状态，从而使胸膜的壁层和脏层紧贴在一起。此外，哺乳动物所特有的将胸腔与腹腔分开的横膈膜，在运动时可改变胸脏容积，再加上肋骨的升降来扩大或缩小胸腔的容积，使哺乳动物的肺被动地扩张和回缩，以完成呼气和吸气。

循环系统功能突出

哺乳动物的循环系统包括血液、心脏、血管及淋巴系统。其显著特征是在维持快速循环方面十分突出，以保证有足够的氧气和养料来维持体温的恒定。

哺乳动物的血液与其他脊椎动物不同的是：红细胞无核，呈两凹扁圆盘状。哺乳动物的心脏位于胸腔中部偏左处的心包腔内，腔内有少量液体，可减少心脏搏动时的摩擦。心脏的内部结构与鸟类基本一样，也为四腔，完全的双循环，动静脉血不在心脏内混合。右心房、右心室与肺动静脉构成肺循环。右侧心房与心室壁均较薄，内贮静脉血，房室间有三尖瓣。左心房、左心室与体动静脉构成体循环。左侧心房与心室壁较厚，内贮动脉血，房室间具二尖瓣。所有这些瓣膜的功能，是保证血液沿一个方向流动，防止血液逆流。心脏肌肉的血液供应是由冠状循环完成的。

哺乳动物的血管包括动脉、静脉和毛细血管。哺乳动物动脉系统的突出特征是：仅具有左体动脉弓。左体动脉弓弯向背方为背大动脉直达尾部，沿途发出各个分支到达全身。哺乳动物的静脉系统趋于简化，以单一的前大静脉（上腔静脉）和后大静脉（下腔静脉）代替了低等四足动物的成对的前主静脉和后主静脉。肾门静脉消失，尾部及后肢的血液直接注入后大静脉回心。这样减少了一次通过微细血管的步骤，有助于加快血流速度和提高血压。此外，哺乳类的腹静脉在成体消失。

哺乳动物的淋巴系统十分发达，这可能与动、静脉内血管压力较大，组织液难以直接经静脉回心有关。淋巴管发源于组织间隙间，先端为盲端的毛细淋巴管，部分组织液通过渗透方式进入毛细淋巴管。进入毛细淋巴管的组织液，其成分与血浆近似，但蛋白质含量少，无红细胞和血小板。毛细淋巴管汇集为较大的淋巴管，后主要通过胸导管注入前大静脉回心。故淋巴液只作从组织到静脉到心脏的单向流动。淋巴管内有瓣膜可防止淋巴液逆流。淋巴管辅助组织液回流，对维持血量有重要作用。此外，淋巴管也是脂肪运输的主要途径，小肠的淋巴管（乳糜管）携带脂肪经胸导管输入前大静脉回心。淋巴结节是生成淋巴细胞的主要器官，并具有阻截异物、保护机体的功能。哺乳类淋巴结极为发达，遍布全身淋巴系统的通路上，尤其在颈部、腋下、鼠蹊部、肠系膜等部位较集中。此外，扁桃体、脾脏和胸腺也是一种淋巴器官。

劫后余生的哺乳动物

6500 万年前的白垩纪末，发生了生物进化史上的大灭绝事件，大部分的物种在这次劫难中烟消云散了，其中就有曾经独霸中生代的恐龙大家族，留下了一个近于“真空”的世界。这也标志着中生代的结束，新生代的开始。在这次大灾变中，曾经在恐龙独步地球的时代“寄人篱下”的小动物——哺乳动物却凭着独有的生存技能躲过了这场浩劫，存活了下来。

生物大灭绝

在白垩纪末期发生的这次生物大灭绝中，约 75% ~80% 的物种灭绝。劫后余生后的真正胜利者实际上只有鸟类和哺乳动物。新生代的鸟类在中生代鸟类的基础上发展得异常迅速，发展出了一个特别多样化的飞行脊椎动物类群。而哺乳动物，虽然它们早在三叠纪就已经和恐龙一起出现了，但是却一直生活在恐龙的阴影之下。直到那些爬行动物灭亡之后，腾出了许多生态位，劫后余生的哺乳动物才迅速地辐射分化出众多的类群，占领了这些生态位，并且一直保持着优势，直到今天。

新生代开始对陆地又一次扩大面积，更给了哺乳类发展的地盘，它们以高层次的进化向陆地深处进军，无论是在沙漠或高山，不管是炎热的赤道还是寒冷的北极都留下了它们的足迹。它们在适应环境的同时，身体结构又开始了分化，产生了各种形状，生物学中管这种现象叫适应辐射。当初爬行类就是适应辐射，现在哺乳类也适应辐射，夺取了爬行动物的所有地盘。

在中生代时期，哺乳动物已经发展出了 5 个目：梁齿兽目、三尖齿兽目、原兽的单孔目、古兽目和多瘤齿兽目。这些古老的哺乳动物并没有全部生存到新生代，三尖齿兽目和古兽目早在白垩纪早期就已经灭绝了，它们连目睹中生代之末大劫难的机会都没有赶上。但是，古兽目在灭绝之前却分化出了后兽（有袋类）和真兽（有胎盘类）两大哺乳动物新类群。这两大类哺乳动物拥有更加完善的适应变化着的生态环境的能力，因此，它们强大的竞争能力不仅使得三尖齿兽目和古兽目等古老哺乳动物在它们出现后不久就退出了历史舞台，而且使得它们顽强地度过了中生代之末的大劫难，并在随后的新生代里占据了恐龙空出来的几乎所有生态位，分布遍及了地球上几乎每一个角落。

此外，多瘤齿兽类也顽强地度过了中生代之末的大劫难，不过，它们毕竟太古老了，竞争力远远不如新生的后兽和真兽，所以，它们度过劫难后没多久就在新生代初期灭绝了。另外，还有一种神秘的哺乳动物——单孔类，它们也躲过了这场灭顶之灾，而且像隐士一样至今仍然生活在澳大利亚一些偏远的角落里。由于化石发现的缺乏，科学家对这种神秘动物的家族关系始终没有搞得很清楚，有人推测，单孔类很可能是古老的梁齿兽目的后代。

哺乳类尽管是脊椎动物中最高等的一类，但为了生存，为了适应环境．仍然在不停地进化和演变着，如马，从低矮趾行的始马演化成今天高大蹄行真马；大象的鼻子也是越进化越长；海生哺乳动物也分化出了海豹、海狮、海象、海豚和鲸，其中鲸目中的蓝鲸演化成为古今最大的动物。

单孔类哺乳动物

单孔类哺乳动物虽然已经具备了哺乳动物的一些典型特征而跨进了哺乳动物的门槛，不能算是爬行动物了，但是也往往带有某些原始的仍然属于爬行动物的性质，这类动物只包括鸭嘴兽和针鼹。

鸭嘴兽是躲过中生代末期大劫难的幸存者，而且至今仍然生活在澳大利亚这块“世外桃源”中。

鸭嘴兽是一种奇特的哺乳动物，说它奇特，是因为地球上确实不存在一种比鸭嘴兽的外表更加四不像的动物，也没有任何一种动物像鸭嘴兽一样引起过众多的学术争端。100 多年前，科学家们并不相信有鸭嘴兽这种动物存在，因为它的长相实在古怪，既像爬行动物，又像哺乳动物，还很像鸟类。鸭嘴兽经常在半明半暗的黎明或黄昏，从河边的地洞里钻出来。它那扁扁的嘴很像鸭子的嘴。

但不同的是，鸭嘴兽的嘴有传递触觉的神经，可以弯曲，对震动也很敏感，并不像鸟类的喙是坚硬的角质。它那对小而亮的眼睛长在头的高处，既可以看清两岸，也可以扫视天空。连着眼睛向后伸展的两道沟纹就是它的耳。鸭嘴兽的耳没有耳壳，这可以帮助它适应水中的生活。

在鸭嘴兽胖胖的身体外面披着一层褐色而有光泽的密毛，这种毛入水时不会透水，出水时也不会被水濡湿。它身体后面的大尾巴扁平而又有力，起着舵的作用，可以帮助它快速潜泳。鸭嘴兽的四肢又短又粗，五趾间有蹼，特别是前肢的蹼非常发达。在陆地上的时候，它会把蹼合起来。而当它一旦进入水中，就会把厚蹼展开，像是几个大桨。

▲鸭嘴兽

雄性鸭嘴兽后足有刺，内存毒汁，喷出可伤人，人若受毒距刺伤，即引起剧痛，以至数月才能恢复。这是它的“护身符”。雌性鸭嘴兽出生时也有毒距，但在长到 30 厘米时就消失了。

鸭嘴兽能潜泳，常把窝建造在沼泽或河流的岸边，洞口开在水下，包括山涧、死水或污浊的河流，湖泊和池塘。它在岸上挖洞作为隐蔽所，洞穴与毗连的水域相通。

鸭嘴兽捕食的时候通常会紧闭双眼，迅速潜到河水里，擦着河泥向前行进，依赖敏锐的嘴去寻找食物。大概几分钟以后，它的面颊里就会装满食物。这时，鸭嘴兽就会浮出水面，睁开眼睛，贪婪地享受美味。它最爱吃虾、蚯蚓、昆虫的幼虫以及软体动物。鸭嘴兽的胃口很大，每天至少要吃掉1200条蚯蚓和50多只小龙虾。

鸭嘴兽让人感到奇特的另一个原因就是：虽然它属于哺乳动物，但却和爬行动物一样是下蛋的。鸭嘴兽的蛋需要十几天的孵化，幼兽就出世了。起初幼兽并不进食，但过不了几天，鸭嘴兽妈妈就会用自己的乳汁来喂养它的小宝宝。

仅从卵生这一点来看就不难知道，鸭嘴兽作为哺乳动物是相当原始的。其实鸭嘴兽的祖先——古老的梁齿兽目早在1.8亿年前的侏罗纪就出现了，那时它们分布很广。可是到了7000万年前，许多更加先进的哺乳类大量繁殖，这些古老的动物逐渐灭绝了。但生活在澳大利亚大陆的动物却很幸运。由于地壳运动，澳大利亚同其他大陆分开了。所以，后出现的哺乳动物就不能到达这块地方。鸭嘴兽的祖先就得以在此生息繁衍，并且一直保存着原始的生蛋的状态，是形成高等哺乳动物的进化环节，在动物进化上有很大的科学研究价值。

在澳大利亚还有一种躲过大劫难的卵生原始哺乳动物，它就是针鼹，针鼹与鸭嘴兽是世界仅有的两种单孔目动物。

针鼹的外形和刺猬差不多。不论雌雄，身上都披挂着粗硬、尖锐的刺。黄褐色的刺的顶端是深褐色的，这种颜色使它在沙地灌木林中跑动时不起眼，颜色伪装十分成功。它不仅背上，而且身体的边缘部分也都长满刺。这当然是它自我保护的工具或者说“盾牌”了。一旦遇到敌害，它就可以蜷成一团，像刺猬一样，全身根根尖刺一致朝外，敌人也就对它无从下手了。

如刺猬一样把身体蜷成一团，像一个球，然后静候敌人不耐烦地走开，这种“消极”本领，针鼹虽然也具备，并且运用，但针鼹的“绝活”是掘洞逃跑。针鼹的爪子十分厉害，像人手又有点像鸡爪，挖土速度快，且比较深，一口气可挖1.5米左右。

针鼹与刺猬是迥然不同的动物，在亲缘关系上相距甚远。刺猬是食虫类哺乳动物，针鼹却是鸭嘴兽的近亲，同属于哺乳动物中的单孔类，消化道、排泄道与生殖道均开口于身体后部的泄殖腔内，所以也是一种原始、低等的奇异哺乳动物。

针鼹的食物来源是澳大利亚草原、丘陵、沙漠、山地中的蚁类、蚯蚓等，包括澳大利亚白蚁。针鼹长着一支管状的长嘴，鼻孔就开在长嘴巴的喙尖，舌头也是针鼹的重要武器，可以伸出嘴外30多厘米，舌尖上分泌一种很黏稠的黏液，用来沾食蚁虫果腹。据估计，它一天可吃上万只蚂蚁、白蚁。

针鼹一般在白天活动，一天有18个小时外出找食，用鼻子探测寻找蚁类和蚯蚓及其他无脊椎动物。它的口鼻可以发现、感受到十分细微的生物电子信号，敏捷地捕捉食物。晚上它睡在灌木丛中的土地里，空凹的原木中，石头缝里，甚至野兔和袋熊的洞穴中，因为这些动物均奈何它不得。当然，它也不去争夺别人的食物。它冬季蛰伏，在高山地区蛰伏时间甚至长达28周。在这段时间里，它动作、反应都十分迟钝。在春天的开头几天出洞找食的针鼹动作较迟缓，出来次数较多。针鼹走动速度较慢，如滚动状。针鼹能游泳，像刺毛球一般漂在水上，样子十分逗人。

▲针鼹

单孔类哺乳动物是温血动物，体温虽不高，也有变化，一般在25℃～35℃之间，但总算是在一定范围里的恒温，体表被毛可以保温。它们虽然没有乳头，但是有乳腺，乳腺管开口在皮肤的特别部位，叫乳腺区。它们已经用乳汁哺育幼仔。它们的胸腹之间有横膈膜。所以它们应该归属于哺乳类。

有袋类哺乳动物

哺乳纲动物分为始兽、原兽、异兽和兽4个亚纲，前3个亚纲都是古老的原始哺乳动物，几乎都是化石了，仅有原兽亚纲单孔目中的鸭嘴兽和针鼹尚还在澳大利亚存活。有袋类动物比它们进化得好一些，是兽亚纲的。兽亚纲又分三个次亚纲：祖兽、后兽和真兽，有袋类是后兽次亚纲中的唯一动物，除了澳大利亚以外，中、南美洲也存在有袋类动物。

有袋类虽然已经不像单孔类是卵生的而是胎生的了，但是还没有胎盘，或者说只有原始的胎盘，还不能算是真正有胎盘。幼仔产生的时候发育不完全。母体腹前有一个育儿袋，幼仔在育儿袋里含住母体的乳头逐渐成长。

最早的有袋类化石发现在北美洲上白垩纪地层里，和现代的美洲负鼠相似，是现代美洲负鼠的祖先。看来负鼠从白垩纪到现代这段漫长的时期里很少改变，所以负鼠也可以说是一种活化石。可以从负鼠来了解原始有袋类。

负鼠大多数具有能缠绕的长尾，因此母负鼠能随身携带幼鼠到处奔跑。尾毛稀疏并覆以鳞片。少数种类尾短而具厚毛。四肢短，均具5趾。拇指大，无爪，能对握。负鼠小的有老鼠那么大，最大的也不过像猫一样大。负鼠是爬树能手。它的头骨没有特化，脑颅很小，牙齿很原始，上面五个，下面的齿式是4—1—3—4，臼齿也是原始类型。

晚白垩世的这种负鼠叫始负鼠，可以认为是有袋类的祖先，大概是从白垩纪初期的古兽类分化出来以后演变而来的。至于从什么古兽类分化出来，从早白垩世到晚白垩世又是怎样演变的，目前还没有化石资料能够说明这些问题。从始负鼠起，有袋类沿着不同的适应辐射路线发展着。

袋狼是一种有袋类的食肉动物，在四面海水包围的澳大利亚大陆上曾一度是统治者，可现在却没有了。它是怎么消失的呢?

有袋类比起鸭嘴兽，其先进性表现在体内具有胎盘，它的幼兽先在母体中生长一段时间，初步成熟后才生下来，又被母兽放入育儿袋，在袋中吸吮乳汁长大，直到幼兽能独立生活后才离开这个育儿袋。

▲袋狼

动物界绝大部分动物，不管是处于何种进化阶段，其食性均可大致分为两类：植食性和肉食性，有袋类也不例外。袋鼠是吃植物的，而袋狼是吃肉的，它的肉食来源就是袋鼠。生活在澳大利亚的袋狼是有袋类中最大的猛兽，它身长2.5米，肩隆处高约60厘米，身上有纵条纹，与老虎身上的条纹相似，故有人也称它为“袋虎”。过去它们曾大量生活在澳大利亚大陆上，吃喝不愁，可是突然有一天变了，大陆上出现了一种狗与它抢夺地盘和竞争食物，甚至为了食物向袋狼发起攻击。由于这种狗身体进化得更先进一些，袋狼失败了，并被迫退出了澳大利亚大陆。

原本袋狼可在塔斯马尼亚岛安居一隅，但事情却不是这样：19世纪30年代，人类发现了澳大利亚大陆，欧洲移民陆续地登上了这片宝地，并且随着人数的增加，周围岛屿也住上了人。在塔斯马尼亚岛，移民们放牧羊群以后，便不能容忍袋狼的存在了。因为它们放弃袋鼠和其他小动物不食，专门撕咬既跑不快又无反抗力的绵羊，牧民们便开始持续不断地猎杀这种猛兽。

1936年，澳大利亚国家动物园中最后一头袋狼死了。1938年，袋狼被列入受保护动物目录。但从那时起却很少有人再看见袋狼，它消失在人们的眼界里了，到今天人们也没有发现它们。

现代有袋类主要生活在大洋洲和美洲。大洋洲有袋类最出名的是大袋鼠，是植食性的。它常用强有力的后腿跳跃前进。但是除了袋鼠之外，还有各式各样的有袋动物，如袋兔、袋熊、袋鼬、袋狼、袋獾等，有些是杂食性的，也有些是肉食性的。美洲的有袋类，在新生代的第三纪中期和晚期曾经出现过肉食性的袋犬、袋剑虎，还有植食性的古袋鼠，现在都已经灭绝了。现存的有袋动物除负鼠外，还有新袋鼠。

现代的有袋类只分布在大洋洲和美洲，这是不是说在别的大陆从来没有过有袋动物呢？虽然现在化石证据还很不充分，但是古生物学家都倾向于认为，在白垩纪的时候，有袋类很可能在全世界广泛分布。

在白垩纪末期，由于大陆漂移，澳大利亚和亚洲完全分开。在澳大利亚的有袋类没有遇到高等哺乳动物的竞争，获得广泛的适应辐射，一直继续生存到今天，成为占优势地位的动物。美洲也在白垩纪离开了欧洲和非洲。而在第三纪早期，南美洲又由于地峡断裂而和北美洲相隔离。因此美洲特别是南美洲也成了有袋动物的家乡。但是北美洲后来发展了高等哺乳动物。在第三纪末，南美洲再一次通过地峡和北美洲连接起来。因此美洲的有袋类绝大多数在和高等哺乳动物的竞争中灭绝了，但是还有一些幸存者，生存到今天。

至于在其他几个大陆，有袋类都经受不住高等哺乳动物的竞争，在第三纪晚期灭绝了。和有袋类形成竞争的高等哺乳动物，就是从古兽类分化出来的有胎盘类。

有胎盘类哺乳动物

新生代通常被称为哺乳动物的时代，更准确地说，应称之为有胎盘类哺乳动物的时代，因为从白垩纪过渡到新生代以后，这些动物几乎是地球上最占优势的动物。哺乳动物除了单孔和有袋类外，所有哺乳动物都是有胎盘的。胎盘类哺乳动物属于高等哺乳动物。

胎盘类哺乳动物的形态进化

有胎盘哺乳动物又称真兽类，它们的幼仔在母体内生长一个相当长的时期，发育到一个比较成熟的阶段出生。它们从古老的爬行动物的卵那儿继承的尿膜与子宫相接触，通过这个接触区域——胎盘，食物和氧气从母体输入到正在发育的胚胎。因此，有胎盘类哺乳动物在出生的时候，比起有袋类新生的幼仔来，无可比拟地成熟得多。

有胎盘类脑颅的扩大也许是最重要的特征，它反映出大部分有胎盘类与有袋类比较起来具有更高的智力。和有袋类通常穿透了的口盖相比，有胎盘类头骨具有结实的骨质口盖；下颌上向内弯曲的角经常缺失。具有 7 个颈椎，颈椎后面是一系列带有肋骨的胸椎，再后面是一系列没有肋骨的腰椎。肢带和四肢基本上与有袋类的相似，骨盆上没有上耻骨或袋骨。

胎盘是后兽类和真兽类哺乳动物妊娠期间由胚胎的胚膜和母体子宫内膜联合长成的母子间交换物质的过渡性器官。胎儿在子宫中发育，依靠胎盘从母体取得营养，而双方保持相当的独立性。胎盘还产生多种维持妊娠的激素，是一个重要的内分泌器官。有些爬行类和鱼类也以胎生方式繁殖后代，胚胎生长出一些辅助结构如卵黄囊、鳃丝等与母体组织紧密结合，以达到母子间物质的交换，这样的结构称假胎盘。

牙齿在研究有胎盘类哺乳动物上具有特别的重要性。如果所有有胎盘哺乳动物（除了人以外）都灭绝了，而仅以牙齿化石来分类，结果也和根据哺乳动物整体解剖知识所得出的分类基本相同。

有胎盘哺乳动物的基本齿式是上下颌每边有 3 个门齿、1 个犬齿、4 个前臼齿和 3 个臼齿。这个齿式可以用数字表示为：3—1—4—3，它在白垩纪最早的有胎盘类中就已经出现，而且还保留在许多现生哺乳动物中。当然，有许多有胎盘类哺乳动物，牙齿已经极端特化，但都是从原始齿式分化出去的。

大多数有胎盘哺乳动物的门齿都比较简单，为单一齿根的钉或片，适于夹住食物。有些哺乳动物的门齿增大，而另一些哺乳动物的则退化或者消失。在几种哺乳动物中，它们变得复杂了，带有梳状的齿冠。但尽管它们有着各种各样的特化，门齿总是保持单一的齿根，使牙齿固定在颌骨上。原始哺乳动物的犬齿增大成刺状，起刺戮或穿透作用。犬齿在许多分化适应中总是保持单一的齿根，但是在齿冠上可以出现各种特化，特别是在形状和大小上。

有胎盘类的前臼齿常常有复杂的结构，而且通常从前向后愈来愈复杂。例如，第一前臼齿可以是具有 2 个齿根的狭冠齿，而最后一个前臼齿可以是齿冠由几个尖组成的宽冠齿，具有 3 个或更多齿根。很多特化了的哺乳动物后面的前臼齿显得与臼齿很相似。

在早期有袋类和有胎盘类中，上牙由三角形组成，并与下牙的三角座相剪切。除了上下臼齿的这种剪切动作以外，还有由上三角座的内尖咬入下臼齿三角座后部后齿座的压碎作用。这种类型的臼齿常常被称为三尖式、尖切式或者三楔式。三楔式臼齿组成了高等哺乳动物各种各样臼齿演化的基础。三楔式上下臼齿是方向相反的三角形，上臼齿上的三个尖叫作原尖、前尖和后尖，前者位于牙齿的内侧，后两个位于外侧。

此外，在上臼齿主要的尖之间还有两个中间的尖，即原小尖和后小尖。在下臼齿上，外侧的尖叫作下原尖，两个内侧的尖称为下前尖和下后尖。在下臼齿的跟座上通常也有三个尖，外面的称为下次尖，内方的称为下内尖，后面一个，也就是在盆形后部的一个，称为下次小尖。

组成上下三楔式臼齿的主要的尖可以认为有共同的起源，这样在所有有袋类和有胎盘类中它们都是同源的。在许多比较进步的哺乳动物中，位于上臼齿后内角的还有个第四主尖——次尖。这个尖的出现是在各目哺乳动物进化历史上新增添上去的，但是始终还不能确定在具有这个尖的那些哺乳动物中，次尖是不是都是同源的。在很多哺乳动物的臼齿中，还有各种不同的脊或棱，在上臼齿上的叫作脊，在下臼齿上的叫作下脊；在牙齿的边缘还有某些小的附加的尖，在上下臼齿上，分别叫作附尖和下附尖。

在有胎盘哺乳动物中，上下臼齿之间颌的动作有四种类型，其中三种在原始哺乳动物的三楔式臼齿中已经有了。第一种，尖的交错，上下臼齿上这些尖互相咀咬，以擒住和撕碎食物。例如下原尖与上齿外侧的前尖和后尖交咬，而原尖与下齿内侧的下前尖和下后尖交咬。第二种，齿边缘或棱脊彼此剪切，以切碎食物。在三楔式臼齿中，上臼齿三角座的前后缘切过下三角座的前后缘。第三种，牙齿一定部分互相对压，以压碎食物。原尖咬入下后齿座的盆中便是这样的作用。第四种，相对齿面像磨粉机一样互相研磨，以磨碎食物。在许多特化的哺乳动物扩展的臼齿齿冠上可以看到这种作用。

最古老的食虫类哺乳动物

最古老的有胎盘类哺乳动物出现在中生代的白垩纪，大概是从原始哺乳动物古兽类中分化出来的，叫作食虫类哺乳动物。

食虫类是一种小型的哺乳动物，身体外面有柔毛或硬刺，外形像小老鼠，通常靠吃虫类生活，所以叫食虫类。食虫目这个分类学上的目已被废弃，但“食虫动物”一词现仍用来指剩余的物种，被划归为三个目：鼩鼱目、猬目和针鼠目。哺乳动物学家将这三个目合称为无盲肠动物大目，其成员既可称为无盲肠动物，也可称为食虫动物。约有 450 种，包括猬、金鼹、鼹鼠、鼩鼱、刺毛鼩猬、毛猬、古巴鼩和马达加斯加猬，主要以昆虫、其他节肢动物和蚯蚓为食。

从化石材料看，古食虫类有一个小而结构原始的脑子，头骨低，牙齿尖锐，分化不明显，犬齿比较大，呈穿刺状。我国发现过的食虫类化石有内蒙古古新统的肉齿猬、河北唐山更新统下部的渤海鼩、北京周口店更新统中部的中国水鼩等。在美国的亚利桑那州也发现了白垩纪的食虫类化石。古食虫类原始但是没有特化，因此具有广阔的发展前途。

食虫类的后代都已经特化，只适应某种局部的生态环境，如地下、水里或树上。常见的有鼹鼠、刺猬、鼢鼱等。它们是目前世界上最小的哺乳动物。除了大洋洲和南美洲，世界上其他地区都有它们的踪迹。

食虫类动物几乎占所有哺乳动物种类的10%，体型多如小鼠或小型大鼠。其他食虫类动物，如刺毛鼩猬和无尾马达加斯加猬，体格如侏兔大小。大多数食虫动物既可地栖也可穴居，有些为水陆两栖，少数栖于树上或森林下层植被。几乎吃各种无脊椎动物或小型脊椎动物。其脑部的嗅叶十分发达，因此嗅觉极为敏锐。

▲ 鼹鼠

与大多数其他胎盘哺乳动物相比，食虫类动物大脑半球较小，表现为智力和操作能力较低。多数有长而灵活的鼻子，上有敏感的触毛，用来探查落叶、土壤、泥浆或水，以触觉和嗅觉来定位捕食猎物。可用前足将猎物按住，但通常是用牙咬住，仅用嘴和长鼻子即可捕食直到吞下猎物。其视力很差，眼小、退化，古巴鼩、鼩鼱、鼹鼠和金鼹的眼睛覆盖有皮肤。猬、刺毛鼩猬、毛猬和马达加斯加猬的眼睛虽大，但较其他目的现存哺乳动物仍较小。听力敏锐。可发出嘶嘶声和嚎叫声，或者其他波段的声音，包括超音波；有些可用特殊的刺产生声音，有少数能用回声定位。

在今天，食虫类哺乳动物对于我们人类来说，几乎是无足轻重的。但是，在哺乳动物的进化史上，食虫类却占据了一个十分重要的位置。极大部分哺乳动物，包括我们人类在内，都是从食虫类分化发展出来的。它是有胎盘类哺乳动物辐射进化的中心。

第一次大爆发

中生代初期，地球比较温暖，森林一直分布到了地球的两极，再加上大型植食性恐龙的灭亡，使森林变得更加茂盛。早期的哺乳动物目睹了恐龙王朝的兴衰后，终于可以扬眉吐气了。它们沿着祖先们为自己开辟的光明大道，开始了新的征程。

古新世是新生代的第一个阶段，从距今6500万年到5500万年，经历了大约1000万年的时间。这个时期的哺乳动物中的真兽类在白垩纪出现的食虫类基础上分化出来，以很快的速度进化，造成了一个范围广泛的适应辐射。从古新世到始新世发生了新生代哺乳动物在历史上的第一次进化大爆发。

大爆发的结果，一个适应于各种不同的生态环境的古老哺乳动物群占据了古新世和始新世的优势地位。不过这个时期的哺乳动物个体大多数不算大，只有少数例外，如安氏中兽，而且都是一些奇形怪状的新生种类，主要有食虫类、翼手类、皮翼类、贫齿类、纽齿类、裂齿类、灵长类、古食肉类、踝节类、钝脚类、南方有蹄类、滑距骨类、闪兽类、焦兽类、异蹄类等。

有蹄类动物的进化情况

有蹄类是那些以植物为食并长有蹄子的哺乳动物的泛称。其最显著的特征是适应咀嚼和研磨植物的牙齿，能将大量植物转化为滋养物的消化道以及在硬地上奔跑的四肢和脚。此外，很多有蹄类在头上有角作为保护武器，也有些牙齿变作斗争或自卫之用。

通常，这类哺乳动物有紧排在一起的门齿，咬合在一起的时候在头前端形成一个稍许弯曲的弧线，它们有嚼咬或剪切的功能，以便将树叶或草收集入口。一般说来，犬齿在这类动物中缺失，如果存在，也失掉犬齿的形状和功用。有些有蹄类的犬齿和门齿连在一起，以增加剪切的功能。颊齿动作起来像磨臼一样。臼齿的冠面常常是方形或长方形的，这是由于在臼齿附近的其他齿尖的强烈发展所致，以及下前尖的消失和齿座的形成，因此上臼齿在高度和面积上和下臼齿的三角座相等。原来尖锐的齿尖变为复杂的珐琅质褶皱中的钝尖、隆起或嵴。这些变化增加了齿冠的面积。

很多有蹄类吃硬草，其颊齿齿冠的高度增加，这就是所谓的高冠齿的发展。随着臼齿冠面的增大和齿高的增加，研磨植物的牙齿总面积大大地增加了。许多有蹄类的前臼齿呈现出“臼齿化”，即前臼齿增大和复杂化的过程，因此通常小的前臼齿变得和臼齿一样大，这样更增加了研磨的总面积。

有蹄类中最通常的自卫方式是飞快地奔跑。所以有蹄哺乳动物的四肢有显著增长

的趋势。

有蹄类通常用趾尖行走，这种行走方式被称为趾行式。这种类型的脚，腕部和踝部远离地面，趾上常有蹄，以保护脚并减少在硬地上奔跑时的震动。

在很多进步的有蹄类中，行走和奔跑的大部分功能由中趾担负，因此旁趾有强烈退化的趋向。但是在某些有蹄类中，特别是大而笨重的类型，脚仍然是短而宽的，趾很少或没有退化，以作为支持巨大重量的宽阔基础。某些有蹄类变为半水生或水生，脚和四肢也随之变化。

先驱者——踝节类

在恐龙时代，大部分哺乳动物只在两个地方生活：树上和洞里。恐龙灭绝之后，哺乳动物终于可以“扬眉吐气”地在地面上活动了。踝节类动物便是“先驱者”之一。实际上踝节类是一个非常多样化的种群，但最有名的是中兽科和熊犬科两类动物。从树栖动物到地栖动物，从老鼠一般大小到安氏中兽那样的巨兽，从典型的草食动物伪齿兽到以肉食为主的中兽科、熊犬科动物都是踝节类动物的“亲戚”。

踝节类动物是最原始的有蹄类，也是一类幸运的动物，许多古代生物都没有留下后代，而踝节类不同，它们可谓“子孙满堂”，后来的奇蹄类、偶蹄类、南方有蹄类等等，其祖先都是由踝节类分化出来的。踝节类是一种“一般化”的动物类群，刚刚开始出现分化，因此许多动物都是“多面手”，比如脚上有的有蹄，有的有爪，大部分都能上树。

有蹄类的进化历史显示出两个发展阶段。古新世到始新世是早期阶段，原始有蹄类大大地分化。而后在始新世开始衰退，虽然它们中有少数仍继续生存到渐新世。后期阶段现代有蹄类兴起了，从始新世初期一直不断分化和不断复杂化地发展着。

在南美洲长期生存着从原始有蹄类起源的奇异的有蹄类，它们不同于其他大陆上的任何有蹄的哺乳动物，它们一直生活到第三纪末南美洲与北美洲重新联合时为止，当北方的哺乳动物侵入以后，它们就很快地消失了。

熊犬类是最早和最原始的踝节类。头长而低，臼齿仍大都保留原始的三楔式，背部容易弯曲，四肢相对短，脚有爪，尾很长。古新世中期和晚期的三心兽以及从古新世开始直到末期的古中兽为其代表。某些熊犬类在古新世发

古中兽

古中兽是最早的踝节类动物，在白垩纪晚期就出现了。这种怪兽有点像浣熊，连同它的长卷尾长约1米。它的身体轻巧，重约7千克，而且这种大老鼠大小的动物已经有了蹄。这种动物一般被认为是树栖的，虽然它在当时的哺乳动物中已经不算小了，但与数吨重的角龙、鸭嘴龙等一起在地面活动，显然不是“明智之举”。古中兽行走时像熊一样，用整个脚拍击地面。它的脚上有五趾，趾上有长爪。它的脚很强壮，有灵活的关节。前肢可以挖掘，而后肢则适合攀树。它可能是杂食性的，专吃水果、蛋、昆虫及细小的哺乳动物。

展成大的哺乳动物，如净齿兽和熊犬，大如小熊，笨拙，有比较钝的牙齿，可能多少有点对杂食性的适应。

从古新世某些熊犬类发展出第二类原始踝节类，即在始新世盛极一时的中兽类。这些动物有强烈向大体型发展的趋势，牙齿的特点是具有钝的齿尖和压碎用的颊齿。脚上有扁平的指甲，而不像其更原始祖先那样具有爪。

古新世的全棱兽是最早的大有蹄类之一，是像绵羊大小的全齿类。头骨较长而低，犬齿大，上臼齿三角形，具有月形齿尖。四肢较笨重，脚较短，所有的趾都存在，其末端有小的蹄。全齿类向大体型方向的进化，在古新世晚期发展得很快，如笨脚兽站立时离地 1.2 米以上，其全部骨骼特别沉重，使人感到它是一种十分迟钝又十分有力的动物，对于早期的古食肉类来说，这是一种非常难以捕捉和杀死的野兽。尽管有这么大的身体，笨脚兽却只有一个比较小的头骨和原始的有蹄类齿型。

安氏中兽又名安氏中爪兽或安氏兽，是一种原始的、身体粗壮且像狼的有蹄类哺乳动物，以著名的化石发掘者罗伊·查普曼·安德鲁来命名的。安氏中兽属有蹄哺乳动物，在亲缘关系上其实更接近于绵羊或山羊，因此在某种意义上被戏称作“披着狼皮的羊”。

▲安氏中兽，生活在第三纪

安氏中兽是最晚近的踝节类，人们对于这种神秘的巨兽目前还知之甚少，原因是化石证据不足，除 1923 年找到的这具头骨外，尚未有新化石被发现。就身体的综合素质来讲，安氏中兽无疑是曾出现过的最强大的陆生哺乳类食肉兽，与肉齿目牛鬣兽科的裂肉兽、鬣齿兽科的伟鬣兽及巨鬣齿兽当之无愧地堪称“老第三纪四强”。而单从体型上比较，只有裂肉兽堪与其相提并论。

安氏中兽所在的踝节目也拥有着显赫的地位，与后来的有蹄类和其他诸多门类动物在系统发育上有着重大渊源。

较特化的踝节类在古新世和始新世时向着各种不同的方向辐射。有些如古新世晚期和始新世的古踝节兽牙齿有明显的进步，几乎变成月形齿，即齿尖为新月形而不是锥形，但是脚仍然是原始的。古新世的圈兽属身体大大增大，有些前臼齿有特殊的分化，变得很大。在中古新世和晚古新世出现了四尖兽，具有低冠然而是“方形”的颊齿，趾的末端有很宽的爪。这种类型可能是原蹄兽的直接祖先。

原蹄兽是生活在古新世后期和始新世早期的中等大小的动物，头骨长而低，尾巴很长，四肢比较短而笨重，脚短，所有的趾都存在。犬齿较大，但是颊齿形成了几乎连续的系列，臼齿方冠，上臼齿有发育良好的齿尖，下臼齿上有一高的齿尖。锁骨消失，趾的末端有蹄而不是爪。显然这是一种生活在森林或热带平原上的植食性动物，大概还不善于奔跑。

▲原蹄兽

踝节类本身早已灭绝。但是现在非洲有一种哺乳动物，有小猪那么大，靠吃白蚁生活，叫作非洲食蚁兽；又因为它常在地下挖掘白蚁窝，很像猪的拱食，所以也叫土豚或土猪。这种动物属于管齿目，因为它的颊齿由齿质的管组成。这种动物的化石最早不超过中新世后半期。过去认为它和贫齿目的食蚁兽有关，但是后来研究了这种土豚的骨骼，却发现和古代的踝节类非常相似。所以有人认为它可能起源于踝节类祖先，是一种保存到现在的特化了的踝节类，只是它的头和脚已经高度改变，以适应非常专门的食性和掘地生活罢了。

早始新世的冠齿兽是一种和貘差不多大小的动物，有一副笨重的骨架，有强壮的四肢和宽阔的脚。四肢上部分比下部分和脚长一些，能够有力地支持住笨重的身体但不适于迅速地奔跑。尾巴短，这是有蹄类哺乳动物的共同特点。头骨很大，颌上武装着长的剑形犬齿。臼齿的冠面上有两个显著的横脊，说明冠齿兽是一类进步的食嫩叶者。

全齿类一直生存到始新世，在亚洲至少残存到渐新世，以后便趋于灭绝。

与它平行演化的是恐角类或尤因兽类，这可能是所有早期哺乳动物中之最大者。恐角兽和原恐角兽从古新世出现，骨骼粗大，四肢笨重，四肢上部分长，下部分和脚短。脚宽阔。恐角兽有一个低的头骨，每一边上均有一个非常长的犬齿。下颌前端有很深的折曲，在口闭合时可以保护剑状犬齿。

这一条进化线上发展到顶点的是晚始新世的尤因兽属，一类像大犀牛那么大的动物，有长的头骨，在其顶端奇怪地长着6个角：2个小的在鼻上，2个在犬齿上方，2个在头的背部；上犬齿很大，臼齿齿冠上有横的棱。始新世晚期的大尤因兽是最后的恐角类，到了渐新世，这些第三纪早期的奇怪的巨物便灭绝了。

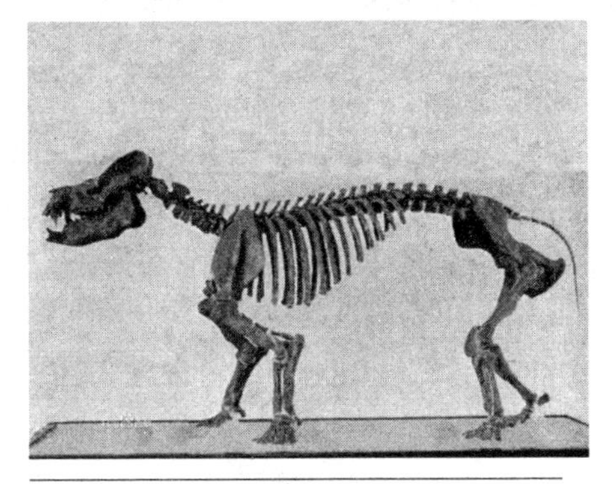

▲冠齿兽化石

南美有蹄类

在第三纪，由于南北美洲之间的地峡中

断，两地一度隔绝。在古新世两地分离之前到达南美洲的原始踝节类，独立而和其他地方的有蹄类平行地发展出一系列的南美有蹄类。南美有蹄类一共有五个目：南方有蹄目、滑距骨目、闪兽目、焦兽目、异蹄目。

从化石记录看，南方有蹄目所包含的属的总数相当于其余四个目的总和的两倍。早期的南方有蹄类是一些小型的原始有蹄动物，有三角形的上臼齿，它的特征是上面有两条斜脊，下臼齿也同样有脊。典型的如始新世早期的南柱兽，它和古新世晚期生活的古柱兽和始新世早期生活在北美洲的北柱兽十分相似。这可能表示这类动物是从亚洲通过白令海峡到达北美洲再进入南美洲的。

中国新疆、内蒙古等地的古新统和始新统地层里也有许多南方有蹄类化石，可以推断南方有蹄类从亚洲起源通过北美洲进入南美洲继续发展的可能性是很大的。古南方有蹄类以后向几个方向发展，有体型增大的一般趋势，到第三纪晚期达到了顶点，有些发展到和现代犀牛一般大小。牙齿演化上从有脊的臼齿发展成了高冠齿，适合于吃硬草和其他植物，从门齿到臼齿成为连续的一排，大小比较一致，犬齿失掉了原始的形状。大多数南方有蹄类趾端有蹄，少数的脚上有爪。

南方有蹄类在始新世晚期、渐新世和中新世非常繁盛，一直延续到更新世，可以箭齿兽类作为代表。早期的箭齿兽类如始新世早期的始南兽，只有现代的羊那样大小，发展到渐新世的小弓兽，就和现代的马差不多大小，到中新世的仙齿兽，更新世的箭齿兽，站立的时候高 1.5 ~2 米。它们都是一些笨重的植食性动物。

南方有蹄类中也有一些小型的，如黑格兽类，很像现代的兔子和老鼠。它们也在第三纪中期极其繁盛而且非常多样，其中有些延续到更新世。

滑距骨类虽然不如南方有蹄类那样繁盛和多样，但是也是南美有蹄类中重要的一个类群。它从古新世出现，一直延续到更新世。它和南方有蹄类不同，没有在其他地方发现过类似的化石，说明它作为早期踝节类的后裔完全是在南美洲起源的。但是它们的发展却和北方有蹄类之间有紧密的平行关系。它从古新世开始，就沿着两条分明的适应辐射线发展：一支以原马形兽作为代表；一支以后弓兽作为代表。原马形兽是南美有蹄类中的“马”，虽然没有长得很大，但是和北方的马十分相似，也善于奔跑。

后弓兽可以和北方的骆驼相比，它的颈和四肢很长，不过骨骼轻巧，体背直。它有一个短而能伸缩的鼻子，鼻孔退到面部的极后方，有些甚至退到了头顶，这和北方的貘相似。原马形兽在上新世灭绝，后弓兽一直生存到更新世。

闪兽类出现于始新世，它继续生存到中新世。它早期就有发展到巨大体型的趋势，渐新世和中新世的闪兽类站立的时候肩高就有 1.5 米以上，是一类笨重的哺乳动物。它的头骨和颌很特别，头骨前部大大缩短，鼻骨小而向后退；上门齿消失，上犬齿向下伸展，形如长而有力的短剑，下颌却很长，有发育很好的门齿和犬齿；前臼齿很小，最后两个臼齿增大，形成长而高冠的磨臼。

焦齿兽只发现在南美洲第三系下部的地层里，很早就向大体型发展，有些像北方的象。但是这只是趋同进化的结果。它可能和北方的钝脚类有亲缘关系，但是现在一般把它看成是哺乳动物中完全独立的一个目。

异蹄类只有巴西等地古新统地层里发现一种大焦兽，化石材料很少，似乎和北方的钝脚目恐角亚目的尤因兽有点相似，可能和钝脚类有亲缘关系，但是是在南美洲的地理隔绝条件下独立而平行地发展起来的。

南美有蹄类中的闪兽类、焦兽类和异蹄类只生存在第三纪的早期和中期，在南美洲还处在地理隔绝的状况下就灭绝了。

南方有蹄类和滑距骨类的进化历史比较长，但是到上新世末，南北美洲之间的地峡升起，它们遭受从北方来的食肉类哺乳动物的侵袭和北方有蹄类的排挤，也终于在更新世完全灭绝了。

第二次大爆发

从始新世开始并延续到渐新世的时间段里，现代哺乳动物的祖先纷纷从古老哺乳动物群中的某些种类中脱颖而出，并以此为基础发生了哺乳动物进入新生代以后的第二次适应辐射。第二次大爆发的结果使得这些进步的哺乳动物类群全面地替代了古老哺乳动物群。这些进步的哺乳动物类群包括：啮齿类、兔形类、鲸类、食肉类、管齿类、长鼻类、重脚类、蹄兔类、海牛类、索齿兽类、贫齿类、灵长类、奇蹄类、偶蹄类等。

生物“大间断”

始新世是新生代的第二个阶段，从古新世后经历了2000万年。这期间地球气温升到了新生代以来的最高值。繁茂多样的植被，高温稍干的气候，为脊椎动物的分异、发展提供了难逢的良机。一些重要的门类，如奇蹄类、偶蹄类和啮齿类出现了，并得到迅速的发展。以致新生的这三类占据了当时哺乳动物群中的半数以上。

到始新世中后期，气候逐渐干冷，地球上首次在新生代高纬度区出现霜冻严寒，南极开始堆冰，寒冷的气候致使两栖类和爬行类的分异变缓。混杂的针叶林、落叶林及硬叶植物的出现，使有蹄类和啮齿类获得更大的生活空间，种类继续繁衍，个体也在不断加大，在渐新世时地球上出现了最大的陆生动物——犀。

渐新世初，地球经历了急剧的骤寒，在近100万年的时间内，地球的年平均温度下降了13℃甚至更多，有了南极冰盖。整个北半球覆盖着亚热带和温带森林，只有中亚蒙古地区是稀树草原，而热带密林则退缩到了南半球中段。南极冰盖的出现，导致海平面的下降，欧亚大陆间的海峡海水退出，使两大陆的动物群可以迁徙交流。

欧洲西部在始新世时多为海水包围的半岛，在渐新世初，因海水退出连成大陆后，动物群发生了惊人的变化。原来生活在西欧半岛上的晚始新世土著的哺乳动物有60%消失了，取而代之的主要是从亚洲迁入的新种类：奇蹄类中的跑犀、两栖犀、真犀和爪兽；偶蹄类则全部为外来的巨猪、石炭兽和鹿型动物所取代。原来欧洲特有的兽鼠等啮齿类也被松鼠、河狸、仓鼠和兔子等挤跑。欧洲的动物世界完全变了样。

早在1909年，瑞士古生物学者斯泰林就注意到欧洲这一重大生物演化奇观，并称之为“大间断”。大间断代表了地球史、生物史上的一次重要事件，它不仅发生在欧洲，在亚洲也同样存在。

渐新世初的大间断彻底改变了世界的面貌，也重新营造了新的生物结构。早期古老类型的哺乳动物逐渐灭绝，到渐新世末基本消失。而一些与现代哺乳动物直接有关的门类，如象、熊、鹿、河狸等的祖先陆续出现。待到距今 2300 万年的中新世开始，地球逐渐转暖湿润，大地则是另一番景象。

奇蹄类登上历史舞台

在 5000 万年前始新世早期的北美大陆，一种狐狸般大小的食草动物从原始的踝节类里脱颖而出，它被称为始祖马。实际上，它不仅是现代马的始祖，而且是与马有密切亲缘关系的整个奇蹄类动物的最早类型。从此，现代有蹄类动物开始登上了历史舞台。

最早的奇蹄类出现在始新世，它的牙齿和脚的特征基本上确定了奇蹄类进化的方向，而它们的这些特征很容易追溯到某些踝节类的牙齿和脚。从原始类型起，奇蹄类就向着三个方向发展：一个是马形类（马类），一个是角形类（包括犀牛类和貘类），一个是爪脚类（爪兽类）。它们的趾数常常为奇数，而且脚的中轴通过中趾。在所有的奇蹄类中，内趾，也就是前、后脚的大拇趾，已经消失了，后脚的第五趾也是这样。在大多数奇蹄类中，前脚的第五趾也已经消失，但在某些较原始的类型中，这一趾仍保留着。这样，奇蹄类的前脚和后脚常常有三个起作用的趾，或者在进步的马类中只剩下一个趾。

在奇蹄类的踝部，距骨有一个双重隆起的滑车形的面，与股骨相连接，远端与踝部其他骨头相接处则为扁平的面。股骨在骨干的外侧有一显著的突起，称第三转节。

在奇蹄类中，上下门齿通常是完整的（但不是不变的），组成嚼咬植物的有效剪割器官。在门齿和颊齿之间通常有一齿缺，在这齿缺中，犬齿或有或无，如果犬齿存在的话，通常是与前面的门齿和后面的前臼齿相脱离。前臼齿的臼齿化在原始的奇蹄类中还没有发展得太远，但是在这一目的比较进步的成员中达到了完善的程度，即除第一个前臼齿外，所有其他前臼齿都完全成了臼齿型。这种发展大大地增加了牙齿的研磨面积，也就增加了牙齿研磨坚硬植物的效能。

始祖马

始祖马虽然被归为最早的原始的马，却也具有任何早期奇蹄类同样的原始性质，因此可作为这一目哺乳动物的共同原型。始祖马身体结构轻巧，有较弯曲的背、较短的尾和长而低的头骨。19 对肋骨，其后约有 5 个没有肋骨的脊椎。肩部的脊椎刺比较长，供强大的背肌附着。四肢细长，脚也加长，腕部和踝离开地面抬起，趾骨几乎是垂直的。前脚有四趾，后脚有三趾。但所有的脚起作用的都是第三趾，每趾末端为小的蹄。

伸长的头骨有一个较小的脑颅，眼眶后不封闭，不像后期的马那样有骨质棒将眼孔和颞颥孔隔开。门齿小，有类似凿状的齿冠，有小的犬齿。颊齿为丘形齿，低的齿冠，上面有圆锥形的齿尖。前臼齿尚未臼齿化，最后两个上前臼齿呈三角形。但上臼齿为四方形，有四个大的齿尖：原尖、前尖、后尖和次尖。还有两个小的、中间的副尖：原小和后小尖，以两条低而斜的脊：原脊与后脊，和两内尖相联。下臼齿下齿座和牙齿前部一样高；前内尖（下前尖）大大退化，两个前面的齿尖（下原尖和下后尖）和两个后面的齿尖（下次尖和下内尖）被横脊相连。

▲始祖马复原图

这些特征可能十分容易地追溯到某些踝节类的牙齿和脚（或许通过某些过渡性的“原奇蹄类”），特别是北美古新世的四尖兽属——原蹄兽的近亲。四尖兽上臼齿呈方形，6 个发育良好的、低的丘形齿尖组成齿冠面。这一图形稍经改变，就是在始新世的始马属中所看到的。经过一个简单的进化步骤，前面的中间尖和内尖连接起来，形成一条斜的脊或原脊，同样，后面的中间尖和内尖连接起来，形成一条斜的后脊，前后脊将两外尖连接起来，形成一条外脊，典型的原始奇蹄类臼齿的图形便形成了。同样，在四尖兽这样的哺乳动物中，下臼齿上的各个尖可能也转变成横的脊或下脊了，而这正是原始奇蹄类的特征，在始马的下臼齿上已经隐约出现了。

在脚的构造上，四尖兽的腕骨有点圆，排列成连续的样式，上下各一排，髁骨中的距骨下关节面是圆的，使脚可以大大地弯曲。在始马中，腕骨交互排列，因此它们是互相结合的；距骨的下关节面比较平。因此始马的脚比较不易弯曲，也不易向侧方活动。而且，始马的脚比起踝节类的脚，趾骨大大延长了。

从四尖兽到始马的这些变化，指出了适应中的变化，使食嫩枝叶的能力和在坚硬地面上奔跑的效力大大增加，还使始马对吃食植物和对迅速逃避食肉类的进攻有了一套很好的装备。很可能，快速奔跑以对付侵略成性的食肉类的威胁，这种适应性是最早的奇蹄类取得成功的因素；而相反地，踝节类由于缺乏这样的适应性，使它们终于灭绝。始新世和渐新世之交，许多食肉裂脚类兴起而成为有效的猎食者，踝节类就灭亡了。而它们的适应能力很强的后代奇蹄类兴旺起来，走上了许多不同的进化路线。在第三纪中期达到了它们进化历史的顶点，成为世界上大部分地区内盛极一时的有蹄类，以后便开始衰退。

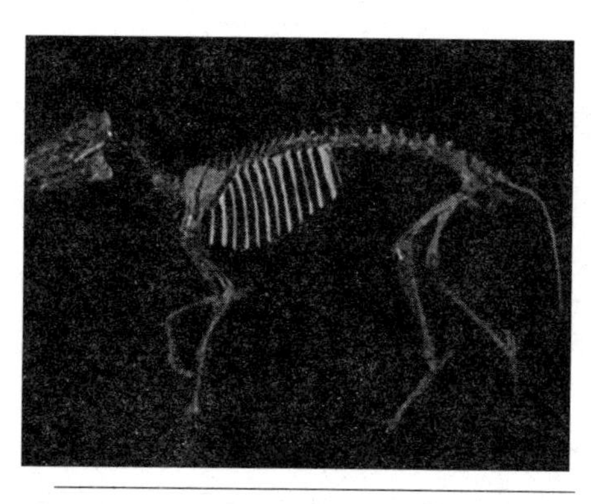

▲始祖马化石

在全部动物进化史中，没有比马类的进化史了解得更多的了。这是因为马类的化石记录非常完整。所以讲奇蹄类的进化历程，通常都用马类作为代表。

从始祖马开始，马类进化发展趋向，可以列出几个特点：

一是体型增大；

二是腿脚伸长，侧趾退化，中趾加强；

三是背部伸直、变硬；

四是门齿变宽，前臼齿变成臼齿，颊齿齿冠增高，齿冠形式进一步复杂化；

五是头骨前部和下颌加深，眼前的面部伸长，以适应高冠的颊齿；

六是颅脑增大而且复杂化。

一般说来，马类的进化一直是沿着一条直线方向前进的，所谓“直向进化”或“直生现象”。但是在第三纪中期和晚期，也曾经出现过一些旁支。

始新世早期的始马，到始新世中期发展成为山马，始新世晚期成为次马，渐新世早期成为渐新马，渐新世中期和晚期成为中新马。

三趾马

马的进化时代是从第三纪的始新世开始到现代，经过了始（新）马、山马、渐（新）马、草原古马、（上）新马和真马阶段。

▲渐新马

始（新）马在开始进化之际，已经从原始哺乳类那里继承了前肢4个趾、后肢3个趾的特点。从山马到（上）新马，前肢均具三趾，进化至真马时前后肢仅剩一趾。在世界上（上）新马（具三趾）和真马（具单趾）常作为划分第三纪及第四纪地层界线的标准化石。而我国却不同，在我国第四纪更新世早期，仍有三趾马和真马同时存在的情况，那时有长鼻三趾马。与真马同时出现的三趾马是不可能再进化到真马了。

生物界进化的特点是：当主干上新的生物出现时，与它共生的大部分旧种类就要被淘汰，退出历史舞台也只是时间早晚的问题。这一现象在脊椎动物进化中表现得极为明显。在我国常见的三趾马是马类进化中的一个侧支，是从中新世纪由草原古马阶段分化出去的，生存时代为距今一千多万年至一百多万年前，当时它们在数量上还占有很大的优势。

从挖掘的马类化石上我们能够将马进化过程描述出来：始新世纪时，马生活在森林中；形体似狐狸，背部弯曲，前肢有4个趾，后肢有3个趾；以吃树叶和嫩枝为生，前肢可撑着树干将身体直立起来，觅食高处的食物；行动机警。森林中猛兽很多，加上气候趋于干旱，草原面积增大，三趾马便来到草原寻求发展。

草原的环境与林中大不一样，天高地广，障碍物少，便于奔跑，同时沟坎壕堑也需要跳跃。更主要的是，草比树木低矮得多，草原光线明亮，活动动物体很容易被发现，故始马在吃草时要时常抬头观看四周，同时也要让自己的身体向高长，才能看得更远，而且要不时地奔跑来躲避危险。这些变化都使原来的身体结构无法适应，首先趾数多跑不快。

始马为了各种原因都需要奔跑，于是腿、掌、趾骨都开始增长，支撑力也集中在了中趾上；身体长高了便于观察周围环境，步幅增大跨沟跃坎就容易很多了。但是个儿长高了，低下头就吃不到地上的草了，只好努力地将脖子伸长以到前肢等长，以便一低头就能吃到脚边的草。朝着这个方向的演化，到山马阶段前肢就变成三趾了。

从它开始到新马阶段，前后肢一直都是三趾，这好像没有什么进化，其实马的进化一直都没有停下：身体仍在不断地长高，腿、掌、趾骨也不停地加长；脊椎变得平直，以此保护内脏不受剧烈震动；脸部骨头加长，头颅加大了脑容量，因此增长了智慧；前后肢虽仍为三趾，但侧趾已经明显地缩短变细，尤其是到了新马阶段时，侧趾已沾不到地了，完全由粗大的中趾支撑着全身，奔跑速度有了很大提高；变化最大的还是牙齿，门齿变宽、犬齿退化、前臼齿臼齿化，牙体变长，咀嚼面扩大褶皱复杂化。变化的结果是加快了吃草的速度，适应了吃草的能力，尤其是冬季吃干草，与此同时它的内脏器官也做了相应的调整，腹部小利于奔跑，肠胃也比牛、羊等动物短，食物消化时间短、排泄快，其中很多养分来不及吸收就被排出体外，要靠吃大量草来弥补这一缺点。

▲三趾马生活复原图

由此看来，这种动物的进化方向并不先进，有人做过统计，一匹马的日进草量相当于1～2头牛，对草场占有率很大，因此包括马在内的奇蹄目动物趋向绝灭中，而马类若不是人类因其速度快而驯养、利用，在自然界也早就绝灭了，现在野生的马类仅剩下斑马和普氏野马，而普氏野马也曾有过一段保护性圈养的时间。

在草原古马阶段，有一类三趾马不再继续进化。当时我国境内草原面积不断扩大，生活环境相对稳定，三趾马没有其他自卫本领，只有以大量的繁衍来弥补被猛兽吃掉的损失，形成了暂时的兴盛。在世界各地三趾马都绝灭、真马已经出现的情况下，还继续生存到第四纪早更新世，虽然它也有些变化，如鼻子伸长了，但终因在环境变化中不能适应而被淘汰了。

“普氏野马”

野马，又叫蒙古野马，它产生于我国新疆的准噶尔盆地、玛纳斯河流域和内蒙古的科布多盆地。它还有个名字，叫作“普氏野马”，那是因为在1878年，一个叫普热瓦尔斯基的俄国军官在新疆准噶尔盆地捕获了一匹野马，该国的动物学家坡里亚科夫为了纪念普热瓦尔斯基，就把它定名为“普氏野马”，后来国际动物学界也接受了这一定名。

普热瓦尔斯基的上述发现，引起了国外冒险家的捕猎欲。自1899年到1901年，从我国捕获走五十余匹，而我国作为野马的故乡，从1878年到1980年却从未捕猎到一匹野马，甚至从未展出一匹野马的标本。1980年9月我国才从美国动物园引进一对野马。1985年我国又从国外引进11匹野马，放在乌鲁木齐动物园进行过渡性饲养，1986年年底又放回准噶尔盆地进行饲养繁殖。1960年蒙古人民共和国已经正式宣布野马在该国绝迹。1980年我国的地质勘探队员宣称，他们在卡拉麦利山一带数次见到过野马。为此，1981年夏季和1982年夏季我国动物学家曾组织过几个科学调查队，多次到卡拉麦利山一带进行野外调查。他们虽然没有能亲眼看到野马，但是发现了一些有价值的线索和踪迹。如此看来，我国也许是唯一在野外残存有野马的国家。

野马的体格与家马相似，但形体略小。野马的肩高通常为1.3~1.4米，身长约2.2~2.8米，尾长约40~60厘米。这显然赶不上家马。但从比例上讲，野马的头要大得多，腿要粗壮得多。野马的颈鬃短而直立，家马的颈鬃长而向两侧分披。野马没有额毛，家马有明显的额毛。以上这些区别，使得有动物学常识的人一眼就能区别出野马和家马来。

野马的体毛呈土黄色至深褐色不一，脊背中央有一道黑褐色鬃毛，而腹部及四肢内侧则接近白色。野马的尾基部为短毛，而自尾根十余厘米以下长着长长的尾毛。

野马栖息在草原、丘陵和沙漠的多水草地带，喜欢群居。常常由一匹雄性公马率领，一二十匹结为一群，过着游牧式生活，逐水草而居。其主要食物为野草，在冬天食物缺乏时，它也会觅食积雪下的枯草和蘑菇。野马一昼夜约食用10千克~20千克野草。它耐渴，而饮水量大，喝足一次水，能两三天不喝，喝水时间多在清晨或傍晚。每年6月前后为交配期，雄性与雌性都会因为争夺配偶而争斗。孕期为11个月，每胎产一只幼仔，幼仔落地后就会奔跑，约3~4年性成

▲普氏野马

熟，寿命一般为25~30年。

野马性情凶悍，听觉与嗅觉都很灵敏，反应机敏，又极善奔跑，因而人们很难接近它，更难捕获它。即使饲养在动物园中的野马，也是野性十足，常与隔栏的动物寻衅打斗。

就目前来看，我国是唯一还有野生野马的国家，虽然数量极其稀少，这更显出野马的珍贵。我国已将野马定为一级重点保护野生动物。新疆也已把卡拉麦利山一带约1.4万平方千米的地方，划为自然保护区。

雷兽、尤因它兽、巨犀

在始新世，奇蹄类动物的发展非常迅速，产生了马、犀、貘、雷兽等动物，除了始祖马、始祖貘、貘犀等原始种类外，还有蹄上生爪的“爪兽”和鼻子上生角、身躯庞大的王雷兽以及超重量级的尤因它兽。到了渐新世，随着针叶林、落叶林和硬叶植物的出现，奇蹄类动物获得了更大的发展空间，很多哺乳动物的个体不断增大，而且出现了继恐龙之后地球上已知最大的陆生动物巨犀。除了巨犀外，还有大大小小的众多奇蹄类动物在渐新世繁荣起来，如跑犀、两栖犀、真犀等。

在始新世的巨大的有蹄食草哺乳动物中，雷兽和尤因它兽是巨大的奇蹄动物的代表，

雷兽是渐新世陆地上最大的动物，肩高2米多，体长4米，躯体笨重，四肢粗短。它有自卫武器，是头上的一只大角，高耸在鼻梁之上，基部比较窄，顶端分叉，是由额鼻部骨质膨大发展而成的，表面覆有粗糙的角质层。但是这种巨兽的祖先也只有始祖马那样大小，叫小古雷兽，出现在始新世早期，身体轻巧灵活，善于奔跑。

雷兽类的进化趋向一是体型变大，一是头骨发展出大的角。到始新世晚期，它已经进化到现代驴子大小。到渐新世，就迅速发展成为巨型动物，称为王雷兽。王雷兽可能来源于一种很类似曙马的动物。王雷兽站立时肩高至少2.5米。头骨虽然粗大且长，脑子却很小，必然智力很有限。一对大角位于头骨的前部，角的基部连在一起。牙齿大而原始，只能吃第三纪比较丰富的嫩枝和树叶，到第四纪出现了大片草原，它的牙齿不适应吃硬草食料，保证不了它的巨大身躯的需要。再加上它的脑比较原始，所以王雷兽很快就灭绝了。

▲雷兽

在始新世还有一种比王雷兽更大的巨型有蹄食草哺乳动物，它就是尤因它兽，这是恐龙灭绝2000多万年后陆地上首次出现的重量级动物。尤因它兽体长4米，肩高1.6米，

体重可达4.5吨，比今天的非洲大犀牛还要大。由于作为早期灭绝古兽的代表，经常出现在图画中，它们的形象还算比较知名。猛一看，它们的确有些像犀牛，但原始的脚趾结构有些接近貘，“大腿”长、“小腿”短的四肢又似乎显示它们与象族关系密切。实际上，总体而言它们只像它们自己，小脑子表明它们的智商应该很低，尚显原始的牙齿也暗示着它们的脆弱，而6只怪异的角可能有皮肤覆盖，就像鹿类那样。

▲尤因它兽

另外，雄兽的大獠牙长达30厘米，下颌还伸出一对容纳獠牙的护叶，使其显得更加面目狰狞。不过，这种“剑齿”可不是致命的捕猎武器，也不是用来剥开树皮或掘土的取食工具，很可能只用于雄性同类间的争斗或炫耀。

到了渐新世，陆地上出现了比尤因它兽还要大的庞然大物，它就是巨犀。提到犀牛人们不会陌生，因为我们在动物园里经常可以看到它们，它们的个体大而粗壮。

古代平行发展的各个犀牛分支，主要有：

跑犀：在北美洲发现的生活在渐新世的一种犀牛，身体比较小，结构灵巧，细长的腿适宜于迅速奔跑，和现代犀牛大不一样。它的头骨低，门齿整齐，犬齿小，臼齿上有发达的横脊，是对食草的适应。它到中新世就全部灭绝了。

两栖犀：兴起于始新世晚期，一开始就是大而笨重的动物，有强壮的四肢和宽短的脚，生活习性是爱水的。它的头骨沉重，门齿和前臼齿退化，犬齿发达好像一对短剑，大概是御敌的武器，臼齿是切割型的。渐新世它从北美洲分布到欧亚大陆，但是到渐新世末趋向灭绝，在亚洲残留到中新世。

巨犀：一类生活在第三纪中期欧亚大陆上的没有角的犀牛，根据所发现的骨骼化石推算，巨犀的体长最大者约为8.23米，其肩高最高可达5.28米，其体重达30多吨，是现在最大的非洲象的4～5倍。实际上巨犀不但是犀类中最巨大者，而且是地质历史中最大的陆生哺乳动物。

巨犀靠吃树叶和嫩芽生活。我国始新统地层里曾经发现过最早的比较原始类型的巨犀化石。

▲两栖犀

到了更新世，有两类比较特化的犀牛：

板齿犀：这是一批生活在更新世欧亚大陆上的高度特化的巨大犀牛，它有单一的大角长在额上，而不是像现代单角犀那样长在鼻上，颊齿齿冠很高，上面有复杂的釉质褶皱，适应于草原生活。

▲巨犀复原图

披毛犀：这是一批生活在更新世欧亚和北非的犀牛，身上披有长毛，头上有前后排列的双角。它们是第四纪冰期的巨大动物，曾经和旧石器时代的人类共同生活过。

角形亚目——貘

貘和犀牛同属角形亚目，原始的貘和原始的犀牛关系密切，不好分辨。如蹄貘以前认为是一种原始的犀牛，现在认为是一种原始的貘。

原始的貘类出现于始新世，以后发展出比较复杂的几个平行分支。

早期的貘类大多数是小型的，具有一般原始奇蹄类的特征。渐新世出现了原貘。到中新世的中新貘，已经和现代的貘一样了。现代的貘出现于上新世，一直生存到现在。更新世出现过一种巨貘，个体极大，形状和现代的貘一模一样，已经灭绝。

貘的特点在于它鼻骨后缩，有一个能够伸缩的鼻子，虽然没有象的鼻子那么长，但是也能够缠绕植物茎秆和其他的东西。貘的身体笨重，背脊弯曲，四肢肥短，牙齿适合于吃嫩枝嫩叶。

现代的貘只分布在中、南美洲和马来西亚、苏门答腊、泰国等东南亚地区。在中、南美洲的叫美洲貘，在东南亚地区的叫马来貘。但是在更新世，貘类曾经广泛分布在北美洲和欧亚大陆。更新世结束的时候，除了前面所说的有限区域，其余各地的貘都先后灭绝了。

▲貘

爪脚亚目——爪兽

爪兽类可能和雷兽类有亲缘关系。它是奇蹄类中唯一的脚上没有蹄而有大爪的动物，可能由于它不爱奔跑，常生活在河边，靠树上的嫩叶和挖出的植物的嫩根茎维持生活，爪对它挖掘植物根是有用的。

爪兽是从始新世晚期也像始祖马一般大小的祖先进化而来的。它也跟一般奇蹄类一样，向体型增大的方向发展，到中新世，就有现代大马那么大，如北美洲的石爪兽和欧亚大陆的巨爪兽。晚期的爪兽外形很像马，但是它的牙齿和雷兽相似，齿冠低，只适宜于吃嫩叶鲜草。

爪兽类一直生存到更新世，在冰期到来的时候才灭绝了。

偶蹄类动物的进化情况

始新世早期，一种称为古偶蹄兽的小动物从踝节类中分化出来，它的距骨除了有类似于奇蹄类那样的近端滑车之外，远端也呈滑车状而不再是平面。正是这种双滑车的距骨奠定了一种进步的有蹄类——偶蹄类的基础。

偶蹄类趾的基本排列方式是在每一脚上一般都有两个或四个脚趾，脚的中轴在第三和第四趾之间。第一趾几乎从不存在。踝部的距骨从最原始类群开始就有两个滑车，一个向上与胫骨相接，一个向下与踝部其他骨头相接，这与只有一个滑车的奇蹄类距骨很不一样。这种有两个滑车的距骨使后肢有可能进行很大程度的弯曲和伸展，因此，偶蹄类通常有非凡的跳跃能力。偶蹄类股骨干上没有第三转节。在较进步的偶蹄类中，桡骨和尺骨可能愈合为一，腓骨可能退化成一薄片，连在胫骨上。第三和第四趾的长骨（或掌骨、腓骨）也常常愈合为一，被称为“炮骨”。

偶蹄类通常也有一个壮大的体腔，以容纳复杂的消化道和大的肺。背部强壮，大多数都有强壮的背肌，与后腿的肌肉一起活动，使腿部有推进力。原始偶蹄类有完整的齿列，但在进化过程中，上门齿有消失的强烈趋向。在很多偶蹄类中门齿全部消失，代之以角质的垫，下门齿咬合其上，形成一个非常有效的剪割工具。

这些偶蹄类的下犬齿常常变成门齿的形状，而且与门齿一起成为一齿列，因此下面一共有八个剪切齿。在另一些偶蹄类中，犬齿大而成短剑形，用以争斗或自卫，也有很多偶蹄类犬齿不同程度地退化消失。

颊齿与前面的牙齿之间通常有一齿缺，前臼齿很少臼齿化。原始偶蹄类的颊齿为丘形齿和低冠，很多进步类型的颊齿成为月形齿，有脊形的齿尖，而且是高冠的。除最原始的以外，所有偶蹄类的上臼齿有方形的齿冠，但不是像奇蹄类那样后内尖由次尖形成，而是常常由一个增大了的后小尖（通常位于后尖和次尖之间的齿尖）形成。进步的有这种牙齿构造的偶蹄类没有次尖。

头骨在比例和适应方面有各种改变，这与牙齿的特化及在某些类群中角的发展有关。在进步类型中，脸部一般长而高，头骨背部的骨头常常压缩，在有角的偶蹄类中尤其如此。

巨猪、石炭兽、原鹿

偶蹄类分化出了古齿亚目、弯齿亚目、猪亚目、骈足亚目和反刍亚目五大类群的种类繁多的庞大家族。其中有两个亚目——古齿亚目和弯齿亚目都已经灭绝，猪亚目中也有一类叫石炭兽的已经灭绝。

最早的偶蹄类出现于始新世早期，如北美洲的古偶蹄兽，就是一种小的原始的偶蹄类，可以认为是几乎所有后期偶蹄类的祖先。古偶蹄兽属于双锥兽类。

双锥兽类在始新世广泛分布于北美洲和欧亚大陆，那时它们远不如同时代的奇蹄类进步。它们和某些早期古食肉类在一般外表上可能还相差不远。

到始新世后半期，有些双锥兽变得比较特化了，走上了灭绝的道路。它们中只有少数进入了渐新世。

和双锥兽有一定亲缘关系、从早期双锥兽类分化出来的另一类早期偶蹄类，叫巨猪类。它从始新世晚期出现，经渐新世，一直生存到中新世。

古生物中的巨猪并不是泛指“巨大的猪”，它特指一类动物。它们是猪形亚目古猪下目早期演化的一个旁支，出现于始新世中期，在渐新世时繁荣一时，随即便在中新世灭绝了。像猪下目中身体同样巨大的库班猪等，是不能被称为“巨猪”的。

巨猪除个体巨大外，头骨占身体的比例在哺乳动物中可以说非常大。构造很特别，在颧弧前外侧，下颌骨结合部之下，水平支下外有一对长大的骨质突起（现代疣猪的突起是在眼下），而在它们的下颌侧部，也有一些奇怪的突起，头部其他地方也往往布满这样的“骨瘤”。

渐新世和中新世早期，巨猪是北半球哺乳动物中占优势的成员。以后可能由于与更高等的其他食草动物竞争失败，就灭绝了。

始新世中期和晚期，兴起了一类叫作石炭兽的偶蹄类。最早的石炭兽非常接近于某些原始的双锥兽，说明它们也可能是从早期双锥兽分化出来的。但是石炭兽类后来发展成为适应在小川里和沿河岸生活的动物，和现代的河马有点相似。

古代怪物巨猪

巨猪，过去的中文名称多做“豨”。所谓豨，是古代传说中的一种巨大的猪，后羿射杀的诸多怪物中就有“豨”。不过人类是见不到真正的豨，它们早在南方古猿时代之前就灭绝了。在比较短的时间内，巨猪们的体型发展到野牛那么大，故有“巨猪”之称。

石炭兽分布很广，历史也很长。在第三纪的大部分时间里，它广泛分布于欧亚大陆，渐新世发展到北美洲。在北美洲的石炭兽生存到中新世，在欧亚大陆的一直生存到更新世。

石炭兽一般是像猪的动物，腿长中等，脚有四趾，共有44颗牙齿，每颗上臼齿都有五个半新月形的齿冠，所以石炭兽类和现存的猪类、河马类同归在猪亚目里。

始新世晚期，在欧洲有一类个体不大而高度特化了的偶蹄类，叫新兽类，它们生存到渐新世。它们可能和石炭兽类有一定的关系。

新兽的大小和生活都很像兔子，腿细长，侧趾短，只有中趾起作用，背脊弯曲，后腿比前腿长，可能也像兔子那样是用跳跃式的步子奔跑的。但是它们的适应看来并不很成功，可能由于竞争不过兔子，在不长的时间里面就灭绝了。

始新世晚期，在北美洲兴起另一类偶蹄类，叫岳齿兽类，继续生存到上新世。

岳齿兽的体形一般和石炭兽相似，身体比较长，腿长，脚有四趾。原始岳齿兽的头骨低，以后变得相当高。从始新世的原岳齿兽发展到渐新世的真岳齿兽，是有点像绵羊那样的动物，当时大群地徘徊在地面上，数量不少。它们到上新世才灭绝。渐新世还有一种新岳兽，是结构轻巧的小型动物。中新世有一种深岳兽，代表有高头骨和高齿冠的一支，也有一支发展成体型笨重的水生类型，生活习性很像现代的河马。

▲石炭兽

到第三纪结束的时候，在更进步的偶蹄类的竞争下，岳齿兽类就衰退灭亡了。

反刍类动物

为了适应消化植物性食物，在始新世晚期，偶蹄类中发展出一类有复杂的消化系统的类群，这就是反刍类。

反刍动物的胃分成四个室。植物性食物被牙齿咬切以后，首先进入第一、第二室，分别叫瘤胃和蜂巢胃（也叫网胃）。这两个胃是由食管变成的，食物在这里被细菌作用消化成软块。这些软块状物然后返入嘴里，再经过充分咀嚼，这就叫反刍。

反刍后的食物重新咽下进入第三、第四室，分别叫瓣胃和皱胃，皱胃相当于其他哺乳动物的胃。食物在这里继续进行消化。

这种复杂的消化过程使反刍动物在食肉类经常追逐的情况下，能在短时间里匆忙地吞下大量食物，然后再找一个安全的地方从容地咀嚼消化，在这一点上它就大大地胜过了奇蹄类，终于在有蹄动物中成为最占优势的类群。

反刍类的原始代表叫鼷鹿类。我国内蒙古始新统上部地层里发现过古鼷鹿化石。这是一种只有大兔子大小的鹿形动物，但是头上没有角。古鼷鹿四肢长，背脊弯曲，有一条长的尾巴。这种尾巴在后期反刍类中大多数已经消失了。

▲古鼷鹿

古鼷鹿的脚有四趾，起主要作用的是中间两趾。头骨方面，眼睛位于前端和后端的中间部位，这是许多原始哺乳动物共有的特征，但是眼孔后有骨桥封闭，这一特征在所有反刍类中都继续存在。所有的牙齿都存在，但是三个上门齿变小，看来正在趋向消失。臼齿上有四个月形齿尖。

鼷鹿类主要分布在欧亚大陆，后来在北美洲也发展出一些侧支。经过渐新世，大部分鼷鹿类都灭绝了。现存的鼷鹿只限于分布在亚洲南部和非洲的森林里，如东方鼷鹿，还保持原始鼷鹿的许多特征，只是上门齿已经消失，只有大如匕首的上犬齿，全副下门齿和门齿化的下犬齿和上颌的角质垫相对，这种角质垫是反刍类的特征。鼷鹿是反刍的，但是它的胃还不如其他反刍动物复杂。

现代反刍类可以分成两个类群：一个是原始反刍类，这就是鼷鹿类；另一个是进步的反刍类，也叫新反刍类。

新反刍类由于吃食嫩枝叶和草以及能奔跑，骨骼显示了各种不同的适应。它们通常体型增大，四肢增长，第三、四趾的蹠骨愈合成为炮骨，踝骨和跟骨组合中也有很大程度的愈合，前肢的尺骨和后肢的腓骨大大退化，这些都是对长距离快速奔跑的适应。

新反刍类是在渐新世从鼷鹿祖先分化出来的。最早分化出来的是鹿类，到中新世从鹿类分化出来长颈鹿类。可能也在中新世，主要是在上新世，又兴起了新反刍类中比较混杂的另一个支系——牛类，包括叉角羚羊、绵羊、山羊、麝牛、羚羊和牛等。

▲雄叉角羚羊

鹿类是最原始的新反刍类，渐新世的小古鹿可能是鹿类的祖先。它们发展到中新世，仍然保留着某些原始性质，个体小，头上没有角，背脊弯曲，但是尾巴已经很短。它们的腿细长，中间两块蹠骨愈合成炮骨，四趾中侧趾退化，用中间两趾行走。

长颈鹿类的祖先叫古长颈鹿，腿和颈都不怎么长。目前在非洲扎伊尔原始密林里生活着一种名叫霍加狓的偶蹄类，被认为是古长颈鹿的孑遗动物。霍加狓身高1.5米左右，腿长，前肢稍比后肢长，臀部向后倾斜；头骨伸长，雄性额上有两个小突起，有皮肤覆盖；牙齿齿冠低，有复杂的褶皱，这些都和现代长颈鹿的特征相一致。正是从古长颈鹿发展出现代的长颈鹿，它的腿和颈大大伸长，身高达到五六米，善于奔跑。

长颈鹿从中新世分化出来以后，上新世广泛分布于欧亚两洲和北非，到更新世开始衰退，分布范围缩小到赤道非洲和南欧，现在主要分布在埃塞俄比亚、苏丹、坦桑尼亚和赞比亚等局部地区。

剑齿王朝

大约5500万年前，有一支食肉动物从它们和猫科动物的共同祖先中分离出来，人们称其为猎猫科，也有人认为它们是猫科下面的一个亚科。早期的猎猫科成员都是行动敏捷、善于奔跑的掠食动物，体形比家猫大不了多少，牙齿也没有猫科动物那么特化。当时它们的发展非常成功，种类繁多，呈辐射状演化，先于猫科动物蓬勃发展起来。

猎猫科大体占据和猫科类似的生态地位，比较多样化，多数犬齿比较发达，其中有些成员如始剑虎等发展出了类似剑齿虎的发达的上犬齿，是当时厚皮动物的主要捕食者。

在猫类动物的进化中，从始新世开始就存在着一种双分现象：一支发展成活跃的、行动敏捷的侵略者，这就是我们今天依然能够看到的猫、虎、狮、豹和猎豹等；另一支则发展成笨重的、行动迟缓的剑齿虎。剑齿虎的上犬齿要比虎的大得多。从第三纪的始新世晚期到上新世，各种长有剑齿的猫科和猎猫科动物总是"你方唱罢我登场"，在旧大陆和北美洲上演了一幕幕剑气纵横、持续长达3000多万年的生存大戏。虽然剑齿虎可称得上是"王中之王"，但由于自身过于特化，终因赖以生存的大型动物的灭绝而走向灭亡。

剑齿显威力

在2.5亿年以前的中生代三叠纪，哺乳动物、鸟类甚至恐龙都还没有出现，统治地球陆地的是一大群各式各样的奇异动物，它们身上兼有哺乳类与爬行类的特征，被称为似哺乳爬行动物，正式名称是兽孔类。在它们中间有一些是积极的捕食者，其中有的种类生有显著的长牙——看起来很像剑齿虎身上的剑齿，也有人认为它们可能是毒牙。然而很可惜，随着2.2亿年前的一次大灭绝，几乎所有的兽孔类都从地球上消失了，仅有一小支演化成了真正的哺乳动物，在恐龙的阴影下熬过了漫长的1亿多年。

恐龙灭绝之后，新的生命在废墟上崛起。在新生代的第一个时期——第三纪古新世，哺乳动物还不够强大，占据食物链顶端的是某些巨大的、不会飞的鸟类。它们没有牙齿，而是以钳子一样的喙作为武器。又过了1000多万年，大片的热带森林被草原所代替，哺乳动物才真正迎来了属于自己的时代。

随着食草动物变得更大、更敏捷，食肉动物也在进化中不断增强。最先接过食物链顶端王位的是被称为古食肉类的原始食肉动物，其中尤以鬣齿兽类最为强大，涌现出了不少在当时力冠群雄的成员。比如剑鬣兽，它们的头骨只有15厘米长，但已经是本动物群中体型最大的了。剑鬣兽的牙齿还很原始，不过其上犬齿已经变成了较显著的、后端带刃的剑齿，下颌也有向下扩张的迹象。而在另一类更强大的鬣齿兽亚目成员、生活在晚古新世到早始新世、分布于北美的远齿鬣兽身上，其下颌已经向下伸出了巨大的片状物，可以像刀鞘一样保护发达的剑齿。

凶暴先驱——古飙

古飙，即恐齿猫，生活在4000~2250万年前的早、中渐新世，是猎猫科的先驱之一。它们只有大约1.5米长、0.6米高，整个体形介于猫类与灵猫类之间，它们的双颌强劲，上犬齿不如后来的剑齿动物那么发达，与其下犬齿的比例也不那么悬殊，但与身体相比已经显得很大，而且非常锋利，是有效的捕食武器。正因为此，很多人认为它们是食肉目中的第一种“剑齿动物”。与现在的猫科动物不同，它们是以脚掌而不是脚趾行走，这影响了它们的行动速度。因而就整体而言，古飙身体结构上原始的成分较为明显。它们曾经广泛生活在北美大草原上，以各种食草动物为食。

实际上，鬣齿兽类在发展的后期使犬齿普遍增大，很可能是为了捕食越长越大的食草动物。虽然绝大部分种类的“剑齿”都还没有后来那些食肉目、有袋目剑齿动物的那么夸张，但它们毕竟是哺乳类中率先长出剑齿的一支，它们的暂时成功，预示着今后的几千万年将是剑齿动物们的天下。

在始新世晚期，绝大部分鬣齿兽类完成了自己的历史使命，然而“剑齿时代”的序幕才刚刚拉开。

始剑齿虎并不是真正意义上的“剑齿虎”，更不是剑齿虎的祖先，而是猎猫科的成员。它们最早出现在始新世晚期（约4000万年前）的欧亚大陆，在此后的渐新世进入北美洲。实际上，目前只在法国和美国的一些地区发现了它们的化石。

始剑齿虎是最早的“匕首牙”类型，剑齿虎长着一对巨大的犬齿，足有半尺长，又长又弯，并有伸长的、像刀鞘一样的下颌保护，现在的动物除了大象的牙齿比它长外，再没有其他的动物的牙齿比它长了，可大象的长牙不是犬齿，而是门齿。下犬齿退化得和门牙类似，嘴巴能张开90°以上，这两点使它们能有效地使用剑齿进行致命一击，也成为此后剑齿动物的标准特征。

▲恐齿猫

另外值得一提的是，它们只有26颗牙，比猫科动物的30颗要少。最大型的始剑齿虎体大如豹，从头到尾长约2~2.5米，身形矮而长，尾巴也长，又与豹子的体型类似。有些种甚至只有家猫的1.5倍大小，剑齿长度却可达到8厘米。尽管体型较小，但它们动作灵活、奔跑迅速，甚至有人还推测它们会以集群捕食的方式猎取大型动物。

剑齿虎曾广泛分布在亚、欧、美洲大陆上，但化石数量出产最多和骨架最完整的地方是在美国。美国洛杉矶有一个著名的汉柯克化石公园，这个公园原先是个沥青湖。在几个世纪前，当地的印第安人就利用这些沥青来烧火做饭，后来白人夺取了这块土地，在沥青湖上打井采油，挖沥青铺路，因此湖中埋藏的化石便被发现了。

从1875年发现第一块化石起，100年来共挖出2100只剑齿虎，此外还有大量其他脊椎动物的化石。有趣的是，这2000多只剑齿虎若按年龄来分析，幼年的仅占1.6%，而青壮年的却占82.2%，表明了它们是来这里捕食猎物陷入沥青湖，而遭到灭顶之灾的。从修复的化石骨架来看，成年的剑齿虎身长大约1.8米，体重可达500~800千克。

▲剑齿虎

剑齿虎的捕猎对象是大型的食草动物，如象、犀牛等，由于这些动物的皮既韧又厚，因此它的犬齿就必须很尖很长才能刺穿肌肤。可以想象出它的猎食经过：

它长时间耐心地潜伏在猎物必经之路的草丛中，待猎物走近时猛地大吼一声，后腿用力一蹬，整个身体蹿了出来，前爪高高竖起，爪尖伸出，犹如一支支短钩，张开巨口，扑在猎物身上，用全身的重量将两把匕首般的牙齿刺穿厚皮，深深地插进受害动物的肌体中。由于牙齿太长不易拔出，剑齿虎便牢牢咬住不松口，疼痛使得受害者拼命挣扎，可这样，前爪和牙齿造成的创口就越大，流的血也越来越多，很短的时间就气绝身亡了，剑齿虎便可以享受一顿美餐了。

剑齿虎生长的时代，正处于第四纪冰川时期，气候寒冷，大型食草动物靠身上的长毛和厚皮来抵御严冬，它们行动迟缓、笨拙，很容易被捕杀。但在2万年以前，冰期结束了，气候转暖，出现了植物生长旺季，随后食植物的动物也大量繁殖起来，可是那些耐寒冷的大型食草动物，不能适应气候的变化，只有向北迁徙，可北极圈中并无充足的草原，便因饥饿纷纷死亡了。以捕食它们为生的剑齿虎失去了食源，再想回过头来捕杀小动物或马、鹿等大动物，身体已像恐龙那样完全定型了。既不够敏捷，奔跑起来又没有速度，另外，由于人类祖先的狩猎技术有了极大的提高，发明了弓箭，利用火攻，在与它争夺猎物中往往取胜，甚至连它也被杀掉成为猎物。可以说世界之大却没有它的立足之地，只能随着大型厚皮动物的灭绝而灭绝了。

猎猫科唱罢猫科登场

在古飙、始剑齿虎出现400万年后，渐新世的大地上开始游荡着另一些捕食者，它们就是著名的伪剑齿虎类。这是一类颇为成功的食肉动物，分布遍及欧亚非和北美，演化出了多个不同的物种。其中有些种类比古飚还要小得多，但也有的几乎与美洲虎一样大。但从身体结构上说，伪剑齿虎与古飙其实有很多的相似之处，与真正的猫科动物相比仍显得原始。另外，作为更强有力的杀手，伪剑齿虎的剑齿也更加发达，呈长而扁的马刀状。据推测，它们主要以在这一时期正蓬勃兴起的各种原始马科动物为食。

▲始剑齿虎

在与当时其他食肉动物的较量中，伪剑齿虎始终占据优势，是除鬣齿兽之外最强大的顶极掠食者。但它们的风光也没能持续太久，到了晚渐新世就再也找不到它们的踪影了。

中新世初期，上述各种猎猫科动物几乎全部灭绝，但此时猎猫家族的光彩却更加夺目——可怕的巴博剑齿虎于1500万年前开始席卷欧亚大陆和北美。有几种巴博剑齿虎只有豹子般大，但一个晚期出现的弗氏巴博剑齿虎，体长可达3.5米，体重超过400千克，毫不逊色于剑齿猫科动物中1000多万年后才出现的“剑齿虎”。

弗氏巴博剑齿虎体形硕大粗壮，像熊一样肌肉发达，尤其是前肢很有力量。它们的剑齿在所有猎猫科动物中是最发达的，甚至超过了晚辈表亲美洲剑齿虎，下颌则有巨大的护叶防护。有的科学家认为，这样的剑齿不仅用于猎食，恐怕更主要还是作为同类间炫耀或打斗的工具。

巴博剑齿虎是猎猫科动物发展的顶点，而且无疑是当时地球陆地上最强大的食肉动物，或许只有重达210千克的巨鬣狗可勉强与之相比。既然身体条件如此出众，它们完全能把各种大型兽类列入自己的食谱中，而其体型也决定了它们更适合扮演伏击者和角斗士，凭力量取胜。有讽刺意味的是，正如霸王龙只在恐龙时代的最后几百万年才出现，弗氏巴博剑齿虎也只是猎猫科动物的末日余辉。

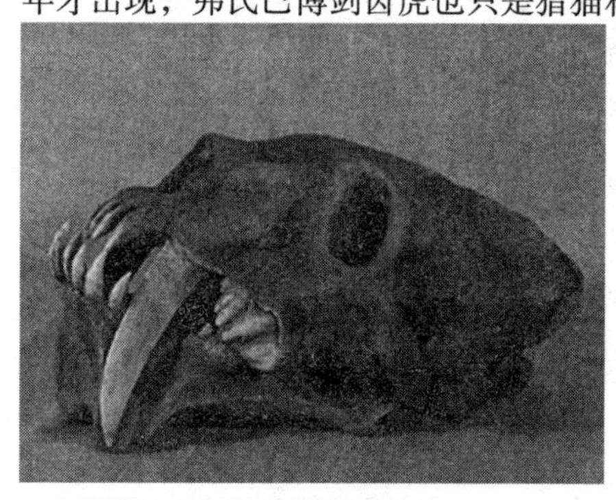

▲巴博剑齿虎头骨化石

由于身体过分特化，难以适应变动的环境，它们在600万年前的上新世便销声匿迹了，而此时弗氏巴博剑齿虎出现还不到200万年。它们的消失，意味着猎猫科动物从此彻底退出历史舞台，接下来就是猫科动物独霸天下了。

“剑齿虎”是剑齿猫科的代表。真正意义上的“剑齿虎”仅仅包括其中的猫科成员。虽名为“虎”，但它们根本不是老虎，与现在的老虎亲缘关系比较远。通常的分类方法把所有的剑齿猫科动物归入猫科下面的剑齿虎亚科，而把除猎豹外的所有现存猫科动物归入猫亚科。也就是说，几乎从一开始剑齿虎家族就和其他猫科成员分道扬镳了。

剑齿虎亚科的起源一直是个争论不休的课题，而大约出现在2000万至1500万年前、灭绝于900万年前的拟剑齿虎是否为这个家族的最早成员也存在很大争议。尽管通常把它们看作巨剑齿虎——美洲剑齿虎这个演化系列的更上一环，但与它们相似的一些物种都被归入猎猫类中。实际上，科学家对它们并没有太多了解，因为至今只发现了少量的零碎化石，代表本属的两个种。据推算，它们的体型与云豹相仿，几乎是剑齿动物中个体最小的一类，与稍晚出现的短剑剑齿虎相比实在微不足道。

从1500万年前的中新世开始，剑齿猫科动物终于迎来了本家族的第一位重要成员，由原小熊猫演化而来的短剑剑齿虎。它们曾在亚欧大陆、非洲和北美广泛分布，种类繁多。短剑剑齿虎的体型与狮子、老虎差不多，肩高超过1米，有修长的四肢和较短的尾巴，但整个身体仍给人一种粗壮感。和它们的名字一样，短剑剑齿虎的剑齿是相对短小的“弯刀牙”，不过长度依然远超出所有现存的猫科动物，可达10厘米以上。据推测，它们有可能是像狮子一样的集群捕食者，足以对付绝大部分的食草动物和其他食肉的竞争对手。事实上，很可能正是短剑剑齿虎的出现大大加速了猎猫科动物的最后灭亡。它们在地球上的生存延续了1300万年，长期占据各大洲食物链的顶端，堪称最成功的剑齿猫科动物。

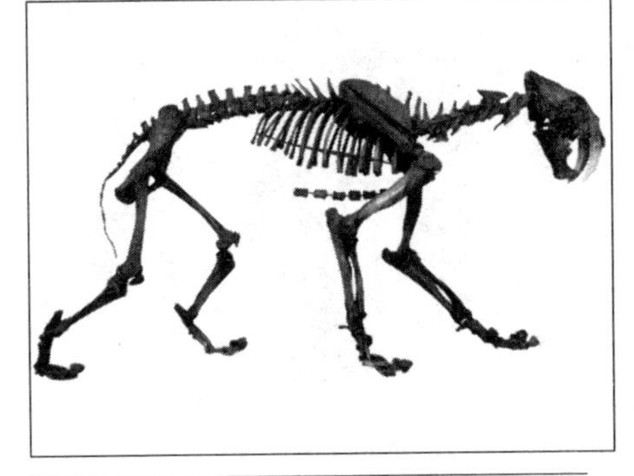

▲剑齿虎的骨骼

有人不禁会问：为什么现代还会有老虎这种大型猫科动物呢？原来现代老虎是大型猫科动物发展的主支。它的祖先在剑齿虎称王时只是个“小弟弟”，体形和现代的狸猫、猞猁差不多，他们练就了一身的好本领，会游泳、爬树，专门捕食小型哺乳动物，在剑齿虎绝灭之前，它们随着食草动物的大型化也大型化起来，但身体的敏捷与速度一直胜于猎物，只是身体较重，上树不便，不过在草原也不需要爬树。尽管没有半尺长的犬齿，但在技巧上比剑齿虎高明得多，袭击猎物时专找要害部位下口，不是咬断被害者的喉咙，就是腿部的盘腱，而且现在的动物（除犀牛外）没有很厚的皮肤，也不需要太长的牙齿。现代的猫科动物，按体形的大小所捕食的猎物是有分工的：狮子、老虎捕杀野牛、角马等，豹子捕杀猪、羊，猞猁食兔子，猫捉老鼠，而且体形越小食性越杂，体形大的食性却很单一。

大熊猫

我国是一个动物资源极其丰富的国家，仅兽类就有400多种。在种类繁多的动物中，有些还是举世公认的珍稀动物，在这些举世公认的珍稀动物中哪种“知名度”最高，那一定属于大熊猫了。大熊猫也是一种非常古老的哺乳动物。

最早的熊猫——始熊猫

始熊猫是大熊猫的祖先，生活在800万年前，化石在云南元谋发现。这是一种由拟熊类演变而成的以食肉为主的最早的熊猫，个体犹如一只较肥胖的狐狸。

如果“始熊猫”被认为是中国大地上的第一只大熊猫，则大熊猫比中国土地上人类出现还要早。由始熊猫演化的一个旁支叫葛氏郊熊猫，分布于欧洲的匈牙利和法国等地的潮湿森林，在中新世末期即灭绝。

▲始熊猫

而始熊猫的主支则在中国的中部和南部继续演化，其中一种在距今约300万年的更新世初期出现，体型只有现生大熊猫的一半大，像一只胖胖的狗。从大熊猫的化石牙齿推测，它已进化成为兼食竹类的杂食兽。

这些小型大熊猫又经历了约200万年，开始向亚热带潮湿森林延伸，并取代始熊猫广泛分布于云南、广西和四川。以后大熊猫进一步适应亚热带竹林生活，体型逐渐增大，距今70万至50万年，是大熊猫的鼎盛时期，体型仅比现生大熊猫小约1/8。到更新世晚期，化石大熊猫的体型又普遍地比现生大熊猫大约1/8，而且依赖竹子为生。

躲进高山深谷

大熊猫历史悠久，至少在300万年前就已经形成了现在的模样。它曾经在地球上分布很广，和凶猛的猛犸象是同时代的动物。后来，地球的气候越来越冷，进入了第四纪冰川时期，许多动植物都被冻死和饿死了，猛犸象就是这个时期灭绝的，可是唯有大熊猫躲进了食物较多、避风而又与外界隔绝的高山深谷里去，顽强地活了下来。几百万年来许多动物都在不断地进化，与原样相比早已“面目全非”了，可是熊猫却几乎没有变化，成为动物界的“遗老”和珍贵的“活化石”。

大熊猫是国家一级重点保护动物。有关资料表明，大熊猫于1869年才被发现的，大约过了70年左右，人们才第一次捕捉到熊猫。1869年，法国的一位传教士戴维来到中国。这年3月在四川省宝兴县的一户农民家里看到一张兽皮。这张皮上只有黑白两色的毛。10余天后这位农民又捕回一只动物。这只动物的皮与那张皮完全一样，除了四脚、耳朵、眼圈周围是黑色外，其他部位的毛都是白色。戴维就确认它是熊属中的一个新种。此后不久，他在公开自己的新发现时将这种动物定名为黑白熊。

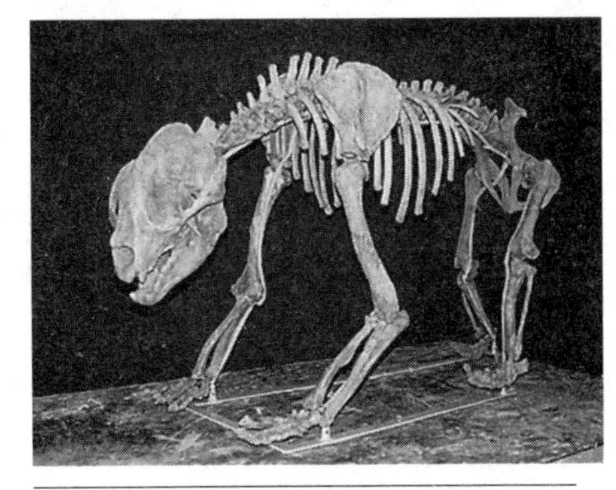

▲大熊猫化石

大约在20世纪30年代后期，这种熊的标本在重庆展出，它的中文名字定为“猫熊”。展出时标本的名牌是从左往右写的，写着“猫熊”。但是当时汉字是由上往下直书，写满一行再往左写，参观者拘于习惯，将字从右往左读，于是“猫熊”就被读成了“熊猫”。由于约定俗成的缘故，我国的动物学家也就把它定名为“熊猫”了。又由于它形体肥大，在“熊猫”二字前面又加了个“大”字。“大熊猫”就成了“官名”。

大熊猫的“珍稀”性

大熊猫独产于我国，在世界上除了我国有野生大熊猫外，只有极少数几个国家的大型动物园里饲养着一两只大熊猫，而这些被珍养在动物园中的大熊猫也都是我国作为“国礼”赠送出去的。

从栖息地看，大熊猫主要分布于四川西北的深山密林里。此外，只有陕西、甘肃的个别县境内有零星的大熊猫了。据专家们估算，所有这些地方栖息的大熊猫，总数也只在1000只左右。

大熊猫的数量为什么这么稀少呢？这与它的生活习性和生理特征相关。大熊猫性情孤独、不喜群居，喜欢独处，独来独往是它的生活习性之一。即便是雌性大熊猫在产仔后，对幼仔大约也只照看一年左右的时间，母子也就不再结伴而居了。只有在繁殖期到来时，它们才会去寻找异性伙伴。然而，大熊猫发情期极短，一只成年大熊猫每年也就几天的时间。雄性、雌性大熊猫发情期不尽相同，而它的择偶性又很强，从不随意结交异性伙伴。此外，雌性大熊猫每胎只产一至二仔，而它又只具备喂养一个小仔的能力，综合以上因素，就使大熊猫变得极为稀有。

大熊猫因为其数量的“稀”，而显得“珍贵”，但是更重要的不只在数量“稀”，而更在其品种“珍”。大熊猫是一种当今动物世界中留存着的极少数原始而又古老的物种，动物学界因此称它为动物中的“活化石”。

据对大熊猫的化石进行测定，可以推断大约1200万年前大熊猫就已在地球上出现了，但是体型比现在的大熊猫小，到300万年前的更新纪中期才有个头较大的大熊猫。这与当时地球上气候湿润，能给大熊猫提供丰富的食物密切相关。在那时大熊猫的分布面比现在广得多。大约相当于今天的广东、广西、云南、四川、湖南、湖北、浙江、福建、陕西、山西等地都有过大熊猫的足迹。

▲大熊猫近亲

由于气候的变迁，植被的变化，尤其是人类的农业活动，最终把大熊猫挤到了四川西部的一条高山峡谷之中。然而历经千万年的变化，大熊猫还是幸存下来了，除了形体的变化外，它的身体内部结构几乎没有变化，而与之同时代的剑齿虎、猛犸象等早就从地球上绝迹了。“动物的活化石”的美称，对于大熊猫来说，那是当之无愧的。正是由于大熊猫的无可比拟的珍稀性，世界野生动物基金会才在1961年选定大熊猫作为该会的会徽标志。

憨态可掬的大熊猫

大熊猫只栖息在我国的四川西北和秦岭南坡。这又是为什么呢？因为那里是一片深山峡谷，气候湿润、温暖。冬夏平均气温差别不大，夏季平均气温在14℃左右，而冬季的平均气温不低于－6℃，年降雨量可达1700～1800毫米。随着地势由低向高生长着亚热带、温带、寒带的许多植物。一座高山，由山脚到山巅几乎四季并存。而在海拔2500～4000米的山林里，除了遮阴蔽日的浓密森林外，还夹杂着片片竹林，冷箭竹、大箭竹、拐棍竹、华桔竹等比比皆是，这就为大熊猫提供了充足的食粮和适宜的活动、栖息场所。大熊猫在此生活繁衍也就理所应当了。

▲憨态可掬的大熊猫

大熊猫以食竹为主，而且食量惊人，一只大熊猫每天要吃掉20～30千克竹子。虽然大熊猫吃得多，但吸收得并不多。原因是它的消化力差。一只大熊猫每天要用12个小时以上的时间忙于进食，有时长达十六七个小时。但是它肠道短，更不像牛羊等食草动物那样有复胃。食物很快就通过消化道了。为了维持生存，它只有不停地吃。大熊猫对竹笋、竹叶、竹竿从来都是来者不拒。它也是食肉。食竹鼠、羊、猪甚至它们的骨头都是大熊猫的美味佳肴。人们在捕猎大熊猫时常常用煮熟的肉或骨头当诱饵，而大熊猫则常常因为贪吃而成为捕猎者的笼中物。大熊猫不仅喜欢吃竹子，也喜欢喝水，而且一喝就要喝个够，肚子喝得圆滚滚的，以至喝得走不动路，只能迷迷糊糊地躺在地上，这就是人们所说的“醉水”。但是过几个小时，它自己就会醒过来。

大熊猫长得一副温文尔雅的样子，可别误以为它总是这样温良恭俭让。一般情况下，无论与食草动物或食肉动物都能和平共处，表现出友善的样子，但是当遇到自己的天敌，如黑熊、豺、豹的时候，它是决不示弱的。处在发情期的雄性熊猫到了一起，一场争夺交配对象的大战更是必不可免的。

长鼻类哺乳动物

长鼻目动物原产于非洲，其祖先为大约5500万至3600万年前的始新世后期，出现于埃及、苏丹等地的始祖象。它的体型大小与家猪差不多，生活习性则近似河马。身体结构比较原始，并不特化，尚未出现大的象牙和长鼻，但第二对门齿已经比两旁的牙齿长大一些，有向大象牙发育的趋势，鼻子也比其他动物略长一些。大约在距今3000万年前的渐新世晚期，长鼻类沿着三个方向发展，一支是恐象，一支是短颌乳齿象，第三支经过长颌乳齿象、剑齿象等阶段，最后进化到现代象。

古乳齿象

古乳齿象出现于早渐新世，身体比始祖象大了一倍，已经有了一条比较长的鼻子；上下颌的前部比始祖象更为突出，上颌前端第二门齿向前、向下伸出形成大象牙，下颌前端也有两个水平伸出的大象牙。古乳齿象之后，进化主线上的长鼻类又分为三个类群，即长颌乳齿象、短颌乳齿象和真象。

恐象是象形长鼻目中已经绝种的一类，生存于中新世中期至更新世早期，是已知第三大的哺乳动物，仅次于巨犀及副巨犀。雄性恐象一般肩高3～4.5米，最大的可达5米。估计体重超过12吨。上颚没有獠牙，下颚有一对很大向下弯的獠牙。臼齿的特征是有2～3道简单的横向脊骨（齿脊），这是用来切割杆物的。恐象分布于亚洲、非洲及欧洲等地区。

短颌乳齿象主要生活在中新世到更新世早期，在美洲甚至一直延续到全新世。轭齿象可以作为它们的代表。它们的下颌没有大象牙，上颌的象牙在晚期种类里发展得很大而且弯曲得很厉害。

▲嵌齿象

长颌乳齿象生活在中新世晚期和上新世早期，嵌齿象就是它们的代表。它们的下颌大大伸长，下象牙嵌在上象牙之间。长颌乳齿象颊齿上的齿尖形成圆钝的乳突状，这就是“乳齿象”之名的由来。长颌乳齿象中有一类非常奇特的种属，下象牙变得很宽，像一把巨大的铲子，可以用来在浅水的湖底或沼泽中挖掘植物为食，它们也因此被称为铲齿象。

真象

在中新世晚期和上新世早期，欧亚大陆上出现了从长颌乳齿象到真象的过渡类型——脊棱象。稍后，真象类中的剑齿象、古菱齿象、猛犸象直至现代的非洲象和亚洲象相继出现。

脊棱象是介于长颌乳齿象与原始象类之间的长鼻类，由乳齿象进一步发展而来，臼齿上乳齿的数目增多，并和同一横排上的乳突连接起来，发展形成一条条横脊。

从脊棱象进化到真象类的最早代表是剑齿象，它们在上新世晚期和更新世时生活在非洲东北部和亚洲的东部及南部。

剑齿象的身躯庞大，四肢很长，头骨高大，上颌的牙长而弯曲，下颌短而无牙，臼齿大大地伸长，每一个臼齿的齿冠上有很多低的横脊。1973 年，在我国甘肃省发现了世界上个体最大、保存最完整的剑齿象化石，它生活在 260 万年前的上新世，肩部高度就有 4 米，身长 8 米，一对长达 3.4 米且略微弯曲的大象牙宛如两把利剑，威猛无比，这头巨象被命名为“黄河剑齿象”，俗称“黄河古象”或“黄河象”。

真象类中另一种神奇的种类是更新世后期的猛犸象。它们的遗骸总是发现在寒冷的大北方，北纬 25°以南地区从来没有发现过它们的踪迹。显然，它们是典型的喜寒动物，身上长有浓密的长毛用以御寒。它们的背部还长有驼峰似的东西，其中储存着脂肪，其用途显然是当严冬来临，暴风雪将食物掩埋之时为肌体和活动提供营养和能量。

此外。它们的皮下有厚达 9 厘米的脂肪层，既可御寒，又可储藏能量和营养。它们的大象牙也别具一格，刚刚长出时紧挨在一起，然后逐渐发展成新月形，接着逐渐向外开始强烈扭曲并向上方和里边旋转，以至于一些雄性个体到老年时，两个大象牙的尖端都重叠在一起了。

猛犸是鞑靼语“地下居住者”的意思，曾经是世界上最大的象。它身高体壮，有粗壮的腿，脚生四趾，头特别大，在其嘴部长出一对弯曲的大门牙。一头成熟的猛犸，身长达 5 米，体高约 3 米，与亚洲象相近，门齿长 1.5 米左右，虽然身高不高，但身体肥硕，体重可达 6 ~ 8 吨。它身上披着黑色的细密长毛，皮很厚，具有极厚的脂肪层，厚度可达 9 厘米。

从猛犸的身体结构来看，它具有极强的御寒能力。与现代象不同，它们并非生活在热带或亚热带，而是生活在亚、欧大陆北部及北美洲北部更新世晚期的寒冷地区。西伯利亚北部及北美的阿拉斯加半岛的冻土层中，都曾发现带有皮肉的完整个体，胃中仍保存有当地生长的冻土带的植物。我国东北、山东半岛、内蒙古、宁夏等地区也曾发现过猛犸的化石。根据这些化石，科学家认为，这些猛犸是死于突如其来的冰期，使得死亡后的尸体即遭冻结，故未来得及腐烂。又由于千百年来在地穴中受到冰雪的保护掩埋，故能完整地被保存下来。在阿拉斯加和西伯利亚的冻土和冰层里，曾不止一次发现这种动物冷冻的尸体。

此外，还有科学家认为，距今3万年前，当我们人类的祖先也散布到猛犸生活地区的时候，这些貌似不可一世实则憨笨无防的植食性动物就成了人类的重要猎物之一。人类先是用标枪和投矛器，尔后加上弓箭和陷阱，经常将这些庞然大物逼得走投无路。当时中欧草原上的原始猎人，甚至已经掌握了猛犸象南冬北夏的季节性迁徙规律，他们曾经进行过季节性的野营，专门伏猎那些往来于北欧、中欧和东欧一带的猛犸象。末次冰期结束，地球气候显著回暖，北方大陆上的寒带、寒温带地区急剧向北退缩，使适应于寒冷气候的猛犸象的栖息地面积骤减。这时，人类的捕杀猎取起到了落井下石的作用，猛犸象的种群迅速减少，终于在距今1万年前从地球上灭绝了。

恐象

恐象化石在希腊克里特岛浅沉积岩中发现，是象形长鼻类已经绝种的一类，分布于亚洲、非洲及欧洲等地区，是已知第三大的哺乳动物，仅次于巨犀及副巨犀。

恐象可能生活于森林之中。雄性一般肩高3~4.5米，最大的可达5米。估计体重超过12000千克。恐象有两组双脊齿型及三脊齿型的牙齿。臼齿及后前臼齿是垂直撕开食物的牙齿，显示恐象在很早期的演化分支中已经独立了出来。其他的前臼齿是用来压碎食物。

恐象的头骨不似现代象那样高耸，颅骨短及低，顶部扁平，有很大及高的枕骨髁。吻突长，吻沟阔。下颌骨颏部非常长且向下弯曲，象牙向后弯，是恐象的特征。

臼齿的特征是有2~3道简单的横向脊骨（齿脊），这是用来切割杆物的，而与这相对应的咬碎动作则是其他大多数更原始的长鼻目所共有的。上颌无大象牙，但有长鼻。下颌有一对大象牙，从颌前端向下弯曲，然后向后弯向身躯，很像是一对固定在下巴上的巨钩，来掘根或剥去树皮之用。每枚颊齿由两条横脊组成，脊顶锐利，略呈弧形。恐象属下已知有巨恐象、印度恐象、博氏恐象三个物种，都是体型很巨大的。

▲恐　象

巨恐象是最大的长鼻类之一，身高可以超过5米，体重达到14000千克。在陆生哺乳动物中，体形仅次于巨犀和副巨犀，以及松花江猛犸。主要生存在中新世晚期的欧洲，并且是地中海附近地区唯一的物种。

1836年，在黑森—达姆施塔特发现了巨恐象的整个头颅骨。头颅骨长约1.2米，阔0.9米，比现今的象要大很多。

印度恐象700万年前消失，是亚洲的物种，主要在印度及巴基斯坦发现。它的特征是那巨大的齿列，及其骨内结节。印度恐象出现于中新世中期，在末期更为普遍。

博氏恐象是非洲的物种，化石在肯尼亚发现，约有100万年。特征是狭窄的吻槽、细小但较高的鼻腔、颅骨较高且窄。相比其他两种恐象，它下颌骨颏部较短。博氏恐象在中新世末期出现，在其他物种消失后仍然生存。

恐象生物学家质疑，恐象究竟是生活在大陆上，或是像现今的象般被人低估了游泳能力。和其他长鼻类一样，恐象也有一段史料空白期。它一开始出现便已相当特化，而且自此以后直至完全消失，形态上除体躯增高增大外，几乎没有变化。

完美的进化者——啮齿类

啮齿目是哺乳动物中的一目，其特征为上颌和下颌各两颗会持续生长的门牙，啮齿目动物必须通过啃咬来不断磨短这两对门牙。哺乳动物中百分之四十的物种都属于啮齿目，而且在除了南极洲的其他所有大陆上都可以找到其大量的踪迹。

最古老的啮齿类化石发现于北美的古新世地层中。经过漫长的进化过程，特别是第三纪和第四纪早期的两次大分化，啮齿目动物在形态上已极为多样化。

啮齿类进化完美

从开始一直到现在，啮齿类始终是啮咬动物，门齿像两对大而边缘尖锐的凿子，一对在头骨上，一对在下颌上。这些凿状的牙齿从持续开放的髓腔中长出，当切割边缘磨损了，就由牙齿的继续生长来补偿。沿着每一门齿的前缘是一条宽而纵长的硬釉质带，由于这条釉质带和组成牙齿剩余部分较软的齿质间磨蚀程度不同，使牙齿得以形成和保持其尖锐的凿状边缘。侧面的门齿、犬齿和前面的前臼齿都消失了，在啮咬门齿和颊齿之间有一段长的齿缺。

大多数啮齿类以植物为食，颊齿（包括臼齿，以及在某些啮齿类中也包括一个或最多两个前臼齿）通常为高的柱形；釉质的褶皱使咀嚼面复杂化，适宜于磨碎硬的谷粒和其他植物性食物。在比较原始的啮齿类中，牙齿可能是低冠，上面有钝的齿尖。

啮齿类头骨长而低，脑原始。头骨和下颌的关节以及颊部肌肉的发育，使下颌能作前后、上下、左右的活动。这在啮齿类中进行起来是各式各样的，是根据咬肌某几层的起点在头侧的排列情况而定的。在典型的哺乳动物中，强大的咬肌起点在头骨的颧弓或颊骨上，延伸到下颌骨的下缘，以使颌的关闭更加有力。在啮齿类中这个排列有四种演变模式。

▲最大的啮齿动物——水豚

在最原始的啮齿类中，可看到所谓原松鼠形模式，特点是长而几乎是水平伸展的咬肌，其起点在颧弓的前下缘，向后伸到下颌角。一条推动下颌骨向前的肌肉位于咬肌深层之上，而咬肌深层则为通常形式，垂直位于颧弓及下颌骨下缘之间。

在典型松鼠形模式的啮齿类中，咬肌的一支上伸到脸侧眼眶之前。在具有豪猪形模式的啮齿类中，咬肌的另一支向上生在颧弓内侧，同时向前伸展通过眼前方的大为扩大了的眶下孔（在大多数哺乳动物中它作为血管和神经的通道），扩展在脸的侧面。在颌肌力鼠形模式的啮齿类中，具有松鼠形和豪猪形两个模式的结合形式，咬肌的两支向前伸展，一支在颧弓下，另一支在颧弓内侧并通过眶下孔。

在大多数啮齿类中，头后骨骼不十分特化。前肢通常伸缩性能很大，可以攀爬、奔跑和采集食物，所有的趾通常保留。像后肢一样，这些趾通常具有爪。后肢常较特化，其伸缩性能不如前肢。有些啮齿类适于跳跃，它们的后肢长而有力，前肢则比较短小。

根据上述的咬肌发育情况，啮齿目可分为 4 个亚目，即始啮亚目、松鼠亚目、鼠形亚目和豪猪亚目。每个亚目中均包含有众多的科属及种。现代啮齿动物和种数超过了所有其他哺乳动物种类的总和，可能在新生代大部分时期内也是这样。

此外，啮齿类中大多数种在它们分布的各个领域内都非常之多，因此个体数通常也比任何其他哺乳动物为多。

几个因素使得啮齿类在进化上获得成功。首先，这些哺乳动物中的大多数，在整个历史过程中都保持着小体躯。体躯小使它们得以去开辟较大动物所不适宜的环境，从而建立大的种群。啮齿类大的种群的建立和延续现在仍然进行着，可能就像它们过去那样。这些小哺乳动物繁殖速度快，能够迅速地占领新地盘，并适应于变化着的生态条件。

大多数啮齿类的适应力使它们在哺乳动物占优势的几千万年内站稳地位。它们居住在地上、地下、树林中、岩石下、沼泽内和草地里，分布范围从赤道地区一直到两极。它们在与其他哺乳动物竞争中常常获得成功，它们总是以其数目的绝对大量来取得优势。

所有这些因素给啮齿类带来了长期持续的成功。它们坚持在其他哺乳动物失败的地方，也许当人类在不可预见的未来衰退的时候，以不可战胜的活力在地球上开辟自己的道路。

大不同的兔形类动物

兔形类动物也有用于啮咬的大门齿以及门齿与颊齿之间的一段较长的齿缺。它们与啮齿类在食性的适应上是相似的。因此长期以来人们习惯于把它们也当作啮齿类，只是因为它们每侧有两个门齿而不是像一般啮齿动物那样为一个，它们被归入一个亚目——双门齿亚目，而啮齿类则组成了单门齿亚目。

然而在古新统和始新统的堆积中，曾经发现过非常原始的啮齿类和兔形类，这些化石显示：在哺乳动物历史的早期，这两类动物彼此间的区别就已经十分明显。例如，兔类和啮齿类一样，具有增大的门齿，但是这一特征在不同类群的哺乳动物中，独立发展过好几次。至于颊齿，则没有什么真正的相似性。兔类中有两个或三个前臼齿，而相反地，在啮齿类中则大大地缩减了。此外，野兔及其亲属的颊齿为高柱形，具有切割用的横棱冠，而不是啮齿类型的挤压式牙齿。在兔类中，咬肌虽然也很强大，但从来不像啮齿类那样高度的特化。在头后骨骼方面，兔类和啮齿类也很少相似。兔类为特化成跳跃的动物，因此后肢很长而强壮。尾则退化得只留下一点痕迹。

▲野兔

蒙古地区上古新统中的原古兔属，显示出了第三纪很早期兔类的形状。这些动物在始新世动物群中很少出现，但在进入渐新世时，它们似乎变得繁多起来，而且一直繁盛到现代。

兔形类在早期就分为两个独立的科，而且一直保持着这个双分发展，短耳兔类，以现代的短耳兔为典型代表，始终是小型结实的短腿的兔形类，特点是具有短的耳朵。野兔和棉尾兔代表兔形类发展成快跑者，以长距离的跳跃见长，它们后肢很长，在跳跃时有力量，跳得远。它们前肢适于着地，长长的耳朵成为灵敏地收集声音的工具。

贫齿类和鳞甲类

如果说啮齿类动物是哺乳动物中一个极大的孤立的类群，南美洲的贫齿类和旧大陆的鳞甲类动物却都是很小的孤立的类群。这两个类群应该也是从有胎盘类哺乳动物的食虫类动物基干上发展出来的，但是它们和食虫类动物祖先的关系到目前为止还不清楚。这两个类群是分别在南美洲和旧大陆发展演化的，却又有某些相似的地方，它们之间也可能是有联系的，但是对于这一点现在也不能确定。

贫齿类动物的形态特征

贫齿类动物是一类牙齿大大简化、退化或消失的哺乳动物，所以叫它“贫齿”，这是对一些非常特定的食物的适应。

最早的贫齿类动物叫古贫齿类动物，是在北美洲的第三系下部地层里发现的，如始新世的始贫齿类，是一种小型动物，它们的门齿和颊齿已经几乎完全消失，还保存着大而锐利的片状的犬齿。也有一些古贫齿类动物还保存着颊齿的。古贫齿类动物在北美洲一直生存到渐新世末。

早期贫齿类从北美洲迁移到南美洲，以后主要就在那里发展，很快成了南美洲占优势的一类哺乳动物，一直生存到现在。

贫齿目的拉丁文原意是没有牙齿的意思，但事实上，除了食蚁兽科真正没有牙齿外，其他 2 科都具有牙齿，其中犰狳科有多达 100 颗左右的同型齿，树懒科有 16～20颗牙齿，这些牙齿构造简单，没有釉质，却能终生生长。因此，不能仅靠有无牙齿来鉴别贫齿目动物，而要参照其他特征，例如贫齿目动物没有眶后条；没有侧枕突；没有门齿和犬齿，如果有前臼齿和臼齿存在，则为近于钉状的圆柱形，没有釉质和齿根，或者仅有 1 个单齿根；后足典型的为 5 趾，前足为 2～3 个显著的趾，上面都有尖锐的长爪；腰椎间有附加的关节，又叫外关节突；雌兽子宫为双角，雄兽睾丸在腹腔中等。

在南美洲，贫齿类动物沿着两条适应路线发展。一条包括已经灭绝的地懒和现存的树懒以及食蚁兽，叫披毛贫齿类动物。另一条包括犰狳和雕齿兽，向着披甲的方向发展，叫有甲贫齿类动物。

树懒

树懒是一种吃树叶的贫齿类动物，常用长而成钩形的爪把身子倒挂在树上，以迟钝和笨拙出名。树懒是唯一身上长有植物的野生动物，它虽然有脚但是却不能走路，靠的是前肢拖动身体前行。

树懒科包括三趾树懒和二趾树懒两个属，全科共5种。主要分布于中美和南美热带雨林。三趾树懒前后肢均三趾，二趾树懒后肢三趾而前肢二趾。二者颈椎数目也不相同，其中三趾树懒颈椎9枚，是哺乳动物中最多的，而二趾树懒则和多数哺乳动物一样是7枚。由于三趾树懒和二趾树懒结构上的区别较大，有人将二者置于不同的科，树懒科只保留三趾树懒，而二趾树懒则和已经灭绝的大懒兽类的大地懒亲缘关系很近，可置于大地懒科，并且三趾树懒可以自成一个三趾树懒总科，而大地懒科与大懒兽科组成另一个大懒兽科总科。

▲树懒

食蚁兽仅3属4种，分布于美洲。吻部尖长，嘴管形；舌可伸缩，并富有黏液，适于舐食昆虫；耳小而圆；前肢力强，第三指具特别发达并呈镰刀状的钩爪，后肢4~5趾，都具爪。头骨细长而脆弱，无齿。吃蚂蚁、白蚁及其他昆虫。

大食蚁兽主要栖于潮湿的森林和沼泽地带，白天或晚上活动，善游泳；小食蚁兽尾可卷缠，喉部和肩部黑斑在颈部成项圈状，日间多隐蔽在密林或躲在树洞里，夜间出来觅食，常用前肢爪捣毁蚁巢。主要栖于中美和南美，南至阿根廷热带森林中。

犰狳又称“铠鼠”，身上有宽阔的铠甲，其铠甲由许多小骨片组成，每个骨片上长着一层角质物质，异常坚硬。每次遇到危险，若来不及逃走或钻入洞中，犰狳便会将全身蜷缩成球状，将自己保护起来。

虽然犰狳的整个身体都披着坚硬的铠甲，但这却不妨碍它们的正常活动甚至快速奔跑。犰狳只有肩部和臀部的骨质鳞片结成整体，如龟壳一般，不能伸缩；而胸背部的鳞片则分成瓣，由筋肉相连，伸缩自如。达尔文曾在南美洲发现一种巨大的古代动物化石，就和现代的这种犰狳很相似。

雕齿兽是一种从化石中发现的犰狳状食草哺乳动物，生活在上新世、更新世期间的南美洲以及从阿根廷的彭巴斯草原、乌拉圭到巴西一带。存活直到更新世晚期（距今约30000－8500年前）。它们在约于一万年前灭绝。

▲雕齿兽

雕齿兽身上有宽阔的甲胄，由厚重的骨板组成，上面盖着角质片。它们吃昆虫、腐肉以及能在地上找到的几乎任何食物。

鳞甲类动物包括各种穿山甲。穿山甲也叫鲮鲤，分布在亚洲和非洲的热带地区。穿山甲体形狭长，全身有鳞甲，四肢粗短。多生活在山麓地带的草丛中或较潮湿的丘陵杂灌丛。挖洞居住，多筑洞于泥土地带。白昼常匿居洞中，并用泥土堵塞。晚间多出外觅食，昼伏夜出，遇敌时则蜷缩成球状。其鳞片可做药用。

▲穿山甲

穿山甲靠吃蚂蚁生活，所以可以说是有鳞的食蚁兽。

鳞甲类动物可能和贫齿类动物有共同的祖先，是和贫齿类动物以不同的方式平行发展起来的。

蝙蝠

如果说海洋是一些哺乳动物的乐园，那么天空也同样是另一些哺乳动物的天堂，蝙蝠就是天堂中的精灵。现存的蝙蝠已经成为仅次于啮齿类的第二大哺乳动物类群。由于化石稀少，人们对蝙蝠是如何进化和进化的情况了解得相对要少。

蝙蝠的可能来源

现存的蝙蝠已经成为仅次于啮齿类的第二大哺乳动物类群，目前已知最早的蝙蝠化石发现于北美洲始新世早期的地层中，叫“伊卡洛蝠”，它用自己历经千百万年的身体，向人们展示了古老蝙蝠的悠久历史。

关于蝙蝠是由哪种动物进化来的，有些科学家认为，在大约1亿年前，蝙蝠与马、狗是同期由哺乳类祖先的一种动物分化进化而来，而牛在蝙蝠等动物之前就开始了其进化过程。一般认为，牛是有蹄动物，在进化系统性中与马有近缘。但是研究小组发现蝙蝠与马的关系更为相近。1亿年前正值恐龙的全盛时期，当时的哺乳类动物小心翼翼地生活在地球上。在这一时期，蝙蝠和马、狗从类似老鼠的哺乳类祖先动物开始分别走向进化之路。6500万年前，在恐龙灭绝之前的新时代，它们开始改变了样子，分别进化成不同的形象。

形态怪异的蝙蝠

为了能够在天空中飞翔，蝙蝠也必须掌握特别的本领，它们身体特化的方式与中生代的翼龙有着惊人的相似。

▲夜空中的蝙蝠

蝙蝠的前肢骨骼伸长，除了大拇指以外的其他指骨也伸长，这样就能够支撑起足够大的皮膜，形成翅膀用来飞行。最大的狐蝠翼展达1.5米。但是，蝙蝠类的后肢却变得很纤弱，以至于它们到了地面上几乎是“寸步难行”。很多人都曾经看见过它们在地上缓慢爬行的情景。不过，蝙蝠类的后肢并非无所用处，它们能够借助后肢上的爪倒挂在树上或者粗糙的岩洞顶部。“倒挂金钟”的睡觉功夫它们施展得一流。

与今天的鸟类相比，蝙蝠的飞行能力或

许算不了什么，但它们却能在夜间绝大多数鸟类睡觉的时候，凭借独特的声呐自由飞行，哪怕伸手不见五指，它们照样畅行无阻，准确地捕食各种昆虫。一项研究显示，在5千万至5.2千万年前，当植物茂盛、昆虫种类达到历史最高纪律之时，地球曾经历了一次气温急剧上升的历史。气候变暖促使昆虫大量繁殖衍生，在这次演变历史中，蝙蝠也演化出独特的飞行技巧和回声定位能力，以便能捕捉到猎物。

多数蝙蝠于两腿之间有一片两层的膜，由深色裸露的皮肤构成。蝙蝠的吻部似啮齿类或狐狸。外耳向前突出，通常非常大，且活动灵活。许多蝙蝠也有鼻叶，由皮肤和结缔组织构成，围绕着鼻孔或在鼻孔上方拍动。据认为鼻叶能够影响发声及回声定位。

蝙蝠的胸肌十分发达，胸骨具有龙骨突起，锁骨也很发达，这些均与其特殊的运动方式有关。

▲吸血蝙蝠

蝙蝠的取食习性各异，多以昆虫为食。当然，并不是所有的蝙蝠都是靠昆虫为食，食果蝠就是个素食者。它们以水果为食，而且还可以帮助果树传播花粉呢。东南亚种植的榴莲，主要就是靠食果蝠来传粉的。而热带美洲的吸血蝠则从其他哺乳动物和鸟类身上吸食血液，以此为生。所以在人们的印象中，吸血蝠的形象总是那么贪婪和恐怖。

重新回到海洋的哺乳动物

中生代是爬行动物的时代，它们爆发式的辐射进化的结果不仅是出现了各式各样的恐龙，而且还使鱼龙、蛇颈龙、沧龙等重返海洋，成为了海洋的霸主。另外，各种各样的翼龙则飞上了蓝天，成为脊椎动物的飞行先锋。历史总是有惊人的相似。到了新生代，当哺乳动物爆发式的辐射进化发生的时候，又有一些哺乳动物类群重新适应了海洋生活，回到海洋里重新占据了那些曾经由海洋爬行动物占据的生态位。它们就是我们所熟悉的海狮、海象、海豹、海牛以及各种鲸类。

鳍脚类

鳍脚类是四肢为鳍状的海洋哺乳动物，代表动物是海狮、海象和海豹。它们出现的历史并不很长，它们的化石记录最早在中新世被发现。

在从陆生到水生的演化中，鳍脚类的身体变成了适于游泳的流线型，四肢则变成了指间有蹼的桨状的鳍足。前鳍足的作用是在游泳时划水、平衡身体和掌舵，而后鳍足的作用相当于尾鳍。海狮和海象的后鳍足能够随意向前或向后，在陆地上行动时可以起到辅助性的作用。海豹的后鳍足只能向后，因此它们在陆地或冰块上移动时就只能以腹部作弯曲动作的方式进行。

鳍脚类的牙齿都特化成了适于捕鱼的锥形齿。但是海象有大的犬齿，尤其是雄性犬齿很大，在争夺配偶的战斗中很有用。它们的颊齿增宽，以适应压碎它们喜吃的贝类的壳。海狮化石发现于太平洋沿岸，海象化石发现于太平洋和大西洋，而海豹化石的分布区域则很广。

▲海象

海牛类

海牛类则属于另外一类哺乳动物——海牛目，它们是生活在海洋或河流入海的河口水域中的有蹄类动物。不过它们的“蹄子”早已因适应于水生而退化，前肢变成了桨状，后肢则完全退化，连腰带都退化成了一根棒状骨。此外，它们的身体变成了鱼雷形，尾巴变成了宽阔的尾鳍。

海牛是以水生植物为食的。它们的头骨又长又低，其背部与始祖象的头骨有一定的相似。颊齿也与第三纪的某些长鼻类一样，或者有双重横脊，或者有钝的齿尖。最早的海牛类化石是与始祖象一起在埃及的法尤姆始新世地层里发现的。此后，它们的一支在大西洋两侧的非洲和美洲沿岸演化成今天的海牛，另一支则在太平洋和印度洋海滨演化成现代的儒艮。

▲海牛

鲸类

地球上最成功的海洋哺乳动物要属鲸类。它们的身体和四肢骨骼演变得简直就像鱼一样了，难怪被人们俗称为“鲸鱼”。当然，它们不是鱼类，它们是温血的、胎生哺乳并有很高智力的高等脊椎动物。

鲸类包括齿鲸和须鲸两大类，前者包括大多数的鲸类和江豚、海豚，它们嘴里长着锋利的牙齿，捕鱼的本领特别高；后者没有牙齿，但是从口盖上长满了纤维状的几丁质鲸须，用来从水里过滤浮游生物为食。可能是由于浮游生物这种食物资源的丰富，使得须鲸类向着巨型化发展，现代的蓝鲸身体可以长到接近 40 米长，体重超过 150 吨。

现代的鲸有着光滑的皮肤和流线型的体型，硕大的尾部在海水中击起千层巨浪，推动身体在大海里自由地遨游。但是在悠远的地质年代，鲸类也曾经是四肢发达的陆生动物，巴基斯坦发掘出的一具 5000 万年前的始新世遗留下来的带有肢骨和足骨的鲸化石就证明了这一点。

21 世纪初，科学家在巴基斯坦发现了两种生活在约 5000 万年前的哺乳动物化石。这两种动物看起来有点像狗，体型分别只有狼和狐狸那么大，但科学家认为它却是地球上最庞大的动物——鲸的祖先。

在 5000 ~ 6500 万年前的第三纪早期，所有的哺乳动物都是生活在陆地上的。因此，现代的鲸、海豚等水生哺乳动物必然是由某些陆生哺乳动物进化来的。但是由于缺乏化石证据，究竟哪类哺乳动物是鲸的祖先这个问题一直悬而未决。

在巴基斯坦发现的这两种化石的解剖形态表明，这两种动物生活在陆地上，有肉食的牙齿，长得有点像狗，但并不属于犬科动物。它们的尾巴比狗更长，嘴更凶猛，眼睛也比较小。它们的耳朵部位有几块奇特的骨头，其形状与鲸类动物相同部位独有的骨头非常相像。

由此，多生物学家认为，鲸类是从一种叫作中兽类的现已灭绝的古老哺乳动物类群中演化出来的。这些鲸类的祖先有点像大型的狼，曾经在当时的大陆上漫游和追踪猎物。直到距今 6500 万年左右，即始新世之初，这些食肉动物在生活环境的压力下，开辟了一个新的生态位，结果使它们的躯体经历了深刻的演变。渐渐地，它们的四肢和骨盆退化了，尾部越来越强壮，并且变成了桨叶状用来拍击海水，以此推动这些“海中巨兽”在海洋中遨游。

海洋哺乳动物——龙王鲸

龙王鲸生存于3900～3400万年前，在美国路易斯安那州发现化石，刚开始被误认为是巨大的海洋爬虫类，古生物学家从埃及与巴基斯坦发现的化石中辨认出这是哺乳动物。

在19世纪早期的路易斯安那州与阿拉巴马州，龙王鲸的化石是相当常见的，因此它们经常被当成家具的原料。龙王鲸也是密西西比州与阿拉巴马州的州化石。

龙王鲸最显眼的特征是身体非常细长，平均身长为18米，而且拥有比现代鲸鱼更为修长的身体。因为它们有前所未有细长的脊椎骨，所以被描绘成最细长的鲸鱼。

在与其他海洋哺乳类相比之下，龙王鲸被认为有不寻常的运动方式。大小相同的胸部、腰部、荐部与尾部脊椎骨，活动方式类似鳗鱼。拥有一个小的，推测类似须鲸的背鳍，尾部的骨骼显示龙王鲸很可能拥有小型的尾鳍，不过可能只对垂直移动有帮助。身体结构中最著名的是退化的后肢，是用来固定位置的。

▲龙王鲸

龙王鲸的脊椎骨是中空的，似乎也是充满液体。这暗示了龙王鲸基本上只能在海洋表面进行水平面的移动，而其他的海洋哺乳类大部分都可以进行立体的活动。从瘦弱的轴向肌肉组织与粗的肢骨来判断，龙王鲸被认为无法长时间持续的游泳与潜水，也被认为没有任何能力在陆地上移动。

龙王鲸曾经被认为拥有一些柔软的壳，不过似乎是将海龟壳误认的结果。有一些神秘动物学家相信仍然存活着的大海蛇，是龙王鲸或比较进化的同类。然而龙王鲸的化石显示它们在3700万年前就已经灭绝。

伟大的转变：从猿到人

人类是由古猿进化来的，是从猿的系统中分化出来的独立的一支，其出现及发展是一个漫长的历史过程。

南方古猿是最早踏上人类进化历程的远古人类。南方古猿在颅骨、下颌骨、牙齿、骨盆和四肢等方面已经十分清楚地显示出一系列的人科特征，并且肯定已采用两足直立的行走方式。而能否直立行走，则是人在生物学上的基本特征。

继南方古猿之后的人类是能人。能人在体质特征上比南方古猿进步，生活在距今约 230 万至 180 万年前，分布在东非和南非。能人已能制作石器。

能人之后是以直立人为代表的阶段。直立人生活在距今约 180 万至 20 万年前。直立人化石最早是在印度尼西亚的爪哇发现的。

人类进化的最近一个阶段，是包括现代人在内的智人阶段。早期智人生活在距今约 25 万至 4 万年前。晚期智人大约是在距今 5 万至 4 万年前开始出现的。

人类的祖先

从6500万年以前到现在，是地质上新生代时期，这个时期最重要的特点之一就是地球上出现了哺乳动物。而作为哺乳动物的灵长类也在这时出现了，它们身体长，腿短，有点像老鼠，最初跟别的小动物没有多大不同。在漫长的进化过程中，它们才变得更加适宜于生活在树上。从这些早期的灵长类，发展出了灵长目的猿类，这就是人类最亲近的祖先。

灵长类和有胎盘食虫类

灵长类动物是动物中最高等的一类。实际上，灵长类动物归在有胎盘类哺乳动物的第一大类群，和最古老的有胎盘类食虫类动物有非常密切的亲缘关系，为什么这样说呢?

先来看看现存的灵长类动物从低等到高等排列的一些代表动物：树鼩——狐猴和眼镜猴——阔鼻猴和狭鼻猴、猿类——人类。这反映了灵长类动物的进化顺序。

树鼩身体大小像松鼠，有一个长的吻部和一条长的尾巴，脑子比较大，眼睛也大，眼睛和颞区之间有一块骨头隔开。树鼩的大拇趾和其他四趾有点分开。它的食物除虫类外，有一部分是果实。

树鼩的身体结构和食性，正表明原始灵长类动物从食虫类动物过渡到灵长类动物的特点。一方面它和现代树栖的食虫类动物十分相似，另一方面它又具有灵长类向高等方向发展的基础。从某方面说，原始灵长类动物是身体结构最不特化的动物，不特化才有条件向高级的方向进化。原始灵长类动物的四肢很灵活，大拇趾和其他四趾分开，便于攀爬树木和执握物体。原始灵长类动物的脑颅很大，眼也很大，具有双眼立体视觉的能力；眼眶和颞区有骨隔开，到了进步的灵长类动物，眼睛就完全被封闭在眼眶之中。这些特点在灵长类动物的进化历程中起了很重要的作用。

▲树鼩

早期灵长类动物在进化过程中由食虫逐渐改变到食果实以至杂食，食性的改变在灵长类动物的进化历程中也是很重要的一步。有的科学家认为，灵长类动物从食虫类动物分化出来，正是由于食性和生活习性的改变引起的。因为它们生活在森林里寻觅各种果实，最终改变了它们的形态结构和生理机能，为灵长类动物的进化创造了重要条件。

从白垩纪的原始食虫类动物辐射发展出一支原始树鼩。到古新世，从原始树鼩发展出原始狐猴和眼镜猴。

狐猴在古新世的时候广泛分布于亚洲、欧洲和美洲，我国也找到过始新世的蓝田狐猴化石。但是现代的狐猴只生活在非洲马达加斯加岛和它附近的岛屿。狐猴的一般特征是：身体比较小，尾巴长；四肢长而容易弯曲，有能执握树枝的手脚；吻长而尖，脸部有点像狐狸，眼睛大，下门齿很长，向水平方向伸出。它吃昆虫和果实生活。

眼镜猴又叫跗猴，在古新世的时候也分布比较广，我国也找到过始新世的黄河猴、秦岭卢氏猴等化石。但是现代的眼镜猴只分布在菲律宾南部以及加里曼丹和苏门答腊等地。它的大小和松鼠相近，体外被有柔顺的毛；巨大的双眼靠得很近，直视前方，活像戴着一副眼镜，所以叫眼镜猴；鼻子被挤得又小又窄，外耳很大。它的行动方式是用后肢直立地跳跃，它的脚板很长，所以叫它跗猴，“跗”就是脚板的意思。它以昆虫和其他小动物作为食物。

到了始新世晚期，又从原始狐猴辐射进化产生了阔鼻猴类、狭鼻猴类和猿类。阔鼻猴类分布在中美洲和南美洲，所以又叫新大陆猴。它的鼻子中间隔开很远，鼻孔开向两侧。它们的形态很原始，有一些种类具有能执握树枝的长尾巴，如卷尾猴。它们经常生活在热带森林的树顶。阔鼻猴类的化石很少。

▲狐猴

狭鼻猴类广泛分布在欧洲、亚洲和非洲，所以又叫旧大陆猴。它们的鼻子间隔比较窄，鼻孔开向下方。大多数种类有长尾，有些种类如猕猴、红面猴等尾巴比较短。它们的脑子发达，外耳比较小，紧贴头的两侧，边缘卷起。它们大多数合群，生活在树上，主要靠吃果实、树叶、昆虫、鸟卵和小鸟生活。也有少数种类如狒狒在地面生活，变成食肉动物。狭鼻猴类的化石丰富。

现代的猿类只有亚洲的长臂猿、褐猿（也叫猩猩）和非洲的大猿（也叫大猩猩）、黑猿（也叫黑猩猩）四种。但是在古代，猿类的种类很多。现在发现的最早的猿类化石是埃及渐新统地层里的埃及猿，身材不大，脑量小，形态特点介于猴和猿之间。从类似于埃及猿的原始猿类，后来发展出生活在中新世和上新世的森林古猿。森林古猿的非洲种可能是现代黑猿的祖先，森林古猿的大型种可能是现代大猿的祖先。现代褐猿的祖先现在还没有找到，它们可能在渐新世就从森林古猿中分化出去了。而长臂猿的祖先可能是生活在渐新世的原上新猿。

低等灵长类和高等灵长类

灵长目可分为两个大类，即低等灵长类和高等灵长类。

高等灵长类起源于低等灵长类。从现生的高等灵长类与现生的各种低等灵长类的形态和 DNA 结构的对比来看，高等灵长类与眼镜猴类最为接近。

在 20 世纪 90 年代之前，最早的高等灵长类化石却发现在非洲距今大约 3900 万年前始新世末期的地层里，它们与始新世一种原始的狐猴类——北狐猴在形态上有许多相似之处。

1994 年我国科学家在江苏溧阳发现了中始新世（距今 4500 万年左右）的最早的高等灵长类——中华曙猿。所谓“曙猿”，意思就是“类人猿亚目黎明时的曙光”，它是迄今人类所知道的最早的高等灵长类。

不久，科学家又在山西垣曲黄河岸边发现了一对几乎完整的、带有全部牙齿的曙猿下颌骨。它被命名为世纪曙猿，通过对它的研究，科学家确信曙猿在许多形态结构上比过去所知道的所有其他高等灵长类都要原始，同时它又与古老的始镜猴类有许多相似之处。

1999 年，在缅甸中始新世晚期地层中发现了类人猿亚目曙猿科的另一个新属种——邦塘巴黑尼亚猿。

埃及法尤姆地区发现的大量化石表明，高等灵长类在距今约 3900 万年的始新世晚期就已经开始向两个亚科发生了分化，即副猿亚科和森林古猿亚科。前者有 3 个前臼齿，可能是现生猕猴超科的祖先；后者只有 2 个前臼齿，可能是人猿超科的祖先。

在随后漫长的岁月里，高等灵长类发生了许多次分化，演化出大量的分支，繁衍成一个庞大的家族。

▲长臂猿

树上生活的灵长类

人的生物学地位属于脊椎动物亚门、哺乳纲、灵长目、人科。人与同目类人猿科（如黑猩猩、猩猩、大猩猩）在血型、内脏、骨骼的结构和功能上都很相似。这些相似之处说明人与类人猿的亲缘关系很近，二者有着较近的共同祖先。随着科学的发展，这方面的研究已经不仅从外部形态、内部结构相似，而是深入到从分子水平进一步研究，如对蛋白质、核酸分子结构进行分析、比较。

法国学者拉马克是最早推断人类起源于类人猿的科学家。他在 1809 年发表《动物哲学》，首次提出“人类来源于猿”的科学假说。英国学者达尔文在

《物种起源》《人类的起源及性的选择》中提出了进化论的观点，说明人从“类人猿”发展而来。他认为自然选择是物种形成及其适应性和多样性的主要原因。生物为适应自然环境和彼此竞争而不断发生变异，适于生存的变异，通过遗传而逐渐加强，反之则被淘汰，即所谓“物竞天择，适者生存”的原理。

英国学者赫胥黎在《人类在自然界中的位置》一书中首次提出人猿同族论。他的观点遭到宗教界人士的攻击，说他是“邪恶的人”。但是赫胥黎始终坚持自己的主张。1876年，恩格斯发表了《劳动在从猿到人转变过程中的作用》一文，提出“劳动创造人类”的科学理论，并且指出劳动是人和动物的根本区别，奠定了人类起源的科学基础。

早期的灵长类有些生活在热带雨林里，躺在高高的树枝上睡觉，靠树叶和果实充饥，过着无忧无虑的日子。它们逐渐适应了树上的生活，在上千万年的树上生活过程中，它们的身体也悄悄地发生了变化。

它们的前腿和后腿开始分工。后腿成了身体的主要支柱。前腿比后腿较为自由，经常用来试探什么，发展得越来越像手臂。手和脚也发生变化了，初期灵长类的手和脚都能用来抓东西，它们全靠手和脚把自己的身体悬挂在树枝上。它们的手指和脚趾长得越来越长，到后来大拇指和大脚趾很发达，能够对着其他4个指头弯曲过来。

树居生活需要很好的眼睛。最成功的灵长类都长着两只大眼睛，两只眼睛还能够同时盯住一件东西。这种能力是狗和兔子这些动物办不到的，它们通常侧着脑袋，用一只眼睛来注视一件东西。它们的两只眼睛只能各看各的，不能把目光集中在同一件东西上。灵长类能够用两只眼睛看同一个目标，所以能够判断那个目标离它们有多远。它们可以从一根树枝跳到另一根树枝，而不会从树上摔下来。

灵长类的视觉很发达，嗅觉不太敏锐，用来辨别气味的鼻子长得比较小。它们不再用嘴来取得食物，像牛和马啮草那样，它们是用手把食物送到嘴里去的，嘴只是用来咀嚼而已，不必再长得很大。最后，它们的面部渐渐长得跟人一样，鼻子小而扁，嘴也小得多了。

最重要的变化是它们的头颅，灵长类的脑子越来越大，头颅就越长越圆。当然，完成这些变化，需要很长的时间，但毕竟已经完成了。

从树上来到地面

在灵长类进化的漫长岁月里，地球又在变化了。冰雪从北部和山地向南方和平原扩展，天气又慢慢地冷了，炎热和潮湿的热带气候过去了。只能生活在莽丛里的许多身体庞大的奇形怪状的哺乳动物，又走到了进化的尽头。代之而起的是一些适宜于在新的气候下生活的新的种族。曾在西伯利亚平原上咆哮的长毛古象，便是其中之一。

当冰雪从北方侵来的时候，不能耐寒的森林就不断地后退，向南方移动。住在树上的灵长类不得不跟森林一起向南转移。森林保障了它们的安全，还供给它们赖以为生的水果和硬壳果之类的食物。它们离不开树，下地久了就不能生活，就跟鱼离不开水一样。它们被一条无形的锁链给拴在树上了。它们是生活在树上的森林动物。

▲森林古猿

幸亏并不是所有的灵长类动物都被这无形的锁链束缚住了，其中有一种古猿，在森林逐渐变化的过程中能够开始下地来生活。这就是现代类人猿和人的祖先——某种古猿。

从树上来到地面，这一变化乍看起来似乎无足轻重，但其实际的含义却非同小可，因为在地上生活并不像森林中那么容易，不仅需要弯腰曲背地去寻找果实和种子之类，有时候甚至还不得不借用一些像树枝之类的简单的工具。为了防备猛兽的侵袭，还必须经常站立起来向四周张望，有时候还需要用两腿奔跑，而空出前肢来抱住食物，或者抓住就近的树枝，因而生理上开始发生了某种变化，这种古猿就是人类最初的祖先。

虽然这种古猿的外貌和行动都很像猿，但许多人类学家都坚定地相信，它们的身上确实孕育着后来人的种子，而成为非亚两洲早期的人类祖先。由此可见，人类进化的历史就是从气候变化开始的，也就是说，气候变化正是人类进化和发展的原动力。

南方古猿

根据世界各地（主要是非、亚、欧三大洲）所发现的大量骨骼化石，特别是在东非峡谷地层中所发掘出来的古代猿类的化石，人类学家们逐渐形成了这样的概念：大约1500万年以前，腊玛古猿从热带森林走向热带草原之后，便开始播下了人类进化的种子，这就是非亚两洲早期人类的祖先。但不知为什么，到大约800万年之前，他们便逐渐销声匿迹了。而到了500万年以前，在非洲的广大地区又出现了一种猿类，人类学家们称之为南方古猿或南猿。

发现南猿化石

在非洲，人们陆续发现了一系列古猿的化石，叫作南方古猿或南猿。这是一种新类型的古猿，是从原始古猿过渡到人类的类型。

南猿化石最早是在1924年发现的。这年，南非的汤恩石灰岩采石场的工人在爆破时，炸出了一个小孩的不完整的头骨化石，这个化石被送到南非约翰内斯堡威特沃特斯兰德大学医学院的解剖学教授达特那里，达特进行了研究并在次年发表了报告。达特谨慎地将这块化石命名为南方古猿非洲种。因为在当时，由于长期以来受殖民主义和种族主义偏见的影响，人们普遍认为，万物之灵长中的灵长、高贵的人类是不可能起源于非洲这个“黑暗大陆”的。

20世纪50年代后期，在非洲寻找人类化石的活动，逐渐转移到东非的埃塞俄比亚、肯尼亚和坦桑尼亚。1959年7月，经过30年的寻找，古人类学家路易斯·利基及其妻子玛丽·利基终于在坦桑尼亚的奥杜韦峡谷，发现了一个粗壮型南方古猿近乎完整的头骨和一根小腿骨。利基夫妇将这个头骨所属个体的种命名为南方古猿鲍氏种。这种南猿生活在175万年前。

▲南方古猿鲍氏种

从20世纪60年代开始，在埃塞俄比亚的奥莫河谷和阿法地区的哈达尔，发现了大量的南方古猿化石，包括从约350万年前到150万年前的人科化石。1974年，美国人类学家约翰逊在埃塞俄比亚阿法地区哈达地点干燥的沟壑中发现了许多化石骨骼。特别重要的是发现了一具没有头骨的全身骨架的大部分，约有40%的骨骼保存着。从髋骨的形态可以看出这是一位成年女性，身高只有1米左右；从骨盆的形状和大腿骨与膝之间的角度可以清楚地看出她已经适应于相当程度的直立行走；但是与现代人相比，她的胳臂相对较长，两腿相对较短，这种身体结构又很像猿。

从这个地区发掘出来的其他化石显示，他们在某些方面比以前在南非和东非其他地区发现的各种南方古猿都更为原始。这正是人们在越来越靠近人类起源的时间里所希望发现的，因为他们又充实了一点点进化的缺环。发现这些化石的当夜，兴奋的发掘者们开起了自己的庆祝会。庆祝会上用录音机放送了一首名为《钻石般天空中的露西》的甲壳虫乐队的流行歌曲，约翰逊灵机一动，把白天发现的这位激动人心的女性起名为“露西”。还有一些有趣的发现：露西的脊椎骨表明她生过关节炎；在附近发现有龟和鳄鱼蛋化石，甚至还有螃蟹爪，这些都可能是露西食物的一部分。

“露西”，生存年代测定为350万年前，这里的南猿命名为南猿阿法种。

到21世纪初，在非洲发现的南方古猿已有多个种，其中著名的有非洲种、粗壮种、鲍氏种、阿法种、始祖种、湖畔种、惊奇种、原初人图根种等，生存的年代大致在600万至175万年间。

总的说来，南猿有两类：一类身材细小、结构轻巧的纤细型，以非洲种和阿法种为代表；另一类身体较重、骨骼粗壮、颌骨粗大的粗壮型，以鲍氏种为代表。

南方古猿的变化

南方古猿特别是在进化历史的早期也有一部分时间是在树上度过的，但南方古猿却已经会直立行走，这样就可以借助自身的高度来观察它们栖息的热带大草原和空旷的林间空地周围的动静，以便防备猛兽的侵袭和发现它们可以捕获的猎物。

有些南方古猿在进化的末期显示了具有人类特点的清晰迹象，它们的身体虽然不高，但用两腿直立时已有大约1.2米，体重大约23千克，它们的牙齿、头颅、腕骨等和人相近，和猿类有显著的差别。虽然它们仍然保留着很大的向前突出的颌部和朝后倾斜的前额，但生活行为上的变化已经开始，晚期的南方古猿已经成为经常的食肉者，这与它们的祖先以素食为生的情形相比是一个重大的变化，因为狩猎和采集食物的工作破天荒地需要使用原始工具。

▲南方古猿生活复原图

由于南方古猿的类型有几种，彼此差别有的还比较大，因此现在对它们在人类进化中的确实位置，存在意见分歧。有的认为它们是人类进化中的旁支，以后绝灭了。有的认为至少其中有一种南方古猿是直立人的祖先。

尽管我们现在还没有充分的证据来确定究竟哪一种南方古猿才是我们的祖先，但是目前一般认为，纤巧型比粗壮型更有可能演化成现代人。或许现在已经发现的种类，都还只是我们祖先的远房亲戚，而真正的祖先遗骸说不定还深埋在地下长眠呢。

纤细型南方古猿出现的时间较早，一般在200万年前；粗壮型南方古猿出现的时间较迟，一般在距今200万年以后。

纤细型南方古猿身高约1.20米或1.30米，体重平均为25千克，脑量不到450毫升，但从脑膜上可以发现，脑的顶叶已经扩大，可能已具有原始语言的能力。

而粗壮型南方古猿的头顶上，还保留着像大猩猩那样的正中央突起，咀嚼肌也非常发达，与其说像人，倒更不如说像猿。

纤细型南方古猿应该是生活在气候相当干燥的空旷地区，因为在出土这类南方古猿的地层中，还发现了猪类、羚羊等，但没有河马。粗壮型南方古猿则生活在比较潮湿的地方，其邻近地区可能大部分被茂密的森林所覆盖，因此一般认为粗壮型南方古猿是森林的主人。

南方古猿能够用力折断树枝，将其当作武器或工具。但他们还不会制造石器，只能利用自然界中现成的破碎石片和石块。所以他们的生产能力很低，主要靠采摘植物的果实、嫩叶、嫩草、块根等充饥。

如果能发现野兽没有吃完的动物尸体，这就是他们的美餐了。他们可能会用锋利的石片把尸体上剩下的肉从骨头上割下来解解馋，或者把尸体卸成块，化整为零，带回去和同伴分享难得的美味。要是遇到老、弱、病、残或者较小的动物，他们也可能利用手中的工具，攻击并捕获它们。

经常性地对天然石器的使用，以及由此而带来的高效率，使埃塞俄比亚的一群原始人开始学习自己制造石器。一般认为，在此之后不久就出现了“能人”，他们也属于早期猿人，生活在240万至160万年前。他们的脑量已经达到800毫升，在天然工具不足的时候，也会选择材料加工最简单的石器。科学家们甚至认为，这时候的人类可能已经会用树枝、树叶和兽皮之类的东西给自己造个“简易窝棚”来遮风挡雨了，看来他们的生活水平是有所提高了。

腊玛古猿的出现

腊玛古猿生活于距今1400万至700万年之间。在距今700万至400万年的这段时间内，至今只发现少量零星的化石材料。经过仔细考证，生物学家断定，腊玛猿是从猿类系统中分化出来的人类早期的祖先。

发现腊玛猿

1934年，美国耶鲁大学研究生刘易斯在印度和巴基斯坦接壤的西瓦立克山区，发现了一块似人似猿的上颌骨化石。这位学者研究了这块化石，强调了这块化石具有若干人类的相似特征并在1934年发表了一篇文章，把这块重要的化石取名为腊玛猿。

同类的化石在我国云南省禄丰县、开远遗址，以及土耳其安那托利亚地区、匈牙利路达巴尼亚山区也有发现。化石主要是一些上、下牙齿。这些腊玛猿化石过去有一部分曾被认为是属于一种“森林古猿”。从20世纪60年代以来，人们将腊玛猿和森林古猿化石重新进行了比较与分类，明确了腊玛猿和森林古猿的主要区别。大多数学者认为腊玛猿是从猿类系统中分化出来的人类早期的祖先，而森林古猿是继续向猿类方向发展的，好像一颗树上的两个分支。

1980年12月，在我国云南禄丰县石灰坝发现了完整的腊玛古猿头骨化石，这是世界上发现的第一个腊玛古猿头骨。再加上其他不完整的骨骼，数量之多，形态完整的程度轰动了国际古人类学术界。因为这具化石从总体讲，有许多性状接近南方古猿和非洲大猿，也有一些性状接近巴基斯坦和印度古猿以及亚洲大猿，对研究人类起源的时间和地点的讨论提供了重要的新材料。

▲腊玛古猿生活复原图

腊玛猿的进化情况

从对腊玛猿牙齿和上、下颌骨化石与森林古猿和人类的形态特征比较中明显地看出腊玛猿上、下颌骨和牙齿的形态结构是像人的，如颌骨开始缩短，牙齿排列成弯弓形，前部齿和臼齿之间的大小比例、牙齿齿冠表面很少的皱纹及纹形基本上和人相似。其下臼齿短而小……而森林古猿则和腊玛猿有明显区别，如颌骨突出；牙齿排列成U形；前部齿和臼齿之间的大小比例、牙齿齿冠表面的皱纹很多及纹型基本上和大猩猩很相似；其下臼齿显得长而大……

腊玛古猿类化石由于形态上存在差异和时代上有先后，因此往往被研究者分为不同的种。如腊玛古猿威克种、腊玛古猿旁遮普种和腊玛古猿禄丰种等。

腊玛古猿的形态比起同时代的其他古猿类来是较纤细的，它们的头骨没有矢状脊或很弱；左右颞脊不太突起，在颅顶中部并不汇合；两侧的眶上脊弱而且分离；眶间隔很宽；整个面部显得较短；上颌齿弓呈近“V”字形。下颌骨比较浅；下颌齿弓呈各种“V”字形的变体，上内侧门齿的唇舌径特别大，上外侧门齿特别小，在尺寸上几乎只有内侧门齿的一半；下内、外侧门齿的大小几乎相等；上、下犬齿都比较小；下第三前臼齿已分化出双齿尖；下第三臼齿常带有两个附尖，即下后附尖和第六齿尖；臼齿的咬合面釉质较厚，有较复杂的皱纹。

腊玛猿从形态特征上确实不同于森林古猿和现代猿类，而且还具备了许多与人类相似的特征，因此，它是从猿类系统中分化出来的人类的早期祖先，它们生活在亚洲、非洲距今 1500 至 1000 万年气候温暖、山清水秀、食物丰富的热带及亚热带森林中。根据牙齿和颌骨的估计，它的身体只有 110 ~ 120 厘米，个儿矮小，处于半直立到直立的过渡状态，它们成群结队在一起生活，从树上一直到地面活动，以果实、根茎、小动物为生。

直立人的出现

经过数十万年的演进，到大约130万年以前，直立人开始在地球上出现了。当直立人出现时，人类史已经有漫长的岁月，他们承继了其先驱的技能，并加以改良，那时候人类懂得用火，也能像现代人般进行奔跑，依照自己的心思制作石器。到了这时，人类在动物界基本上获得了绝对的优势。

爪哇猿人引起轩然大波

1891年前后，一个姓“杜布哇”的荷兰殖民军军医在今天印度尼西亚的爪哇岛上，发现了一些新的人类化石，从而在研究人类起源问题的领域中引起了一场激烈的争论。

年轻的杜布哇原本是一位解剖学者，同时也是达尔文进化论的追随者。他认为猿只能在热带生活，而东南亚的猩猩与人类关系非常密切，因此，他相信在东南亚很可能找到人类的发源地。带着这个信念，他参加了荷兰的殖民军，成为一名军医，因为东南亚的大部分地区当时正好是荷兰的殖民地，便于他进行研究。

经过长期的搜索，1890年他在爪哇岛获得了一块人类下颌骨化石残片；次年，在距离下颌骨发现地30多千米外的垂尼尔村附近，找到了一块人类的头盖骨和一颗牙齿；1892年，他又在距离这块头盖骨15米的地方找到了一根人的大腿骨。

杜布哇把找到的大腿骨和现代人的大腿骨进行了仔细地比较，发现这根大腿骨已经能够支撑身体的重量，因为它上面已经形成了可以附着强大肌肉的股骨粗线，使整个大腿骨的骨干成为三棱柱状。这说明他发现的这个远古人类已经能够直立行走了。

根据这些化石的特点，杜布哇认为自己找到了从古猿到人之间的一个缺失环节，也就是“猿人”，所以他把这个远古人类取名为“直立猿人”，后人也称之为“爪哇猿人”。

在发现爪哇猿人的地方，还出土了一些动物化石。从这些动物化石的特点上，可以推断出爪哇猿人生活在大约50万年前。

但是从后来的研究中发现了一些疑点。根据头盖骨来估算，爪哇猿人的脑量只有900多毫升，远远小于现代人的脑量，而且在发现头盖骨的地方也没有找到人造的工具。当时的学术界普遍认为，只有会制造工具才能算人，否则就只能称之为动物。就像尼安德特人，他们的化石周围就发现过石头做的工具，所以他们就肯定是人了。可是没有工具的爪哇猿人到底算不算人呢？

这个问题引起了广泛的争论，有人认为他们只是长臂猿，有人认为他们是猿和人的中间环节。杜布哇在研究了其他的灵长类动物之后，1894 年，提出爪哇的化石代表猿和人的过渡类型，是现代人的先驱，虽然脑子小，但已获得直立行走的姿态，并改用了“直立猿人”的新属名。

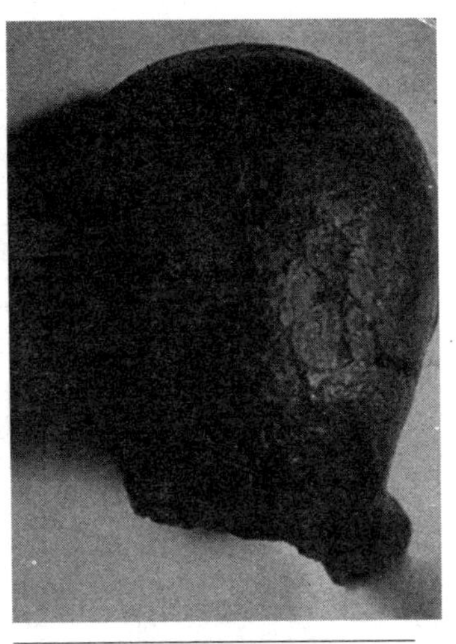

▲爪哇猿人头盖骨化石

但这一看法一发表，立即在学术界引起长期激烈的争论，不少人表示反对。有人认为这些骨骼不属于同一个个体，头盖骨是长臂猿的，而股骨则是现代人的；也有人认为，这些骨骼属于一个畸形发育的人的。这一争论一直到20 世纪 20 年代北京猿人发现之后才基本结束。由于北京猿人也具有同样的特征，人类学家们才又重新把爪哇猿人划归到人的行列。

“北京猿人”化石的发现

中国的“龙骨”很早就引起了西方学者的注意，尤其是瑞典地质和考古学家安特生特别对此感兴趣，他在中国担任矿政顾问时，念念不忘在欧洲时就知道的中国的“龙骨”，经常以各种途径收集化石。

1918 年的一天，安特生的一个老朋友拿了一些裹在红色黏土中的碎骨片化石给安特生看，并且告诉他该化石产地是位于北京西南方向的周口店附近的鸡骨山。安特生非常兴奋，就骑着毛驴到鸡骨山去考察了两天，并进行了小规模的发掘，找到了两种数量很多的啮齿类动物和一种食肉类动物的化石。此后的两年，安特生着重于研究发现于河南的大批三趾马，将鸡骨山的事暂时搁在了一边。

1921 年春，奥地利年轻的古生物学家师丹斯基来到了中国，打算和安特生合作从事三趾马动物群的发掘和研究。为了使师丹斯基体验一下中国的农村生活利于将来的工作，安特生就安排他先来到周口店继续发掘鸡骨山。

在鸡骨山发掘的时候，当地一位老乡告诉他们龙骨山有更多的“龙骨”。在龙骨山，安特生注意到堆积物中有一些边缘锋利的白色脉石英碎片。他认为，用如此锋利的刀刃似的石片切割兽肉应该是毫无问题的，因此，它们很可能就是被我们人类祖先用过的石器。他对这一发现与推测感到十分高兴，于是就轻轻敲着岩墙对师丹斯基说：“我有一种预感，我们祖先的遗骸就躺在这里。现在唯一的问题就是去找到他。你不要着急，如果必要，你就把这个洞穴一直挖到底。”

▲北京周口店龙骨山

师丹斯基在周口店发掘出大量的动物化石，其中有一颗牙齿很“可疑”，但是师丹斯基没有看出是人类祖先的牙齿，而只把它当作类人猿的了。他把能够采集到的化石尽可能地采下来以后，只好结束野外工作，并在不久回到了欧洲开始了对这些中国化石标本的研究工作。

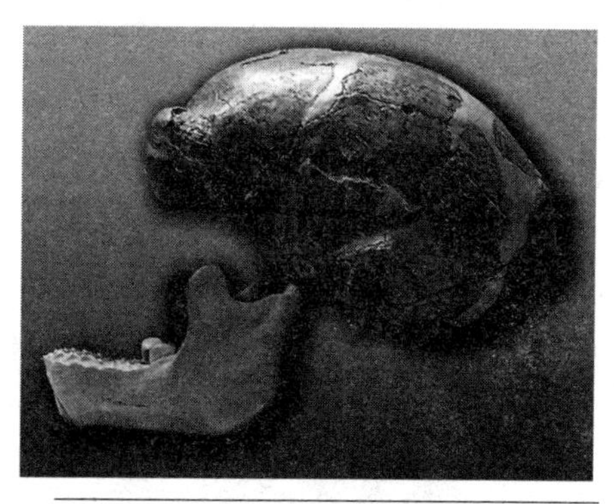

▲北京猿人头盖骨

师丹斯基在整理标本时，终于从周口店的化石中认出了一颗人牙，这又引起了他对1921年发现的那颗“类人猿”牙的重新注意。经过仔细研究，师丹斯基认为两颗牙齿都属于“真人”。不过，他不敢过于肯定，于是在1927年发表的报告中在“真人”后面加上了一个问号，以使结论留有余地。

周口店发现人牙化石的消息一公布，它像一颗重磅炸弹一样震撼了当时的科学界，因为不仅在中国，而且在亚洲大陆的任何地方都没有发现过年代如此古老的人类化石。

周口店的发现当时就得到了科学界多数人的承认，当然也有个别怀疑者。在一次交谈中，一位美国著名学者葛利普教授睁大了眼睛问安特生：“喂，安特生博士，北京人是怎么搞的，它到底是人还是食肉类?”安特生则不紧不慢地回答说：“尊敬的葛利普博士，来自周口店的最新消息是：我们的老朋友既不是一位男子汉，也不是食肉类动物，而是走在它们当中的某个阶段的代表，并且还是一位女士呢!”在此以后的几个月内，“北京女士”竟然成为周口店这项重大发现的代名词。

▲北京猿人

周口店远古人类化石的发现使安特生感到异常兴奋，他决定对周口店进一步系统发掘。在洛克菲勒基金会财政上的支持下，对周口店的系统发掘工作在1927年的春天正式开始了。两年后，“北京猿人”第一个头盖骨正式出土。

第一个完整的北京猿人头盖骨的发现，像一声春雷震撼了学术界。它进一步证实了北京猿人确实是一种古老的人类物种，是现代人类的祖先，而且是当时所知道的最早的人类祖先。

以后非洲和欧洲都发现有猿人化石，其形态与北京猿人基本相似，因而国际人类学界一致同意把各地发现的猿人化石定名为“人属直立种”或“直立人”。

北京猿人生活复原

北京猿人生活在50万年以前。我们不再用“它们”来称呼北京猿人，因为北京猿人已经会制造工具。会不会制造工具，进行劳动，是区别人和其他动物的唯一标准。用这个标准来衡量，北京猿人已经属于人类，虽然他们还不是现代的人。

怎么知道北京猿人已经会制造工具了呢？在埋藏着北京猿人的骨骼化石的地层里，科学工作者还找到了许多奇怪的石头。这些石头都是别处搬来的，上面有打击的痕迹，有锋利的刃口，显然是北京猿人制造出来的石器。这些原始的石器虽然很粗糙，可是用它们来切割野兽的肉，敲碎硬壳果的壳，都比用指甲和牙齿要有效得多。除了石器，科学工作者还找到了用野兽的骨头制造的骨器，如鹿的头骨制成的水瓢。

北京猿人除了会制造石器和骨器，还已经知道用火。在他们生活过的山洞里，发现了三层灰烬，最厚的一层竟积了6米来深。他们把天然的火种取回山洞里，像喂牲口一样，不断地添加枯叶和树枝，使火保持不灭。野兽都是怕火的。山洞里有了一堆不灭的火，不但可以取暖，还可以保护居住的安全。

在这50万年前的火堆旁边，还找到一些烤焦的野兽骨头，大多是古代的鹿的。从这些烤焦的骨头可以知道，北京猿人已经开始吃烤熟的肉。肉烤熟了，比生的容易消化，也更富于营养，这对北京猿人的身体发展有很大的好处。

北京猿人用锤打、砸击等方法制造出来的石器还比较简陋，不可能有很高的生产力。他们主要靠采集植物的果实、嫩叶为食，可能也挖挖地里的块根。身体强壮的男人可以到较远的地方去碰碰运气，有时候可以捡到一些动物尸体，或者抓点老、弱、病、残的小动物，像鹿等。

艰苦的生活条件，使北京猿人不得不过群居的生活，团结起来力量大。晚上，他们男女老少一同睡在山洞里，但是不能大家都睡着，总得留下一两个年老的来喂火。白天，青壮年提着棍棒出去打猎，女的带着孩子们拿着木棍和骨器，出去采集果子和挖掘植物的块根；还有的从河床里拣来卵石，从树林里伐来树干，把它们制成适用的工具。他们一代又一代，过着这样勤劳的集体生活。

跟他们的祖先相比，北京猿人大概还有一个极其重要的进步：他们开始说话了。在猎取野兽的时候，他们有必要互相招呼；老一代也有必要把他们积累下来的知识和经验，传授给孩子们。于是，简单的叫声逐渐发展成为可以表达意思的语言。

语言是适应集体劳动的需要而产生的。最初的语言当然是非常简单的，能够表达的意思也不会复杂。但是在人类的进化过程中，能够说话是非常重要的一步。因为有了语言，人才能用语言作为材料来构成思想，于是脑力劳动得到了发展。

从所发现的遗迹看来，北京猿人大概还不穿衣服，他们可能全身长着毛，还保留着他们祖先的一些特征。从他们的头骨的化石可以看出来，他们的脑子比现代的类人猿黑猩猩大，但是比现代的人还小得多。他们的前额比较平，眉脊骨突出，下颌已经往里收了。他们能够直起身子行走。他们的手经过长期的劳动锻炼，变得比才下地来的古猿灵活多了。所有的这些变化，都是劳动促成的。

除了北京猿人之外，我国大地上还生活过其他多种晚期猿人。

1965 年在云南元谋上那蚌村发现我国最早的直立人，学名“元谋直立人”、“元谋猿人”，距今年代为 170 万年左右，是属于旧石器时代早期的古人类。

约在 170 万年以前，云南元谋一带林莽丛生，森森郁郁，是一片亚热带的草原和森林，先有枝角鹿、爪蹄兽等动物在这里生存繁衍。再往后推移一段时间，则是桑氏鬣狗、云南马、山西轴鹿等动物出现在这片草原和森林。它们大多数都是食草类野兽。为了生活下去，元谋人便使用粗陋的石器捕猎它们。

元谋猿人门齿已经具有铲形构造，这是蒙古人种的一个重要特征。伴随元谋人牙齿出土的，还有石器、炭屑和有人工痕迹的动物肢骨等。经研究鉴别，属旧石器，其类型包括尖状器、刮削器和砍砸器。

在同一地层中还发现了大量的炭屑和一些烧焦的骨头，并且在有炭屑的地方都伴有动物化石，属共生哺乳动物化石，有 40 余种，距今 170 万年，是中国乃至亚洲最早的原始人类化石。

这就说明，元谋人不仅会使用自己制造的工具从事狩猎及采集活动，而且还学会用火烤食他们所获取的猎物，开始摆脱了茹毛饮血的时代。

元谋猿人的化石现在发现得相当不完全，到目前为止才找到了 2 颗门牙，这 2 颗门牙的形态与北京猿人基本一样。研究人员根据同时出土的动物化石以及他们所处的地层年代，推测出元谋猿人大约生活在 170 万年前。

在埋葬元谋人化石的地层中，还找到了许多零星分布的小炭屑，最初有人猜想那是元谋人用火的遗迹，其实它们应该是地面上曾经生长过的草，埋在地下被炭化的结果。

我国已经发现的第二早的人类化石是陕西省蓝田县公主岭的一个女性猿人头骨碎片，人们称之为“蓝田猿人”。把这些头骨碎片拼接起来，可以发现她的颅顶低矮，面部向前突出，眉骨比较粗壮，脑量大概有 780 毫升。从附近的哺乳动物化石来推断，她应该生活在距今 115 万年前。

与元谋猿人相似的是，在发现蓝田猿人的地方也找到了一些木炭，有人也试图把它解释成是蓝田猿人用火的遗迹，但由于找不到其他过硬的证据来证明这一点，所以大多数科学家认为那更可能是天然火烧出的炭块被水流冲到这里的结果。

他们打制的石器比较简单，又粗又大，但仔细一看，却发现已经有不同类型石器分工的迹象。

印度尼西亚的爪哇岛，是亚洲另一块出产大量直立人化石的地方。爪哇猿人就是其中最著名的代表。从这里发现的猿人，最早年代的可以达到 180 万年前。

能人出现

大约200万年以前，经过漫长的进化和发展之后，能人终于在地球上出现，他们不再仅仅是工具的使用者，而且也是工具的制造者，这是人类进化史上的一个极其重要的分水岭。如果说，在这之前的猿类，从腊玛古猿到南方古猿，都只能称作类人猿的话，那么，在这之后的人类则可以称作原始人了。

发现能人化石

在北京猿人和爪哇猿人被发现后的30年时间里，他们一直被视为人类的最早祖先。直到1959年，古人类学家玛丽·利基在非洲东部坦桑尼亚的奥杜韦峡谷发现了大批石器，把人类历史一下子从50万年前推到175万年前。

而且在发现石器的地方，还找到了一个相当完整的、类似于大猩猩的头骨化石。她当时认为这些石器就是这块头骨的主人生前制造的，于是给他起名为“东非人鲍氏种”。后来其他的古人类学家对这块头骨做了进一步研究，认为他应该属于“南方古猿”的一种，因此就改名为“南方古猿鲍氏种”。

1960年，就在玛丽·利基于坦桑尼亚的奥杜韦峡谷发现著名的南方古猿鲍氏种一年之后，她的大儿子乔纳森·利基在奥杜韦峡谷发现了另一种类型人类的头骨骨片，还发现有与之相关的下颌骨、手骨以及其他的一些锁骨、手骨和足骨。这块头骨片相对较薄，表明这个个体比已知所有的南方古猿体格都要轻巧。其他的骨骼也证明这样的推测，尤其是颊齿较小。然而最为重要的是，这种新类型表现出他们的脑子要比南方古猿大出50%。

又经过几年的发掘和研究，玛丽的丈夫路易斯·利基下结论说，虽然南方古猿是人类祖先的一部分，但是这些新发现的化石却代表了最终将产生出现代人的那一支早期人类类型。因此，路易斯·利基把这个新类型命名为“能人”，作为人属的第一个早期成员。“能人”这一名称的意思是“手巧的人”，因为推测发现于这个时代的工具就是他们制造的。

与能人化石一起发现的还有石器。这些石器包括可以割破兽皮的石片，带刃的砍砸器和可以敲碎骨骼的石锤，这些都属于屠宰工具。因此，可以说能够制造工具和脑的扩大是人属的重要特征。

路易斯的结论立刻在同行中激起了一片喧嚣的反对声。当时人类学界普遍认为，人属的脑量应该要超过750毫升，然而，奥杜韦发现的这些新类型的脑量仅仅为650毫升，还没有跨过当时所认为的人与猿之间脑量的界河。可是，新类型的头骨确实是更像人而不是猿。

怎样面对这一矛盾呢？路易斯坚信自己的观点，并因此提出人和猿脑量的界限应该调整为600毫升。这种处理方法无疑大大地提高了就此问题而进行的激烈争论的热度。然而，随着新发现的积累和研究的深入，能人作为最早的人属成员的观点最终被接受了，而且，后来证明650毫升脑量的这个头骨只是一个孩子的，成年能人的平均脑量已接近800毫升。

人属的出现是人类家族诞生以后所发生的第一次最为重要的事件，是发生在人类家族内部的第一次进化上的飞跃。从最早的人属成员能人开始，人类才开始了以脑量飞速增加为最基本特征，并伴随有其他诸多方面进化的真正“人式”的发展历程。

正是在人属的范畴内，人类才由能人进化成直立人，然后经过早期智人阶段和晚期智人阶段，最终形成我们今天这样的具有丰富多彩的文化和掌握高超的技术的现代人类。

能人的生活

能人会制造工具的能力具有非常深远的含义，因为这就意味着他们的拇指已经进化得能伸能屈，能够把一件工具牢牢地掌握在拇指和其他四个手指之间。人类学家们根据对现代聚群而居的狩猎社会，例如因纽特人，观察和研究的结果认为，能人的生活方式已经发生了根本性的转变。他们能够依靠某种简单的方式组织起来，具有相对稳定的群体和相对固定的住处，并且能互相合作，互相照顾，集体狩猎，分享猎物，照顾弱小和伤残者，人与人之间开始有了某种感情上的联系。

为了交流和合作，声音是必不可少的，因此声带发生了某种微妙的变化，能人从只能发出一些简单的音节到可以说出某些较为复杂的词汇了。这也就是说，从能人开始，不仅有了人类社会的雏形，而且也已经产生了人类文化的萌芽。

▲能人在制造工具

然而，能人虽然已经形成了早期人类的特征，可以说是地球上最早的人类，但他们的遗骸却只能在南方古猿生活过的同样环境中，也就是说，在空旷的树林和热带大草原的范围之内才能发现。

由此可见，能人虽然能把他们生活环境的一部分，即石头和木棍之类，改变成实用的工具，以满足他们狩猎和宰杀的需要，但他们可能仍然是赤身裸体的，没有办法抵御寒冷，所以生存的范围也就受到了很大的限制。

能人会不会用火，现在还不能肯定。虽然在那里已经发现过用火的痕迹，但是没有能最后确定这是能人的遗迹。他们多半沿着湖滨河岸生活，就在水边泥地上过夜。

智人的出现

人类对于自身发展历史的认识过程是从现代智人开始的，然后认识了早期智人，再后来认识了直立人，最终才确定了能人直至南方古猿作为人类祖先的地位。智人亦称古人，包括化石智人和现生智人，他们是人类演化的最后一个阶段。化石智人不仅完全直立行走，而且脑量已经与现代人相似。从解剖学上区分，智人分为早期智人和晚期智人两类。最原始的智人为尼安德特人，1856 年最早发现于德国的尼安德特河流域的一个山洞而得名，从头骨可以看到他们仍有很多原始的特征，但其他骨骼和现代人已十分相似。由于尼安德特人从兴盛至衰落的漫长岁月里，始终使用固有工具而不思改进技术，大约 3 万年前为晚期智人完全取代。晚期智人化石在各大洲也已经发现了很多。法国克罗马农出土的人类化石是最著名的代表。中国晚期智人化石已发现 40 多处，其中最重要的有北京山顶洞的头骨与体骨，广西柳江的头骨与体骨等。

早期智人

早期智人的代表是尼安德特人，简称尼人。1848 年，在欧洲西南角的直布罗陀就发现了一些尼人化石，但当时却没有引起人们的注意。尼安德特人的名称来自德国杜塞尔多夫市附近的尼安德特河谷，1856 年 8 月，在这里的一个山洞里发现了一个成年男性的颅顶骨和一些四肢骨骼的化石，被命名为尼安德特人。

在这以后，尼人的化石开始在西起西班牙和法国、东到伊朗北部和乌兹别克斯坦、南到巴勒斯坦、北到北纬 53°线的广大地区被大量地发现。尼人的生存时代为距今 20 万年至 3 万年之间。

尼安德特人骨骼粗大，肌肉发达，但个子不高，男子只有 1.5～1.6 米。由于身体较矮，脊椎的弯曲也不明显，因此他们很可能是弯着腰走路，跑步时身体略微朝向地面。

▲尼安德特人

尼安德特人头骨的特征是：前额低而倾斜，好像向后溜的样子，眉峰骨向前突出很多，在眼眶上形成整片的眉脊。尼安德特人的脑部已经非常发达，脑容量约达 1230 毫升。

尼安德特人使用较为进步的打制石器，过着狩猎和采集的生活。这表明，当时的人类在同大自然界的斗争中，自身已有了较大的发展。

尼人演化了一种适于寒冷条件下生存的文化，例如在有山洞的地区则穴居于山洞之中，而在平原上则懂得用兽皮制造帐篷，并知道用石头将帐篷的周边压住，就像人们今天仍然沿用的那样。他们还会用兽皮制造衣服，而且发展出了像长矛、棍棒和套索等有力武器。总之，他们发明、完善和改进了许多新的工具和武器，因而将人类抵御自然环境的能力又大大地往前推进了一步。

尼安德特文化的特点不仅仅表现了其生存能力的明显提高，而且他们的思维活动也有了质的飞跃。例如，他们既有能力杀死凶猛的野兽，如狗熊，同时又把它们尊为神灵，也就是说，他们已经有了灵魂的概念。不仅如此，他们也已经懂得了情感和友谊，例如照顾老人和残疾者，而不是像以前那样抛弃他们。在他们的坟墓中已经发现了鲜花和礼物等随葬品，这说明他们的精神世界已经相当丰富。特别有意思的是，直到今天，这些传统仍然在北极的土著居民中，从因纽特人到拉普人，广为流传，这就有力地表明，尼人很可能在人类历史上首先越过了北极圈。

▲尼安德特人在狩猎

除了尼人之外，在欧洲还发现了一些同时具有直立人的原始性状和智人的进步性状的早期智人化石。此外，在德国发现了距今 20 ~ 30 万年前的斯坦海姆人，在英国发现了距今约 25 万年前的斯旺斯库姆人，两者头骨特征非常相似，其形态显得比尼人进步，但是其时代却比尼人还要早。因此，有些学者把他们称为“进步尼人”或“前尼人”并认为他们才是后来的晚期智人的祖先，而其他时代较晚的尼人被称为“典型尼人”，在距今 3. 3 万年前灭绝或者说被晚期智人替代了。

在非洲，早期智人有发现于埃塞俄比亚的被认为是过渡类型的博多人和发现于赞比亚的布罗肯山人。中国的早期智人化石主要包括北部地区的大荔人（发现于陕西省大荔县）、金牛山人（发现于辽宁省营口市）、许家窑人（发现于山西省阳高县）、丁村人（发现于山西省襄汾县）和南部地区的马坝人（发现于广东省曲江）、银山人（发现于安徽省巢湖市）、长阳人（发现于湖北省长阳县）、桐梓人（发现于贵州省桐梓县）。亚洲其他地区的早期智人还有发现于印度尼西亚梭罗河沿岸的昂栋人（也叫梭罗人），形态上显示出一些直立人到早期智人过渡的状况。

维特斯佐洛人也是早期智人之一，1965 年，在匈牙利盖赖切山麓的维特斯佐洛发现了维特斯佐洛人遗址。遗址出土一些人类化石遗存，并有石器文化遗存和哺乳动物骨化石。

最早发现的人化石是属于一个儿童下牙中的一些乳齿碎片（维特斯佐洛第1号标本）。第二次出土的成人化石（维特斯佐洛第2号标本）是裂成两块的大枕骨。

颅骨为扁头型，颅容量为1300～1750毫升。眉嵴发达，成为连续的条形骨嵴，枕骨向后扩展成“小圆面包形”，颅骨最宽处约位于中点（后面观），面部向前突出，有不同发达程度的颏部，牛齿症（臼齿和前臼齿的牙髓腔增大，牙根融合），骨骼比直立人纤细，耻骨较宽较微弱，肩胛骨外侧缘有背沟（表明小圆肌发达，使肱骨外旋），长骨较弯曲，肌肉附着的面积较大。屈指肌较强有力。估计身高约152厘米，体重约73厘米。

在英国的克拉克当遗址，法国的瓦伦尼特洞，匈牙利维特斯佐洛遗址均发现与奥杜韦石器器型相似的石器。

奥杜韦第二层中部发现的手斧相当原始，是用交互打击法做成，加工粗糙，刃缘曲折，但这是原始手斧文化的萌芽。在奥杜韦的第三层和第四层，由于使用了木质或骨质的软锤技术，出现了更薄的手斧，它具有更浅平的石片疤和更规整的薄锐边缘，显出技术的进步，被称为阿舍利型手斧。手斧是本地一个独创，传播到各地，手斧是非洲古人类文化进步的重要标志。以典型手斧为标志的欧洲阿舍利文化可能最初发源于非洲。

▲维特斯佐洛人生活复原图

有学者认为，晚期猿人第二次从非洲迁入欧洲，大概是在第一次迁移之后的30～40万年，带去了阿舍利文化。

阿舍利文化是非洲、西欧、西亚和印度的旧石器时代早期文化，最早发现于法国亚眠市郊的圣阿舍尔。文化遗物出土于高出索姆河河面30米的阶地砂土层中。已知最早的阿舍利文化遗存在非洲，年代距今约150万年，最晚的遗存距今约20万年。一般认为该文化的石制品是由直立人制造的。但较晚的阿舍利文化已与早期智人共存。

阿舍利文化的代表性石器为手斧，较阿布维利文化的手斧进步，是用软锤（骨棒或木棒）技术打制成的。特点是器身薄，制作时留下的石片疤痕较浅，刃缘规整，左右对称，器形有扁桃形、卵圆形、心形等。在西班牙，曾发现该文化的洞穴和岩棚遗址。在肯尼亚，也发现了湖边居住址。

晚期智人

到大约3万年以前，生活在欧亚大陆上的尼安德特人逐渐被一种更加发达的人类所代替。因为，他们的踪迹首先是在法国的一个小村庄旁边的克罗马农山洞中发现的，所以便称他们为“克罗马农人”。克罗马农人属于晚期智人，他们的文化属晚期旧石器文化的奥瑞纳文化中期，由于他们是这阶段最早被发现的完整的人化石，所以人们也用“克罗马农”这个名称来统称欧洲的晚期智人化石。被归入克罗马农人类型的人类化石在西欧和北非许多地方都有分布。

实际上，晚期智人就是我们现代人最直接的祖先，他们的身材比尼安德特人高大，颅骨较薄较高，颌骨不太突出，前额几乎垂直，面貌已经比较好看了。

继在法国发现“克罗马农人”之后，后来在德国、英国、意大利、前捷克斯洛伐克和北非的一些地方也有发现。最初找到的克罗马农人至少包括 5 个个体，其中一具老年男性头骨保存完好，脑量在 1600 毫升左右；从肢骨来看，身体高大，肌肉发达。身高男的 180 多厘米，女的约 167 厘米 .

克罗马农人是很成功的猎人，经常猎取驯鹿、野牛、野马甚至猛兽。他们有时会利用陷阱来捕捉动物，或者把动物赶到悬崖边，使其坠崖而死。

从他们的文化遗物里，人们发现了大量艺术品，包括小件的雕刻品、浮雕以及各种动物的雕像，还有许多精美的动物壁画，如猛犸象、野牛、女人像，等等。古人类学家们推测，这些艺术品可能跟克罗马农人祈祷狩猎成功和人丁兴旺有关，或许他们已经开始相信魔法或者魔力之类的东西了。

克罗马农人往往在洞壁上选择一些磨圆了的平面，用黑色、红色或泥土精心绘制出各类动物，如马、野牛、犀牛以及他们最爱捕食的驯鹿等，使之能产生某种立体效果。这些作品具有惊人的艺术技巧，笔法苍劲、准确逼真，从而确定了文化在人类进化进程中日益重大的作用。

现在发现的大量远古时代岩壁画和雕刻作品中，动物形象占有很大的比例，这大概是那时人类对狩猎生活的描述，或许也表达了人们对富足生活的向往。而人的形象在当时的艺术作品中也很常见，有一些表现人与动物的搏斗，还有很多则被认为是体现了旧石器时代的巫术信仰和渴望种族兴旺的生殖崇拜。

另外，克罗马农人还有一个非常重要的特点或者成就，那就是他们几乎扩展到了全世界。因为，到大约 18000 年以前，当地球上最后一个冰川期达到顶峰时，几乎三分之一的陆地都为厚厚的冰层所覆盖，海平面大大降低，白令海峡并不存在，而为一片 1600 多千米宽

持角杯的维纳斯

在法国南部的劳塞尔岩洞中，人们发现了 6 个人物雕刻形象，其中最著名的一件是一个浮雕女性人体形象，被后人称为《持角杯的维纳斯》，雕像中的女性面部和足部的刻画十分模糊，而能体现女性生殖特征的部位却刻画得十分夸张。她右手拿着一只牛角，左手搭在隆起的腹部上，披肩的长发绕过了她的左肩。从形象上看，她显然是在主持一种巫术仪式，也许在祈祷本族人狩猎满载而归，也许是在祝愿氏族的昌盛。可能还有更深一层的观念，或者表现一个早已被历史遗忘掉的某种更古老的传说。这种典型的女性雕刻形象表现了原始人类对种族繁衍的崇尚，被认为是原始艺术的开端。

的陆桥所代替。这不仅便于环北极各大陆之间的动植物互相交流，使得欧亚和美洲大陆之间的动植物极为相似，而且也为人类的扩展提供了便利。因此，当时的克罗马农人便从亚洲迁移到了美洲，然后，从阿拉斯加往南一直扩展到了南美洲最南端的火地岛。他们是后来的印第安人的祖先。

由此可见，实际上是克罗马农人首先越过了白令海峡的。至此，人类遍布了全世界，占领了除南极大陆之外的所有陆地，最南到达火地岛，最北出没于北冰洋沿岸的广大地区。

在中国，属于晚期智人的人类化石有：北京周口店的山顶洞人、广西的柳江人、内蒙古的河套人、四川的资阳人等，最著名的是山顶洞人。

山顶洞人，是中国北方的晚期智人化石之一。在世界闻名的北京周口店北京猿人洞的上方有个古代人住过的洞，叫山顶洞。1933 年从此洞中发掘出人类的 3 个头骨和其他骨骼化石，共代表至少 8 个个体，被称作山顶洞人。山顶洞人的 3 个头骨分别属于老年男性、青年女性和中年女性。山顶洞人的生活时代约为 1.1 ~1.8 万多年前。

山顶洞分为门廊、上室、下室和下窨四个部分，山顶洞人将自己的居所进行了分配。上室是生活区，长 16 米，宽 8 米。下室深 8 米，紧靠在上室的西边，是埋葬死人的地方，被发现的人骨化石大多数都埋在下室。在下窨内曾经发现过很多动物的完整骨骼，可能当时这是一个天然的陷阱，那些动物一不小心掉了进去，就再也出不来了。

山顶洞的文化遗物比较丰富多样，有石器、骨器、装饰品和埋葬遗址。石器发现很少，制作粗糙，与北京猿人的差不多。精致的骨器也不多，最好的要推一根骨针，那是一根保存完好的骨针，仅针孔残缺，残长 8.2 厘米，针身微微弯曲，刮磨得很光滑。针孔是用小而尖锐的器具挖成的。

这枚骨针是我国最早发现的旧石器时代的缝纫工具，由此可知山顶洞人已经懂得缝衣御寒了。在纺织技术尚未发明之前，动物的毛皮是人们服装的主要材料。当时还没有绳、线，他们可能是用动物的韧带来缝制衣服的。

山顶洞的装饰品相当丰富多彩，有穿孔的兽牙，海蚶壳，钻孔的石珠，小砾石，鱼的眶上骨，短的骨管和去除横突和棘突的鱼类脊椎骨。有些装饰品是用鱼骨制成的，从鱼骨的大小来推断，有的鱼大约有 80 厘米长，可能当时的人类已经有这样的本领从河里抓到如此大的鱼了。

▲山顶洞人头骨

有些装饰品是用海生的贝壳做的，但是山顶洞远离大海，两者之间的距离远远超出了一个人一天的活动范围。那么山顶洞人是怎么弄到这些贝壳的呢？难道他们跋山涉水好几天，往来于海边和山顶洞之间？或者他们曾经在海边居住，后来才搬到了山顶洞？要不就是他们曾经碰到过住在海边的人，从他们的手里得到了这些贝壳？可能的解释很多，不过我们可以推测，山顶洞人的活动范围可能已经比较大，或许已经会和其他地区的人类进行“以物换物”的交易了呢。

有人说他们佩戴装饰品是为了爱美，有人说是为了显示英勇，吸引异性，这些都是猜测。但至少可以说这些装饰品意味着山顶洞人的生活中已经有了闲暇，劳动生产率大大提高才使得他们不需要终日劳累了。

山顶洞中还发现了48种哺乳动物化石，有落入天然陷阱的熊和虎的骨架，还有现在生活在炎热地带的猎豹和鸵鸟。可推知当时此地的气候相当温暖。

山顶洞人骨周围散布着红色的赤铁矿粉末，这是古人类有意识行为的结果，是埋葬死者的标志。它表现出人类思想意识上的一个进步。对人的生命有了新的认识。可能他们认为血液是生命的必要条件，在死者遗物上加上与血液同色的物质目的可能是希望提高死者的活力，有利于他在另一世界中的活动。

除了欧洲和亚洲之外，其他的大陆上也发现了晚期智人的踪迹。非洲撒哈拉沙漠以南的晚期智人，形态结构基本上与现在的黑种人相仿。而美洲人最初都是黄种人。

在地球发展史上，曾经遇到过几次大冰期。当时两极的海水结冰，海平面下降，许多地方的海底露出水面，亚洲和美洲之间的白令海峡就是其中之一。在距今一两万年前的晚期智人时代，正好碰上迄今为止的最后一次冰期。由于此时人类已经发展到可以人工取火、缝制皮衣、搭建窝棚的阶段，因此亚洲的一部分人就越过了白令海峡，到达美洲。这样，黄种人就成了早期美洲的土著居民。

15世纪末哥伦布率队来到美洲，误以为是到了印度，就把那里的人叫作“印度人”。后来真相大白，才改口叫他们“美洲印度人”或“红印度人”，因为他们经常把身体涂成红色。而我国则习惯于把他们的名字音译成“印第安人”。直到后来白种人大量移民到美洲，黄种人的数量才被白种人反超，成了“少数民族”。

但是澳大利亚的情况就有所不同了，因为在亚洲和澳大利亚之间有一条很深的海沟，即使是在冰期海平面下降的情况下，这里的海底也不可能露出水面，人类也就不是从陆路移民到澳大利亚了。但是当时又没有船，所以科学家们推测，人类可能是乘坐用植物的藤捆绑的竹筏或木筏，漂洋过海来到澳大利亚的。从澳大利亚出土的人类化石来看，他们的形态也比较接近我国和东南亚的晚期智人。

附录1：生物大灭绝事件

地球进化史上曾发生了五次生物大灭绝事件，这五次生物大灭绝是生物的空前劫难，很多生物在这五次大灭绝事件中种族湮灭，或处于濒临灭绝的境地。

奥陶纪末期生物大灭绝

奥陶纪是古生代的第二个纪，开始于距今5亿年，延续了6500万年。奥陶纪分早、中、晚三个世。奥陶纪是地史上海侵最广泛的时期之一。在板块内部的地台区，海水广布，表现为滨海浅海相碳酸盐岩的普遍发育，在板块边缘的活动地槽区，为较深水环境，形成厚度很大的浅海、深海碎屑沉积和火山喷发沉积。

奥陶纪海洋生物在浅海繁盛一时，然而气候的变化给这段繁茂时代画上了句号。奥陶纪末，地球再次进入漫长的冰河时代。地球生物圈经历了自“寒武纪大爆发”以来的第一次生物大灭绝事件，一半以上的物种消亡了。据粗略统计，奥陶纪有腕足类200多个属，奥陶纪末期，先后有130多个属灭绝了，占了总数的60%以上。

奥陶纪共有鹦鹉螺177个属，到末期，先后灭绝了155个属，占总数的87%。北欧奥陶纪三叶虫共有200种，到末期共180种灭绝，占总数的90%。中、晚奥陶世的床板珊瑚和日射珊瑚共70个属，灭绝的有50个属，占总数的70%以上。牙形刺在晚奥陶世共有近100种，约灭绝80种，占了总数的80%。海百合在北美很繁盛，但到末期也有35个科，70个属灭绝。笔石在早、中奥陶世极为繁盛，至晚奥陶世已逐渐减少，到末期也大量灭绝了。除此之外，几丁虫、疑源类、苔藓虫和层孔虫都发生了不同程度的灭绝事件。奥陶纪末的大灭绝由两幕组成，前后大约经历了100多万年。所以，奥陶纪末大灭绝事件可能是规模仅次于二叠纪末的大灭绝。

奥陶纪末大灭绝与气候巨变和温度骤降有关。当时南极大陆的冰盖已经形成，冰川的分布范围覆盖了北非和沙特阿拉伯，还延伸到土耳其。此时，热带海水温度下降约10摄氏度，我国华南海区水温下降幅度更大，达18~20摄氏度。那些长期适应于暖水环境的珊瑚、层孔虫和苔藓虫等因无法忍受温度的骤降而大量灭绝。

奥陶纪末的南半球冰盖形成时，全球海平面下降了50~100米，造成大洋扰动与翻转，带来全球性的缺氧事件和有毒水体的影响，使适于远洋生活的笔石、头足类和牙形刺等大量灭绝。腕足类得益于海水变浅，形成了最末期的赫南特贝腕足类动物群。

随着志留纪气候变暖，形成大规模海侵，腕足类中的大部分也难逃灭顶之灾。三叶虫经此大灭绝，残存的属种远远不及大灭绝之前，完全丧失了以前生态的优势地位。

泥盆纪后期大灭绝

泥盆纪是古生代地第四个纪，约开始于4.05亿年前，结束于3.5亿年前，持续约5000万年。

泥盆纪分为早、中、晚3个世，地层相应的分为下、中、上3个统。泥盆纪古地理面貌较早古生代有了巨大的改变，表现为陆地面积的扩大，陆相地层的发育，生物界的面貌也发生了巨大的变革。

泥盆世后期再次发生了大规模生物灭绝事件。这次事件具有全球性、同时性和生物灭绝率高等特点。低纬度热带礁的生态系统在这次事件中遭到严重破坏，浅海底栖生物所受影响尤为明显，21%的科和50%的属在这次事件中灭绝。其中，三叶虫的数量和种类出现了急剧的下降，同时造礁珊瑚、腕足动物和盾皮鱼类也出现了大幅度减少。

关于这次物种灭绝原因众说纷纭，有人认为是由于另一次的全球气温下降引起的，也有人认为是陨石撞击引起的。从整体来看，整个灭绝过程前后持续了2000万年，因此很可能不是由陨石撞击这样单独的灾难事件引起的。

二叠纪生物大灭绝

二叠纪是古生代的最后一个纪，分为早二叠世、中二叠世和晚二叠世。二叠纪开始于距今约2.95~2.5亿年，共经历了4500万年。

二叠纪末生物大灭绝事件发生于距今约2.51亿年前，是地球历史上最大、最严重的生物灭绝事件，造成了生物界空前的大危机。据估计，二叠纪末期地球上海洋生物的灭绝率为90%~95%，陆生脊椎动物的灭绝率为70%。在脊椎动物中，基位四足动物的10个科和兽孔目的17个科灭绝了。后者中包括魔龙类、最后的恐首龙类和大多数的二齿兽。

在消失的类型中，涵盖了多种多样的生态类型，体型有大有小，有食草的也有肉食的。灭绝的海洋动物中有皱壁珊瑚、床板珊瑚和三叶虫等。在陆地上，孢子的植物让位于针叶植物、苏铁类和其他裸子植物。

植被的变化导致了陆地上的动物一系列的连锁反应。二叠纪末大灭绝使陆地和海洋生态系统几乎遭受毁灭性打击，统治海洋2亿多年的古生代演化动物群优势地位丧失殆尽，全球生态领域十分萧条。成煤沼泽，层状硅质岩和后生动物礁长期消失，海陆生物群重组，生态系结构重建，演化进程发生重大转折，直到中三叠世生物界才整体开始复苏。

导致大灭绝发生的原因有多种不同的看法。有人认为冈瓦纳的冰川是罪魁祸首；有人认为与冰川事件同时，快速的变暖和气候的剧烈波动是主导因素；还有人认为西伯利亚和华南地区玄武岩熔岩的喷发是最主要的原因；还有人把责任归为小行星和陨星的撞击，但是一直缺少撞击的证据。近些年来，研究者通过研究采集自匈牙利、中国和日本的地质标本，以富勒烯为主的碳大分子中捕获的氦和氩的量，提出二叠系与三叠系界线附近所发现的富勒烯必定来自于陨星的撞击，算是为外星体撞击说提供了部分证据，但这一观点没有得到多数学者的认可。

二叠纪末，泛大陆开始裂解。各组成部分的雏形开始显现，然而那时板块活动必定十分活跃，由此引发了大规模的火山爆发。在现今西伯利亚地区，当时存在大规模的玄武岩喷发，现在这里被称为西伯利亚地盾。在约 100 万年的时间里，共喷发出了大约 500 万平方千米的岩浆，大量的烟尘、二氧化碳和二氧化硫被释放到大气中。照射到地面的阳光减少，使得气温下降。随着烟尘的消失，气温回升到高于原处环境温度 5 摄氏度左右。由于在大陆边缘聚集了大量的甲烷水合物，释放了大量的甲烷气体，从而触发了气温进一步上升 4 ~5 摄氏度，这足以导致生物灭绝。

这次大灭绝与白垩纪末的大灭绝可能存在许多相同之处，大灭绝发生之前存在大规模火山活动，而地外天体的撞击可能存在许多相同之处，对灭绝发生起到了致命一击的作用。然而，这种结论可以看成是完全正确无误吗？科学家都认为，每一种原因都不是最后的定论。这一次大灭绝，绝对不是单一的原因造成的，而是多种原因共同作用的结果。

三叠纪晚期生物大灭绝

三叠纪是中生代的第一个纪，它位于二叠纪和侏罗纪之间。始于距今 2.5 亿年前，延续了约 5000 万年。

三叠纪末发生了一次生物灭绝事件。这次事件虽然没有二叠纪末那次那么惨烈，也没有白垩纪末的那么著名，但对生命世界还是产生了深刻的影响，尤其对海洋生物来说是惨痛的。牙形刺灭绝了，腕足动物和腹足动物等无脊椎动物受到巨大冲击。海洋中 22% 的属，大约一半的种消失了。

但这次灭绝事件存在明显的地域差异，并非所有的地方都遭到了同样的摧残，甚至有些地方几乎没有任何影响。其他一些地方，实际上所有的迷龙和大多数合弓类动物都消失了。许多早期恐龙也均灭绝，而那些发达一些的恐龙却幸存下来。许多槽齿目动物也都灭绝。植物界的变化相比较不那么明显，基本上没有大类灭绝，幸存的植物包括针叶类和苏铁。

与二叠纪末和白垩纪末的大灭绝相比，科学界对这次灭绝的关注程度相对较低。到目前为止，这次大灭绝的确切时间也还并不十分确定。一些研究者认为，当时实际上发生了两次间隔很短的灭绝事件，其相隔时间为120～170万年。灭绝事件发生的原因也不清楚。研究发现，泛大陆分裂碰撞，导致强烈的火山运动。火山活动造成的环境变化可能是大灭绝发生的原因之一。

这次灭绝事件为恐龙的发展提供了巨大的空间，在此后的1.5亿年中，恐龙成为地球上最主要的优势动物类群。

白垩纪晚期生物大灭绝

白垩纪是中生代最后的一个纪，始于距今1.37亿年，结束于距今6500万年，其间经历了7000万年。

白垩纪晚期，又一次大灭绝事件发生了。全球85%的动植物惨遭灭绝。其中包括恐龙，以及其他陆生和海洋生物类群。发生的原因众说纷纭，其中最具影响力的是大型的外星体撞击导致。

20世纪80年代初，美国诺贝尔奖获得者华特·阿佛雷兹根据白垩纪末地层附近的黏土层中铱元素的含量比其他时期陡然增加了30～160多倍，由于铱元素在地壳中十分罕见，却广泛存在于小行星中，因此提出全球范围内岩石铱元素的异常偏高为小行星撞击所致。正是由于这次撞击，导致了恐龙的灭绝。

1991年，科学家在墨西哥尤卡坦半岛寻找石油的时候，意外发现了一个地下的隐伏构造。这就是我们现在所熟知的“奇科苏卢布”陨石坑。坑直径超过180千米，形成于距今6550万年前。这为白垩纪大灭绝的小行星撞击说提供了有力的证据。

因此，人们就生动地描绘了发生在距今6550万年前的一幕。随着天空中出现了一道刺眼的白光，一颗直径约10千米的小行星从天而降。它以每秒40千米的速度，一头撞向了现今的尤卡坦半岛地区，在海底撞出一个巨大的坑。

被汽化的海水向高空喷射达数万米，随之掀起高达5000米的海啸。海啸以极快的速度扩散，横扫北美大陆，甚至汹涌的巨浪席卷了地球的另一面。小行星的撞击产生了铺天盖地的灰尘，遮天蔽日。那些正在悠闲取食的恐龙顿时死于非命。由于小行星撞击产生的灰尘遮住了太阳光，气温骤降，植物也因为不能进行光合作用而纷纷死亡。接踵而来的死亡是以植物为食的动物，最后是食肉性动物。广袤大地一时变得沉寂无声。生物史上的一个时代就这样结束了。

实际的情况确实如此吗？有研究人员通过从陨石坑中部钻孔取出的岩芯发现，该陨石坑形成的年代距白垩纪的结束至少还有30万年，如果这一结果确定无误，那么这一论断则是不准确的。

此外，关于恐龙灭绝之谜的解释还有很多，公开发表的就有100多种，如“氧气陡降论”“气温下降论”“性别失调论”“酸雨论”“中毒论”“种族老化论”“哺乳类竞争论”“臭氧层破坏论”“地球膨胀论”“地磁移动论”“疾病论”“超新星爆发论”“蛋壳变厚说”“海洋收缩说”和“海底沼气喷发说”等。2008年，来自中国地质大学的科学家根据晚白垩世恐龙蛋壳柱状层中发现的大量石内真菌，提出了白垩纪末期石内真菌入侵恐龙蛋，使其不能正常孵化和夭折，可能是导致恐龙大绝灭的直接原因。

毫无疑问，从某一方面说，这些假说各有道理，但是单独来看似乎都难以解释恐龙和其他动物为何会在白垩纪末突然消失。因此，恐龙和同时期其他一些物种的灭绝，应该是多种因素综合作用的结果。小行星的撞击和火山喷发活动，就有可能只是导致恐龙灭绝的最致命一击。

附录2：生物进化大事年表

约66亿年前

银河系内发生过一次大爆炸。

约46亿年前

形成了太阳系。作为太阳系一员的地球也在46亿年前形成了。

约38亿年前

地球上形成了稳定的陆块，液态的水圈是热的，甚至是沸腾的。

35亿年前

微生物出现。

前寒武纪（5.4亿年前）

带壳的后生动物大量出现，故把寒武纪以后的地质时代称为显生宙。太古宙，原始生命出现及生物演化的初级阶段，当时只有数量不多的原核生物。元古宙中晚期，藻类十分繁盛。

寒武纪（5.42亿~4.9亿年前）

生物界第一次大发展的时期，出现了丰富多样且比较高级的海生无脊椎动物，以海生无脊椎动物和海生藻类为主。无脊椎动物的许多高级门类如节肢动物、棘皮动物、软体动物、腕足动物、笔石动物等都有了代表。其中以节肢动物门中的三叶虫纲最为重要，其次为腕足动物。此外，古杯类、古介形类、软舌螺类、牙形刺、鹦鹉螺类等也相当重要。

奥陶纪（4.9亿~4.35亿年前）

海生无脊椎动物空前发展，其中以笔石、三叶虫、鹦鹉螺类和腕足类最为重要，腔肠动物中的珊瑚、层孔虫，棘皮动物中的海林檎、海百合，节肢动物中的介形虫，苔藓动物等也开始大量出现。

奥陶纪中期，在北美落基山脉地区出现了原始脊椎动物异甲鱼类——星甲鱼和显褶鱼，在南半球的澳大利亚也出现了异甲鱼类。植物仍以海生藻类为主。

志留纪（4.35 亿~4.1 亿年前）

双壳纲、腹足纲逐步发展；三叶虫开始衰退，但蛛形目和介形目大量发展；节肢动物中的板足鲎，在晚志留纪海洋中广泛分布；珊瑚纲进一步繁盛；棘皮动物中海林檎类大减，海百合类在志留纪大量出现。

脊椎动物中，无颌类进一步发展，有颌的盾皮鱼类和棘鱼类出现，这在脊椎动物的演化上是一重大事件，鱼类开始征服水域，为泥盆纪鱼类大发展创造了条件。植物方面除了海生藻类仍然繁盛以外，晚志留纪末期，陆生植物中的裸蕨植物首次出现，植物终于从水中开始向陆地发展，这是生物演化的又一重大事件。

泥盆纪（4.1 亿~3.55 亿年前）

泥盆纪鱼类相当繁盛，各种类别的鱼都有出现，故泥盆纪被称为“鱼类的时代”。早泥盆纪以无颌类为多，中、晚泥盆纪盾皮鱼相当繁盛，它们已具有原始的颚，偶鳍发育，成歪形尾。

早泥盆纪裸蕨植物较为繁盛，有少量的石松类植物；中泥盆纪裸蕨植物仍占优势，但原始的石松植物更发达，出现了原始的楔叶植物和最原始的真蕨植物；晚泥盆纪到来时，裸蕨植物濒于灭亡，石松类继续繁盛，节蕨类、原始楔叶植物获得发展，新的真蕨类和种子蕨类开始出现。

石炭纪（3.55 亿~2.98 亿年前）

早石炭纪晚期的浮游和游泳的动物中，出现了新兴的类，菊石类仍然繁盛，三叶虫到石炭纪已经大部分灭绝，只剩下几个属种。

昆虫类得到进一步的繁盛。陆生脊椎动物进一步繁盛，两栖动物占到了统治地位。早石炭纪一开始，两栖动物蓬勃发展，主要出现了坚头类（也称迷齿类），同时繁盛的还有壳椎类。晚石炭纪，植物进一步发展，除了节蕨类和石松类外，真蕨类和种子蕨类也开始迅速发展。

二叠纪（2.98 亿~2.5 亿年前）

二叠纪末，四射珊瑚、横板珊瑚类、三叶虫全部灭绝；腕足类大大减少，仅存少数类别。脊椎动物在二叠纪发展到了一个新阶段。

鱼类中的软骨鱼类和硬骨鱼类等有了新发展，软骨鱼类中出现了许多新类型，软骨硬鳞鱼类迅速发展。两栖类进一步繁盛。爬行动物中的杯龙类在二叠纪有了新发展；中龙类游泳于河流或湖泊中，以巴西和南非的中龙为代表；盘龙类见于石炭纪晚期和二叠纪早期；兽孔类则是二叠纪中、晚期和三叠纪的似哺乳爬行动物，世界各地皆有发现。晚二叠纪出现了银杏、苏铁、本内苏铁、松柏类等裸子植物。

三叠纪（2.5 亿～2.08 亿年前）

古老类型爬行动物的代表（如无孔亚纲和下孔亚纲）基本灭绝，新类型大量出现，并有一部分转移到海中生活。原始哺乳动物在三叠纪末期也出现了。

爬行动物在三叠纪崛起，主要由槽齿类、恐龙类、似哺乳的爬行类组成。恐龙类最早出现于晚三叠纪，有两个主要类型：较古老的蜥臀类和较进化的鸟臀类。海生爬行类在三叠纪首次出现。原始的哺乳动物最早见于晚三叠纪，属始兽类。裸子植物的苏铁、本内苏铁、尼尔桑、银杏及松柏类自三叠纪起迅速发展起来。晚三叠纪时，裸子植物真正成了大陆植物的主要统治者。

侏罗纪（2.08 亿～1.44 亿年前）

生物发展史上出现了一些重要事件，引人注意，如恐龙成为陆地的统治者，翼龙类和鸟类出现，哺乳动物开始发展，等等。

陆生的裸子植物发展到极盛期。三叠纪晚期出现的一部分最原始的哺乳动物在侏罗纪晚期已濒临灭绝。早侏罗世新产生了哺乳动物的另一些早期类型——多瘤齿兽类，它被认为是植食的类型，至新生代早期灭绝。而中侏罗纪出现的古兽类一般被认为是有袋类和有胎盘哺乳动物的祖先。软骨硬鳞鱼类在侏罗纪已开始衰退，被全骨鱼代替。发现于三叠纪的最早的真骨鱼类到了侏罗纪晚期才有了较大发展，数量增多，但种类较少。侏罗纪是裸子植物的极盛期。苏铁类和银杏类的发展达到了高峰，松柏类也占很重要的地位。

白垩纪（1.44 亿～6500 万年前）

剧烈的地壳运动和海陆变迁，导致了白垩纪生物界的巨大变化，中生代许多盛行和占优势的门类（如裸子植物、爬行动物、菊石和箭石等）后期相继衰落和灭绝，新兴的被子植物、鸟类、哺乳动物及腹足类、双壳类等都有所发展，预示着新的生物演化阶段——新生代的来临。

爬行类从晚侏罗纪至早白垩纪达到极盛，继续占领着海、陆、空。鸟类继续进化，其特征不断接近现代鸟类。哺乳类略有发展，出现了有袋类和原始有胎盘的真兽类。鱼类已完全以真骨鱼类为主。从早白垩纪晚期兴起的被子植物到晚白垩纪得到迅速发展，逐渐取代了裸子植物而居统治地位。

第三纪（6500 万 ~ 175 万年前）

第三纪的早期，仍生活着古老、原始的哺乳动物；到了中期，现代哺乳动物的祖先先后出现，逐渐代替了古老、原始的哺乳动物；第三纪晚期，现代哺乳动物群逐渐形成，更是偶蹄类和长鼻类繁盛的时期。尤其是马的进化很快。第三纪时被子植物极度繁盛。

第四纪（175 万年前到现在）

第四纪生物界的面貌已很接近于现代。哺乳动物的进化在此阶段最为明显，而人类的出现与进化则更是第四纪最重要的事件之一。更新世早期出现了真象、真马、真牛。更新世晚期哺乳动物的一些类别和不少属种相继衰亡或灭绝。全新世，哺乳动物的面貌已和现代基本一致。